21 世纪大学数学精品教材

复变函数与积分变换教程

（修订版）

郑 列 李家雄 主编

科学出版社

北 京

内容简介

本书根据教育部高等学校工科数学《复变函数与积分变换》课程的教学基本要求和教学大纲，结合本学科的发展趋势，在积累多年教学实践的基础上编写而成。本书遵循打好专业基础、培养数学素质、提高解决实际问题能力的原则，体系严谨，逻辑性强，内容组织由浅入深，理论联系实际，讲授方式灵活.

全书共八章，涵盖复数与复变函数、解析函数、复变函数的积分、级数、留数、共形映射、傅里叶变换及拉普拉斯变换等内容，每章后列本章内容小结、典型例题、习题和自测题，书后给出了相应的答案或提示。附录中含有傅氏变换简表和拉氏变换简表，供学习时查用.

本书可供高等学校工科各专业的学生使用，也可供有关科技人员参考.

图书在版编目(CIP)数据

复变函数与积分变换教程/郑列，李家雄主编. —北京：科学出版社，2013.7

21 世纪大学数学精品教材

ISBN 978-7-03-038154-5

Ⅰ.①复… Ⅱ.①郑… ②李… Ⅲ.①复变函数－高等学校－教材 ②积分变换－高等学校－教材 Ⅳ.①O174.5 ②O177.6

中国版本图书馆 CIP 数据核字(2013)第 156304 号

责任编辑：王雨舸 / 责任校对：蔡 莹

责任印制：彭 超 / 封面设计：苏 波

科学出版社 出版

北京东黄城根北街 16 号

邮政编码：100717

http://www.sciencep.com

武汉中科兴业印务有限公司印刷

科学出版社发行 各地新华书店经销

*

开本：B5(720×1 000)

2013 年 7 月第 一 版 印张：14 3/4

2024 年 7 月第三次印刷 字数：281 000

定价：45.00 元

(如有印装质量问题，我社负责调换)

《21世纪大学数学精品教材》丛书序

《21世纪大学数学精品教材》为大学本科(本科1普通类和本科2一类)数学系列教材,体现了对数学精品的归纳及本套教材的精品特征.

一、组编机构

二、编写特点

1. 适用性

教材的适用性是教材的生命力所在,每本教材的篇幅结合绝大部分高等院校数学院系对课程学时数的要求.部分教材配有教学光盘,便于教学.

2. 先进性

把握教改、课改动态和学科发展前沿,反映学科、课程的先进理念、知识和方法.

3. 创新性

市场需求和市场变化决定教材创新需要,数学教学在知识创新、思维创新等方面负有责任,一定程度的创新使教材更具冲击力和影响力.

创新与继承相结合,是继承基础上的创新.

创新转变为参编者、授课者的思想和行为,达到文化融合.

4. 应用性

丛书的读者对象为应用型和研究应用型大学本科(本科1普通类和本科2一类)学生,应用性是数学学科和数学教学发展的新特点,或展现在教材内容结构上,或体现于某些章节,或贯穿于其中.

5. 教学实践性和系统性

教材具有可操作性,教师好教,学生好学,同时保持知识完整.二者发生矛盾时，前者优先，不过分追求体系完整.

三、指导思想

《21世纪大学数学精品教材》大致可划分为两大类：基础知识类；方法与应用类.

1. 基础知识类

(1) 遵循高等院校教学指导委员会关于课程的教学基本要求，知识体系相对完整，结构严谨，内容精炼，循序渐进，推理简明，通俗易懂.

(2) 融入现代数学思想(如数学建模)，分别将 Mathematica、MATLAB、SAS、SPS 等软件的计算方法，恰当地融入课程教学内容中，培养学生运用数学软件的能力.

(3) 强化学生的实验训练和动手能力，可将实验训练作为模块，列入附录，供教学选用或学生自学自练，使用者取舍也方便.

(4) 教材章后均列出重要概念的英文词汇，布置若干道英文习题，要求学生用英文求解，以适应教育面向世界的需要，也为双语教学打下基础.

(5) 为使学生巩固知识和提高应用能力，章末列出习题，形式多样. 书后配测试题，书末提供解题思路或参考答案.

2. 方法与应用类

(1) 融入现代数学思想和方法(如数学建模思想)，体现现代数学创新思维，着力培养学生运用现代数学工具(软件)的能力，使教材真正成为基于现代数学软件的、将数学软件融合到教材与教学内容的现代精品教材.

(2) 加强教学知识与内容的应用性，注重数学思想和方法的操作与应用及其实用性. 通过实例、训练、实验等各种方式，提高学生对数学知识、数学方法的应用能力及解决问题的能力.

(3) 强化学生的实验训练，通过完整的程序与实例介绍，教会学生分析问题、动手编程、分析结果，提高学生的实验操作水平、实际动手能力和创新能力.

(4) 教材章后均列出重要概念的英文词汇，布置若干道英文习题，要求学生用英文求解，以适应教育面向世界的需要，也为双语教学打下基础.

(5) 为使学生巩固知识和提高应用能力，章末列出习题，形式多样. 书后配测试题，书末提供解题思路或参考答案.

《21世纪大学数学精品教材》组编委员会

2012年9月

前　言

《复变函数与积分变换教程》是面向高等工科学校学生的具有明显工程应用背景的数学课程. 随着科学技术的迅速发展,它的理论和方法已广泛应用于电工技术、力学、自动控制、通信技术等许多工程技术和科学研究领域.

本课程包括内容互不相同、但又联系密切的“复变函数”和“积分变换”两部分内容. 复变函数理论这个新的数学分支统治了 19 世纪的数学,当时被公认是最丰饶的数学分支和抽象科学中最和谐的理论之一. 20 世纪初,复变函数理论又有了很大的进展,开拓了复变函数理论更广阔的研究领域. 复变函数的理论和方法在数学、自然科学和工程技术中有着广泛的应用,是解决诸如电磁学、热学、流体力学、弹性理论中的平面问题的有力工具,它的基础内容已成为理工科很多专业的必修课程. 积分变换主要是傅立叶变换和拉普拉斯变换,它是通过积分运算把一个函数变成另一个函数的变换. 积分变换的理论与方法不仅在数学的许多分支中,而且在自然科学和工程技术领域中均有着广泛的应用,已经成为不可缺少的运算工具.

本课程主要讲授复变函数与积分变换的基本理论和方法. 通过本课程的学习,学生不仅能够学到复变函数与积分变换的基本理论和数学物理及工程技术中常用的数学方法,同时还可以巩固和复习高等数学的基础知识,提高数学素养,为学习有关的后续课程和进一步扩大数学知识面奠定必要的数学基础. 在培养学生的抽象思维能力、逻辑推理能力、空间想象能力和科学计算能力等方面起着特殊而重要的作用.

本书是在编者多年来讲授工科“复变函数与积分变换”课程的基础上,遵照教育部制定的本课程教学大纲的基本要求编写而成的. 在编写过程中,我们广泛吸取了国内同类教材的主要优点,并融合了编者多年来教授该门课程的经验和体会. 考虑到工科学生学习本课程的目的主要在于应用,作者侧重于对基本概念和解题方法的讲解,基本概念的引入尽可能联系实际,淡化了一些理论的证明. 在内容安排上力求由浅入深,循序渐进. 与同类教材相比,本书删减了部分理论性较强的内容,使之更适合工科学生学习. 同时,为了便于自学和实际的需要,在注意行文的科学性与严密性的同时,力求叙述简洁,通俗易懂. 另外,本书在每章后精心设计了“内容小结”和“典型例题”,可帮助读者更清楚地把握学习要点,更深刻地理解该章的主要学习内容,更熟练地应用所学知识解决实际问题. 本书在每一章都精选了一定数量的习题和自测题，供读者巩固练习和及时了解自己的学习情况，书后附有习题答案或提示，供读者参考.

本书可供高等学校工科各专业的学生使用，也可供有关科技人员参考. 目录中打“*”号的章节，可根据各专业的不同需要选用. 本书建议用 48～56 学时(不含“*”内容). 本书定理的证明，若学时紧张，可以不使用.

本书由郑列、李家雄主编，贺方超、蔡振锋、王刚任副主编. 各章编写人员如下：陈华、任潜能(第一章)，万祥兰(第二章)，耿亮(第三章)，朱莹、王刚(第四章)，蔡振锋、雷勇(第五章)，李家雄(第六章)，郑列(第七章)，贺方超(第八章). 最后由李家雄统稿，郑列定稿.

由于编者水平有限，加上时间仓促，本书不妥之处在所难免，恳请广大读者提出批评、建议，以便再版时予以修订.

编者
2013.5

目　　录

第一章　复数与复变函数

复变函数论中研究的函数的自变量与因变量均取复数. 所以,我们应该对复数域以及复变量的函数有清晰认识. 本章主要介绍了复数的基本概念、复数的运算、复数的常见表示方法及其在几何中的应用、复平面上的点集、复变函数概念及其极限、连续等内容. 这些内容是学习全书的基础.

第一节　复　　数

一、复数及其四则运算

1. 复数的概念

称形如 $z=x+\mathrm{i}y$ 的数为复数,其中 x,y 是任意实数,i 为虚数单位,满足 $\mathrm{i}^2=-1$. x,y 分别称为 z 的实部(real part) 与虚部(imaginary part),记为

$$x=\mathrm{Re}z,\quad y=\mathrm{Im}z.$$

当 $y=0$ 时,$z=x$,我们将它视为实数 x;当 $x=0,y\neq 0$ 时,我们称 $z=\mathrm{i}y$ 为纯虚数.

对于任意两个复数 $z_1=x_1+\mathrm{i}y_1$,$z_2=x_2+\mathrm{i}y_2$,如果 $x_1=x_2$ 且 $y_1=y_2$,则称 z_1 与 z_2 相等.

显然,一个复数等于零,当且仅当它的实部和虚部都等于 0.

称 $x-\mathrm{i}y$ 与 $x+\mathrm{i}y$ 互为共轭复数. 复数 z 的共轭复数记为$\bar{z}$.

易知$\overline{(\bar{z})}=z$.

2. 复数的四则运算

设任意两个复数 $z_1=x_1+\mathrm{i}y_1$,$z_2=x_2+\mathrm{i}y_2$. 复数 z_1 与 z_2 的四则运算定义如下:

(1) 复数的加法定义为实部与实部相加及虚部与虚部相加,即

$$z_1+z_2=(x_1+x_2)+\mathrm{i}(y_1+y_2). \tag{1.1.1}$$

(2) 复数的减法定义为实部与实部相减及虚部与虚部相减,即

$$z_1-z_2=(x_1-x_2)+\mathrm{i}(y_1-y_2). \tag{1.1.2}$$

(3) 复数的乘法定义为两个复数按多项式乘法法则相乘,即

$$z_1\cdot z_2=z_1z_2=(x_1x_2-y_1y_2)+\mathrm{i}(x_1y_2+x_2y_1). \tag{1.1.3}$$

(4) 复数的除法是乘法的逆运算，若 $z_2 \neq 0$，将满足 $z_2 \cdot z = z_1$ 的复数 z 定义为 z_1 除以 z_2 的商，记为 $z = \frac{z_1}{z_2}$，即

$$\frac{z_1}{z_2} = \frac{z_1 \cdot \overline{z}_2}{z_2 \cdot \overline{z}_2} = \frac{x_1 x_2 + y_1 y_2}{x_2^2 + y_2^2} + \mathrm{i}\frac{x_2 y_1 - x_1 y_2}{x_2^2 + y_2^2} \quad (z_2 \neq 0). \qquad (1.1.4)$$

因为实数是复数的特例，所以复数的运算法则施行于实数时，应与实数的运算结果保持一致. 我们知道，实数运算满足结合律、交换律、分配律. 同样地，复数运算也满足这些规律：

(1) 结合律

$$z_1 + (z_2 + z_3) = (z_1 + z_2) + z_3, \quad z_1 \cdot (z_2 \cdot z_3) = (z_1 \cdot z_2) \cdot z_3.$$

(2) 交换律

$$z_1 + z_2 = z_2 + z_1, \quad z_1 \cdot z_2 = z_2 \cdot z_1$$

(3) 分配律

$$(z_1 + z_2) \cdot z_3 = z_1 \cdot z_3 + z_2 \cdot z_3.$$

这些算律，读者可以根据定义自行验证. 另外，以下事实显然成立：

(1) $0 + z = z + 0 = z$.

(2) $1 \cdot z = z \cdot 1 = z$, $z \cdot (1/z) = (1/z) \cdot z = 1$.

(3) $\frac{z_1 + z_2}{z_3} = \frac{z_1}{z_3} + \frac{z_2}{z_3}$.

(4) 若 $z_1 z_2 = 0$，则 z_1 与 z_2 至少有一个为零，反之也成立. 这是因为如果 $z_1 z_2 = 0$，$z_2 \neq 0$，则

$$z_1 = z_1 \cdot \left(z_2 \cdot \frac{1}{z_2}\right) = (z_1 \cdot z_2) \cdot \frac{1}{z_2} = 0.$$

例 1.1.1 证明：$(1 + z)^2 = 1 + 2z + z^2$.

证 $(1 + z)^2 = (1 + z) \cdot (1 + z) = 1 + z + z + z^2 = 1 + 2z + z^2$.

例 1.1.2 当 x, y 等于什么实数时，等式 $\frac{x + 1 + \mathrm{i}(y - 3)}{5 + 3\mathrm{i}} = 1 + \mathrm{i}$ 成立.

解 等式两边同乘 $(5 + 3\mathrm{i})$，再比较两边实部与虚部，建立方程组求解，由原式，得

$$x + 1 + \mathrm{i}(y - 3) = (1 + \mathrm{i})(5 + 3\mathrm{i}) = 2 + 8\mathrm{i},$$

所以

$$\begin{cases} x + 1 = 2, \\ y - 3 = 8, \end{cases} \quad \text{即} \quad \begin{cases} x = 1, \\ y = 11. \end{cases}$$

共轭复数有很多用处，下面介绍它的几个常用运算性质：

(1) $\overline{z_1 \pm z_2} = \overline{z}_1 \pm \overline{z}_2$；　　(2) $\overline{z_1 \cdot z_2} = \overline{z}_1 \cdot \overline{z}_2$；

(3) $\overline{\left(\frac{z_1}{z_2}\right)} = \frac{\overline{z}_1}{\overline{z}_2}$, $z_2 \neq 0$；　　(4) $z\overline{z} = x^2 + y^2 = (\mathrm{Re}z)^2 + (\mathrm{Im}z)^2$；

(5) $\mathrm{Re}z=\frac{1}{2}(z+\bar{z}),\mathrm{Im}z=\frac{1}{2\mathrm{i}}(z-\bar{z})$.

这里证明性质(3),其余留给读者自行证明.

证　设 $z_1=x_1+\mathrm{i}y_1,z_2=x_2+\mathrm{i}y_2$,那么

$$\frac{z_1}{z_2}=\frac{x_1x_2+y_1y_2}{x_2^2+y_2^2}+\mathrm{i}\,\frac{x_2y_1-x_1y_2}{x_2^2+y_2^2},\quad \overline{\left(\frac{z_1}{z_2}\right)}=\frac{x_1x_2+y_1y_2}{x_2^2+y_2^2}-\mathrm{i}\,\frac{x_2y_1-x_1y_2}{x_2^2+y_2^2},$$

$$\frac{\bar{z}_1}{\bar{z}_2}=\frac{\bar{z}_1z_2}{\bar{z}_2z_2}=\frac{(x_1-\mathrm{i}y_1)(x_2+\mathrm{i}y_2)}{x_2^2+y_2^2}=\frac{x_1x_2+y_1y_2}{x_2^2+y_2^2}-\mathrm{i}\,\frac{x_2y_1-x_1y_2}{x_2^2+y_2^2}.$$

所以性质(3)成立.

二、复数的几何表示

1. 复数的复平面表示

一个复数 $z=x+\mathrm{i}y$ 实质上可由一个有序实数对 (x,y) 唯一确定,而有序实数对与 xy 平面上的点是一一对应关系. 因此,复数 $z=x+\mathrm{i}y$ 可用横坐标为 x,纵坐标为 y 的点 (x,y) 来表示,如图 1-1 所示.

由于 x 轴上的点表示复数的实部,y 轴上的点表示复数的虚部,所以 x 轴称为实轴,y 轴称为虚轴. 这样表示复数 z 的 xy 平面可称为复平面或 z 平面. 这种用点 (x,y) 表示复数 $z=x+\mathrm{i}y$ 的方法,我们称之为复数的复平面表示法. 为了方便,今后我们可以将复数与复平面的点等同起来. 也就是说,一个复数集合就是一个平面点集. 从而,某些平面点集就可以用复数所满足的某种关系来表示. 例如,$\{z:\mathrm{Im}z\geqslant 0\}$ 与 $\{z:0\leqslant \mathrm{Re}z\leqslant 1,0\leqslant \mathrm{Im}z\leqslant 1\}$ 分别表示上半平面与以 $0,1,1+\mathrm{i},\mathrm{i}$ 为顶点的正方形.

2. 复数的向量表示

在复平面上,复数 z 还可以同以坐标原点为起点的平面向量构成一一对应关系,只要将复数的实部与虚部分别看成向量的水平分量与垂直分量即可. 所以,复数 $z=x+\mathrm{i}y$ 也可以用向量来表示,如图 1-2 所示. 需要注意的是,向量具有平移不变性,即起点可安放在任意一点,但为了叙述方便,若没特殊说明,本书所指的向量都是以坐标原点为起点.

对应向量的长度称为 z 的模,记为 $|z|$;对应向量的方向角(即从实轴的正向到向量之间的夹角)称为 z 的辐角,记为 $\mathrm{Arg}z$. 当 $z=0$ 时,$|z|=0$,这时辐角没有意义. 当 $z\neq 0$ 时,辐角有无穷多个,并且任意两个辐角值相差 2π 的整数倍. 我们把满足 $-\pi<\theta_0\leqslant\pi$ 的辐角 θ_0 称为 z 的主辐角,记为 $\theta_0=\arg z$. 这种用向量表示复数 $z=x+\mathrm{i}y$ 的方法,我们称之为复数的向量表示法. 正因为复数与平面向量之间存在这种一一对应关系,所以有关平面向量的问题就可以利用复变函数来解决.

从而,复变函数论可以广泛地应用到理论物理、弹性力学、流体力学等领域.

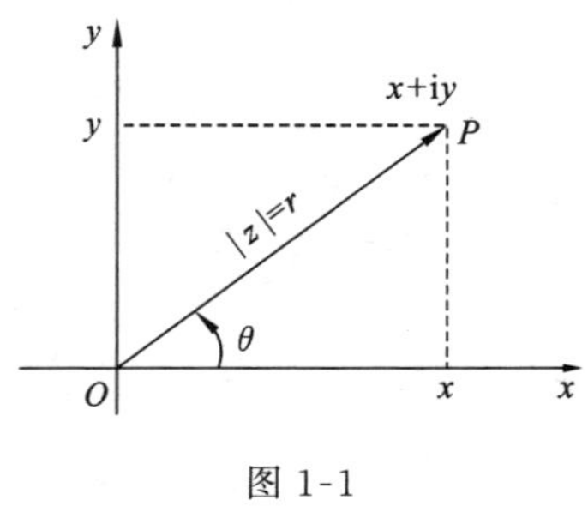

图 1-1

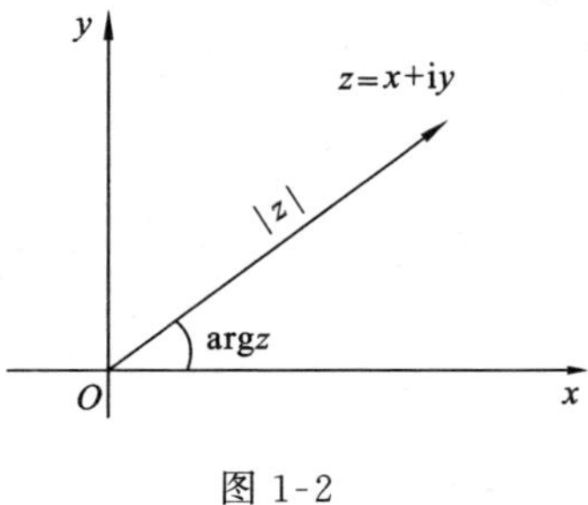

图 1-2

1) 复数的模

关于复数 $z=x+\mathrm{i}y$ 的模 $|z|$,有下列重要结论:

(1) $|z|=\sqrt{x^2+y^2}$;

(2) $|z|=|\overline{z}|$, $|z|^2=z\overline{z}$;

(3) $|x|\leqslant|z|$, $|y|\leqslant|z|$, $|x|+|y|\geqslant|z|$;

(4) $|z_1z_2|=|z_1||z_2|$;

(5) $||z_1|-|z_2||\leqslant|z_1+z_2|\leqslant|z_1|+|z_2|$;

(6) $||z_1|-|z_2||\leqslant|z_1-z_2|\leqslant|z_1|+|z_2|$.

(1)、(2)、(3) 显然成立. 利用定义和性质易得(4),在后续章节我们还可以利用复数的其他形式(三角或指数形式)更简洁地证明它.

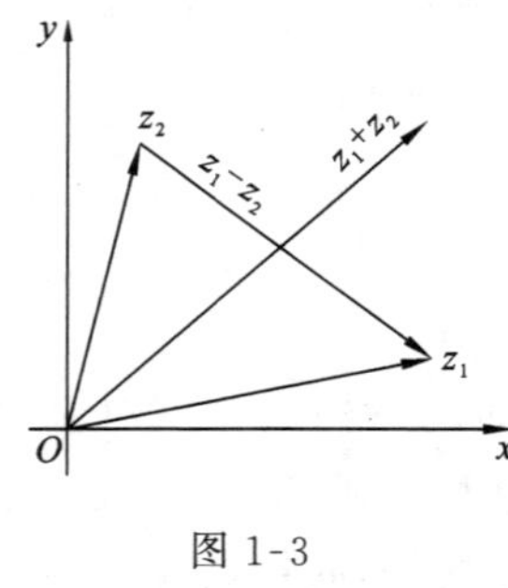

图 1-3

下面证明复数模的三角不等式(5) 与(6).

证法 1 由复数与向量之间的关系,我们知道:对于任意两个复数 z_1 与 z_2, $|z_1-z_2|$ 就是复平面上点 z_1 与点 z_2 之间的距离. 再根据三角形两边长之和大于第三边长,两边长之差小于第三边长的法则,由图 1-3 易得不等式(5) 与(6) 成立,需要注意的是,式(5) 与(6) 中等号成立的充分必要条件是 z_1 与 z_2 位于通过原点的同一条直线上.

证法 2 由结论(2) 以及共轭复数的性质,可得

$$|z_1+z_2|^2=(z_1+z_2)(\overline{z}_1+\overline{z}_2)=z_1\overline{z}_1+z_2\overline{z}_2+z_1\overline{z}_2+z_2\overline{z}_1$$
$$=|z_1|^2+|z_2|^2+2\mathrm{Re}(z_1\overline{z}_2),$$

又由结论(3)、(4)、(2) 可知

$$|\mathrm{Re}(z_1\overline{z}_2)|\leqslant|z_1\overline{z}_2|=|z_1||\overline{z}_2|=|z_1||z_2|.$$

所以 $|z_1+z_2|^2\leqslant(|z_1|+|z_2|)^2$,即 $|z_1+z_2|\leqslant|z_1|+|z_2|$. 将此式中的 z_2 用 $-z_2$ 替换,易得

$$|z_1-z_2|\leqslant|z_1|+|z_2|.$$

由于 $|z_1|=|z_1+z_2-z_2|\leqslant|z_1+z_2|+|z_2|$,从而得 $|z_1|-|z_2|\leqslant|z_1+z_2|$.同理可得

$$|z_2|-|z_1|\leqslant|z_1+z_2|,\quad \text{即}\quad ||z_1|-|z_2||\leqslant|z_1+z_2|.$$

将此式中的 z_2 用 $-z_2$ 替换,易得 $||z_1|-|z_2||\leqslant|z_1-z_2|$.

综上所述,不等式(5)与(6)成立.

2) 复数的辐角

关于复数的辐角,显然有

$$\tan(\mathrm{Arg}z)=\frac{y}{x},\quad \mathrm{Arg}z=\arg z+2k\pi\quad (k\text{ 是任意整数},-\pi<\arg z\leqslant\pi).$$

由此可见,辐角主值 $\arg z$ 由等式 $\tan(\arg z)=\dfrac{y}{x}$ 右边的值,x 和 y 的符号以及 $-\pi<\arg z\leqslant\pi$ 唯一确定. 进而,我们有

$$\arg z=\begin{cases}\arctan\dfrac{y}{x}, & x>0,\ y\text{ 为任意实数}\\ \dfrac{\pi}{2}, & x=0,\ y>0,\\ \arctan\dfrac{y}{x}+\pi, & x<0,\ y\geqslant 0,\\ \arctan\dfrac{y}{x}-\pi, & x<0,\ y<0,\\ -\dfrac{\pi}{2}, & x=0,\ y<0.\end{cases}$$

例 1.1.3 求下列复数的模与辐角主值.

(1) $\sqrt{3}+\mathrm{i}$;　　(2) $\dfrac{1}{3+2\mathrm{i}}$.

解 (1) $|z|=\sqrt{(\sqrt{3})^2+1}=2$, $\arg z=\arctan\dfrac{1}{\sqrt{3}}=\dfrac{\pi}{6}$.

(2) 因为

$$\frac{1}{3+2\mathrm{i}}=\frac{3-2\mathrm{i}}{(3+2\mathrm{i})(3-2\mathrm{i})}=\frac{3}{13}+\mathrm{i}\left(\frac{-2}{13}\right),$$

所以

$$|z|=\sqrt{\left(\frac{3}{13}\right)^2+\left(\frac{-2}{13}\right)^2}=\frac{1}{\sqrt{13}},\quad \arg z=-\arctan\frac{2}{3}.$$

3. 复数的三角表示

设复数 $z\neq 0$,r 是 z 的模,θ 是 z 的任意一个辐角,则由直角坐标系与极坐标系之间的关系,可得

$$z = r(\cos\theta + \mathrm{i}\sin\theta).$$

该式称为复数 z 的三角表示. 反之,对于任意的正数 r 与实数 θ,$r(\cos\theta + \mathrm{i}\sin\theta)$ 一定是某个复数 z 的三角表示.

由于辐角 θ 是任意的,所以一个复数的三角表示不是唯一的. 对于复数 z 的任意两个三角表示:

$$z = r_1(\cos\theta_1 + \mathrm{i}\sin\theta_1), \quad z = r_2(\cos\theta_2 + \mathrm{i}\sin\theta_2).$$

可推得

$$r_1 = r_2, \quad \theta_1 = \theta_2 + 2k\pi,$$

其中,k 为某个整数.

4. 复数的指数表示

对于复数的三角表达式

$$z = r(\cos\theta + \mathrm{i}\sin\theta),$$

利用欧拉公式 $\mathrm{e}^{\mathrm{i}\theta} = \cos\theta + \mathrm{i}\sin\theta$,可得

$$z = r\mathrm{e}^{\mathrm{i}\theta},$$

我们称此式为复数 z 的指数表示式.

例 1.1.4 将下列复数表示为三角表示式与指数表示式.

(1) $-\sqrt{12} - 2\mathrm{i}$; (2) $1 + \mathrm{i}\tan\theta \quad (\pi < \theta < 2\pi)$.

解 (1) 因为 $|-\sqrt{12} - 2\mathrm{i}| = \sqrt{12+4} = 4$;$\arg z = -\frac{5}{6}\pi$,所以

$$-\sqrt{12} - 2\mathrm{i} = 4\left[\cos\frac{5}{6}\pi - \mathrm{i}\sin\frac{5}{6}\pi\right] = 4\mathrm{e}^{-\mathrm{i}\frac{5}{6}\pi}.$$

(2) 因为 $|1 + \mathrm{i}\tan\theta| = \sqrt{1+\tan^2\theta} = |\sec\theta|$;$\arg z = \theta - 2\pi$,所以

$$1 + \mathrm{i}\tan\theta = |\sec\theta|[\cos(\theta - 2\pi) + \mathrm{i}\sin(\theta - 2\pi)] = |\sec\theta|\mathrm{e}^{\mathrm{i}(\theta - 2\pi)}.$$

注 复数的不同表示方法仅是形式上的不同,它们各有各的特点. 在不同的运算中可以选择不同的表示式进行运算,以求方便、简捷. 另外,复数的加法、减法运算的几何意义可从向量表示法得到,复数的乘法、除法运算的几何意义可以从三角或指数表示法得到.

5. 复数四则运算的几何意义

由向量减法的几何意义可以得到复数减法的几何意义,也就是说复数减法 $z_1 - z_2$ 可以表示为从向量 z_2 的终点指向向量 z_1 的终点的向量. 同样地,复数加法 $z_1 + z_2$ 可以表示为以向量 z_1 和 z_2 为邻边的平行四边形的对角线所对应向量(与 z_1,z_2 共起点). 然而,复数的乘法、除法运算却不能由向量运算进行解释. 不过,我

们可以利用复数的三角表示或指数表示给出复数乘除法的几何解释.

设

$z_1 = r_1(\cos\theta_1 + \mathrm{i}\sin\theta_1) = r_1 \mathrm{e}^{\mathrm{i}\theta_1} \neq 0,\quad z_2 = r_2(\cos\theta_2 + \mathrm{i}\sin\theta_2) = r_2 \mathrm{e}^{\mathrm{i}\theta_2} \neq 0,$

则

$$z_1 z_2 = r_1 r_2 \mathrm{e}^{\mathrm{i}(\theta_1+\theta_2)} = r_1 r_2[\cos(\theta_1+\theta_2) + \mathrm{i}\sin(\theta_1+\theta_2)], \tag{1.1.5}$$

$$\frac{z_1}{z_2} = \frac{r_1}{r_2}\mathrm{e}^{\mathrm{i}(\theta_1-\theta_2)} = \frac{r_1}{r_2}[\cos(\theta_1-\theta_2) + \mathrm{i}\sin(\theta_1-\theta_2)], \tag{1.1.6}$$

从而有:

定理 1.1　两个复数乘积的模等于它们模的乘积;两个复数乘积的辐角等于它们辐角的和.

定理的含义:对于任何两个复数 $z_1 \neq 0, z_2 \neq 0$,满足

$$|z_1 z_2| = |z_1||z_2|, \tag{1.1.7}$$

$$\mathrm{Arg}(z_1 z_2) = \mathrm{Arg}z_1 + \mathrm{Arg}z_2. \tag{1.1.8}$$

需要注意的是,(1.1.8) 式应理解为集合的相等. 也就是说,对于等式左端的任一值,等式的右端必有一值与之相等;反之也成立. 今后,我们还会遇到此类等式,对它们可以作类似的解释.

由(1.1.7) 式与(1.1.8) 式可知复数乘法运算的几何意义:乘积 $z_1 z_2$ 表示的是将向量 z_1 逆时针旋转角度 $\mathrm{Arg}z_2$ 并伸缩 $|z_2|$ 倍而获得的向量. 如图 1-4 所示.

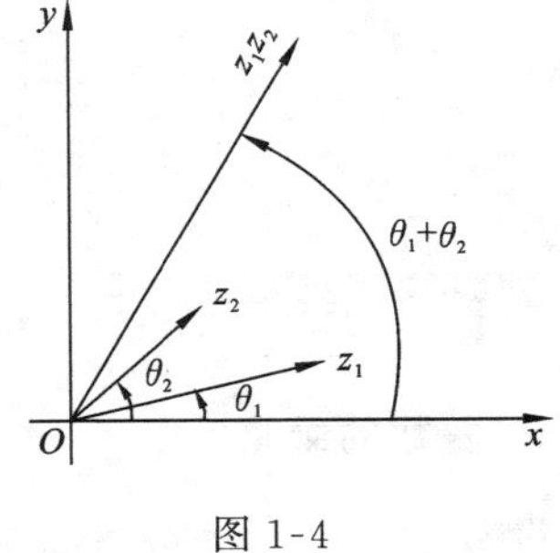

图 1-4

定理 1.2　两个复数商的模等于它们模的商;两个复数商的辐角等于被除数与除数的辐角差.

定理的含义:对于任何两个复数 $z_1 \neq 0, z_2 \neq 0$,满足

$$\left|\frac{z_1}{z_2}\right| = \frac{|z_1|}{|z_2|}, \tag{1.1.9}$$

$$\mathrm{Arg}\left(\frac{z_1}{z_2}\right) = \mathrm{Arg}z_1 - \mathrm{Arg}z_2. \tag{1.1.10}$$

由(1.1.9) 式与(1.1.10) 式可知复数除法运算的几何意义:除法 $\frac{z_1}{z_2}$ 表示的是将向量 z_1 顺时针旋转角度 $\mathrm{Arg}z_2$ 并伸缩 $\frac{1}{|z_2|}$ 倍而获得的向量.

例 1.1.5　设 $z_1 = 1+\sqrt{3}\mathrm{i}, z_2 = -1-\mathrm{i}$,利用三角表示与指数表示计算 $z_1 z_2$ 和 $\frac{z_1}{z_2}$.

解　因为 $|z_1| = 2, \tan(\mathrm{Arg}z_1) = \sqrt{3}, z_1$ 在第Ⅰ象限,所以 z_1 的三角表达式为

$$z_1 = 2\left(\cos\frac{\pi}{3} + \mathrm{i}\sin\frac{\pi}{3}\right).$$

z_1 的指数表达式为 $z_1 = 2\mathrm{e}^{\mathrm{i}\frac{\pi}{3}}$.

因为 $|z_2| = \sqrt{2}$, $\tan(\mathrm{Arg}z_2) = 1$, z_2 在第 III 象限,所以 z_2 的三角表达式为

$$z_2 = \sqrt{2}\left[\cos\left(-\frac{3\pi}{4}\right) + \mathrm{i}\left(-\frac{3\pi}{4}\right)\right].$$

z_2 的指数表达式为 $z_2 = \sqrt{2}\mathrm{e}^{\mathrm{i}\left(-\frac{3\pi}{4}\right)}$. 所以

$$\begin{aligned}
z_1 z_2 &= 2\sqrt{2}\left[\cos\left(\frac{\pi}{3} - \frac{3\pi}{4}\right) + \mathrm{i}\left(\frac{\pi}{3} - \frac{3\pi}{4}\right)\right] \\
&= 2\sqrt{2}\left[\cos\left(-\frac{5\pi}{12}\right) + \mathrm{i}\left(-\frac{5\pi}{12}\right)\right] \\
&= 2\sqrt{2}\mathrm{e}^{\mathrm{i}\left(-\frac{5\pi}{12}\right)};
\end{aligned}$$

$$\begin{aligned}
\frac{z_1}{z_2} &= \frac{2}{\sqrt{2}}\left[\cos\left(\frac{\pi}{3} + \frac{3\pi}{4}\right) + \mathrm{i}\left(\frac{\pi}{3} + \frac{3\pi}{4}\right)\right] \\
&= \sqrt{2}\left[\cos\left(-\frac{11\pi}{12}\right) + \mathrm{i}\left(-\frac{11\pi}{12}\right)\right] \\
&= \sqrt{2}\mathrm{e}^{\mathrm{i}\left(-\frac{11\pi}{12}\right)}.
\end{aligned}$$

三、复数的乘幂与方根

1. 复数的乘幂

设复数 $z = r(\cos\theta + \mathrm{i}\sin\theta) = r\mathrm{e}^{\mathrm{i}\theta} \neq 0$, n 是一正整数,则 z^n 表示 n 个 z 的乘积,即复数的乘幂. 根据乘法法则可以推得乘幂的运算法则

$$z^n = [r(\cos\theta + \mathrm{i}\sin\theta)]^n = r^n(\cos n\theta + \mathrm{i}\sin n\theta), \tag{1.1.11}$$

即

$$z^n = (r\mathrm{e}^{\mathrm{i}\theta})^n = r^n\mathrm{e}^{\mathrm{i}n\theta} \tag{1.1.12}$$

特别地,当 $r = 1$ 时,

$$z^n = (\cos\theta + \mathrm{i}\sin\theta)^n = \cos n\theta + \mathrm{i}\sin n\theta, \tag{1.1.13}$$

即

$$z^n = (\mathrm{e}^{\mathrm{i}\theta})^n = \mathrm{e}^{\mathrm{i}n\theta} \tag{1.1.14}$$

我们称(1.1.13)、(1.1.14) 两式为棣莫弗(De Moivre) 公式.

例 1.1.6 计算 $\left(\dfrac{1+\sqrt{3}\mathrm{i}}{1-\sqrt{3}\mathrm{i}}\right)^{10}$.

解法 1 $\left(\dfrac{1+\sqrt{3}\mathrm{i}}{1-\sqrt{3}\mathrm{i}}\right)^{10} = \left(\dfrac{(1+\sqrt{3}\mathrm{i})^2}{(1-\sqrt{3}\mathrm{i})(1+\sqrt{3}\mathrm{i})}\right)^{10} = \left(\dfrac{-1+\sqrt{3}\mathrm{i}}{2}\right)^{10}$

$$= \left[\left(\frac{-1+\sqrt{3}\mathrm{i}}{2}\right)^3\right]^3\left(\frac{-1+\sqrt{3}\mathrm{i}}{2}\right)$$

$$= -\frac{1}{2}+\frac{\sqrt{3}}{2}\mathrm{i}.$$

解法 2　$$\left(\frac{1+\sqrt{3}\mathrm{i}}{1-\sqrt{3}\mathrm{i}}\right)^{10} = \left(\frac{2\left(\cos\frac{\pi}{3}+\mathrm{i}\sin\frac{\pi}{3}\right)}{2\left[\cos\left(-\frac{\pi}{3}\right)+\mathrm{i}\left(-\frac{\pi}{3}\right)\right]}\right)^{10} = \left(\frac{2\mathrm{e}^{\mathrm{i}\frac{\pi}{3}}}{2\mathrm{e}^{-\mathrm{i}\frac{\pi}{3}}}\right)^{10}$$

$$= (\mathrm{e}^{\mathrm{i}\frac{2\pi}{3}})^{10} = \mathrm{e}^{\mathrm{i}\frac{20\pi}{3}} = \cos\frac{20\pi}{3}+\mathrm{i}\sin\frac{20\pi}{3} = -\frac{1}{2}+\frac{\sqrt{3}}{2}\mathrm{i}.$$

2. 复数的方根

对于任意一个复数 z 以及任意一个正整数 n，我们称满足方程 $\omega^n = z$ 的复数 ω 为复数 z 的 n 次方根，记为 $z^{\frac{1}{n}}$ 或 $\sqrt[n]{z}$.

显然，当 $z = 0$ 时，有 $\omega = 0$.

当 $z \neq 0$ 时，设

$$z = r(\cos\theta+\mathrm{i}\sin\theta) = r\mathrm{e}^{\mathrm{i}\theta} \neq 0, \quad \omega = \rho(\cos\varphi+\mathrm{i}\sin\varphi) = \rho\mathrm{e}^{\mathrm{i}\varphi} \neq 0,$$

由方程 $\omega^n = z$，可得

$$[\rho(\cos\varphi+\mathrm{i}\sin\varphi)]^n = r(\cos\theta+\mathrm{i}\sin\theta),$$

即 $(\rho\mathrm{e}^{\mathrm{i}\varphi})^n = r\mathrm{e}^{\mathrm{i}\theta}$. 于是有 $\rho^n = r, n\varphi = \theta+2k\pi$ (k 为任意整数)，从而得

$$\rho = r^{\frac{1}{n}}, \quad \varphi = \frac{1}{n}(\theta+2k\pi).$$

所以

$$\omega = r^{\frac{1}{n}}\left[\cos\frac{1}{n}(\theta+2k\pi)+\mathrm{i}\sin\frac{1}{n}(\theta+2k\pi)\right] = r^{\frac{1}{n}}\mathrm{e}^{\mathrm{i}\frac{1}{n}(\theta+2k\pi)} \quad (k\text{ 为任意整数}). \tag{1.1.15}$$

是方程 $\omega^n = z$ 的所有 n 次方根. 当 k 取 $0,1,2,\cdots,n-1$ 时得到方程 $\omega^n = z$ 的 n 个单根，当 k 取其他整数值时，得到的方程 $\omega^n = z$ 的根必定与这 n 个单根中的某个根重合. 也就是说，(1.1.15) 式中的 ω 实际上只有 n 个不同的值，因此，我们可以写成

$$\omega = r^{\frac{1}{n}}\left[\cos\frac{1}{n}(\theta+2k\pi)+\mathrm{i}\sin\frac{1}{n}(\theta+2k\pi)\right]$$

$$= r^{\frac{1}{n}}\mathrm{e}^{\mathrm{i}\frac{1}{n}(\theta+2k\pi)} \quad (k = 0,1,2,\cdots,n-1).$$

这样，任意一个不为零的复数开 n 次方有 n 个不同的值(根). 在复平面上，这 n 个点形成以原点为中心，$r^{\frac{1}{n}}$ 为半径的圆内接正 n 边形的 n 个顶点.

譬如，方程 $\omega^n = 1$ 在复数范围内有 n 个不同的根

$$\omega=\cos\frac{2k\pi}{n}+\mathrm{i}\sin\frac{2k\pi}{n}=\mathrm{e}^{\mathrm{i}\frac{2k\pi}{n}}\quad(k=0,1,2,\cdots,n-1).$$

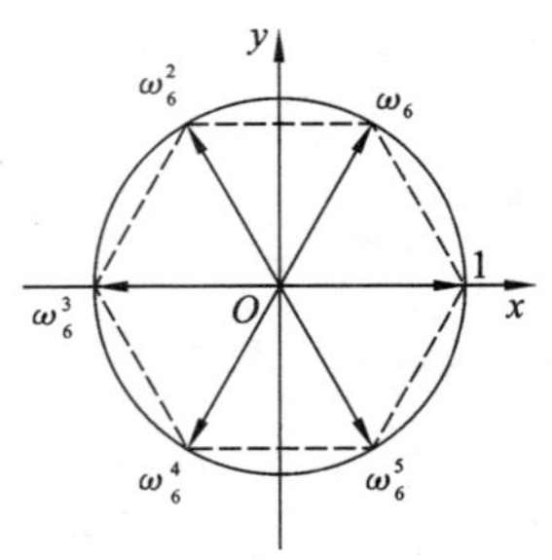

图 1-5

若设

$$\omega_n=\cos\frac{2\pi}{n}+\mathrm{i}\sin\frac{2\pi}{n}=\mathrm{e}^{\mathrm{i}\frac{2\pi}{n}},$$

则方程 $\omega^n=1$ 的 n 个不同根可记为：$1,\omega_n,\omega_n^2,\cdots,\omega_n^{n-1}$. 它们是单位圆内接正 n 边形的 n 个顶点，以 $n=6$ 为例作图 1-5.

例 1.1.7 计算复数 $\sqrt{3}+\sqrt{3}\mathrm{i}$ 的二次方根.

解 因为 $\sqrt{3}+\sqrt{3}\mathrm{i}=\sqrt{6}\cdot\left(\frac{\sqrt{2}}{2}+\frac{\sqrt{2}}{2}\mathrm{i}\right)=\sqrt{6}\cdot\mathrm{e}^{\frac{\pi}{4}\mathrm{i}}$，所以

$$\begin{aligned}\sqrt{\sqrt{3}+\sqrt{3}\mathrm{i}}&=\left(\sqrt{6}\cdot\mathrm{e}^{\frac{\pi}{4}\mathrm{i}}\right)^{\frac{1}{2}}\\&=6^{\frac{1}{4}}\cdot\left(\cos\frac{2k\pi+\frac{\pi}{4}}{2}+\mathrm{i}\sin\frac{2k\pi+\frac{\pi}{4}}{2}\right)\quad(k=0,1).\end{aligned}$$

从而

$$z_1=6^{\frac{1}{4}}\cdot\left(\cos\frac{\pi}{8}+\mathrm{i}\sin\frac{\pi}{8}\right)=6^{\frac{1}{4}}\cdot\mathrm{e}^{\frac{\pi}{8}\mathrm{i}},$$

$$z_2=6^{\frac{1}{4}}\cdot\left(\cos\frac{9}{8}\pi+\mathrm{i}\sin\frac{9}{8}\pi\right)=6^{\frac{1}{4}}\cdot\mathrm{e}^{\frac{9}{8}\pi\mathrm{i}}.$$

四、复数在几何上的应用举例

由于复数与平面向量之间的关系，可以用复数方法来分析、讨论和求证平面几何问题. 常见的方法有：将平面上的点用复数表示，将平面曲线化为复数形式；或者将点用向量表示，利用向量运算求解. 解决一个几何问题的方法是不唯一的，需要灵活应用各种方法.

例 1.1.8 已知三点 z_1,z_2,z_3，问下列各点 z 位于何处？

(1) $z=\frac{z_1+z_2}{2}$；　　(2) $z=\lambda z_1+(1-\lambda)z_2$，其中 λ 为实数；

(3) $z=\frac{z_1+z_2+z_3}{3}$.

解 (1) $z=\frac{z_1+z_2}{2}=\frac{x_1+x_2}{2}+\mathrm{i}\frac{y_1+y_2}{2}$，

故点 z 位于点 z_1 与 z_2 连线的中点.

(2)
$$\begin{aligned}z&=\lambda z_1+(1-\lambda)z_2=\lambda(x_1+\mathrm{i}y_1)+(1-\lambda)(x_2+\mathrm{i}y_2)\\&=x_2-\lambda(x_2-x_1)+\mathrm{i}[y_2-\lambda(y_2-y_1)]\end{aligned}$$

故点 z 位于点 z_1 与 z_2 连线定比 $\lambda = \dfrac{|z-z_2|}{|z_1-z_2|}$ 处.

(3) $z = \dfrac{z_1+z_2+z_3}{3} = \dfrac{x_1+x_2+x_3}{3} + \mathrm{i}\,\dfrac{y_1+y_2+y_3}{3}$.

故点 z 位于 $\triangle z_1z_2z_3$ 的重心处.

例 1.1.9　证明:复数α,β所表示的向量互相垂直的充分必要条件是 $\mathrm{Re}(\alpha\bar{\beta})=0$.

证　由图 1-6 可知,向量 α 与 β 互相垂直的充要条件是

$$|\beta-\alpha|^2 = |\alpha|^2 + |\beta|^2.$$

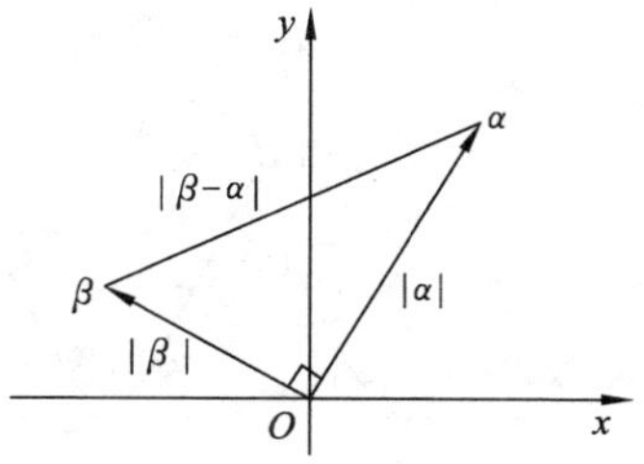

图 1-6

由于

$$|\beta-\alpha|^2 = (\beta-\alpha)\overline{(\beta-\alpha)} = (\beta-\alpha)(\bar{\beta}-\bar{\alpha}) = \beta\bar{\beta} + \alpha\alpha - (\alpha\bar{\beta} + \bar{\alpha}\beta)$$
$$= |\alpha|^2 + |\beta|^2 - 2\mathrm{Re}(\alpha\bar{\beta}).$$

所以 α,β 互相垂直的充分必要条件是 $\mathrm{Re}(\alpha\bar{\beta})=0$.

例 1.1.10　证明:复平面上的直线方程的一般形式为 $\alpha\bar{z}+\bar{\alpha}z+C=0$,其中 $\alpha\neq 0$ 是复数,C 为实数.

证　实平面上的直线方程为

$$Ax+By+C=0,$$

其中 A,B,C 均为实数,且 A,B 不同时为 0,由

$$A\left(\frac{z+\bar{z}}{2}\right)+B\left(\frac{z-\bar{z}}{2\mathrm{i}}\right)+C=0.$$

得

$$\left(\frac{A}{2}-\mathrm{i}\,\frac{B}{2}\right)z+\left(\frac{A}{2}+\mathrm{i}\,\frac{B}{2}\right)\bar{z}+C=0.$$

令 $\alpha=\dfrac{A}{2}+\mathrm{i}\,\dfrac{B}{2}$,即得 $\alpha\bar{z}+\bar{\alpha}z+C=0$.

反之,对于 $\alpha\bar{z}+\bar{\alpha}z+C=0$,设 $\alpha=A+\mathrm{i}B\neq 0$,则有

$$(A+\mathrm{i}B)(x-\mathrm{i}y)+(A-\mathrm{i}B)(x+\mathrm{i}y)+C=0.$$

得

$$2Ax+2By+C=0,$$

其中 A,B,C 均为实数,且 A,B 不同时为 0.

综上所述,复平面上的直线方程的一般形式为 $\alpha\bar{z}+\bar{\alpha}z+C=0$,其中 $\alpha\neq 0$ 是复数,C 为实数.

五、复球面与无穷远点

1. 复球面

数学是从实践中产生的,由于实际需要,我们将全体复数与复平面上的点或向

量建立起一一对应关系. 同样地,在实际应用中,譬如,在地图制图学中需考虑球面与平面上点的对应关系,即把地球投影到平面上进行研究. 这种方法称为测地投影法. 我们利用这种方法,以建立全体复数与球面上的点之间的一一对应关系.

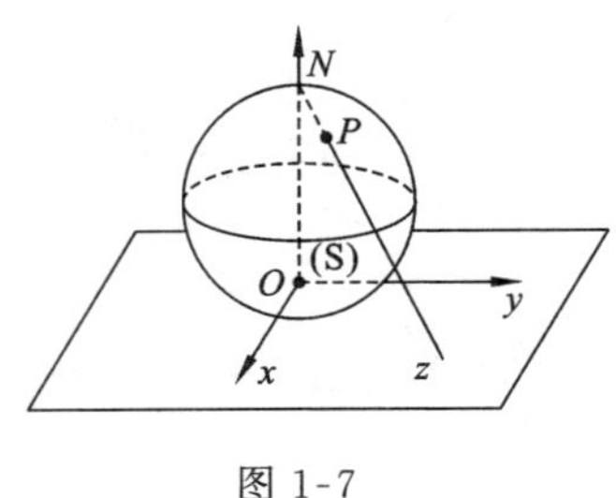

图 1-7

如图 1-7 所示,取一个在复平面原点 O 处与平面相切的球面,通过点 O(南极 S) 作一垂直于复平面的直线与球面相交于点 N(北极). 对于球面上任一异于 N 的点 P,过 N 与 P 作直线与复平面相交于点 z. 反之,对于复平面上任意一点 z,过 N 与 z 作直线与球面相交于点 P. 这样就建立起球面上的点(不包括点 N) 与复平面上的点之间的一一对应关系,即复数可以用球面上的点来表示. 点 P 可看成复数 z 的球面图形,这球面就称为复球面.

2. 扩充复平面

对于球面上的点 N,复平面上没有复数与之对应. 由图 1-7 可知,当 z 无限远离原点 O 时,点 P 无限接近点 N. 我们规定,无限远离原点 O 的点称之为无穷远点,它与球面上的点 N 相对应. 包含无穷远点的复平面,我们称为扩充复平面. 扩充复平面上的每一条直线都通过无穷远点. 为了使扩充复平面上的点与球面上的点完全一一对应起来,我们规定无穷远点是唯一的. 若没特殊说明,本书只考虑复平面.

3. 复数 ∞

为了使复数系统在许多场合应用方便,我们不仅要讨论有限复数,还要讨论一个特殊的"复数"—— 无穷大,记为 ∞,它是由 $\infty = \dfrac{1}{0}$ 来定义的. 在复平面上没有点与 ∞ 相对应,而在扩充复平面上,无穷远点与复数 ∞ 相对应. 对于复数 ∞,它的实部、虚部、辐角均没有意义,而其模规定为 $+\infty$. 对于其他每一个复数 z,都有 $|z|<+\infty$,相对而言,称 z 为有限复数. 关于复数 ∞ 的运算定义如下:

加法　$\infty + a = a + \infty = \infty \quad (a \neq \infty)$

减法　$\infty - a = \infty,\ a - \infty = \infty \quad (a \neq \infty)$

乘法　$\infty \cdot a = a \cdot \infty = \infty \quad (a \neq 0)$

除法　$\dfrac{a}{\infty} = 0,\ \dfrac{\infty}{a} = \infty\ (a \neq \infty),\quad \dfrac{a}{0} = \infty\ (a \neq 0, a$ 可为 $\infty)$

在这种定义下,一向不能以 0 为除数的除法,现在可能了. 但要注意的是,$\infty \pm \infty$,$0 \cdot \infty$,$\dfrac{\infty}{\infty}$ 以及 $\dfrac{0}{0}$ 均无意义.

这里我们引进的扩充复平面与无穷远点，在很多讨论中，能够带来方便与和谐. 但在本书以后各处，如无特殊声明，所谓“平面”一般仍指有限平面，所谓“点”仍指有限平面上的点.

第二节　复平面上的点集

正如单变量实变函数理论建立在直线点集理论基础之上一样，复变函数理论是建立在平面点集的理论基础之上的，所以以后要经常用到平面点集. 这里，我们仅介绍平面点集的基本概念，学习用含复变量的等式或不等式来表示平面点集的方法.

一、平面点集的基本概念

首先引入邻域的概念.

设 z_0 为平面上一点，δ 为任一正整数.

我们把与点 z_0 距离小于 δ 的点的全体称为点 z_0 的 δ 邻域，记为 $U(z_0,\delta)$，即

$$U(z_0,\delta)=\{z \mid |z-z_0|<\delta\},$$

其几何意义就是以点 z_0 为圆心，δ 为半径的圆内部的点的全体. 点 z_0 的去心 δ 邻域，记为 $\mathring{U}(z_0,\delta)$，即

$$\mathring{U}(z_0,\delta)=\{z \mid 0<|z-z_0|<\delta\}.$$

下面利用邻域来描述点与点集之间的关系.

平面上任意一点 z 与任一平面点集 E 之间必有以下三种关系中的一种：

内点　如果存在点 z 的某个邻域 $U(z,\delta)$，使得 $U(z,\delta)\subset E$，则称 z 为 E 的内点.

外点　如果存在点 z 的某个邻域 $U(z,\delta)$，使得 $U(z,\delta)\cap E=\phi$，则称 z 为 E 的外点.

边界点　如果点 z 的任一邻域内既含有属于 E 的点，又含有不属于 E 的点，则称 z 为 E 的边界点.

E 的全体边界点，称为 E 的边界，记为 ∂E.

注意：E 的内点必定属于 E；E 的外点必定不属于 E；而 E 的边界点既可能属于 E，也可能不属于 E.

点与点集之间除了上述三种关系之外，还有以下特殊关系：

聚点　如果点 z 的任一去心邻域内总含有 E 中的点，则称 z 为 E 的聚点.

孤立点　如果点 $z\in E$ 但 z 不是 E 的聚点，则称 z 为 E 的孤立点.

由聚点的定义可知，点集 E 的聚点既可以属于 E，也可以不属于 E，并且 E 的内点一定是聚点.

例如,设平面点集 $E=\{z \mid 2<|z| \leqslant 3\}$ 满足 $2<|z|<3$ 的点 z 都是 E 的内点;满足 $|z|=3$ 的点 z 都是 E 的边界点,它们都属于 E;满足 $|z|=2$ 的点 z 也是 E 的边界点,它们都不属于 E;点集 E 以及它的边界 ∂E 上的所有点都是 E 的聚点.

根据点集所含点的特征,我们再来定义一些重要的平面点集.

开集 如果点集 E 的点都是 E 的内点,则称 E 为开集.

闭集 如果点集 E 的所有边界点都属于 E,则称 E 为闭集.

连通集 如果点集 E 内任何两个点,都可以用折线联结起来,且该折线上的点都属于 E,则称 E 为连通集.

有界集 如果存在一个以原点 $z=0$ 为中心的圆盘包含点集 E,即存在一个正数 M,对于任意 $z \in E$,都有 $|z|<M$,则称 E 为有界集;否则称 E 为无界集.

二、区域与平面曲线

1. 区域

同实变量一样,每个复变量都有自己的变化范围. 在以后的讨论中,变化范围主要指的是区域. 一个平面点集 E 称之为区域(开区域),如果 E 是连通的开集. 区域连同它的边界一起所构成的点集称为闭区域.

2. 平面曲线

由高等数学课程所学知识,我们知道平面曲线可以表示为

$$\begin{cases} x = x(t) \\ y = y(t) \end{cases} \quad (\alpha \leqslant t \leqslant \beta)$$

其中 $x(t)$ 与 $y(t)$ 是闭区间 $[\alpha,\beta]$ 上的两个连续实函数.

现在,我们用复数方程 $z(t)$ 来表示. 设曲线 C:

$$z = z(t) = x(t) + \mathrm{i}y(t) \quad (\alpha \leqslant t \leqslant \beta).$$

在区间 $[\alpha,\beta]$ 上,如果 $x(t)$ 与 $y(t)$ 都是连续的,则称 C 是复平面上的一条连续曲线,此时,$z(\alpha)$ 与 $z(\beta)$ 分别称为曲线 C 的起点和终点;如果 $x'(t)$ 与 $y'(t)$ 都是连续的,且对于任一 $t \in [\alpha,\beta]$,有

$$[x'(t)]^2 + [y'(t)]^2 \neq 0,$$

则称曲线 C 是光滑的. 由几条光滑曲线依次连接而成的曲线,称为分段光滑曲线.

对于 $t_1, t_2 \in [\alpha,\beta]$,且 t_1 与 t_2 不同时取到端点,当 $t_1 \neq t_2$ 而有 $z(t_1) = z(t_2)$ 时,点 $z(t_1)$ 称为曲线 C 的重点. 没有重点的连续曲线 C 称为简单曲线或若尔当(Jordan)曲线. 如果简单曲线 C 的两个端点(即起点和终点)重合,即 $z(\alpha) = z(\beta)$,那么曲线 C 称为简单闭曲线. 由定义可知,简单曲线自身不会相交,简单闭

曲线只有起点和终点重合.

设 E 是平面上一区域，如果在 E 内作任意一条简单闭曲线，而曲线所围的部分（即曲线的内部）总属于 E，则称区域 E 为单连通区域；否则，称为多连通区域.

例如，区域：$\{z \mid |z| < 2\}$ 和区域：$\{z \mid \mathrm{Im}(z) > 1\}$ 均为单连通区域；区域：$\{z \mid 1 < |z| < 2\}$ 是多连通区域.

例 1.2.1　满足关系式：$\cos\theta < r < 2\cos\theta \quad \left(-\frac{\pi}{2} < \theta < \frac{\pi}{2}\right)$ 的点 $z = r(\cos\theta + \mathrm{i}\sin\theta)$ 是否构成区域？若构成区域，请指明它是有界的还是无界的，是单连通区域还是复连通区域？

解　由 $z = x + \mathrm{i}y = r(\cos\theta + \mathrm{i}\sin\theta)$，可知

$$r = \sqrt{x^2 + y^2}, \quad \cos\theta = \frac{x}{\sqrt{x^2 + y^2}}, \quad \sin\theta = \frac{y}{\sqrt{x^2 + y^2}}.$$

因为 $\cos\theta < r < 2\cos\theta$，所以

$$x < x^2 + y^2 < 2x.$$

从而有

$$(x - 1/2)^2 + y^2 > 1/4, \quad (x - 1)^2 + y^2 < 1.$$

故满足关系式的点集充满以 $z_0 = 1$ 为圆心、半径为 1 的圆内部，而在以 $z_1 = 1/2$ 为圆心、半径为 1/2 的圆外部区域（如图 1-8 所示），是单连通区域，并且是有界的.

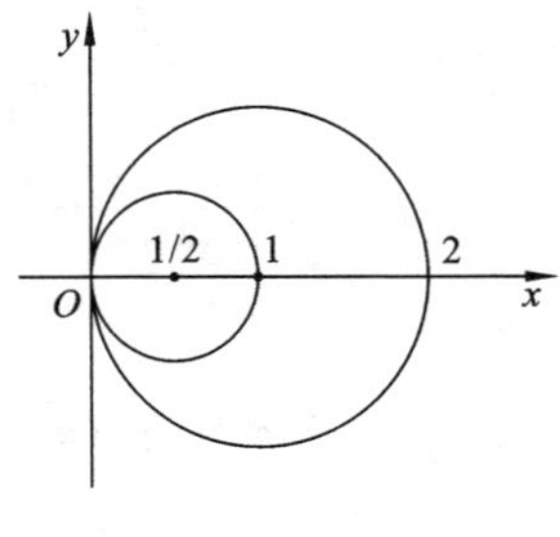

图 1-8

第三节　复变函数

关于复变函数，许多定义和结论从形式上看都与高等数学中所学的实变函数相似，但意义已不尽相同. 希望读者在学习时特别注意.

一、复变函数的概念

定义 1.1　设 D 是复平面上的一个点集，对于任一复数 $z \in D$，如果存在一个法则 f，使得总有确定的复数 w 与之对应，则称 f 是定义在 D 上的复变函数（简称

复变函数),记为 $w=f(z)$,其中 z 称为自变量,w 称为因变量,点集 D 称为复变函数 f 的定义域.

注 如果给定一个复变函数 $w=f(z)$ 却没有指明函数的定义域,那么我们常约定该函数的定义域为使得 $w=f(z)$ 有意义的所有 z 所构成的复点集.

如果对于每个 $z\in D$,有唯一的 w 与之对应,则称 $w=f(z)$ 为单值函数;否则,称为多值函数. 在以后的讨论中,若无特别声明,所讨论的复变函数指的都是单值函数.

如果 D 是一个实数集,则 $w=f(z)$ 就是实变量的复值函数. 平面曲线的复数方程

$$z=z(t)=x(t)+\mathrm{i}y(t)\quad(\alpha\leqslant t\leqslant\beta)$$

就是一个实变量的复值函数.

设 $z=x+\mathrm{i}y$,则 $w=f(z)$ 可以表示成下列形式

$$w=f(z)=u+\mathrm{i}v=u(x,y)+\mathrm{i}v(x,y),\tag{1.3.1}$$

其中 $u(x,y)$ 与 $v(x,y)$ 为实值函数. 由(1.3.1)式可知,$w=f(z)$ 由 $u(x,y)$ 与 $v(x,y)$ 确定,因此一个复变函数 $w=f(z)$ 就相当于一对二元实变函数.

例 1.3.1 将复变函数 $w=z^2+1$ 化为一对二元实变函数.

解 设 $z=x+\mathrm{i}y$,$w=u+\mathrm{i}v$,代入 $w=z^2+1$,得

$$u+\mathrm{i}v=(x+\mathrm{i}y)^2+1=x^2-y^2+1+2\mathrm{i}xy.$$

分开实部与虚部,即得

$$u=x^2-y^2+1,\quad v=2xy.$$

例 1.3.2 将函数 $f(z)=x\left(1+\dfrac{1}{x^2+y^2}\right)+\mathrm{i}y\left(1-\dfrac{1}{x^2+y^2}\right)$写成关于 z 的解析式.

解法 1 共轭法. 将 $x=\dfrac{1}{2}(z+\overline{z})$,$y=\dfrac{1}{2\mathrm{i}}(z-\overline{z})$ 代入,得

$$f(z)=\frac{1}{2}(z+\overline{z})\left(1+\frac{1}{z\overline{z}}\right)+\mathrm{i}\,\frac{z-\overline{z}}{2\mathrm{i}}\left(1-\frac{1}{z\overline{z}}\right)=z+\frac{1}{z}.$$

解法 2 拼凑法. 凑成关于 $x+\mathrm{i}y$ 的因式,则

$$f(z)=(x+\mathrm{i}y)+\frac{1}{x^2+y^2}(x-\mathrm{i}y)=z+\frac{1}{z\overline{z}}\cdot\overline{z}=z+\frac{1}{z}.$$

解法 3 设零法. 令 $y=0$,求 $f(x)$ 再得 $f(z)$.

$$f(x)=x+\frac{1}{x^2}x=x+\frac{1}{x},\quad 故\quad f(z)=z+\frac{1}{z}.$$

利用几何图形来表示复变函数,对研究复变函数的性质能提供许多形象直观的帮助. 下面我们将给出复变函数的几何解释.

设 $f(z)$ 的定义域为 D,$f(z)$ 的值的集合(即值域)为 G,则 $w=f(z)$ 将点集 D 的点映射到点集 G 的点. 所以,从几何的角度来说,复变函数 $w=f(z)$ 代表的就

是点集 D 到点集 G 之间的一种映射，也是一种变换.

例 1.3.3　复变函数 $w=z^2$ 将 z 平面上的扇形区域

$$D: 0<\theta<\frac{\pi}{4},\quad 0<r<2 \text{ 与 } x=a,\ y=b \quad (a,b \text{ 为实数})$$

映射为 w 平面上的什么图形？

解　由乘法的模与辐角的定理可知，$w=z^2$ 使得 z 的模与辐角增加一倍. 记 $w=\rho e^{i\varphi}$，则复变函数 $w=z^2$ 将复平面上的扇形区域 D

$$0<\theta<\frac{\pi}{4},\quad 0<r<2$$

映射到另一个复平面上的扇形区域 G（如图 1-9 所示）

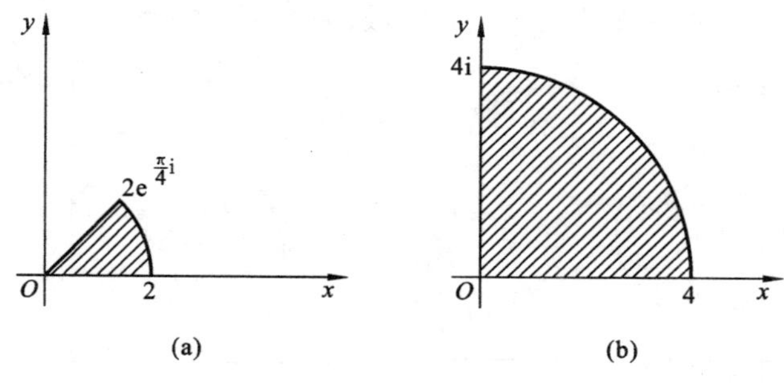

图 1-9

$$0<\varphi<\frac{\pi}{2},\quad 0<\rho<4.$$

例 1.3.4　复变函数 $w=z+\frac{1}{z}$ 将 z 平面上的圆周 $|z|=2$ 映射为 w 平面上的什么图形？

解　设 $z=x+iy, w=u+iv$，则

$$u+iv=x+iy+\frac{1}{x+iy}=x+iy+\frac{x-iy}{x^2+y^2}=x+\frac{x}{x^2+y^2}+i\left(y-\frac{y}{x^2+y^2}\right).$$

因为 $x^2+y^2=4$，所以 $u+iv=\frac{5}{4}x+\frac{3}{4}yi$. 从而

$$u=\frac{5}{4}x,\ v=\frac{3}{4}y,\quad \text{即}\quad x=\frac{u}{5/4},\ y=\frac{v}{3/4}.$$

所以 $\frac{u^2}{(5/2)^2}+\frac{v^2}{(3/2)^2}=1$. 这表示椭圆.

二、复变函数的极限与连续性

1. 复变函数的极限

定义 1.2　设 $w=f(z)$ 在点 z_0 的某一去心邻域内有定义. 若存在确定的复

数 $A\ (A\neq\infty)$，对于任意给定的正数 ε(无论它多小)，总存在一个正数 δ，使得当 z 满足不等式 $0<|z-z_0|<\delta$ 时，对应的函数值 $f(z)$ 都满足不等式：$|f(z)-A|<\varepsilon$，则称 A 为函数 $f(z)$ 当 $z\to z_0$ 时的极限，记为

$$\lim_{z\to z_0}f(z)=A \quad 或 \quad f(z)\to A\ (当\ z\to z_0\ 时).$$

需要注意的是：(1) 定义中 $0<|z-z_0|<\delta$ 表示 $z\neq z_0$，所以 $z\to z_0$ 时 $f(z)$ 有没有极限与 $f(z)$ 在点 z_0 是否有定义并无关系.

(2) 极限的涵义是无论 z 以何种方式无限趋近于 z_0 时，对应的函数值 $f(z)$ 都无限趋近于某个确定的复数 A.

(3) 极限的几何意义是：当变量 z 落在 z_0 的一个充分小的 δ 邻域时，相应的函数值 $f(z)$ 便落在 A 的一个充分小的 ε 邻域，如图 1-10 所示.

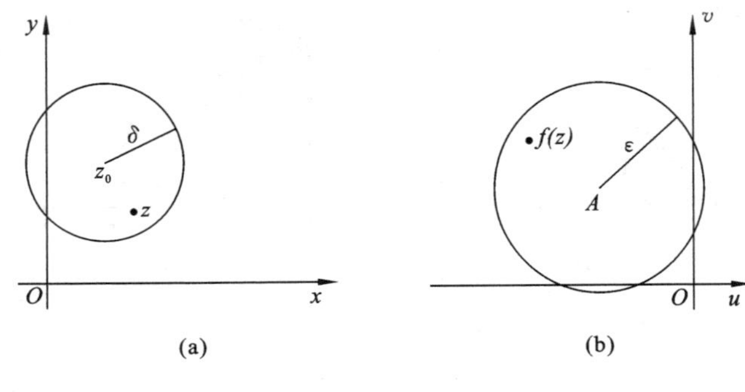

图 1-10

例 1.3.5 证明：函数极限 $\lim\limits_{z\to 0}\dfrac{\mathrm{Re}(z)}{z}$ 不存在.

证 设 $z=x+\mathrm{i}y$，则 $\dfrac{\mathrm{Re}(z)}{z}=\dfrac{x}{x+\mathrm{i}y}$，有

$$\lim_{z\to 0}\frac{\mathrm{Re}(z)}{z}=\lim_{\substack{x\to 0\\ y=kx\to 0}}\frac{x}{x+\mathrm{i}kx}=\frac{1}{1+\mathrm{i}k},$$

显然，当 k 取不同值时，函数趋于不同的值. 故函数极限 $\lim\limits_{z\to 0}\dfrac{\mathrm{Re}(z)}{z}$ 不存在.

由于一个复变函数可以用两个二元实函数来表示，所以关于复变函数极限的讨论可以归结到两个二元实函数上来，下面的两个极限定理便说明了一切.

定理 1.3 设 $f(z)=u+\mathrm{i}v=u(x,y)+\mathrm{i}v(x,y)$，$z_0=x_0+\mathrm{i}y_0$，$A=u_0+\mathrm{i}v_0$，则 $\lim\limits_{z\to z_0}f(z)=A$ 的充要条件是

$$\lim_{(x,y)\to(x_0,y_0)}u(x,y)=u_0,\quad \lim_{(x,y)\to(x_0,y_0)}v(x,y)=v_0. \tag{1.3.2}$$

证 必要性. 若 $\lim\limits_{z\to z_0}f(z)=A$，由极限定义可知，对于任意给定的正数 ε(无论它多小)，总存在一个正数 δ，当 $0<|z-z_0|<\delta$ 时，有 $|f(z)-A|<\varepsilon$ 成立. 即

当

$$0<|(x-x_0)+\mathrm{i}(y-y_0)|<\delta$$

时，有

$$|(u-u_0)+\mathrm{i}(v-v_0)|<\varepsilon.$$

也就是说，当 $0<\sqrt{(x-x_0)^2+(y-y_0)^2}<\delta$ 时，有

$$|u-u_0|<\varepsilon,\quad |v-v_0|<\varepsilon.$$

由二元函数极限的定义，可得

$$\lim_{(x,y)\to(x_0,y_0)} u(x,y)=u_0,\qquad \lim_{(x,y)\to(x_0,y_0)} v(x,y)=v_0.$$

充分性．若(1.3.2)式成立，也就是说，当 $0<\sqrt{(x-x_0)^2+(y-y_0)^2}<\delta$ 时，有

$$|u-u_0|<\frac{\varepsilon}{2},\quad |v-v_0|<\frac{\varepsilon}{2}.$$

于是便有当 $0<|z-z_0|<\delta$ 时，

$$|f(z)-A|=|(u-u_0)+\mathrm{i}(v-v_0)|\leqslant|u-u_0|+|v-v_0|<\varepsilon.$$

即 $\lim\limits_{z\to z_0}f(z)=A$.

例 1.3.6　证明：$f(z)=\dfrac{\bar{z}}{z}$ 在 $z\to0$ 时极限不存在.

证　设 $z=x+\mathrm{i}y$，则

$$f(z)=\frac{\bar{z}}{z}=\frac{x^2-y^2}{x^2+y^2}+\frac{-2xy}{x^2+y^2}\mathrm{i},$$

因此得

$$u(x,y)=\frac{x^2-y^2}{x^2+y^2},\quad v(x,y)=\frac{-2xy}{x^2+y^2}.$$

对于二元实函数 $u(x,y)$ 让 (x,y) 沿着 $y=kx$（k 为任意实数）趋向于 0，有

$$\lim_{(x,y)\to(0,0)}u(x,y)=\lim_{\substack{x\to0\\ y=kx\to0}}u(x,y)=\lim_{\substack{x\to0\\ y=kx\to0}}\frac{x^2-y^2}{x^2+y^2}=\frac{1-k^2}{1+k^2}.$$

显然，极限值随 k 值的不同而不同，因为根据二元实变函数极限的定义知，$u(x,y)$ 在 (x,y) 趋向于 0 时的极限不存在．即得结论.

定理 1.4　设 $\lim\limits_{z\to z_0}f(z)=A$，$\lim\limits_{z\to z_0}g(z)=B$，则

(1) $\lim\limits_{z\to z_0}[f(z)\pm g(z)]=A\pm B$；

(2) $\lim\limits_{z\to z_0}f(z)\cdot g(z)=AB$；

(3) $\lim\limits_{z\to z_0}\dfrac{f(z)}{g(z)}=\dfrac{A}{B}\ (B\neq0)$.

关于定理 1.4 的证明，我们既可以利用复变函数极限的定义来完成，也可以利用定理 1.3 与二元实变量函数极限的运算法则进行推导实现，显然，后者更简单.

下面,我们来证明(2),其余留给读者自行证明.

证 设 $z=x+\mathrm{i}y, z_0=x_0+\mathrm{i}y_0, A=u_0+\mathrm{i}v_0, B=U_0+\mathrm{i}V_0$,

$f(z)=u+\mathrm{i}v=u(x,y)+\mathrm{i}v(x,y)$, $\quad g(z)=U+\mathrm{i}V=U(x,y)+\mathrm{i}V(x,y)$.

则

$$f(z)g(z)=(uU-vV)+\mathrm{i}(vU+uV),$$
$$AB=(u_0U_0-v_0V_0)+\mathrm{i}(v_0U_0+u_0V_0).$$

由已知条件$\lim\limits_{z\to z_0}f(z)=A$,$\lim\limits_{z\to z_0}g(z)=B$ 以及定理 1.3,可得

$$\lim_{\substack{x\to x_0\\ y\to y_0}}u=\lim_{\substack{x\to x_0\\ y\to y_0}}u(x,y)=u_0,\qquad \lim_{\substack{x\to x_0\\ y\to y_0}}v=\lim_{\substack{x\to x_0\\ y\to y_0}}v(x,y)=v_0,$$

$$\lim_{\substack{x\to x_0\\ y\to y_0}}U=\lim_{\substack{x\to x_0\\ y\to y_0}}U(x,y)=U_0,\qquad \lim_{\substack{x\to x_0\\ y\to y_0}}V=\lim_{\substack{x\to x_0\\ y\to y_0}}V(x,y)=V_0,$$

从而

$$\lim_{\substack{x\to x_0\\ y\to y_0}}(uU-vV)=u_0U_0-v_0V_0,\qquad \lim_{\substack{x\to x_0\\ y\to y_0}}(vU+uV)=v_0U_0+u_0V_0.$$

再由定理 1.3 立即可得

$$\lim_{z\to z_0}f(z)\cdot g(z)=AB.$$

例 1.3.7 求$\lim\limits_{z\to 1}\dfrac{z\bar{z}+2z-\bar{z}-2}{z^2-1}$.

解 因为$\dfrac{z\bar{z}+2z-\bar{z}-2}{z^2-1}=\dfrac{(\bar{z}+2)(z-1)}{(z+1)(z-1)}=\dfrac{\bar{z}+2}{z+1}$,所以

$$\lim_{z\to 1}\frac{z\bar{z}+2z-\bar{z}-2}{z^2-1}=\lim_{z\to 1}\frac{\bar{z}+2}{z+1}=\frac{3}{2}.$$

在扩充复平面上,我们还可以定义含 ∞ 的广义极限:

(1) 如果对于任意给定的正数ε(无论它多小),总存在一个正数δ,当$|z|>\dfrac{1}{\delta}$时,有$|f(z)-A|<\varepsilon$成立,则称A为函数$f(z)$当$z\to\infty$时的极限,记为$\lim\limits_{z\to\infty}f(z)=A$.

(2) 如果对于任意给定的正数M,总存在一个正数δ,当$0<|z-z_0|<\delta$时,有$|f(z)|>M$成立,则称函数$f(z)$当$z\to z_0$时趋于∞,记为$\lim\limits_{z\to z_0}f(z)=\infty$.

(3) 如果对于任意给定的正数M,总存在一个正数δ,当$|z|>\dfrac{1}{\delta}$时,有$|f(z)|>M$成立,则称函数$f(z)$当$z\to\infty$时趋于∞,记为$\lim\limits_{z\to\infty}f(z)=\infty$.

例 1.3.8 求$\lim\limits_{z\to\infty}\dfrac{1}{1+z^2}$.

解 令$z=\dfrac{1}{t}$,则$z\to\infty$,$t\to 0$. 于是有

$$\lim_{z\to\infty}\frac{1}{1+z^2}=\lim_{t\to 0}\frac{t^2}{1+t^2}=0.$$

2. 复变函数的连续性

定义 1.3　若$\lim\limits_{z\to z_0}f(z)=f(z_0)$,则称 $f(z)$ 在 z_0 处连续. 若 $f(z)$ 在区域 D 内处处连续,则称 $f(z)$ 在区域 D 内是连续的.

由定义 1.3 与定理 1.3 可得:

定理 1.5　设 $f(z)=u(x,y)+\mathrm{i}v(x,y)$ 在 $z_0=x_0+\mathrm{i}y_0$ 处连续的充要条件是 $u(x,y)$ 与 $v(x,y)$ 在(x_0,y_0)处都连续.

上面引进的复变函数极限与连续性的定义与实变函数的极限与连续性的定义形式上完全相同,因此,高等数学中证明的关于连续函数和、差、积、商以及复合函数仍连续的定理在这里的依然成立. 仿照高等数学中的讨论方法,读者可自行证明下面的定理.

定理 1.6　在 $z_0=x_0+\mathrm{i}y_0$ 处连续的两个函数的和、差、积、商(分母在 z_0 处不等于 0)在 z_0 处仍然连续.

注　这个定理的证明也可由定义 1.3 与定理 1.4 直接推导得到.

定理 1.7　如果函数 $h=g(z)$ 在 z_0 连续,函数 $w=f(h)$ 在 $h_0=g(z_0)$ 连续,那么复合函数

$$w=f[g(z)]$$

在 z_0 处连续.

例 1.3.9　讨论函数 $f(z)=\begin{cases}\dfrac{xy}{x^2+y^2}, & z\neq 0,\\ 0, & z=0\end{cases}$ 的连续性.

解　因为

$$\lim_{z\to 0}f(z)=\lim_{(x,y)\to(0,0)}\frac{xy}{x^2+y^2}.$$

设 $y=kx$,则 $\lim\limits_{(x,y)\to(0,0)}\dfrac{xy}{x^2+y^2}=\dfrac{k}{1+k^2}$. 因为当 k 取不同值时,$f(z)$ 的取值不同,所以 $f(z)$ 在 $z=0$ 处极限不存在. 从而 $f(z)$ 在 $z=0$ 处不连续,除 $z=0$ 外连续.

例 1.3.10　求下列函数的定义域,并判断这些函数在定义域内是否为连续函数.

(1) $w=z^3$;　(2) $w=\dfrac{2z-1}{z-2}$;　(3) $w=\sqrt[3]{z^3}$.

解　(1) 定义域是复平面. 因为 $w=z$ 在复平面上连续,所以由定理 1.6 得

$w = z^3$ 在复平面上连续.

(2) 定义域是除去点 $z = -2$ 的复平面. 因为分子、分母都是在复平面连续的多项式函数,所以由定理 1.6 得 $w = \dfrac{2z-1}{z-2}$ 在定义域上连续.

(3) 定义域是复平面. 因为 $w = \sqrt[3]{z^3}$ 定义的三个单值函数

$$(|z|^3)^{1/3} e^{i(3\arg z + 2k\pi)/3} = |z| e^{i(\arg z + 2k\pi/3)} = z e^{i2k\pi/3} \quad (k = 0,1,2)$$

都在复平面上连续,所以 $w = \sqrt[3]{z^3}$ 在复平面上连续.

本章小结

一、内容小结

本章主要学习了复数的基本概念、复数的运算、复数的常见表示方法及其在几何中的应用、复平面上的点集、复变函数概念及其极限、连续等内容. 这些内容是学习全书的基础. 首先,我们要对复数的概念和性质要有清晰的认识,并要熟悉复数的各种表示形式及其相互转换,特别是辐角主值的确定;其次,复数运算主要包括和、差、积、商、乘幂和方根,为了使运算更加简捷准确,应该注意选择合适的表示式进行运算,有时还可以借助几何意义来讨论复数的运算,另外要注意复数运算与实数运算的不同. 由于复数与平面上的点和向量之间的关系,故应注意掌握用复数形式的等式或不等式表示平面图形来解决有关几何问题的方法. 处理复变函数问题首先想到的应该是它与二元实变函数的关系,利用二元实变函数进行讨论,能把一个复变函数看作两个二元实变函数,也能把两个二元实变函数写成一个复变函数. 另外要注意讨论复变函数的极限与连续性时,要多考虑 z 趋于 z_0 的方式.

二、典型例题

例 1 复数所具有的运算性质是否使复数集合构成复数域?

解 由于复数运算具有以下规律:

(1) 封闭性. 若 z_1, z_2 是复数,则 $z_1 + z_2, z_1 \cdot z_2$ 也是复数.

(2) 结合律. 对于任意复数 z_1, z_2, z_3,有

$$z_1 + (z_2 + z_3) = (z_1 + z_2) + z_3, \quad z_1 \cdot (z_2 \cdot z_3) = (z_1 \cdot z_2) \cdot z_3.$$

(3) 关于加法运算存在单位元素 0,关于乘法运算存在单位元素 1,即对于任意复数 z,有

$$0 + z = z + 0 = z, \quad 1 \cdot z = z \cdot 1 = z.$$

(4) 关于加法、乘法运算存在逆元素,即

(i) 对于任意复数 z,存在复数 $-z$,使得 $z + (-z) = (-z) + z = 0$;

(ii) 对于任意复数 $z \neq 0$，存在复数 $1/z$，使得 $z \cdot (1/z) = (1/z) \cdot z = 1$.

(5) 加法、乘法运算满足分配律，即对于任意复数 z_1, z_2，有

$$(z_1 + z_2)z_3 = z_1 z_3 + z_2 z_3.$$

(6) 加法运算满足交换律，即对于任意复数 z_1, z_2，有 $z_1 + z_2 = z_2 + z_1$.
所以，全体复数构成一个复数域.

例 2　设复数 z, w，证明下列不等式，并给出最后一个等式的几何解释.

(1) $|z+w|^2 = |z|^2 + 2\mathrm{Re}(z \cdot \overline{w}) + |w|^2$；

(2) $|z-w|^2 = |z|^2 - 2\mathrm{Re}(z \cdot \overline{w}) + |w|^2$；

(3) $|z+w|^2 + |z-w|^2 = 2(|z|^2 + |w|^2)$.

证　(1)
$$\begin{aligned} |z+w|^2 &= (z+w) \cdot \overline{(z+\overline{w})} \\ &= (z+w)(\overline{z}+\overline{w}) \\ &= z \cdot \overline{z} + z \cdot \overline{w} + w \cdot \overline{z} + w \cdot \overline{w} \\ &= |z|^2 + z\overline{w} + \overline{(z \cdot \overline{w})} + |w|^2 \\ &= |z|^2 + |w|^2 + 2\mathrm{Re}(z \cdot \overline{w}) \end{aligned}$$

(2)
$$\begin{aligned} |z-w|^2 &= (z-w) \cdot \overline{(z-w)} = (z-w)(\overline{z}-\overline{w}) \\ &= |z|^2 - z \cdot \overline{w} - w \cdot \overline{z} + |w|^2 \\ &= |z|^2 - 2\mathrm{Re}(z \cdot \overline{w}) + |w|^2 \end{aligned}$$

(3) 由(1)与(2)可得 $|z+w|^2 + |z-w|^2 = 2(|z|^2 + |w|^2)$.

几何意义　平行四边形两对角线平方的和等于各边的平方的和.

例 3　将复数 $z = \dfrac{(\sqrt{3}+\mathrm{i})(2-2\mathrm{i})}{(\sqrt{3}-\mathrm{i})(2+2\mathrm{i})}$ 化为三角形式与指数形式.

分析　将一个复数 z 化为三角形式与指数形式的关键在于求出该复数的模与辐角的主值. 通常的方式是先将 z 化为代数形式 $z = x + \mathrm{i}y$，再利用 $|z| = \sqrt{x^2+y^2}$ 与反正切公式分别求出它的模与主辐角. 本题中由于 z 的分子与分母互为共轭复数，而复数与其共轭复数的模相等，因此，容易利用复数商的模公式求出 $|z|$. 至于主辐角除了可用反正切公式求得外，也可以利用关于乘积与商的辐角公式来求. 下面给出两种解法，便于读者比较.

解法 1　将 z 的分子与分母同乘以 $(\sqrt{3}+\mathrm{i})(2-2\mathrm{i})$，得

$$z = \frac{(\sqrt{3}+\mathrm{i})^2 (2-2\mathrm{i})^2}{|\sqrt{3}+\mathrm{i})|^2 |2-2\mathrm{i}|^2} = \left(\frac{1}{2} + \frac{\sqrt{3}}{2}\mathrm{i}\right)(-\mathrm{i}) = \frac{\sqrt{3}}{2} - \frac{1}{2}\mathrm{i},$$

所以

$$|z| = 1, \arg z = \arctan\left(-\frac{\sqrt{3}}{3}\right) = -\frac{\pi}{6}.$$

从而得到 z 的三角形式与指数形式

$$z = \cos\frac{\pi}{6} - \mathrm{i}\sin\frac{\pi}{6} = \mathrm{e}^{-\frac{\pi}{6}\mathrm{i}}.$$

解法 2 由于分子与分母恰为一对共轭复数，故其模相同，于是

$$|z|=\frac{|(\sqrt{3}+\mathrm{i})(2-2\mathrm{i})|}{|(\sqrt{3}-\mathrm{i})(2+2\mathrm{i})|}=1,$$

$$\mathrm{Arg}z=2[\mathrm{Arg}(\sqrt{3}+\mathrm{i})+\mathrm{Arg}(2-2\mathrm{i})]=-\frac{\pi}{6}+2k\pi.$$

从而得到 z 的三角形式与指数形式

$$z=\cos\frac{1}{6}\pi-\mathrm{i}\sin\frac{\pi}{6}=\mathrm{e}^{-\frac{\pi}{6}i}$$

例 4 设复数 α 满足 $|\alpha|<1$，试证

$$\left|\frac{z-\alpha}{1-\bar{\alpha}z}\right|^2\begin{cases}=1, & 当\ |z|=1\\ <1, & 当\ |z|<1.\\ >1, & 当\ |z|>1\end{cases}$$

分析 比较复数$\frac{z_1}{z_2}$的模$\left|\frac{z_1}{z_2}\right|$与 1 的大小等价于比较$\left|\frac{z_1}{z_2}\right|^2$与 1 的大小，也相当于比较$|z_1|^2$与$|z_2|^2$的大小，此时常用公式

$$|z|^2=z\bar{z},|z_1\pm z_2|^2=|z_1|^2+|z_2|^2\pm 2\mathrm{Re}(\overline{z_1}z_2)$$

以及三角不等式.

证 由等式

$$|z-\alpha|^2=|z|^2+|\alpha|^2-2\mathrm{Re}(\bar{\alpha}z),\quad |1-\bar{\alpha}z|^2=1+|\bar{\alpha}|^2\ |z|^2-2\mathrm{Re}(\bar{\alpha}z)$$

可知

$$|z-\alpha|^2-|1-\bar{\alpha}z|^2=(|z|^2-1)(1-|\alpha|^2).$$

注意到 $|\alpha|<1$，便有

$$|z-\alpha|^2-|1-\bar{\alpha}z|^2\begin{cases}=0, & 当\ |z|=1\\ <0, & 当\ |z|<1.\\ >0, & 当\ |z|>1\end{cases}$$

从而

$$\left|\frac{z-\alpha}{1-\bar{\alpha}z}\right|^2=\frac{|z-\alpha|^2}{|1-\alpha|^2}\begin{cases}=1, & 当\ |z|=1\\ <1, & 当\ |z|<1.\\ >1, & 当\ |z|>1\end{cases}$$

由此即得要证明的结论.

例 5 求方程 $z^3+z^2+z+1=0$ 的根，并求 z^3+z^2+z+1 的分解因式.

解 因为$(z-1)(z^3+z^2+z+1)=z^4-1$，而 $z-1=0$ 的根为 $z_0=1$，则 $z^4-1=0$ 的其余三个根即为方程 $z^3+z^2+z+1=0$ 的根.

由 $z^4-1=0$ 得 $z=\sqrt[4]{1}$. 因为 $1=\cos 0+\mathrm{i}\sin 0$，所以 $z^4-1=0$ 的 4 个根(如图 1-11 所示)为

$$z_0 = \cos\frac{0}{4} + \mathrm{i}\sin\frac{0}{4} = 1, \quad z_1 = \cos\frac{\pi}{2} + \mathrm{i}\sin\frac{\pi}{2} = \mathrm{i},$$

$$z_3 = \cos\pi + \mathrm{i}\sin\pi = -1, \quad z_3 = \cos\frac{3\pi}{2} + \mathrm{i}\sin\frac{3\pi}{2} = -\mathrm{i}.$$

于是，$z^3+z^2+z+1=0$ 的根为 $\mathrm{i},-1,-\mathrm{i}$，且 $z^3+z^2+z+1=(z-\mathrm{i})(z+1)(z+\mathrm{i})$.

例 6　指出下列各式中复数 z 所确定的平面图形，并作出草图.

(1) $\mathrm{Re}(z+2)=-1$；　(2) $|z-z_1|=|z-z_2|$；　(3) $|z|+\mathrm{Re}\,|z|<1$.

分析　一般用两种方法来进行分析和确定，一是由几何方法分析，将等式或不等式变形，找出动点的轨迹，然后画出图形；二是用代数方法分析，将等式或不等式化为曲线的标准方程，从而确定轨迹与图形.

解　(1) 用几何方法. 因为

$$\mathrm{Re}(z+2)=-1 \Rightarrow \mathrm{Re}(z)+\mathrm{Re}(2)=-1 \Rightarrow R=-3,$$

所以动点实部等于 -3，虚部任意，是过点 $z=-3$ 且平行虚轴的直线(如图 1-12 所示).

用代数方法. 可设 $z=x+\mathrm{i}y$，由 $\mathrm{Re}(z+2)=-1$，得 $x=-3$，y 任意，即是过点 $z=-3$ 且平行虚轴的直线.

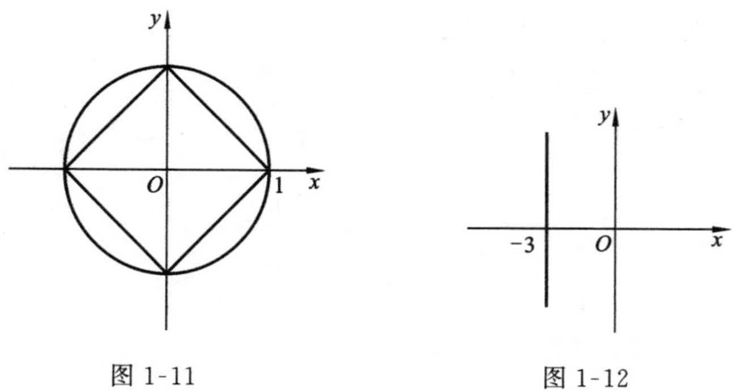

图 1-11　　图 1-12

(2) 用几何方法. 因为动点 z 到 z_1 和 z_2 距离相等，所以 z 的轨迹是线段 z_1z_2 的垂直平分线(如图 1-13 所示).

用代数方法. 令 $z=x+\mathrm{i}y$，$z_1=x_1+\mathrm{i}y_1$，$z_2=x_2+\mathrm{i}y_2$，带入方程 $|z-z_1|=|z-z_2|$，得

$$\sqrt{(x-x_1)^2+(y-y_1)^2}=\sqrt{(x-x_2)^2+(y-y_2)^2}.$$

两边取二次方后经整理，得

$$y-\frac{y_1+y_2}{2}=-\frac{x_2-x_1}{y_2-y_1}\left(x-\frac{x_1+x_2}{2}\right).$$

这是一条直线，且过 $\overline{z_1z_2}$ 的中点 $\left(\frac{x_1+x_2}{2},\frac{y_1+y_2}{2}\right)$，斜率 $k=-\frac{x_2-x_1}{y_2-y_1}$ (而 $\overline{z_1z_2}$ 的斜率为 $k_1=\frac{y_2-y_1}{x_2-x_1}$). 故该直线是 $\overline{z_1z_2}$ 的垂直平分线.

(3) 设 $z=x+\mathrm{i}y$,则由 $|z|+\mathrm{Re}\,|z|<1$,得

$$\sqrt{x^2+y^2}+x<1 \Rightarrow \sqrt{x^2+y^2}<1-x \Rightarrow y^2<-2\left(x-\frac{1}{2}\right),$$

这是抛物线左边区域(如图 1-14 所示).

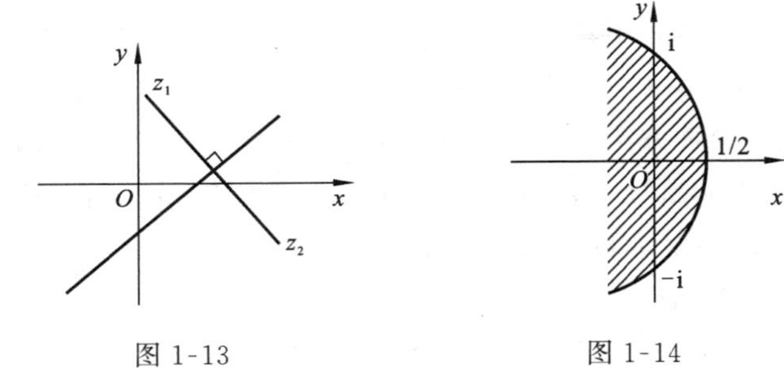

图 1-13　　图 1-14

例 7　函数 $w=\dfrac{1}{z+1}$ 将 z 平面上的下列曲线变成 w 平面上的什么曲线?

(1) $x^2+y^2=1$;　(2) $y=x+1$;　(3) $y=1$.

分析　解该题的要点是利用公式

$$x=\frac{1}{2}(z+\bar{z}),\quad x=\frac{1}{2\mathrm{i}}(z-\bar{z})$$

及题中映射

$$w=\frac{1}{z+1},\quad z=\frac{1}{w}-1.$$

解　令 $w=u+\mathrm{i}v$.

(1) 由 $x^2+y^2=1$,得

$$\frac{1}{4}(z+\bar{z})^2-\frac{1}{4}(z-\bar{z})^2=1,\quad z\bar{z}=1,\quad \left(\frac{1}{w}-1\right)\left(\frac{1}{\bar{w}}-1\right)=1,$$

$$\frac{(1-w)\cdot(1-\bar{w})}{w\bar{w}}=1,\quad (1-w)\cdot(1-\bar{w})=w\bar{w},\quad w+\bar{w}=1.$$

从而 $u=\dfrac{1}{2}$. 所以圆 $x^2+y^2=1$ 被映射成了直线 $u=\dfrac{1}{2}$.

(2) 由 $y=x+1$,得

$$\frac{1}{2\mathrm{i}}(z-\bar{z})=\frac{1}{2}(z+\bar{z})+1.$$

代入 $z=\dfrac{1}{w}-1$,得

$$\frac{1}{2\mathrm{i}}\left(\frac{1}{w}-\frac{1}{\bar{w}}\right)=\frac{1}{2}\left(\frac{1}{w}+\frac{1}{\bar{w}}-2\right)+1.$$

两边乘以 $2\mathrm{i}w\bar{w}$,得

$$\overline{w}-w=\mathrm{i}(\overline{w}+w).$$

由前设$\overline{w}=u-\mathrm{i}v$知

$$\overline{w}-w=-2\mathrm{i}v,\quad \overline{w}+w=2u.$$

代入上式则有$u=-v$.

所以直线$y=x+1$被映成了直线$u=-v$.

(3) 由$y=1$,得

$$\frac{1}{2\mathrm{i}}(z-\overline{z})=1,\quad z-\overline{z}=2\mathrm{i},\quad \frac{1}{w}-1-\left(\frac{1}{\overline{w}}-1\right)=2\mathrm{i},$$

$$\frac{1}{w}-\frac{1}{\overline{w}}=2\mathrm{i},\quad \overline{w}-w=2\mathrm{i}w\overline{w}.$$

即

$$2\mathrm{i}(u^2+v^2)=-2\mathrm{i}v,\quad u^2+v^2+v=0.$$

所以直线$y=1$被映成了圆$u^2+v^2+v=0$.

例 8　判断下列函数在给定点处的极限是否存在.如存在,试求出极限的值.

(1) $f(z)=\dfrac{z\mathrm{Re}(z)}{|z|},z\to 0$;

(2) $f(z)=\dfrac{\mathrm{Re}(z^2)}{|z|^2},z\to 0$;

(3) $f(z)=\dfrac{z-\mathrm{i}}{z(z^2+1)},z\to \mathrm{i}$;

分析　判断一个复变函数在给定点处的极限是否存在有三种方法:一是用函数极限的定义,类似于实变函数,定义多用于验证某函数的极限等式,本书对这种方法不做更多的要求,但是,读者应当会用极限定义来判定某函数的极限不存在;第二种方法是讨论函数的实部$u=u(x,y)$与虚部$v=v(x,y)$的极限是否存在,这是判断极限是否存在的常用方法;第三种方法是直接利用极限的有理运算法则求函数的极限.与实变函数一样,应用时必须满足这些法则成立的条件.

解　(1) 由于$|f(z)|=|z|\dfrac{\mathrm{Re}(z)}{|z|}\leqslant|z|<\varepsilon$,所以,对于任给的$\varepsilon>0$,取$\delta=\varepsilon$,则当$0<|z|<\delta$时,恒有

$$|f(z)-0|=|f(z)|\leqslant|z|<\varepsilon.$$

根据极限定义,当$z\to 0$时,$f(z)$的极限存在,并且其值为0.

(2) 令$z=x+\mathrm{i}y$,则$f(z)=\dfrac{x^2-y^2}{x^2+y^2}$,从而有

$$u(x,y)=u(x,y)=\frac{x^2-y^2}{x^2+y^2},\quad v(x,y)=0.$$

令z沿直线$y=kx$趋于0,则

$$\lim_{(x,y)\to(0,0)} u(x,y) = \lim_{x\to 0} \frac{x^2 - k^2x^2}{x^2 + k^2x^2} = \frac{1-k^2}{1+k^2}.$$

由于它随 k 的不同而不同，因此，当 $(x,y)\to(0,0)$ 时 $u(x,y)$ 的极限不存在，故 $z\to 0$ 时，$f(z)$ 的极限不存在.

(3) 由于 $f(z)$ 的分子与分母中含有极限为零的因子，消去后，得

$$f(z) = \frac{z-\mathrm{i}}{z(z^2+1)} = \frac{1}{z(z+\mathrm{i})} \quad (z \neq \mathrm{i}).$$

所以 $\lim\limits_{z\to\mathrm{i}} f(z) = \lim\limits_{z\to\mathrm{i}} \dfrac{1}{z(z+\mathrm{i})} = -\dfrac{1}{2}$.

习　题　一

1. 求下列各复数的实部和虚部($z = x + \mathrm{i}y$).

   (1) $\dfrac{z-a}{z+a}$ $(a\in\mathbf{R})$； (2) z^3； (3) i^n； (4) $(2+\mathrm{i})(4+3\mathrm{i})$； (5) $\dfrac{1}{\mathrm{i}} + \dfrac{3}{1+\mathrm{i}}$.

2. 求满足下列条件的复数 z.

   (1) $z + |z| = 2 + \mathrm{i}$； (2) $z = 3 + a\mathrm{i}$，且 $|z| < 2$；

   (3) $(1+2\mathrm{i})\,\overline{z} = 4 + 3\mathrm{i}$； (4) $1 \leqslant z + 10/z \leqslant 6$ 为实数，x,y 为整数.

3. 证明：当且仅当 $z = \overline{z}$ 时，z 才是实数.

4. 求下列复数表示为三角表示式与指数表示式.

   (1) $\dfrac{3+5\mathrm{i}}{7\mathrm{i}+1}$； (2) i； (3) -1.

5. 求下列复数与的模与辐角主值.

   (1) $\dfrac{(3+4\mathrm{i})(2-5\mathrm{i})}{2\mathrm{i}}$； (2) $\mathrm{i}^8 - 4\mathrm{i}^{21} + \mathrm{i}$； (3) $\dfrac{(3+\mathrm{i})(2-\mathrm{i})}{(3-\mathrm{i})(2+\mathrm{i})}$； (4) $\left(\dfrac{1+\sqrt{3}\mathrm{i}}{2}\right)^n$.

6. 求下列各式的值.

   (1) $(\sqrt{3}-\mathrm{i})^5$； (2) $(1-\mathrm{i})^{\frac{1}{3}}$； (3) $\dfrac{(\cos 5\varphi + \mathrm{i}\sin 5\varphi)^2}{(\cos 3\varphi - \mathrm{i}\sin 3\varphi)^3}$.

7. 求方程 $z^3 + z^2 + z + 1 = 0$ 的根，并求 $z^3 + z^2 + z + 1$ 的分解因式.

8. 利用棣莫弗公式证明：$\cos 3\theta = \cos^3\theta - 3\cos\theta\sin^2\theta$，$\sin 3\theta = 3\sin\theta\sin^2\theta - \sin^3\theta$.

9. 如果复数 z_1, z_2, z_3 满足等式 $\dfrac{z_2 - z_1}{z_3 - z_1} = \dfrac{z_1 - z_3}{z_2 - z_3}$，证明：$|z_2 - z_1| = |z_3 - z_1| = |z_2 - z_3|$，并说明等式的几何意义.

10. 指出下列各式中点 z 所确定的平面图形，如果是区域或闭区域，请指明它们是有界的还是无界的，是单连通区域还是多连通区域，并作出草图.

    (1) $\arg z = \pi$； (2) $|z-1| = |z|$； (3) $1 < |z+\mathrm{i}| < 2$；

    (4) $\mathrm{Re}z > \mathrm{Im}z$； (5) $\mathrm{Im}z > 1$ 且 $|z| < 2$.

11. 将定义在全平面除去坐标原点的区域上的一对二元实变函数

$$u = \frac{2x}{x^2+y^2}, \quad v = \frac{y}{x^2+y^2}\ (x^2+y^2 \neq 0)$$

化为一个复变函数.

12. 复变函数 $w=z^2$ 将下列 z 平面上的图形映射为 w 平面上的什么图形？

(1) $0<r<2,\theta=\frac{\pi}{4}$；　(2) $0<r<2,0<\theta<\frac{\pi}{4}$；　(3) $x=a,y=b$ (a,b 为实数).

13. 求下列极限.

(1) $\lim\limits_{z\to\infty}\frac{1}{1+z^2}$；　(2) $\lim\limits_{z\to0}\frac{\mathrm{Re}(z)}{z}$；　(3) $\lim\limits_{z\to i}\frac{z-i}{z(1+z^2)}$；　(4) $\lim\limits_{z\to1}\frac{z\bar{z}+2z-\bar{z}-2}{z^2-1}$.

14. 讨论函数 $f(z)=\begin{cases}\frac{x^3y}{x^4+y^2}, & z\neq0,\\ 0, & z=0\end{cases}$ 的连续性.

自测题一

1. 当复数 z 为______时，等式 $z+|z|=2+i$ 成立.

2. 设复数 $z=\frac{(3+i)(2-i)}{(3-i)(2+i)}$，则其模 $|z|$ 为______，辐角主值 $\arg z$ 为______.

3. 将复数 z 乘以 $-i$，z 的模与辐角会(　　).

A. 模不变，辐角增加 $\frac{\pi}{2}$；　B. 模不变，辐角减少 $\frac{\pi}{2}$；

C. 模不变，辐角也不变；　D. 模增大，辐角不改变.

4. 解方程 $(1+z)^5=(1-z)^5$.

5. 设 $z+z^{-1}=2\cos\theta$ ($z\neq0,\theta$ 是 z 的辐角)，证明：$z^n+z^{-n}=2\cos n\theta$ ($z\neq0$).

6. 若 $|z_1|=|z_2|=|z_3|$，证明：$\arg\frac{z_3-z_2}{z_3-z_1}=\frac{1}{2}\arg\frac{z_2}{z_1}$.

7. 将复数 $z=\frac{(\sqrt{3}+i)(2-2i)}{(\sqrt{3}-i)(2+2i)}$ 化为三角形式与指数形式.

8. 设复数 z,w，证明不等式 $|z+w|^2+|z-w|^2=2(|z|^2+|w|^2)$，并给出其几何解释.

9. 求 $\lim\limits_{z\to i}\frac{z-i}{z(1+z^2)}$.

第二章 解析函数

解析函数是复变函数研究的主要对象，它具有许多很好的性质，在理论和实际问题中有着广泛的应用. 本章首先介绍复变函数的导数概念，然后着重讲解解析函数的概念及函数解析的充要条件；接着介绍一些常用的初等函数，并说明它们的解析性.

第一节 解析函数的概念

一、复变函数的导数与微分

复变函数的导数概念，从形式上看，和实变函数的导数概念完全相同.

定义 2.1 设函数 $w=f(z)$ 在点 z_0 的某邻域内有定义，$z_0+\Delta z$ 是邻域内任一点，$\Delta w=f(z_0+\Delta z)-f(z_0)$，如果极限

$$\lim_{\Delta z\to 0}\frac{\Delta w}{\Delta z}=\lim_{\Delta z\to 0}\frac{f(z_0+\Delta z)-f(z_0)}{\Delta z}$$

存在且有限，则称 $f(z)$ 在 z_0 处可导，并记为 $f'(z_0)$ 或 $\left.\frac{\mathrm{d}w}{\mathrm{d}z}\right|_{z=z_0}$，即

$$f'(z_0)=\left.\frac{\mathrm{d}w}{\mathrm{d}z}\right|_{z=z_0}=\lim_{\Delta z\to 0}\frac{\Delta w}{\Delta z}=\lim_{\Delta z\to 0}\frac{f(z_0+\Delta z)-f(z_0)}{\Delta z}. \qquad (2.1.1)$$

应当注意，(2.1.1) 式的极限存在要求与 $\Delta z\to 0$ 的方式无关，对于这一限制，要比对实变量 x 的实变函数 $y=\varphi(x)$ 的类似限制要严格得多，从而使复变可导函数具有许多独特的性质. 事实上，实变函数导数存在的要求意味着：当 $x_0+\Delta x$ 由左($\Delta x<0$) 及由右($\Delta x>0$) 两个方向趋于 x_0 时，比值$\frac{\Delta y}{\Delta x}$ 的极限存在且相等；而复变函数导数存在的要求意味着：当 $z_0+\Delta z$ 沿任意路径趋于 z_0 时，比值$\frac{\Delta w}{\Delta z}$ 的极限都存在且相等.

如果 $f(z)$ 在区域 D 内处处可导，则称 $f(z)$ 在区域 D 内可导.

和导数的情形一样，复变函数的微分定义，在形式上与实变函数的微分定义一致.

定义 2.2 设函数 $w=f(z)$ 在点 z_0 可导，于是 $f'(z_0)=\lim\limits_{\Delta z\to 0}\frac{\Delta w}{\Delta z}=$

$\lim\limits_{\Delta z \to 0} \dfrac{f(z_0 + \Delta z) - f(z_0)}{\Delta z}$，则

$$\Delta w = f(z_0 + \Delta z) - f(z_0) = f'(z_0)\Delta z + \rho(\Delta z)\Delta z, \tag{2.1.2}$$

其中$\lim\limits_{\Delta z \to 0}\rho(\Delta z) = 0$，$|\rho(\Delta z)\Delta z|$是$|\Delta z|$的高阶无穷小量. 称$f'(z_0)\Delta z$为函数$w = f(z)$在$z_0$的微分，此时也称$f(z)$在$z_0$可微，记为

$$\mathrm{d}w = \mathrm{d}f(z) = f'(z_0)\Delta z, \tag{2.1.3}$$

特别，当$f(z) = z$时，$\mathrm{d}z = \Delta z$，于是(2.1.3)式变为

$$\mathrm{d}w = f'(z_0)\mathrm{d}z, \quad 即 \quad f'(z_0) = \left.\frac{\mathrm{d}w}{\mathrm{d}z}\right|_{z=z_0}.$$

由此可见：$f(z)$在z_0可导与$f(z)$在z_0可微是等价的.

由定义易知，如果函数$f(z)$在z_0可导(或可微)，显然$f(z)$在z_0连续，但$f(z)$在z_0连续却不一定在z_0可导(或可微). 这一点与高等数学中实变函数的相关内容类似.

例 2.1.1　证明：函数$f(z) = \mathrm{Re}z$在复平面处处不可导.

证　对平面上任一点$z = x + \mathrm{i}y$，

$$\frac{\Delta f}{\Delta z} = \frac{\mathrm{Re}(z + \Delta z) - \mathrm{Re}(z)}{\Delta z} = \frac{\Delta x}{\Delta x + \mathrm{i}\Delta y},$$

当Δz取实数值趋于0(即$z + \Delta z$沿平行于实轴的方向趋于z)时，上式等于1；当Δz取纯虚数趋于0(即$z + \Delta z$沿平行于虚轴的方向趋于z)时，上式等于0. 故当$\Delta z \to 0$时，上式没有极限，即$f(z)$在点z处不可导，由于z的任意性，知$f(z)$在复平面处处不可导.

显然$f(z) = \mathrm{Re}z$在复平面每点都连续. 在复变函数中，处处连续又处处不可微的函数几乎随手可得，而在实变函数中，要构造这样的函数就不是容易的事.

例 2.1.2　求$f(z) = z^2$的导数.

解　因为

$$\lim_{\Delta z \to 0}\frac{f(z + \Delta z) - f(z)}{\Delta z} = \lim_{\Delta z \to 0}\frac{(z + \Delta z)^2 - z^2}{\Delta z} = \lim_{\Delta z \to 0}(2z + \Delta z) = 2z,$$

所以$f'(z) = 2z$.

二、解析函数的定义与求导法则

定义 2.3　如果函数$f(z)$在z_0及z_0的某个邻域内处处可导，则称$f(z)$在z_0处解析；如果$f(z)$在区域D内每一点解析，则称$f(z)$在D内解析，或称$f(z)$是D内的解析函数.

如果$f(z)$在z_0不解析，则称z_0为$f(z)$的奇点.

例如，$\omega = \dfrac{1}{z}$在复平面上以$z = 0$为奇点.

容易看出,函数在区域内解析与在区域内可导是等价的;但函数在一点处解析与在一点处可导是两个不等价的概念,若在一点处解析,则一定在该点可导,但反过来不一定成立,函数在一点处解析比在该点处可导的要求要高得多.

复变函数的导数定义在形式上类似于一元实变函数导数的定义,因此实变函数中的求导法则可以推广到复变函数中来.

1. 四则运算法则

如果 $f_1(z)$、$f_2(z)$ 在区域 D 内解析,则其和、差、积、商(在商的情形,要求分母在 D 内不为零)在 D 内解析,且有

$$[f_1(z)\pm f_2(z)]' = f'_1(z)\pm f'_2(z),$$

$$[f_1(z)f_2(z)]' = f'_1(z)f_2(z)+f_1(z)f'_2(z),$$

$$\left[\frac{f_1(z)}{f_2(z)}\right]' = \frac{f'_1(z)f_2(z)-f_1(z)f'_2(z)}{[f_2(z)]^2}\quad (f_2(z)\neq 0).$$

此外,很容易得到

$$(c)'=0,\ \text{其中 } c \text{ 为复常数};\quad (z^n)'=nz^{n-1},\ \text{其中 } n \text{ 为自然数};$$

$$[kf(z)]'=kf'(z),\ \text{其中 } k \text{ 为常数}.$$

2. 复合函数的求导法则

设函数 $\xi=f(z)$ 在区域 D 内解析,函数 $\omega=g(\xi)$ 在区域 G 内解析,若对于 D 内每一点 z,函数 $f(z)$ 的值 ξ 均属于 G,则复合函数 $\omega=g[f(z)]=h(z)$ 在 D 内解析,且有

$$h'(z)=\{g[f(z)]\}'=g'[f(z)]f'(z).$$

3. 反函数的求导法则

设函数 $\omega=f(z)$ 在区域 D 内解析且 $f'(z)\neq 0$,又反函数 $z=f^{-1}(\omega)=\varphi(\omega)$ 存在且连续,则

$$\varphi'(\omega)=\frac{1}{f'(z)}\bigg|_{z=\varphi(\omega)}=\frac{1}{f'[\varphi(\omega)]}.$$

例 2.1.3 研究函数 $f(z)=z^2$,$g(z)=\mathrm{Re}z$ 和 $h(z)=|z|^2$ 的解析性.

解 由解析函数的定义与例 2.1.1、例 2.1.2 可知,$f(z)=z^2$ 在复平面内是解析的,而 $g(z)=\mathrm{Re}z$ 却处处不解析. 下面研究 $h(z)=|z|^2$ 的解析性:由于

$$\frac{h(z_0+\Delta z)-h(z_0)}{\Delta z}=\frac{|z_0+\Delta z|^2-|z_0|^2}{\Delta z}=\overline{z_0}+\overline{\Delta z}+z_0\frac{\overline{\Delta z}}{\Delta z},$$

易知,如果 $z_0=0$,则当 $\Delta z\to 0$ 时,上式的极限是零.

如果 $z_0\neq 0$,令 $z_0+\Delta z$ 沿直线 $y-y_0=k(x-x_0)$ 趋于 z_0,由于 k 的任意性,

$$\frac{\overline{\Delta z}}{\Delta z}=\frac{\Delta x-\Delta y\mathrm{i}}{\Delta x+\Delta y\mathrm{i}}=\frac{1-\frac{\Delta y}{\Delta x}\mathrm{i}}{1+\frac{\Delta y}{\Delta x}\mathrm{i}}=\frac{1-k\mathrm{i}}{1+k\mathrm{i}}$$

不趋于一个确定值. 所以$\lim\limits_{\Delta z\to 0}\dfrac{h(z_0+\Delta z)-h(z_0)}{\Delta z}$不存在.

因此,$h(z)=|z|^2$ 仅在 $z=0$ 处可导,而在其它点都不可导,从而在复平面内处处不解析.

例 2.1.4　求函数 $f(z)=\dfrac{z^2}{z^2+1}$ 的解析性区域及该区域上的导函数.

解　由 z^n(n 为任意自然数)在复平面解析的事实以及求导法则知,$f(z)=\dfrac{z^2}{z^2+1}$ 在除去分母为零的点 $z=\pm\mathrm{i}$ 外是解析的,而且

$$f'(z)=\left(\frac{z^2}{z^2+1}\right)'=\frac{(z^2)'(z^2+1)-z^2[(z^2)+1]'}{(z^2+1)^2}=\frac{2z}{(z^2+1)^2}\quad(z\neq\pm\mathrm{i})$$

第二节　函数解析的充要条件

从第一节我们看到,在形式上,复变函数可导及其运算法则与实变函数几乎没有什么不同,可是在实质上,两者之间有很大的差别,实变函数可导的条件比较容易满足,而复变函数可导不仅要求其实部及虚部必须可微,而且这两个实变函数必须有特别的联系. 本书着重研究这类复变函数,本节介绍这类函数的判别方法.

定理 2.1　函数 $f(z)=u(x,y)+\mathrm{i}v(x,y)$ 在点 $z=x+\mathrm{i}y$ 处可导的充要条件是:$u(x,y)$,$v(x,y)$ 在点(x,y)处可微,而且满足柯西 - 黎曼(Cauchy-Riemann)方程(简称 C-R 方程):

$$\frac{\partial u}{\partial x}=\frac{\partial v}{\partial y},\quad \frac{\partial u}{\partial y}=-\frac{\partial v}{\partial x}\tag{2.2.1}$$

证　必要性. 设 $f(z)$ 在点 $z=x+\mathrm{i}y$ 处可导,记为 $f'(z)=a+\mathrm{i}b$,则有

$$f(z+\Delta z)-f(z)=f'(z)\Delta z+\rho(\Delta z)\Delta z=(a+\mathrm{i}b)(\Delta x+\mathrm{i}\Delta y)+\rho(\Delta z)\Delta z$$

其中$\lim\limits_{\Delta z\to 0}\rho(\Delta z)=0$. 令 $f(z+\Delta z)-f(z)=\Delta u+\mathrm{i}\Delta v$,$\Delta z=\Delta x+\mathrm{i}\Delta y$,$\rho(\Delta z)=\rho_1+\mathrm{i}\rho_2$. 可以得到

$$\begin{aligned}\Delta u+\mathrm{i}\Delta v&=(a+\mathrm{i}b)(\Delta x+\mathrm{i}\Delta y)+(\rho_1+\mathrm{i}\rho_2)(\Delta x+\mathrm{i}\Delta y)\\&=(a\Delta x-b\Delta y+\rho_1\Delta x-\rho_2\Delta y)+\mathrm{i}(b\Delta x+a\Delta y+\rho_2\Delta x+\rho_1\Delta y)\end{aligned}$$

即

$$\Delta u=a\Delta x-b\Delta y+\rho_1\Delta x-\rho_2\Delta y,\quad \Delta v=b\Delta x+a\Delta y+\rho_2\Delta x+\rho_1\Delta y.$$

由于$\lim\limits_{\Delta z\to 0}\rho(\Delta z)=0$,所以$\lim\limits_{\substack{\Delta x\to 0\\ \Delta y\to 0}}\rho_1=0$,$\lim\limits_{\substack{\Delta x\to 0\\ \Delta y\to 0}}\rho_2=0$. 因此得知 $u(x,y)$ 和 $v(x,y)$ 在

(x,y) 可微,且有 $a=\frac{\partial u}{\partial x}=\frac{\partial v}{\partial y},-b=\frac{\partial u}{\partial y}=-\frac{\partial v}{\partial x}$.

充分性. 由于 $u(x,y)$ 及 $v(x,y)$ 在 (x,y) 处可微,且(2.2.1)式成立,则有

$$\Delta u=\frac{\partial u}{\partial x}\Delta x+\frac{\partial u}{\partial y}\Delta y+\varepsilon_1\Delta x+\varepsilon_2\Delta y,\quad \Delta v=\frac{\partial v}{\partial x}\Delta x+\frac{\partial v}{\partial y}\Delta y+\varepsilon_3\Delta x+\varepsilon_4\Delta y,$$

这里 $\lim\limits_{\substack{\Delta x\to 0\\ \Delta y\to 0}}\varepsilon_k=0\ (k=1,2,3,4)$. 因此

$$\begin{aligned}
&f(z+\Delta z)-f(z)\\
&=\Delta u+\mathrm{i}\Delta v\\
&=\left(\frac{\partial u}{\partial x}+\mathrm{i}\frac{\partial v}{\partial x}\right)\Delta x+\left(\frac{\partial u}{\partial y}+\mathrm{i}\frac{\partial v}{\partial y}\right)\Delta y+(\varepsilon_1+\mathrm{i}\varepsilon_3)\Delta x+(\varepsilon_2+\mathrm{i}\varepsilon_4)\Delta y\\
&=\left(\frac{\partial u}{\partial x}+\mathrm{i}\frac{\partial v}{\partial x}\right)(\Delta x+\mathrm{i}\Delta y)+(\varepsilon_1+\mathrm{i}\varepsilon_3)\Delta x+(\varepsilon_2+\mathrm{i}\varepsilon_4)\Delta y
\end{aligned}$$

故

$$\frac{f(z+\Delta z)-f(z)}{\Delta z}=\left(\frac{\partial u}{\partial x}+\mathrm{i}\frac{\partial v}{\partial x}\right)+(\varepsilon_1+\mathrm{i}\varepsilon_3)\frac{\Delta x}{\Delta z}+(\varepsilon_2+\mathrm{i}\varepsilon_4)\frac{\Delta y}{\Delta z}.$$

因为 $\left|\frac{\Delta x}{\Delta z}\right|\leqslant 1,\left|\frac{\Delta y}{\Delta z}\right|\leqslant 1$,故当 $\Delta z\to 0$ 时,上式右端最后两项趋向于 0,因此

$$\lim_{\Delta z\to 0}\frac{f(z+\Delta z)-f(z)}{\Delta z}=\frac{\partial u}{\partial x}+\mathrm{i}\frac{\partial v}{\partial x}$$

由以上证明可以得到 $f(z)=u(x,y)+\mathrm{i}v(x,y)$ 在点 $z=x+\mathrm{i}y$ 处,得导数公式

$$f'(z)=\frac{\partial u}{\partial x}+\mathrm{i}\frac{\partial v}{\partial x}=\frac{\partial v}{\partial y}+\mathrm{i}\frac{\partial v}{\partial x}=\frac{\partial u}{\partial x}-\mathrm{i}\frac{\partial u}{\partial y}=\frac{\partial v}{\partial y}-\mathrm{i}\frac{\partial u}{\partial y}\tag{2.2.2}$$

由函数在区域内解析的定义及定理 1 可以推出:

定理 2.2 函数 $f(z)=u(x,y)+\mathrm{i}v(x,y)$ 在区域 D 内解析的充要条件是:$u(x,y),v(x,y)$ 在 D 内可微,而且满足 C-R 方程.

推论 设 $f(z)=u(x,y)+\mathrm{i}v(x,y)$ 在区域 D 内有定义,如果在 D 内 $u(x,y)$ 和 $v(x,y)$ 的 4 个偏导数 u'_x,u'_y,v'_x,v'_y 存在且连续(因而 u 和 v 在 D 内可微),而且满足 C-R 方程,则 $f(z)$ 在 D 内解析.

上述定理既提供了判断函数 $f(z)$ 在某点是否可导,在区域内是否解析的常用方法,而且还给出了简洁的求导公式(2.2.2). C-R 条件是定理中的主要条件,如果 $f(z)$ 在区域 D 内不满足 C-R 方程,那么 $f(z)$ 在 D 内不解析;如果 $f(z)$ 在区域 D 内满足 C-R 方程,且 u 和 v 具有一阶连续偏导数,则 $f(z)$ 在 D 内解析.

例 2.2.1 讨论下列函数可导性和解析性.

(1) $\omega=\bar{z}$; (2) $f(z)=x^2-\mathrm{i}y$; (3) $f(z)=\mathrm{e}^x(\cos y+\mathrm{i}\sin y)$

解 (1) 因为 $u=x,v=-y$,且

$$\frac{\partial u}{\partial x}=1,\quad \frac{\partial u}{\partial y}=0,\quad \frac{\partial v}{\partial x}=0,\quad \frac{\partial v}{\partial y}=-1.$$

可知不满足 C-R 方程,所以 $\omega = \bar{z}$ 在复平面内处处不可导,从而也处处不解析.

(2) 因为 $u = x^2, v = -y$,且

$$\frac{\partial u}{\partial x} = 2x,\quad \frac{\partial u}{\partial y} = 0,\quad \frac{\partial v}{\partial x} = 0,\quad \frac{\partial v}{\partial y} = -1.$$

欲 $2x = \frac{\partial u}{\partial x} = \frac{\partial v}{\partial y} = -1$,必 $x = -\frac{1}{2}$. 所以仅在直线 $x = -\frac{1}{2}$ 上,C-R 条件成立,且偏导数连续. 从而仅在直线 $x = -\frac{1}{2}$ 上 $f(z)$ 上可导,但在复平面上,$f(z)$ 却处处不解析.

(3) 因为 $u = e^x\cos y, v = e^x\sin y$,且

$$\frac{\partial u}{\partial x} = e^x\cos y,\quad \frac{\partial u}{\partial y} = -e^x\sin y,\quad \frac{\partial v}{\partial x} = e^x\sin y,\quad \frac{\partial v}{\partial y} = e^x\cos y.$$

可知满足 C-R 方程,并且由于上面 4 个一阶偏导数连续,所以 $f(z)$ 在复平面内处处可导,故也处处可析. 而且有

$$f'(z) = \frac{\partial u}{\partial x} + i\frac{\partial v}{\partial x} = e^x(\cos y + i\sin y) = f(z)$$

例 2.2.2　如果 $f'(z)$ 在区域 D 内恒为零,则 $f(z)$ 在 D 内必恒为常数.

证　因为 $f'(z) = \frac{\partial u}{\partial x} + i\frac{\partial v}{\partial x} = \frac{\partial v}{\partial y} - i\frac{\partial u}{\partial y} \equiv 0\ (z \in D)$,故 $\frac{\partial u}{\partial x} = \frac{\partial u}{\partial y} = \frac{\partial v}{\partial x} = \frac{\partial v}{\partial y} \equiv 0$,则必有

$$u(x,y) \equiv c_1,\quad v(x,y) \equiv c_2\ (c_1, c_2 \text{ 为实常数})$$

所以 $f(z) = u(x,y) + iv(x,y) \equiv c_1 + ic_2 = c$,从而 $f(z)$ 在 D 内恒为常数.

例 2.2.3　若 $f(z) = u(x,y) + iv(x,y)$ 在区域 D 内解析,且 $f'(z) \neq 0\ (z \in D)$,则 $u(x,y) = c_1, v(x,y) = c_2\ (c_1, c_2$ 为常数) 是 D 内两组正交曲线族.

证　因 $f'(z) = v_y - iu_y \neq 0\ (z \in D)$,故 u_y 与 v_y 必不全为零.

(1) 设在曲线的交点 (x,y),$u_y \neq 0$,且 $v_y \neq 0$,则 $u(x,y) = c_1$ 的斜率由

$$du = u_x dx + u_y dy = 0,$$

可求得 $k_u = \frac{dy}{dx} = -\frac{u_x}{u_y}$.

同理,可求得 $v(x,y) = c_2$ 的斜率为 $k_v = -\frac{v_x}{v_y}$. 由 C-R 方程,得

$$k_u \cdot k_v = \left(-\frac{u_x}{u_y}\right)\cdot\left(-\frac{v_x}{v_y}\right) = \frac{v_y}{-v_x}\cdot\frac{v_x}{v_y} = -1$$

故曲线 $u(x,y) = c_1$ 及 $v(x,y) = c_2$ 在点 (x,y) 正交.

(2) 设在点 (x,y),$u_y \neq 0$ 且 $v_y = 0$,或 $u_y = 0$ 且 $v_y \neq 0$,此时,过交点的两条切线,必有一条为水平切线,另一条为铅直切线,它们仍互相正交.

例 2.2.4　试讨论 $f(z)=\mathrm{Im}(z)$ 的可导性.

解法 1　用导数定义来讨论.

$$\frac{\Delta\omega}{\Delta z}=\frac{f(z+\Delta z)-f(z)}{\Delta z}=\frac{\mathrm{Im}(z+\Delta z)-\mathrm{Im}(z)}{\Delta z}=\frac{\Delta y}{\Delta x+\mathrm{i}\Delta y}$$

当点沿平行于实轴方向($\Delta y=0$) 而使 $\Delta z\to 0$ 时,

$$\lim_{\Delta z\to 0}\frac{\Delta\omega}{\Delta z}=\lim_{\substack{\Delta y=0\\ \Delta x\to 0}}\frac{\Delta y}{\Delta x+\mathrm{i}\Delta y}=\lim_{\Delta x\to 0}\frac{0}{\Delta x}=0$$

当点沿平行于虚轴方向($\Delta x=0$) 而使 $\Delta z\to 0$ 时,

$$\lim_{\Delta z\to 0}\frac{\Delta\omega}{\Delta z}=\lim_{\substack{\Delta x=0\\ \Delta y\to 0}}\frac{\Delta y}{\Delta x+\mathrm{i}\Delta y}=\lim_{\Delta x\to 0}\frac{\Delta y}{\mathrm{i}\Delta y}=\frac{1}{\mathrm{i}}$$

因此 $\Delta z\to 0$ 时,$\dfrac{\Delta\omega}{\Delta z}$ 的极限不存在,即 $f(z)=\mathrm{Im}(z)$ 不可导. 由于 z 是复平面上任意点,故 $f(z)=\mathrm{Im}(z)$ 在平面上处处不可导,处处不解析. 显然 $f(z)=\mathrm{Im}(z)$ 在复平面上处处连续.

解法 2　用 C-R 条件来研究.

设 $z=x+\mathrm{i}y$,则 $f(z)=\mathrm{Im}(z)=y$,所以

$$u=y,\quad v=0,\quad \frac{\partial u}{\partial x}=0,\quad \frac{\partial u}{\partial y}=1,\quad \frac{\partial v}{\partial x}=0,\quad \frac{\partial v}{\partial y}=0$$

因此,在复平面上 C-R 条件处处不成立,即 $f(z)=\mathrm{Im}(z)$ 在复平面上处处不可导,处处不解析.

从前面这些例题来看,判断函数的解析性到底是利用导数的定义及运算法则还是用 C-R 条件,应具体情况具体分析,读者应多做习题,慢慢体会.

第三节　初等函数

如同初等实变函数一样,初等复变函数也是一种最基本、最常用的函数类,是复变函数主要研究对象,本节我们将实变函数中的一些常见的初等函数推广到复变函数中来,并且讨论这些函数的性质. 我们将会看到:经过推广之后的初等函数,具备一些特有的性质,如指数函数的周期性、三角函数的无界性等.

一、指数函数

定义 2.4　对于复数 $z=x+\mathrm{i}y$,称

$$f(z)=\mathrm{e}^z=\exp z=\mathrm{e}^x(\cos y+\mathrm{i}\sin y)$$

为指数函数.

显然,$\mathrm{Re}(\mathrm{e}^z)=\mathrm{e}^x\cos y$,$\mathrm{Im}(\mathrm{e}^z)=\mathrm{e}^x\sin y$;

$$|\mathrm{e}^z|=\mathrm{e}^x,\quad \mathrm{Arg}(\mathrm{e}^z)=y+2k\pi\ (k=0,\pm 1,\cdots),\quad \mathrm{e}^z\neq 0$$

当 $z=x$ 为实数，$e^z=e^x$ 为实指数函数. 可见，复指数函数 e^z 是实指数函数 e^x 在复平面上的拓广.

对于复指数函数 e^z 具有如下重要性质：

(1) 对于任意两个复数 z_1,z_2，有 $e^{z_1+z_2}=e^{z_1}\cdot e^{z_2}$. 这个性质与实指数函数一致，事实上，设

$$z_1=x_1+iy_1,\quad z_2=x_2+iy_2,$$

由定义，可得

$$\begin{aligned} e^{z_1}\cdot e^{z_2} &= e^{x_1}(\cos y_1+i\sin y_1)\cdot e^{x_2}(\cos y_2+i\sin y_2) \\ &= e^{x_1+x_2}[\cos(y_1+y_2)+i\sin(y_1+y_2)] \\ &= e^{z_1+z_2} \end{aligned}$$

(2) e^z 是周期函数，其周期 $T=2k\pi i\ (k=\pm1,\pm2,\cdots)$. 因为

$$e^{2k\pi i}=\cos(2k\pi)+i\sin(2k\pi)=1,$$

则 $e^{z+2k\pi i}=e^z e^{2k\pi i}=e^z$.

(3) e^z 在复平面上解析，且 $(e^z)'=e^z$.

第二节中例 2.2.1 已经证明此性质.

(4) $\lim\limits_{z\to\infty}e^z$ 不存在，即 e^∞ 没意义.

因为当 z 沿实轴趋于 $+\infty$ 时，$e^z\to\infty$；当 z 沿实轴趋于 $-\infty$ 时，$e^z\to0$. 故 $\lim\limits_{z\to\infty}e^z$ 不存在.

二、对数函数

和实变函数一样，对数函数定义为指数函数的反函数.

定义 2.5　把满足方程 $e^\omega=z\ (z\neq0)$ 的函数 $\omega=f(z)$ 称为对数函数，记为

$$\omega=\mathrm{Ln}z.$$

令 $\omega=u+iv$，$z=re^{i\theta}$，则

$$u=\ln r,\quad v=\theta+2k\pi\ (k=0,\pm1,\pm2,\cdots).$$

这里 u 是单值的，而 v 可取无穷多个值；且 $r=|z|$，θ 是 z 的辐角，因此

$$\omega=\mathrm{Ln}z=\ln|z|+i\mathrm{Arg}z$$

其中 $\ln|z|$ 是正数 $|z|$ 的自然对数.

由于 $\mathrm{Arg}z$ 为多值函数，所以对数函数 $\omega=\mathrm{Ln}z$ 为多值函数，并且每两个值相差 $2\pi i$ 的整数倍. 如果规定 $\mathrm{Arg}z$ 取主值 $\arg z$，那么 $\mathrm{Ln}z$ 为一单值函数，记为 $\ln z$，称为 $\mathrm{Ln}z$ 的主值. 这样，我们就有

$$\ln z=\ln|z|+i\arg z$$

而其余各个值可由 $\mathrm{Ln}z=\ln z+2k\pi i\ (k=\pm1,\pm2,\cdots)$ 表达，对于每个固定的 k，上式为一单值函数，称为 $\mathrm{Ln}z$ 的一个分支.

特别,当 $z=x>0$ 时,$\mathrm{Ln}z$ 的主值 $\ln z=\ln x$,就是实变对数函数.

例 1 求(1) $\mathrm{Ln}2$; (2) $\mathrm{Ln}(-1),\ln(-1)$; (3) $\mathrm{Ln}(1-\mathrm{i}),\ln(1-\mathrm{i})$.

解 (1) $\mathrm{Ln}2=\ln 2+2k\pi\mathrm{i}\ (k=0,\pm 1,\pm 2,\cdots)$.

(2) $\mathrm{Ln}(-1)=\ln 1+\mathrm{i}\arg(-1)+2k\pi\mathrm{i}=(2k+1)\pi\mathrm{i}\ (k=0,\pm 1,\pm 2,\cdots)$,
$\ln(-1)=\pi\mathrm{i}$.

(3) $\mathrm{Ln}(1-\mathrm{i})=\ln|1-\mathrm{i}|+\mathrm{i}\arg(1-\mathrm{i})+2k\pi\mathrm{i}=\dfrac{1}{2}\ln 2+\mathrm{i}\left(-\dfrac{\pi}{4}+2k\pi\right)$

$(k=0,\pm 1,\pm 2,\cdots)$, $\ln(1-\mathrm{i})=\dfrac{1}{2}\ln 2-\dfrac{\pi}{4}\mathrm{i}$.

此例说明在复变函数中,负数有对数;正实数的对数有无穷多个. 因此,复对数函数是实对数函数的拓广.

例 2 解方程:$\mathrm{e}^z-1-\sqrt{3}\mathrm{i}=0$

解法 1 方程可以写成 $\mathrm{e}^z=1+\sqrt{3}\mathrm{i}$,设 $z=x+\mathrm{i}y$,则

$$\mathrm{e}^{x+\mathrm{i}y}=\mathrm{e}^x\mathrm{e}^{\mathrm{i}y}=1+\sqrt{3}\mathrm{i}$$

因此 $\mathrm{e}^x=\left|1+\sqrt{3}\mathrm{i}\right|=2, y=\mathrm{Arg}(1+\sqrt{3}\mathrm{i})=\dfrac{\pi}{3}+2k\pi\quad(k=0,\pm 1,\pm 2,\cdots)$.

故

$$x=\ln 2,\quad z=\ln 2+\mathrm{i}\left(\frac{\pi}{3}+2k\pi\right)\ (k=0,\pm 1,\pm 2,\cdots)$$

解法 2 由 $\mathrm{e}^z=1+\sqrt{3}\mathrm{i}$,得

$$\begin{aligned}z&=\mathrm{Ln}(1+\sqrt{3}\mathrm{i})=\ln\left|1+\sqrt{3}\mathrm{i}\right|+\mathrm{i}[\arg(1+\sqrt{3}\mathrm{i})+2k\pi]\\&=\ln 2+\mathrm{i}\left(\frac{\pi}{3}+2k\pi\right)\quad(k=0,\pm 1,\pm 2,\cdots)\end{aligned}$$

对数函数的性质:

1) 运算性质

利用辐角相应性质不难证明复变数的对数函数具有如下运算性质:

$$\mathrm{Ln}(z_1z_2)=\mathrm{Ln}z_1+\mathrm{Ln}z_2,\quad \mathrm{Ln}\left(\frac{z_1}{z_2}\right)=\mathrm{Ln}z_1-\mathrm{Ln}z_2$$

由于辐角的多值性,上式应理解为等式左端任取一个值,等式右端我们总可以找到一对值与等式左端对应,反之亦然. 还应当注意的是,等式

$$\mathrm{Ln}z^n=n\mathrm{Ln}z,\quad \mathrm{Ln}\sqrt[n]{z}=\frac{1}{n}\mathrm{Ln}z$$

不再成立,其中 n 为大于 1 的正整数.

2) 解析性

下面讨论对数函数的解析性. 对于 $\mathrm{Ln}z$ 的主值 $\ln z$,其中 $\ln|z|$ 除原点外处处

连续，而 $\arg z$ 在原点与负实轴上都不连续，因为设 $z=x+\mathrm{i}y$，当 $x<0$ 时，$\lim\limits_{y\to 0^-}\arg z=-\pi$，$\lim\limits_{y\to 0^+}\arg z=\pi$. 所以，$\ln z$ 在除去原点与负实轴外，在复平面上其他点处处连续. 另外，$z=\mathrm{e}^{\omega}$ 在区域 $-\pi<v=\arg z<\pi$ 内的反函数 $\omega=\ln z$ 是单值的. 由反函数的求导法则可知

$$\frac{\mathrm{d}\ln z}{\mathrm{d}z}=\frac{1}{\dfrac{\mathrm{d}\mathrm{e}^{\omega}}{\mathrm{d}\omega}}=\frac{1}{z}.$$

所以，$\ln z$ 在除去原点与负实轴的平面内解析. 由 $\mathrm{Ln}z=\ln z+2k\pi\mathrm{i}$（$k$ 为整数）可知，$\mathrm{Ln}z$ 的各个分支在除去原点及负实轴的平面内也解析，并且有相同的导数值.

本书在讨论对数函数时，指的都是在除去原点及负实轴的平面内的某一单值分支.

三、幂函数

定义 2.6　$\omega=z^a=\mathrm{e}^{a\mathrm{Ln}z}$（$z\neq 0$，$a$ 为复常数）称为复变量 z 的幂函数.

由于 $\mathrm{Ln}z$ 是多值函数，所以 $\mathrm{e}^{a\mathrm{Ln}z}$ 一般也是多值函数（仅当 a 为整数时例外）.

下面来讨论 a 的如下特殊情形：

(1) a 为零时，$z^0=\mathrm{e}^{0\cdot\mathrm{Ln}z}=\mathrm{e}^0=1$；

(2) a 为整数 n 时，$\omega=z^n=\mathrm{e}^{n\mathrm{Ln}z}=\mathrm{e}^{n[\ln|z|+\mathrm{i}(\arg z+2k\pi)]}=|z|^n\mathrm{e}^{\mathrm{i}n\arg z}$ 是一单值函数；

(3) $a=\dfrac{1}{n}$（n 为正整数）时，

$$\omega=z^{\frac{1}{n}}=\mathrm{e}^{\frac{1}{n}\mathrm{Ln}z}=|z|^{\frac{1}{n}}\mathrm{e}^{\mathrm{i}\frac{\arg z+2k\pi}{n}}=|z|^{\frac{1}{n}}\left(\cos\frac{\arg z+2k\pi}{n}+\mathrm{i}\sin\frac{\arg z+2k\pi}{n}\right)$$

是一 n 值函数；其中 $k=0,1,2,\cdots,n-1$.

(4) $a=\dfrac{p}{q}$（p,q 为互质的整数，$q>0$）时，

$$\begin{aligned}\omega=z^{\frac{p}{q}}&=\mathrm{e}^{\frac{p}{q}\mathrm{Ln}z}=\mathrm{e}^{\frac{p}{q}\ln|z|+\mathrm{i}\frac{p}{q}(\arg z+2k\pi)}\\&=\mathrm{e}^{\frac{p}{q}\ln|z|}\left[\cos\frac{p}{q}(\arg z+2k\pi)+\mathrm{i}\sin\frac{p}{q}(\arg z+2k\pi)\right],\end{aligned}$$

$z^{\frac{p}{q}}$ 具有 q 个值，即当 $k=0,1,2,\cdots,q-1$ 时相应的各个值. 若 k 再取其他整数值时，将重复出现上述 q 个值之一，所以 $z^{\frac{p}{q}}$ 是 q 值函数，有 q 个不同的分支.

(5) a 为无理数或虚数时，易知 z^a 是无穷多值函数.

由于 $\mathrm{Ln}z$ 的各个分支在除去原点和负实轴的复平面内是解析的，因而不难得出 $\omega=z^a$ 的各个分支在除去原点和负实轴的复平面内也是解析的，并且有

$$(z^a)'=az^{a-1}.$$

例 3 求 $1^{\sqrt{2}}$；$2^{1+\mathrm{i}}$；i^{i}和 $\mathrm{i}^{\frac{2}{3}}$ 的值.

解 $1^{\sqrt{2}}=\mathrm{e}^{\sqrt{2}\mathrm{Ln}1}=\mathrm{e}^{2k\pi\mathrm{i}\sqrt{2}}=\cos(2k\pi\sqrt{2})+\mathrm{i}\sin(2k\pi\sqrt{2})\quad(k=0,\pm1,\pm2,\cdots)$,

$$2^{1+\mathrm{i}}=\mathrm{e}^{(1+\mathrm{i})\mathrm{Ln}2}=\mathrm{e}^{(1+\mathrm{i})[\ln2+\mathrm{i}(\arg2+2k\pi)]}=\mathrm{e}^{\ln2-2k\pi+\mathrm{i}(\ln2+2k\pi)}$$

$$=2\mathrm{e}^{-2k\pi}(\cos\ln2+\mathrm{i}\sin\ln2)\quad(k=0,\pm1,\pm2,\cdots),$$

$$\mathrm{i}^{\mathrm{i}}=\mathrm{e}^{\mathrm{i}\mathrm{Ln}\mathrm{i}}=\mathrm{e}^{\mathrm{i}[\ln1+\mathrm{i}(\arg\mathrm{i}+2k\pi)]}=\mathrm{e}^{-\left(\frac{\pi}{2}+2k\pi\right)}\quad(k=0,\pm1,\pm2,\cdots),$$

$$\mathrm{i}^{\frac{2}{3}}=\mathrm{e}^{\frac{2}{3}\mathrm{Ln}\mathrm{i}}=\mathrm{e}^{\frac{2}{3}\left(\frac{\pi}{2}\mathrm{i}+2k\pi\mathrm{i}\right)}=\cos\left(\frac{\pi}{3}+\frac{4}{3}k\pi\right)+\mathrm{i}\sin\left(\frac{\pi}{3}+\frac{4}{3}k\pi\right)\quad(k=0,1,2),$$

所以 $\mathrm{i}^{\frac{2}{3}}$ 的三个值为$\frac{1}{2}+\frac{\sqrt{3}}{2}\mathrm{i},\frac{1}{2}-\frac{\sqrt{3}}{2}\mathrm{i},-1$.

四、三角函数

由欧拉(Euler)公式，y 为实数时，有

$$\mathrm{e}^{\mathrm{i}y}=\cos y+\mathrm{i}\sin y,\quad \mathrm{e}^{-\mathrm{i}y}=\cos y-\mathrm{i}\sin y.$$

由这两式可解出 $\cos y=\frac{\mathrm{e}^{\mathrm{i}y}+\mathrm{e}^{-\mathrm{i}y}}{2}$，$\sin y=\frac{\mathrm{e}^{\mathrm{i}y}-\mathrm{e}^{-\mathrm{i}y}}{2\mathrm{i}}$.

指数函数和三角函数是可以相互表示的，现将余弦函数和正弦函数的定义推广到自变量取复数值的情形.

定义 2.7 函数$\frac{\mathrm{e}^{\mathrm{i}z}+\mathrm{e}^{-\mathrm{i}z}}{2}$与$\frac{\mathrm{e}^{\mathrm{i}z}-\mathrm{e}^{-\mathrm{i}z}}{2\mathrm{i}}$分别为复变量 z 的余弦函数和正弦函数，记为 $\cos z$，$\sin z$，即

$$\cos z=\frac{\mathrm{e}^{\mathrm{i}z}+\mathrm{e}^{-\mathrm{i}z}}{2},\quad \sin z=\frac{\mathrm{e}^{\mathrm{i}z}-\mathrm{e}^{-\mathrm{i}z}}{2\mathrm{i}}.$$

余弦函数和正弦函数的性质：

(1) $\cos z$ 及 $\sin z$ 均为单值函数；

(2) $\cos z$ 为偶函数，$\sin z$ 为奇函数；

(3) $\cos z$ 及 $\sin z$ 均为以 2π 为周期的周期函数；

(4) $\cos z$ 及 $\sin z$ 在复平面内解析，且不难验证$(\cos z)'=-\sin z$，$(\sin z)'=\cos z$；

(5) 三角公式

$$\cos(z_1\pm z_2)=\cos z_1\cos z_2\mp\sin z_1\sin z_2,$$

$$\sin(z_1\pm z_z)=\sin z_1\cos z_2\pm\cos z_1\sin z_2,$$

$$\sin^2z+\cos^2z=1.$$

上述性质，其证明可由余弦函数、正弦函数的定义证得.

(6) $|\cos z|$，$|\sin z|$是无界的. 这性质不同于实变函数中$|\cos x|\leqslant1$，$|\sin x|\leqslant1$.

例如当 $y\to\infty$ 时，$\cos z=\cos\mathrm{i}y=\frac{1}{2}(\mathrm{e}^{-y}+\mathrm{e}^{y})$，则$|\cos\mathrm{i}y|\to\infty$.

$$\sin i = \frac{e^{-1} - e}{2i} \approx 1.755i, \quad |\sin i| > 1.$$

还可验证$\cos^2 z$及$\sin^2 z$不总是非负的.

其他复变数三角函数的定义如下

$$\tan z = \frac{\sin z}{\cos z}, \quad \cot z = \frac{\cos z}{\sin z}, \quad \sec z = \frac{1}{\cos z}, \quad \csc z = \frac{1}{\sin z}.$$

这些函数在复平面上除了分母为零的点外是解析的.

五、反三角函数

反三角函数作为三角函数的反函数定义如下：

定义 2.8　设 $z = \cos\omega$,则称 ω 为 z 的反余弦函数,记为 $\omega = \mathrm{Arccos} z$.

由 $z = \cos\omega = \frac{1}{2}(e^{i\omega} + e^{-i\omega})$,得二次方程

$$(e^{i\omega})^2 - 2ze^{i\omega} + 1 = 0,$$

它的根为 $e^{i\omega} = z + \sqrt{z^2 - 1}$. 由对数定义即得 $i\omega = \mathrm{Ln}(z + \sqrt{z^2 - 1})$,故

$$\omega = -i\mathrm{Ln}(z + \sqrt{z^2 - 1}),$$

显然,$\mathrm{Arccos} z$ 是多值函数.

用同样方法可以定义反正弦函数和反正切函数,可以得到如下表达式

$$\mathrm{Arcsin} z = -i\mathrm{Ln}(iz + \sqrt{1 - z^2}), \quad \mathrm{Arctan} z = \frac{1}{2i}\mathrm{Ln}\frac{1 + iz}{1 - iz},$$

它们均是多值的.

例 4　求 Arcsin2.

解　$\mathrm{Arcsin}2 = -i\mathrm{Ln}(2i \pm \sqrt{3}i) = -i\mathrm{Ln}[(2 \pm \sqrt{3})i] = -i\left[\ln(2 \pm \sqrt{3}) + \frac{\pi}{2}i + 2k\pi i\right]$

$$= \left(\frac{1}{2} + 2k\right)\pi - i\ln(2 \pm \sqrt{3}) \quad (k = 0, \pm 1, \pm 2, \cdots).$$

六、双曲函数与反双曲函数

1. 双曲函数

定义 2.9　$\mathrm{sh} z = \frac{e^z - e^{-z}}{2}$, $\mathrm{ch} z = \frac{e^z + e^{-z}}{2}$, $\mathrm{th} z = \frac{e^z - e^{-z}}{e^z + e^{-z}}$, $\mathrm{coth} z = \frac{e^z + e^{-z}}{e^z - e^{-z}}$

分别称为双曲正弦函数、双曲余弦函数、双曲正切函数、和双曲余切函数.

显然,$\mathrm{sh} z$ 和 $\mathrm{ch} z$ 是复平面内的解析函数,且$(\mathrm{sh} z)' = \mathrm{ch} z$,$(\mathrm{ch} z)' = \mathrm{sh} z$,而且 $\mathrm{sh} z$ 和 $\mathrm{ch} z$ 都是以 $2\pi i$ 为周期的周期函数,$\mathrm{sh} z$ 为奇函数,$\mathrm{ch} z$ 为偶函数.

双曲函数与三角函数之间有如下关系：

$$\mathrm{sh}z = -\mathrm{i}\sin \mathrm{i}z,\quad \mathrm{ch}z = \cos \mathrm{i}z,\quad \mathrm{th}z = -\mathrm{i}\tan \mathrm{i}z,\quad \mathrm{coth}z = \mathrm{i}\cot \mathrm{i}z,$$
$$\cos(x+\mathrm{i}y) = \cos x\,\mathrm{ch}y - \mathrm{i}\sin x\,\mathrm{sh}y,\quad \sin(x+\mathrm{i}y) = \sin x\,\mathrm{ch}y + \mathrm{i}\cos x\,\mathrm{sh}y.$$

例 5 求 $\sin(1+2\mathrm{i})$.

解法 1
$$\sin(1+2\mathrm{i}) = \frac{\mathrm{e}^{\mathrm{i}(1+2\mathrm{i})} - \mathrm{e}^{-\mathrm{i}(1+2\mathrm{i})}}{2\mathrm{i}} = \frac{\mathrm{e}^{\mathrm{i}-2} - \mathrm{e}^{-\mathrm{i}+2}}{2\mathrm{i}}$$
$$= \frac{1}{2\mathrm{i}}[\mathrm{e}^{-2}(\cos 1 + \mathrm{i}\sin 1) - \mathrm{e}^{2}(\cos 1 - \mathrm{i}\sin 1)]$$
$$= \frac{\mathrm{e}^{2}+\mathrm{e}^{-2}}{2}\sin 1 + \mathrm{i}\,\frac{\mathrm{e}^{2}-\mathrm{e}^{-2}}{2}\cos 1$$
$$= \mathrm{ch}2\sin 1 + \mathrm{i}\,\mathrm{sh}2\cos 1.$$

解法 2 $\sin(1+2\mathrm{i}) = \sin 1\cos 2\mathrm{i} + \cos 1\sin 2\mathrm{i} = \mathrm{ch}2\sin 1 + \mathrm{i}\,\mathrm{sh}2\cos 1$.

解法 3 $\sin(1+2\mathrm{i}) = \sin 1\,\mathrm{ch}2 + \mathrm{i}\cos 1\,\mathrm{sh}2$.

2. 反双曲函数

反双曲函数定义为双曲函数的反函数,现把相应的反双曲函数列出如下:

反双曲正弦函数 $\mathrm{Arsh}z = \mathrm{Ln}(z + \sqrt{z^2+1})$,

反双曲余弦函数 $\mathrm{Arch}z = \mathrm{Ln}(z + \sqrt{z^2-1})$,

反双曲正切函数 $\mathrm{Arth}z = \frac{1}{2}\mathrm{Ln}\,\frac{1+z}{1-z}$,

反双曲余切函数 $\mathrm{Arcoth}z = \frac{1}{2}\mathrm{Ln}\,\frac{z+1}{z-1}$,

它们都是多值函数.

本章小结

一、内容小结

解析函数是复变函数的主要研究对象. 本章的重点是正确理解复变函数的导数与解析函数等基本概念、掌握判断复变函数可导与解析的方法、熟悉复变量初等函数的定义和主要性质,特别要注意在复数范围内,实变初等函数的哪些性质不再成立,以及显现出哪些在实数范围内所没有的性质. 学习中,要注意以下几点:

(1) 函数在一点可导和在一点解析是两个不同的概念,后者比前者要求高很多,但函数在区域内解析与可导是一致的,这是由区域的特性所决定的.

(2) 复变函数连续、可导与解析之间的关系,如图 2-1 所示.

(3) 复变函数可导与解析的判别方法:

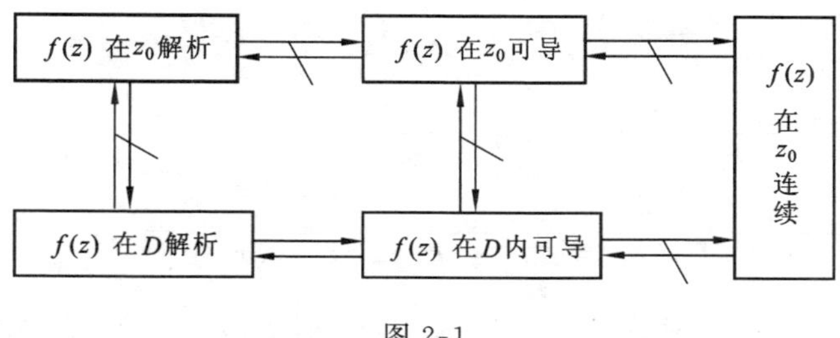

图 2-1

(i) 利用可导、解析的定义以及求导公式、求导数法则.

(ii) 利用可导与解析的充要条件. C-R 条件是定理中的主要条件,如果 $f(z)$ 在区域 D 内不满足 C-R 方程,那么 $f(z)$ 在 D 内不解析;如果 $f(z)$ 在区域 D 内满足 C-R 方程,且 u 和 v 具有一阶连续偏导数,则 $f(z)$ 在 D 内解析.

(4) 要清楚地认识复变量初等函数其实是相应的实变量初等函数在复平面上的推广,其关键所在是推广后的函数所必须具备的解析性. 如幂函数、指数函数、正余弦函数在复平面上解析;根式函数厦对数函数在单值分支 $-\pi < \arg z < \pi$ 内连续且解析等.

(5) 要注意每一个函数的基本特性,如周期性及一些运算法则. 对函数 $\sqrt[n]{z}$ 及 $\ln z$ 的多值性,单值分支的取法,特别是主值如何作为普通单值函数来运用等问题,要有清楚的认识.

二、典型例题

例 1 判断下列命题的真假,若真,试证之;若假,试举出反例.

(1) 若 $f'(z_0)$ 存在,则 $f(z)$ 在 z_0 处解析;

(2) 若 z_0 是 $f(z)$ 的奇点,则 $f(z)$ 在 z_0 处不可导;

(3) 若 $u(x,y)$ 和 $v(x,y)$ 的偏导数存在,则 $f(z)=u(x,y)+\mathrm{i}v(x,y)$ 可导.

解 (1) 假命题. 例如:$f(z)=|z|^2$ 在 $z=0$ 处可导,但不解析.

(2) 假命题. 例如:$z=0$ 为函数 $f(z)=|z|^2$ 的奇点,但 $f(z)=|z|^2$ 在 $z=0$ 处可导.

(3) 假命题. 例如:$u(x,y)=x^2, v(x,y)=xy$,则$\dfrac{\partial u}{\partial x}=2x, \dfrac{\partial u}{\partial y}=0, \dfrac{\partial v}{\partial x}=y, \dfrac{\partial v}{\partial y}=x$,易看出,这 4 个偏导数存在且处处连续,但仅当 $x=y=0$ 时,才满足 C-R 方程,仅在 $z=0$ 可导.

例 2 下列函数在复平面上何处可导、何处解析.

(1) $\dfrac{1}{z}$; (2) $x^3+\mathrm{i}(1-y)^3$

解 (1) $\dfrac{1}{\bar{z}}=\dfrac{1}{x-\mathrm{i}y}=\dfrac{x}{x^2+y^2}+\mathrm{i}\dfrac{y}{x^2+y^2}$

$$u(x,y)=\frac{x}{x^2+y^2},\quad v(x,y)=\frac{y}{x^2+y^2},$$

$$\frac{\partial u}{\partial x}=\frac{y^2-x^2}{(x^2+y^2)^2},\quad \frac{\partial u}{\partial y}=\frac{-2xy}{(x^2+y^2)^2},\quad \frac{\partial v}{\partial x}=\frac{-2xy}{(x^2+y^2)^2},\quad \frac{\partial v}{\partial y}=\frac{x^2-y^2}{(x^2+y^2)^2}$$

对于 $z\neq 0$,处处不满足 C-R 方程,又 $z=0$ 时函数无定义,所以函数$\dfrac{1}{\bar{z}}$处处不可导,从而处处不解析.

(2) $u(x,y)=x^3,\quad v(x,y)=(1-y)^3,$

$$\frac{\partial u}{\partial x}=3x^2,\quad \frac{\partial u}{\partial y}=0,\quad \frac{\partial v}{\partial x}=0,\quad \frac{\partial v}{\partial y}=-3(1-y)^2$$

这 4 个偏导数连续,仅当 $x=0,y=1$ 时满足 C-R 方程,所以,$f(z)$ 仅在 $z=\mathrm{i}$ 处可导,从而在复平面处处不解析.

例 3 设函数 $f(z)=x^2+axy+by^2+\mathrm{i}(cx^2+dxy+y^2)$,问常数 a,b,c,d 取何值时,$f(z)$ 在复平面内处处解析.

解 $u(x,y)=x^2+axy+by^2,\quad v(x,y)=cx^2+dxy+y^2,$

$$\frac{\partial u}{\partial x}=2x+ay,\quad \frac{\partial u}{\partial y}=ax+2by,\quad \frac{\partial v}{\partial x}=2cx+dy,\quad \frac{\partial v}{\partial y}=dx+2y,$$

显然,这 4 个偏导数处处连续,从而要满足 C-R 方程$\dfrac{\partial u}{\partial x}=\dfrac{\partial v}{\partial y},\dfrac{\partial u}{\partial y}=-\dfrac{\partial v}{\partial x}$,只需

$$2x+ay=dx+2y,\quad 2cx+dy=-ax-2by.$$

故当 $a=2,b=-1,c=-1,d=2$ 时,$f(z)$ 在复平面内处处解析.

例 4 已知 $f(z)$ 为解析函数,且 $u(x,y)=2(x-1)y,f(2)=-\mathrm{i}$,求 $f(z)$.

解法 1 设 $f(z)=u(x,y)+\mathrm{i}v(x,y)$,$f(z)$ 为解析函数,则

$$\frac{\partial u}{\partial x}=2y=\frac{\partial v}{\partial y},\quad \frac{\partial u}{\partial y}=2(x-1)=-\frac{\partial v}{\partial x}.$$

所以 $v(x,y)=y^2+g(x),\dfrac{\partial v}{\partial x}=g'(x)=2(1-x),$

$$g(x)=2x-x^2+c,\quad v(x,y)=y^2+2x-x^2+c,$$

故

$$f(z)=2(x-1)y+\mathrm{i}(y^2+2x-x^2+c).$$

又 $f(2)=-\mathrm{i}$,代入上式,得:$c=-1$. 所以

$$\begin{aligned}f(z)&=2(x-1)y+\mathrm{i}(y^2+2x-x^2-1)\\&=-\mathrm{i}(x^2+2xy-y^2)+2\mathrm{i}(x+\mathrm{i}y)-\mathrm{i}\\&=-(z^2-2z+1)\mathrm{i}=-(z-1)^2\mathrm{i}\end{aligned}$$

解法 2　$f'(z)=u_x+\mathrm{i}v_x=u_x-\mathrm{i}u_y$

$$=2y-2\mathrm{i}(x-1)=-2\mathrm{i}(x+\mathrm{i}y)+2\mathrm{i}=-2\mathrm{i}(z-1)$$

所以 $f(z)=-\mathrm{i}(z-1)^2+c$. 又 $f(2)=-\mathrm{i}$,代入上式,得:$c=0$. 所以 $f(z)=-(z-1)^2\mathrm{i}$.

例 5　证明:如果函数 $f(z)=u+\mathrm{i}v$ 在区域 D 内解析,并满足下列条件之一,则 $f(z)$ 是常数.

(1) $f(z)$ 恒取实值;

(2) $\overline{f(z)}$ 在 D 内解析;

(3) $|f(z)|$ 在 D 内是一个常数;

(4) $\arg f(z)$ 在 D 内是一个常数;

(5) $au+bv=c$,其中 a,b 与 c 为不全为零的实常数.

证　$f(z)$ 在区域 D 内解析 $\Rightarrow u,v$ 在 D 内可导,且满足 C-R 条件:

$$\frac{\partial u}{\partial x}=\frac{\partial v}{\partial y},\quad \frac{\partial u}{\partial y}=-\frac{\partial v}{\partial x}.$$

(1) $f(z)=u+\mathrm{i}v$ 在 D 内恒取实值,即 $v\equiv 0$,由 C-R 条件可知

$$\frac{\partial u}{\partial x}=\frac{\partial u}{\partial y}=0\ \Rightarrow\ \mathrm{d}u=0,$$

所以 u 在 D 内为常数,从而 $f(z)=u+\mathrm{i}v$ 在 D 内是常数.

(2) $\overline{f(z)}=u-\mathrm{i}v$ 在 D 内解析,则

$$\frac{\partial u}{\partial x}=-\frac{\partial v}{\partial y},\quad \frac{\partial u}{\partial y}=\frac{\partial v}{\partial x}$$

结合 C-R 条件,可得

$$\frac{\partial u}{\partial x}=\frac{\partial u}{\partial y}=\frac{\partial v}{\partial x}=\frac{\partial v}{\partial y}=0,\quad \mathrm{d}u=\mathrm{d}v=0,$$

所以 u,v 在 D 内为常数,从而 $f(z)=u+\mathrm{i}v$ 在 D 内是常数.

(3) 设 $|f(z)|=c$ (c 为常数),当 $c=0$ 时,$f(z)=0$ 是常数;当 $c\neq 0$ 时,$f(z)\neq 0$ 且有 $f(z)\overline{f(z)}=c^2$,则 $\overline{f(z)}=\dfrac{c^2}{f(z)}$ 在 D 内解析,由(2)知 $f(z)=u+\mathrm{i}v$ 在 D 内是常数.

(4) 设 $\arg f(z)=\theta\equiv c$ (c 为常数),则 $\dfrac{v}{u}=\tan\theta=\tan c=c'$,则

$$v=c'u\ ,\quad \frac{\partial v}{\partial x}=c'\frac{\partial u}{\partial x},\quad \frac{\partial v}{\partial y}=c'\frac{\partial u}{\partial y},$$

结合 C-R 条件可得

$$\frac{\partial u}{\partial x}=\frac{\partial u}{\partial y}=\frac{\partial v}{\partial x}=\frac{\partial v}{\partial y}=0,\quad \mathrm{d}u=\mathrm{d}v=0,$$

所以 u,v 在 D 内为常数,从而 $f(z)=u+\mathrm{i}v$ 在 D 内是常数.

(5) 若 $au+bv=c$,则

$$\begin{cases} a\dfrac{\partial u}{\partial x}+b\dfrac{\partial v}{\partial x}=0, \\ a\dfrac{\partial u}{\partial y}+b\dfrac{\partial v}{\partial y}=0, \end{cases} \quad \text{结合 C-R 条件,有} \quad \begin{cases} a\dfrac{\partial u}{\partial x}-b\dfrac{\partial u}{\partial y}=0, \\ a\dfrac{\partial u}{\partial y}+b\dfrac{\partial u}{\partial x}=0, \end{cases}$$

当 $a\neq 0$ 时,$\dfrac{\partial u}{\partial x}=\dfrac{\partial u}{\partial y}=0$,所以 u 为常数;同理,v 为常数. 从而 $f(z)=u+\mathrm{i}v$ 在 D 内是常数.

当 $a=0$ 时,$bv=c$,说明 v 为常数,结合 C-R 条件,可知 u 为常数,从而 $f(z)=u+\mathrm{i}v$ 在 D 内是常数.

例 6 求下列各式的值。

(1) $(-3)^{\sqrt{5}}$; (2) $(1+\mathrm{i})^{\mathrm{i}}$; (3) $\mathrm{Ln}(3-\sqrt{3}\mathrm{i})$; (4) $\mathrm{e}^{\frac{2-\pi\mathrm{i}}{3}}$.

解 (1) $$(-3)^{\sqrt{5}}=\mathrm{e}^{\sqrt{5}\mathrm{Ln}(-3)}=\mathrm{e}^{\sqrt{5}[\ln 3+\mathrm{i}(2k+1)\pi]}$$
$$=3^{\sqrt{5}}[\cos\sqrt{5}(2k+1)\pi+\mathrm{i}\sin\sqrt{5}(2k+1)\pi]$$
$$(k=0,\pm 1,\pm 2,\cdots).$$

(2) $$(1+\mathrm{i})^{\mathrm{i}}=\mathrm{e}^{\mathrm{i}\mathrm{Ln}(1+\mathrm{i})}=\mathrm{e}^{\mathrm{i}\ln|1+\mathrm{i}|+\mathrm{i}\mathrm{Arg}(1+\mathrm{i})]}=\mathrm{e}^{\mathrm{i}\left[\frac{1}{2}\ln 2+\mathrm{i}\left(\frac{\pi}{4}+2k\pi\right)\right]}=\mathrm{e}^{-\left(\frac{\pi}{4}+2k\pi\right)+\mathrm{i}\frac{1}{2}\ln 2}$$
$$=\mathrm{e}^{-\left(\frac{\pi}{4}+2k\pi\right)}\left(\cos\frac{1}{2}\ln 2+\mathrm{i}\sin\frac{1}{2}\ln 2\right)\quad(k=0,\pm 1,\pm 2,\cdots).$$

(3) $$\mathrm{Ln}(3-\sqrt{3}\mathrm{i})=\ln\left|3-\sqrt{3}\mathrm{i}\right|+\mathrm{i}[\arg(3-\sqrt{3}\mathrm{i})+2k\pi]$$
$$=\ln 2\sqrt{3}+\mathrm{i}\arctan\frac{-\sqrt{3}}{3}+2k\pi\mathrm{i}$$
$$=\ln 2\sqrt{3}+\mathrm{i}(2k\pi-\frac{\pi}{6})\quad(k=0,\pm 1,\pm 2,\cdots).$$

(4) $$\mathrm{e}^{\frac{2-\pi\mathrm{i}}{3}}=\mathrm{e}^{\frac{2}{3}-\frac{\pi}{3}\mathrm{i}}=\mathrm{e}^{\frac{2}{3}}\left[\cos\left(-\frac{\pi}{3}\right)+\mathrm{i}\sin\left(-\frac{\pi}{3}\right)\right]=\mathrm{e}^{\frac{2}{3}}\left(\frac{1}{2}-\frac{\sqrt{3}}{2}\mathrm{i}\right)$$
$$=\frac{\mathrm{e}^{\frac{2}{3}}}{2}(1-\sqrt{3}\mathrm{i}).$$

例 7 计算下列函数值.

(1) $\cos(1+\mathrm{i})$;(2) $\mathrm{Arctan}(2+3\mathrm{i})$.

解 (1) $$\cos(1+\mathrm{i})=\frac{\mathrm{e}^{\mathrm{i}(1+\mathrm{i})}+\mathrm{e}^{-\mathrm{i}(1+\mathrm{i})}}{2}=\frac{1}{2}(\mathrm{e}^{-1+\mathrm{i}}+\mathrm{e}^{1-\mathrm{i}})$$
$$=\frac{1}{2}[\mathrm{e}^{-1}(\cos 1+\mathrm{i}\sin 1)+\mathrm{e}(\cos 1-\mathrm{i}\sin 1)]$$
$$=\frac{1}{2}(\mathrm{e}^{-1}+\mathrm{e})\cos 1+\frac{\mathrm{i}}{2}(\mathrm{e}^{-1}-\mathrm{e})\sin 1$$
$$=\mathrm{ch}1\cos 1-\mathrm{i}\,\mathrm{sh}1\sin 1.$$

（2）$\operatorname{Arctan}(2+3\mathrm{i})=\dfrac{1}{2\mathrm{i}}\operatorname{Ln}\dfrac{1+\mathrm{i}(2+3\mathrm{i})}{1-\mathrm{i}(2+3\mathrm{i})}=\dfrac{1}{2\mathrm{i}}\operatorname{Ln}\dfrac{-3+\mathrm{i}}{5}$

$$=\frac{1}{2\mathrm{i}}\left[\ln\sqrt{\frac{2}{5}}+\mathrm{i}\left(\pi-\arctan\frac{1}{3}+2k\pi\right)\right]$$

$$=-\frac{\mathrm{i}}{4}\ln\frac{2}{5}+\left(k+\frac{1}{2}\right)\pi-\frac{1}{2}\arctan\frac{1}{3}\quad(k=0,\pm1,\pm2,\cdots).$$

例 8　解下列方程.

（1）$\mathrm{e}^z+1=0$；　（2）$\sin(\mathrm{i}z)=\mathrm{i}$.

解　（1）原方程可化为 $\mathrm{e}^z=-1$，于是方程的解为

$z=\operatorname{Ln}(-1)=\ln|-1|+\mathrm{i}\arg(-1)+2k\pi\mathrm{i}=(2k+1)\pi\mathrm{i}\quad(k=0,\pm1,\pm2,\cdots)$.

（2）因为 $\sin(\mathrm{i}z)=\dfrac{\mathrm{e}^{-z}-\mathrm{e}^z}{2\mathrm{i}}$，所以原方程可化为 $\dfrac{\mathrm{e}^z-\mathrm{e}^{-z}}{2}=1$，因为 $\mathrm{e}^z\neq0$，可化简为

$$\mathrm{e}^{2z}-2\mathrm{e}^z-1=0$$

解之得 $\mathrm{e}^z=1\pm\sqrt{2}$. 所以

$$z_1=\operatorname{Ln}(1+\sqrt{2})=\ln\left|1+\sqrt{2}\right|+2k\pi\mathrm{i}\qquad(k=0,\pm1,\pm2,\cdots),$$

$$z_2=\operatorname{Ln}(1-\sqrt{2})=\ln\left|1-\sqrt{2}\right|+(2k+1)\pi\mathrm{i}\quad(k=0,\pm1,\pm2,\cdots).$$

习　题　二

1. 用导数的定义求下列函数的导数.

（1）$f(z)=\dfrac{1}{z}$；　（2）$f(z)=z\operatorname{Re}z$.

2. 下列函数何处可导?何处解析?

（1）$f(z)=\bar{z}z^2$；　　（2）$f(z)=2x^3+3y^3\mathrm{i}$；

（3）$f(z)=xy^2+\mathrm{i}x^2y$；　（4）$f(z)=\sin x\operatorname{ch}y+\mathrm{i}\cos x\operatorname{sh}y$.

3. 指出下列函数的解析性区域，并求出导数.

（1）$z^3+2\mathrm{i}z$；　（2）$\dfrac{az+b}{cz+d}$（c,d 中至少有一个不为 0）.

4. 求函数 $f(z)=\dfrac{z-2}{(z+1)^2(z^2+1)}$ 的奇点.

5. 若 $f(z)$ 及 $g(z)$ 在点 z_0 解析，且 $f(z_0)=g(z_0)=0,g'(z_0)\neq0$，试证：$\lim\limits_{z\to z_0}\dfrac{f(z)}{g(z)}=\dfrac{f'(z_0)}{g'(z_0)}$.

6. 试证下列函数在复平面上解析，并分别求出其导函数.

（1）$f(z)=x^3+3x^2y\mathrm{i}-3xy^2-y^3\mathrm{i}$；

（2）$f(z)=\mathrm{e}^x(x\cos y-y\sin y)+\mathrm{i}\mathrm{e}^x(y\cos y+x\sin y)$；

（3）$f(z)=\cos x\operatorname{ch}y-\mathrm{i}\sin x\operatorname{sh}y$.

7. 设 $my^3+nx^2y+\mathrm{i}(x^3+lxy^2)$ 为解析函数，试确定 l,m,n 的值.

8. 若 $f(z)$ 在区域 D 内解析，试证：$\overline{\mathrm{i}\,\overline{f(z)}}$ 在 D 内解析.

9. 证明柯西－黎曼方程的极坐标形式是：$\dfrac{\partial u}{\partial r}=\dfrac{1}{r}\dfrac{\partial v}{\partial \theta},\dfrac{\partial v}{\partial r}=-\dfrac{1}{r}\dfrac{\partial u}{\partial \theta}$.

10. 证明对数的下列性质.

(1) $\mathrm{Ln}(z_1z_2)=\mathrm{Ln}z_1+\mathrm{Ln}z_2$； (2) $\mathrm{Ln}\left(\dfrac{z_1}{z_2}\right)=\mathrm{Ln}z_1-\mathrm{Ln}z_2$.

11. 说明下列等式是否成立.

(1) $\mathrm{Ln}(z^2)=2\mathrm{Ln}z$； (2) $\mathrm{Ln}\sqrt{z}=\dfrac{1}{2}\mathrm{Ln}z$.

12. 求下列方程的解.

(1) $\sin z+\cos z=0$； (2) $\ln z=\dfrac{\pi}{2}\mathrm{i}$； (3) $\mathrm{e}^z=1+\sqrt{3}\mathrm{i}$； (4) $\sin z=\mathrm{i}\,\mathrm{sh}1$.

13. 求下列各式的值：

(1) $\cos\mathrm{i}$； (2) $(1+\mathrm{i})^{1-\mathrm{i}}$； (3) $3^{3-\mathrm{i}}$； (4) $\mathrm{Ln}(-3+4\mathrm{i})$； (5) $\mathrm{e}^{2+\mathrm{i}}$.

14. 求 $f_1(z)=\sin 5z, f_2(z)=\mathrm{e}^{\frac{z}{5}}$ 的周期.

15. 证明：

(1) $\cos(z_1+z_2)=\cos z_1\cos z_2-\sin z_1\sin z_2$； (2) $\sin z=\sin x\,\mathrm{ch}y+\mathrm{i}\cos x\,\mathrm{sh}y$；

(3) $\sin^2 z+\cos^2 z=1$； (4) $\sin 2z=2\sin z\cos z$；

(5) $\cos(z+\pi)=-\cos z$； (6) $|\cos z|^2=\cos^2 x+\mathrm{sh}^2 y$.

16. 试证：

(1) $\overline{\mathrm{e}^z}=\mathrm{e}^{\bar{z}}$； (2) $\overline{\cos z}=\cos\bar{z}$； (3) $\overline{\sin z}=\sin\bar{z}$.

17. 证明：

(1) $\mathrm{ch}^2 z-\mathrm{sh}^2 z=1$； (2) $\mathrm{sh}^2 z+\mathrm{ch}^2 z=\mathrm{ch}2z$；

(3) $\mathrm{th}(z+\pi\mathrm{i})=\mathrm{th}z$； (4) $\mathrm{sh}(z_1+z_2)=\mathrm{sh}z_1\mathrm{ch}z_2+\mathrm{ch}z_1\mathrm{sh}z_2$.

18. 试证：

(1) $\lim\limits_{z\to 0}\dfrac{\sin z}{z}=1$； (2) $\lim\limits_{z\to 0}\dfrac{\mathrm{e}^z-1}{z}=1$.

自 测 题 二

1. 选择题

(1) 函数 $f(z)$ 在点 z 可导是 $f(z)$ 在点 z 解析的(　　).

A. 充分不必要条件　　B. 必要不充分条件

C. 充分必要条件　　D. 既不充分也不必要条件

(2) 下列命题中，正确的是(　　).

A. 如果 z_0 是 $f(z)$ 和 $g(z)$ 的一个奇点，则也是 $f(z)+g(z)$ 和 $\dfrac{f(z)}{g(z)}$ 的奇点

B. 若 z_0 是 $f(z)$ 的奇点，则 $f(z)$ 在 z_0 点不可导

C. 若 u,v 在区域 D 内满足 C-R 方程，则 $f(z)=u+\mathrm{i}v$ 在区域 D 内解析

D. 若 $f(z)$ 在区域 D 内解析，则 $\mathrm{i}\,\overline{f(z)}$ 在 D 内也解析

(3) 设 $f(z)=\sin z$，则下列命题中，不正确的是(　　).

A. $f(z)$ 在复平面上处处解析　　B. $f(z)$ 以 2π 为周期

C. $f(z)=\dfrac{e^{iz}-e^{-iz}}{2}$　　D. $|f(z)|$ 是无界的

(4) 设 a 是任意实数，则 1^a(　　).

A. 无定义　　B. 等于 1

C. 是复数，其实部等于 1　　D. 是复数，其模等于 1

(5) 下列数中，为实数的是(　　).

A. $(1-i)^3$　　B. $\cos i$　　C. $\ln i$　　D. $e^{3-\frac{\pi}{2}i}$

2. 填空题

(1) 设 $f(0)=1, f'(0)=1+i$，则 $\lim\limits_{z\to 0}\dfrac{f(z)-1}{z}=$ ________.

(2) $\mathrm{Ln}(-3+4i)=$ ________，$\ln(-3+4i)=$ ________.

(3) 函数 $f(z)=\dfrac{2z^5-z+3}{4z^2+1}$ 的解析区域是________，该区域上的导函数________.

(4) 当 $a=$ ________时，$f(z)=a\ln(x^2+y^2)+i\arctan\dfrac{y}{x}$ 在区域 $x>0$ 内解析.

(5) 函数 $f(z)=\arg(z-2)$ 在复平面除去实轴上一区间 ________ 外是解析的.

3. 设函数 $f(z)=x^2+2y^3 i$，问：

(1) 函数 $f(z)$ 在何处可导?何处可析?(2) 求 $f'(3+i), f'(3+2i)$.

4. 求：(1) $\sin(2+3i)$；(2) $i^{\sqrt{2}}$.

5. 已知 $u-v=x^2-y^2$，试确定解析函数 $f(z)=u+iv$.

6. 解方程 $\sin z-\cos z=2$.

7. 已知 $f(z)=u+iv$ 在区域 D 内解析，求证 $|f'(z)|^2=\begin{vmatrix}\dfrac{\partial u}{\partial x} & \dfrac{\partial u}{\partial y}\\ \dfrac{\partial v}{\partial x} & \dfrac{\partial v}{\partial y}\end{vmatrix}$.

第三章　复变函数的积分

复变函数积分(简称复积分)是研究解析函数的一个重要工具,解析函数的许多重要性质都是通过复积分证明的.本章主要介绍柯西定理和柯西积分公式,它们是解析函数的重要理论基础之一.通过本章学习,读者可以认识并掌握解析函数用积分形式表现出来的种种特征,以及与之有关的一系列重要的定理和推论.这些内容是经典复变函数论的主要组成部分.

本章内容与实变量二元函数有紧密联系.特别是二元函数的第二型曲线积分的概念、性质和计算方法,全微分及积分与路径无关的问题,格林公式等.希望读者能结合本章的学习适当复习《高等数学》的有关知识.

第一节　复变函数积分的概念

一、积分的定义

复变函数积分主要考察沿复平面上曲线的积分.今后除特别声明,当谈到曲线时一律是指光滑或逐段光滑的曲线,其中逐段光滑的简单闭曲线简称为闭路.对于光滑或逐段光滑的开曲线,只要指明了其起点和终点,从起点到终点,就规定了该曲线的正方向 C;对于光滑或逐段光滑的闭曲线 C,沿着曲线的某方向前进,如果 C 的内部区域在左方,则规定该方向为 C 的正方向(就记为 C),反之,称为 C 的负方向(记为 C^-).如图 3-1、图 3-2 所示.

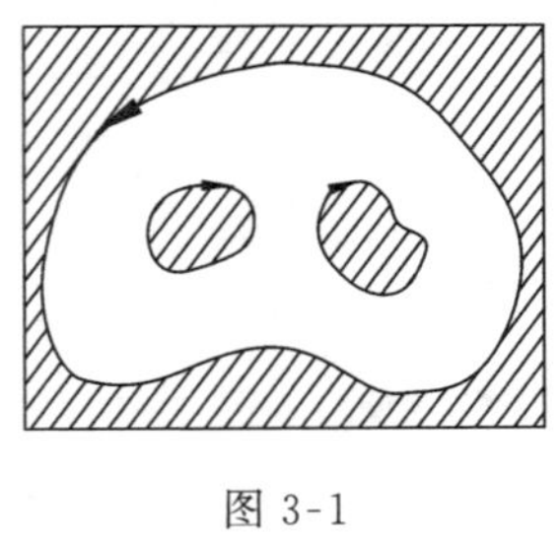

图 3-1

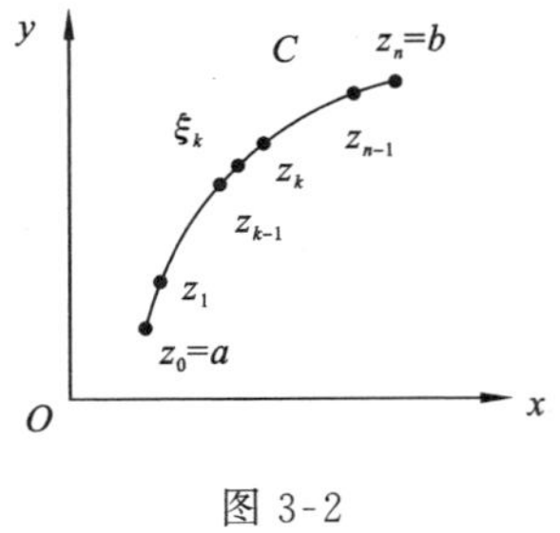

图 3-2

若光滑或逐段光滑的曲线 C 的参数方程为

$$z = z(t) = x(t) + \mathrm{i}y(t) \quad (\alpha \leqslant t \leqslant \beta),$$

t 为实参数,则规定 t 增加的方向为正方向,即由 $a = z(\alpha)$ 到 $b = z(\beta)$ 的方向为正方向.

定义 3.1(复变函数的积分) 设有向曲线 $C: z=z(t)\ (\alpha \leqslant t \leqslant \beta)$,以 $a=z(\alpha)$ 为起点,$b=z(\beta)$ 为终点,$f(z)$ 沿 C 有定义(图 3-2). 在 C 上沿着 C 从 a 到 b 的方向(此为实参数 t 增大的方向,作为 C 的正方向)任取 $n-1$ 个分点: $a=z_0$, $z_1,\cdots,z_{n-1},z_n=b$,把曲线 C 分成 n 个小弧段. 在每个小弧段 $\overparen{Z_{k-1}Z_k}$ 上任取一点 ξ_k,作和 $S_n=\sum_{k=1}^{n} f(\xi_k)\Delta z_k$,其中 $\Delta z_k = z_k - z_{k-1}$,记 $\lambda=\max\{|\Delta z_1|,\cdots,|\Delta z_n|\}$,若 $\lambda \to 0$ 时(分点无限增多,且这些弧段长度的最大值趋于零时),上述和式的极限存在,极限值为 J(即不论怎样沿 C 正向分割 C,也不论在每个小弧段 $\overparen{Z_{k-1}Z_k}$ 的什么位置上取 ξ_k,当 $\lambda\to 0$ 时 S_n 都趋于同一个数 J),则称 $f(z)$ 沿 C 可积,称 J 为 $f(z)$ 沿 C(从 a 到 b) 的积分,并记为 $J=\int_C f(z)\mathrm{d}z$,即为

$$\int_C f(z)\mathrm{d}z = \lim_{\lambda\to 0}\sum_{k=1}^{n} f(\xi_k)\Delta z_k \tag{3.1.1}$$

C 称为积分路径,$\int_C f(z)\mathrm{d}z$ 表示沿 C 的正方向的积分,$\int_{C^-} f(z)\mathrm{d}z$ 表示沿 C 的负方向的积分. 如果 C 为有向闭曲线,且正向为逆时针方向,那么沿此闭曲线的积分可记为$\oint_C f(z)\mathrm{d}z$.

二、积分的存在性条件与计算方法

和实函数可积一定有界一样,$f(z)$ 沿曲线 C 可积的必要条件为 $f(z)$ 沿 C 有界.

下面的定理提供了计算复积分的基本方法,即复函数沿曲线 C 的积分等于其实部、虚部所确定两个实函数第二型曲线积分之和.

定理 3.1 若函数 $f(z)=u(x,y)+\mathrm{i}v(x,y)$ 沿曲线 C 连续,则 $f(z)$ 沿曲线 C 可积,且

$$\int_C f(z)\mathrm{d}z = \int_C u\mathrm{d}x - v\mathrm{d}y + \mathrm{i}\int_C v\mathrm{d}x + u\mathrm{d}y \tag{3.1.2}$$

证 设 $z_k = x_k + \mathrm{i}y_k$, $\Delta x_k = x_k - x_{k-1}$, $\Delta y_k = y_k - y_{k-1}$, $\zeta_k = \xi_k + \mathrm{i}\eta_k$, $u(\xi_k,\eta_k)=u_k$, $v(\xi_k,\eta_k)=v_k$,则

$$\begin{aligned} S_n &= \sum_{k=1}^{n} f(\xi_k)\Delta z_k = \sum_{k=1}^{n}(u_k+\mathrm{i}v_k)(\Delta x_k + \mathrm{i}\Delta y_k) \\ &= \sum_{k=1}^{n}(u_k\Delta x_k - v_k\Delta y_k) + \mathrm{i}\sum_{k=1}^{n}(u_k\Delta y_k + v_k\Delta x_k) \end{aligned}$$

上式右端的两个和数是对应的两个曲线积分的积分和数,而在定理的假设条件下,

$u(x,y)$ 及 $v(x,y)$ 均沿 C 连续，因而这两个曲线积分均存在，故积分 $\int_C f(z)\mathrm{d}z$ 存在且有(3.1.2)式.

为了记忆方便，上式右端形式上可看成是函数 $f(z)=u+\mathrm{i}v$ 与微分 $\mathrm{d}z=\mathrm{d}x+\mathrm{i}\mathrm{d}y$ 相乘后得到的

$$\int_C f(z)\mathrm{d}z=\int_C (u+\mathrm{i}v)(\mathrm{d}x+\mathrm{i}\mathrm{d}y) \tag{3.1.3}$$

复积分的计算问题可以转化为计算两个二元实函数的第二型线积分. 若积分路径 C 可以用参数方程表示，还能进一步化为定积分来计算.

设有向光滑曲线 C 的参数复方程为

$$z=z(t)=x(t)+\mathrm{i}y(t),\quad \alpha\leqslant t\leqslant\beta. \tag{3.1.4}$$

曲线 C 光滑意味着 $z'(t)=x'(t)+\mathrm{i}y'(t)$ 在 $[\alpha,\beta]$ 上连续，且 $z'(t)\neq 0$. 当 $f(z)$ 沿 C 连续时，由定理 3.1，有

$$\begin{aligned}\int_C f(z)\mathrm{d}z &= \int_\alpha^\beta [u(x(t),y(t))x'(t)-v(x(t),y(t))y'(t)]\mathrm{d}t \\ &\quad +\mathrm{i}\int_\alpha^\beta [v(x(t),y(t))x'(t)+u(x(t),y(t))y'(t)]\mathrm{d}t \\ &= \int_\alpha^\beta [u(x(t),y(t))+\mathrm{i}v(x(t),y(t))][x'(t)+\mathrm{i}y'(t)]\mathrm{d}t \\ &= \int_\alpha^\beta f(z(t))z'(t)\mathrm{d}t,\end{aligned}$$

即

$$\int_C f(z)\mathrm{d}z=\int_\alpha^\beta f(z(t))z'(t)\mathrm{d}t. \tag{3.1.5}$$

该式称为计算复积分的参数方程法.

例 3.1.1　计算 $\int_C z\mathrm{d}z$，其中 C 为从原点到点 $3+4\mathrm{i}$ 的直线段.

解　直线的方程可写成

$$x=3t,\ y=4t,\ 0\leqslant t\leqslant 1$$

或

$$z(t)=3t+\mathrm{i}4t,\ 0\leqslant t\leqslant 1.$$

于是

$$\int_C z\mathrm{d}z=\int_0^1 (3+4\mathrm{i})^2 t\mathrm{d}t=(3+4\mathrm{i})^2\int_0^1 t\mathrm{d}t=\frac{1}{2}(3+4\mathrm{i})^2.$$

又因

$$\int_C z\mathrm{d}z=\int_C (x+\mathrm{i}y)(\mathrm{d}x+\mathrm{i}\mathrm{d}y)=\int_C x\mathrm{d}x-y\mathrm{d}y+\mathrm{i}\int_C y\mathrm{d}x+x\mathrm{d}y,$$

由高等数学理论，其复积分的实部、虚部满足实积分与路径无关的条件(即

$P(x,y)$，$Q(x,y)$在D内具有一阶连续的偏导数，积分$\int_L P(x,y)\mathrm{d}x+Q(x,y)\mathrm{d}y$与路径无关的充要条件是$\frac{\partial P}{\partial y}=\frac{\partial Q}{\partial x}$在$D$内处处成立)，所以$\int_C z\mathrm{d}z$的值不论$C$是怎样的曲线都等于$\frac{1}{2}(3+4\mathrm{i})^2$，这说明有些函数的积分值与积分路径无关.

例 3.1.2　证明：$\int_C \frac{\mathrm{d}z}{(z-a)^n}=\begin{cases}2\pi\mathrm{i} & (n=1),\\ 0 & (n\neq 1\text{ 的整数}),\end{cases}$其中$C$是以$a$为心，$r$为半径的圆周.

证　因为C的参数方程为：$z-a=r\mathrm{e}^{\mathrm{i}\theta}$　$(0\leqslant\theta\leqslant 2\pi)$，故由(3.1.5)式得

$$\int_C \frac{\mathrm{d}z}{(z-a)^n}=\int_0^{2\pi}\frac{\mathrm{i}r\mathrm{e}^{\mathrm{i}\theta}\mathrm{d}\theta}{r^n\mathrm{e}^{\mathrm{i}n\theta}}=\frac{\mathrm{i}}{r^{n-1}}\int_0^{2\pi}\mathrm{e}^{-\mathrm{i}(n-1)\theta}\mathrm{d}\theta$$

因此，$n=1$时，$\int_C \frac{\mathrm{d}z}{(z-a)^n}=\mathrm{i}\int_0^{2\pi}\mathrm{d}\theta=2\pi\mathrm{i}$；当$n$为整数且$n\neq 1$时，

$$\int_C \frac{\mathrm{d}z}{(z-a)^n}=\frac{\mathrm{i}}{r^{n-1}}\cdot\frac{1}{\mathrm{i}(1-n)}\left[\mathrm{e}^{-\mathrm{i}(n-1)\theta}\right]\Big|_0^{2\pi}=0.$$

注　此积分值与半径r无关. 此结果是一个重要的常用结论.

三、积分的基本性质

根据复积分的定义不难验证复积分具有下列性质，它们与高等数学中定积分的性质相类似.

(1) 若$f(z)$沿C可积，且C由C_1和C_2连接而成，则

$$\int_C f(z)\mathrm{d}z=\int_{C_1}f(z)\mathrm{d}z+\int_{C_2}f(z)\mathrm{d}z;$$

(2) 复常数因子a可以提到积分号外，即

$$\int_C af(z)\mathrm{d}z=a\int_C f(z)\mathrm{d}z;$$

(3) 函数和(差)的积分等于各函数积分的和(差)，即

$$\int_C[f(z)\pm g(z)]\mathrm{d}z=\int_C f(z)\mathrm{d}z\pm\int_C g(z)\mathrm{d}z;$$

(4) 若积分曲线的方向改变，则积分值改变符号，即

$$\int_{C^-}f(z)\mathrm{d}z=-\int_C f(z)\mathrm{d}z;$$

其中C^-为C负向曲线；

(5) 积分的模不大于被积表达式模的积分，即

$$\left|\int_C f(z)\mathrm{d}z\right|\leqslant\int_C|f(z)||\mathrm{d}z|=\int_C|f(z)|\mathrm{d}s,$$

这里$\mathrm{d}s=|\mathrm{d}z|=\sqrt{(\mathrm{d}x)^2+(\mathrm{d}y)^2}$表示弧长的微分；

(6) 积分估值定理：若沿曲线 C，$f(z)$ 连续，且 $f(z)$ 在 C 上满足 $|f(z)|\leqslant M\ (M>0)$，则 $\left|\int_C f(z)\mathrm{d}z\right|\leqslant ML$，其中 L 为曲线 C 的长度.

证 由不等式 $\left|\sum_{k=1}^{n} f(\xi_k)\Delta z_k\right|\leqslant M\sum_{k=1}^{n}|\Delta z_k|\leqslant ML$，取极限即得.

例 3.1.3 计算积分 $\int_C \mathrm{Re}z\mathrm{d}z$，其中积分路径 C 为：

(1) 连接由 0 点到点 $1+\mathrm{i}$ 的直线段；

(2) 连接由 0 点到 1 的直线段及连接由 1 到点 $1+\mathrm{i}$ 的直线段所组成的折线.

解 (1) 连接 0 及 $1+\mathrm{i}$ 的直线段的参数方程为：$z=(1+\mathrm{i})t\quad(0\leqslant t\leqslant 1)$，故

$$\int_C \mathrm{Re}z\mathrm{d}z=\int_0^1\{\mathrm{Re}[(1+\mathrm{i})t]\}(1+\mathrm{i})\mathrm{d}t=\int_0^1(1+\mathrm{i})t\mathrm{d}t=\frac{1}{2}(1+\mathrm{i}).$$

(2) 连接 0 与 1 的直线段的参数方程为：$z=t\quad(0\leqslant t\leqslant 1)$，连接 1 与 $1+\mathrm{i}$ 的直线段的参数方程为：$z=(1-t)+(1+\mathrm{i})t=1+\mathrm{i}t\quad(0\leqslant t\leqslant 1)$，

$$\int_C \mathrm{Re}z\mathrm{d}z=\int_0^1\mathrm{Re}t\mathrm{d}t+\int_0^1[\mathrm{Re}(1+\mathrm{i}t]\mathrm{i}\mathrm{d}t=\int_0^1 t\mathrm{d}t+\int_0^1\mathrm{i}\mathrm{d}t=\frac{1}{2}(1+\mathrm{i})$$

例 3.1.4 计算积分 $\oint_C \frac{\bar{z}}{|z|}\mathrm{d}z$ 的值，其中 C 为正向圆周：(1) $|z|=2$；(2) $|z|=4$.

解 (1) $|z|=2$ 时，积分曲线 C 的方程为：$z=2\mathrm{e}^{\mathrm{i}\theta}\quad(0\leqslant\theta\leqslant 2\pi)$. 则原积分

$$I=\int_0^{2\pi}\frac{2\mathrm{e}^{-\mathrm{i}\theta}}{2}\cdot 2\mathrm{i}\mathrm{e}^{\mathrm{i}\theta}\mathrm{d}\theta=\int_0^{2\pi}2\mathrm{i}\mathrm{d}\theta=4\pi\mathrm{i}.$$

(2) $|z|=4$ 时，积分曲线 C 的方程为：$z=4\mathrm{e}^{\mathrm{i}\theta}\quad(0\leqslant\theta\leqslant 2\pi)$. 则原积分

$$I=\int_0^{2\pi}\frac{4\mathrm{e}^{-\mathrm{i}\theta}}{4}\cdot 4\mathrm{i}\mathrm{e}^{\mathrm{i}\theta}\mathrm{d}\theta=\int_0^{2\pi}4\mathrm{i}\mathrm{d}\theta=8\pi\mathrm{i}.$$

第二节 柯西积分定理

一、柯西积分定理

从第一节中的例题可以看出，在例 3.1.1 中，被积函数 $f(z)=z$ 在单连通区域 z 平面上解析，它沿连接起点 a 与终点 b 的任何路径 C 的积分值都是相同，即积分与路径无关. 我们知道，积分值与路径有关或无关的问题，实质上就是函数沿区域 D 任何闭曲线的积分值是否为零的问题. 1825 年，柯西得到了如下著名的柯西积分定理，1851 年，黎曼在附加条件“$f'(z)$ 在 D 内连续”的情况下，给出柯西积分定理一个简单的证明.

定理 3.2(柯西定理) 设 $f(z)$ 在单连通区域 D 内解析，C 为 D 内任意一条闭

曲线(C 不必为简单闭曲线)，则$\int_C f(z)\mathrm{d}z = 0$.

证　令 $z = x + \mathrm{i}y, f(z) = u(x,y) + \mathrm{i}v(x,y)$，由 (3.1.2) 式，得

$$\int_C f(z)\mathrm{d}z = \int_C u\mathrm{d}x - v\mathrm{d}y + \mathrm{i}\int_C v\mathrm{d}y + u\mathrm{d}x$$

由假设 $f'(z)$ 在 D 内连续，从而 u_x, u_y, v_x, v_y 在 D 内连续，且满足 C-R 条件：

$$u_x = v_y,\quad u_y = -v_x.$$

根据格林(Green) 公式，有$\int_C u\mathrm{d}x - v\mathrm{d}y = 0, \int_C v\mathrm{d}x + u\mathrm{d}y = 0$，因此$\int_C f(z)\mathrm{d}z = 0$.

1900 年，古萨(Goursat) 在去掉 $f'(z)$ 在 D 内连续的条件下证明了柯西积分定理，其证明比较复杂，人们这时称柯西积分定理为柯西 - 古萨定理.

注　可以证明，如果 C 是区域 D 的边界，$f(z)$ 在 D 内解析，在闭区域 $\overline{D} = D + C$ 上连续，那么定理依然成立.

推论 3.1　设 $f(z)$ 在单连通区域 D 内解析，则对于 D 内任意两点 z_0 与 z_1，积分值$\int_{z_0}^{z_1} f(z)\mathrm{d}z$ 与连接起点 z_0 与终点 z_1 的路径无关.

证　设 C_1 与 C_2 是 D 内连接 z_0 与 z_1 的两条曲线，则正方向曲线 C_1 与负方向曲线 C_2^- 就连接成 D 内的一条闭曲线 C. 从而由柯西积分定理，有

$$0 = \int_C f(z)\mathrm{d}z = \int_{C_1} f(z)\mathrm{d}z + \int_{C_2^-} f(z)\mathrm{d}z,$$

因此$\int_{C_1} f(z)\mathrm{d}z = \int_{C_2} f(z)\mathrm{d}z$.

二、复合闭路定理

下面把柯西积分定理推广到多连通区域.

定理 3.3　设 C_1 与 C_2 是两条简单闭曲线，C_2 在 C_1 内部. $f(z)$ 在 C_1 与 C_2 所围的二连域 D 内解析，而在 $\overline{D} = D + C_1 + C_2^-$ 上连续(图 3-3)，则

$$\oint_{C_1} f(z)\mathrm{d}z = \oint_{C_2} f(z)\mathrm{d}z. \qquad (3.2.1)$$

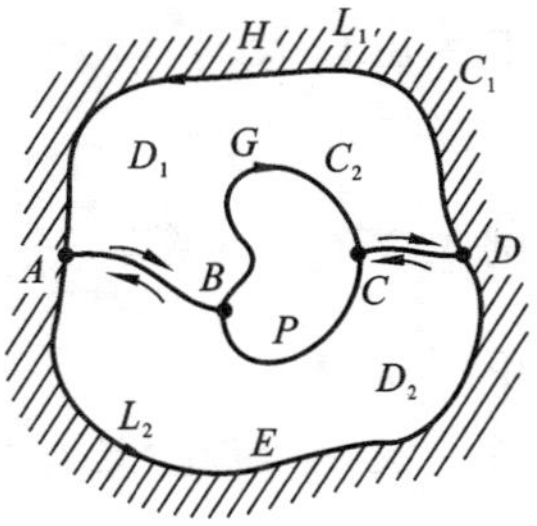

图 3-3

证　在 D 内作简单光滑弧$\overset{\frown}{AB}$ 和$\overset{\frown}{CD}$，连结 C_1 和 C_2(图 3-3)，将 D 分成两个单连通区域 D_1 和 D_2. D_1 以 $ABGCDHA$ 为边界，记为 L_1；D_2 以 $AEDCPBA$ 为边界，记为 L_2. 根据定理的条件，$f(z)$ 在 $\overline{D}_1$ 和 $\overline{D}_2$ 上连续，而在 D_1 和 D_2 内解析，由定理 3.2，得

$$\oint_{L_1} f(z)\mathrm{d}z = 0,\quad \oint_{L_2} f(z)\mathrm{d}z = 0.$$

又由于

$$\int_{\overset{\frown}{AB}} f(z)\mathrm{d}z + \int_{\overset{\frown}{BA}} f(z)\mathrm{d}z = 0,$$

$$\int_{\overset{\frown}{CD}} f(z)\mathrm{d}z + \int_{\overset{\frown}{DC}} f(z)\mathrm{d}z = 0,$$

于是有

$$\int_{C_1} f(z)\mathrm{d}z + \int_{C_2^-} f(z)\mathrm{d}z = 0,$$

即(3.2.1)式成立.

(3.2.1)式说明,在区域内的一个解析函数沿闭曲线的积分,不因闭曲线在区域内作连续变形而改变它的值.这一事实,称为**闭路变形原理**.

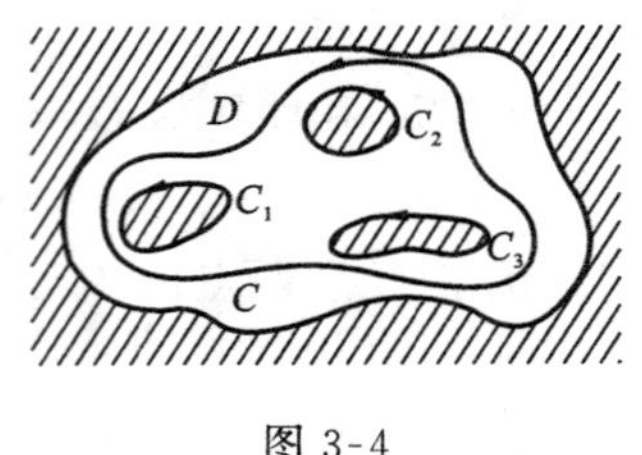

图 3-4

推论 3.2(复合闭路定理) 设 C 为多连通域 D 内的一条简单闭曲线,$C_1, C_2, \cdots, C_n$ 是在 C 内部的简单闭曲线,它们互不包含也互不相交,并且以 $C, C_1, C_2, \cdots, C_n$ 为边界的区域全含于 D(图 3-4).如果 $f(z)$ 在 D 内解析,则有

$$\oint_C f(z)\mathrm{d}z = \sum_{k=1}^{n} \oint_{C_k} f(z)\mathrm{d}z, \tag{3.2.2}$$

其中 C 及 C_k 均取正方向;

$$\oint_\Gamma f(z)\mathrm{d}z = 0.$$

这里 Γ 为由 C 及 C_k^- $(k = 1, 2, \cdots, n)$ 所组成的复合闭路(其方向是:C 按逆时针进行,C_k^- 按顺时针进行).

例 3.2.1 计算 $\oint_C \frac{2z-1}{z^2-z}\mathrm{d}z$,其中 C 为包含 0 与 1 的简单闭曲线.

解 设 C_1 与 C_2 是 C 内互不相交也互不包含的圆周.函数 $\frac{2z-1}{z^2-z}$ 有两个奇点:$z=0$ 及 $z=1$.

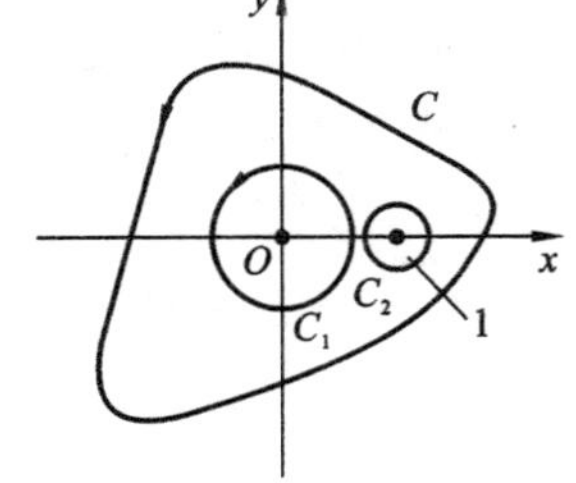

图 3-5

C_1 只包围 $z=0$,C_2 只包围 $z=1$(图 3-5).则由(3.2.2)式,得

$$\begin{aligned}\oint_C \frac{2z-1}{z^2-z}\mathrm{d}z &= \oint_{C_1} \frac{2z-1}{z^2-z}\mathrm{d}z + \oint_{C_2} \frac{2z-1}{z^2-z}\mathrm{d}z \\ &= \oint_{C_1} \frac{1}{z}\mathrm{d}z + \oint_{C_1} \frac{\mathrm{d}z}{z-1} + \oint_{C_2} \frac{\mathrm{d}z}{z} + \oint_{C_2} \frac{\mathrm{d}z}{z-1} \\ &= 2\pi\mathrm{i} + 0 + 0 + 2\pi\mathrm{i} = 4\pi\mathrm{i}.\end{aligned}$$

从这个例子我们可以看出:借助于复合闭路定理,有些比较复杂的函数的积分可以化为比较简单的函数的积分来计算它的值. 这是计算积分常用的一种方法.

三、原函数与不定积分

由推论 3.1 知道,如果 $f(z)$ 在单连通区域 D 内解析,则沿 D 内任意一条曲线 C 的积分 $\int_C f(z)\mathrm{d}z$ 只与其起点和终点有关. 因而当起点 z_0 固定时,对于一个 $z\in D$,就唯一地确定了一个积分值 $\int_{z_0}^{z} f(\xi)\mathrm{d}\xi$. 这说明当 z_0 固定时,积分 $\int_{z_0}^{z} f(\xi)\mathrm{d}\xi$ 就定义了 D 内的一个单值函数,记为

$$F(z)=\int_{z_0}^{z} f(\xi)\mathrm{d}\xi \tag{3.2.3}$$

定理 3.4　设 $f(z)$ 在单连通区域 D 内解析,则由(3.2.3)式定义的函数 $F(z)$ 在 D 内解析,且 $F'(z)=f(z)$.

证　$\forall z\in D$,作一个以 z 为心,以充分小的 ρ 为半径的圆 C_ρ,使得 $C_\rho\subset D$,在 C_ρ 内取动点 $z+\Delta z\quad(\Delta z\neq 0)$,则

$$\frac{F(z+\Delta z)-F(z)}{\Delta z}=\frac{1}{\Delta z}\left[\int_{z_0}^{z+\Delta z} f(\xi)\mathrm{d}\xi-\int_{z_0}^{z} f(\xi)\mathrm{d}\xi\right].$$

由于积分与路径无关,因而我们可取 $\int_{z_0}^{z+\Delta z} f(\xi)\mathrm{d}\xi$ 的积分路径为由 z_0 沿与 $\int_{z_0}^{z} f(\xi)\mathrm{d}\xi$ 相同的路径到 z,再从 z 沿直线段到 $z+\Delta z$. 从而有

$$\frac{F(z+\Delta z)-F(z)}{\Delta z}=\frac{1}{\Delta z}\int_{z}^{z+\Delta z} f(\xi)\mathrm{d}\xi.$$

于是

$$\begin{aligned}\frac{F(z+\Delta z)-F(z)}{\Delta z}-f(z)&=\frac{1}{\Delta z}\int_{z}^{z+\Delta z} f(\xi)\mathrm{d}\xi-f(z)\\&=\frac{1}{\Delta z}\int_{z}^{z+\Delta z} f(\xi)\mathrm{d}\xi-\frac{1}{\Delta z}\int_{z}^{z+\Delta z} f(z)\mathrm{d}\xi\\&=\frac{1}{\Delta z}\int_{z}^{z+\Delta z}[f(\xi)-f(z)]\mathrm{d}\xi.\end{aligned}$$

但已知 $f(z)$ 在 D 内连续,所以对 $\forall\varepsilon>0$,可取上述的 ρ 充分小,使得在 C_ρ 内的一切点 ξ 均有 $|f(\xi)-f(z)|<\varepsilon$,从而由估值不等式,有

$$\begin{aligned}&\left|\frac{F(z+\Delta z)-F(z)}{\Delta z}-f(z)\right|\\&=\left|\frac{1}{\Delta z}\int_{z_0}^{z+\Delta z}[f(\xi)-f(z)]\mathrm{d}\xi\right|\leqslant\varepsilon\frac{|\Delta z|}{|\Delta z|}\\&=\varepsilon.\end{aligned}$$

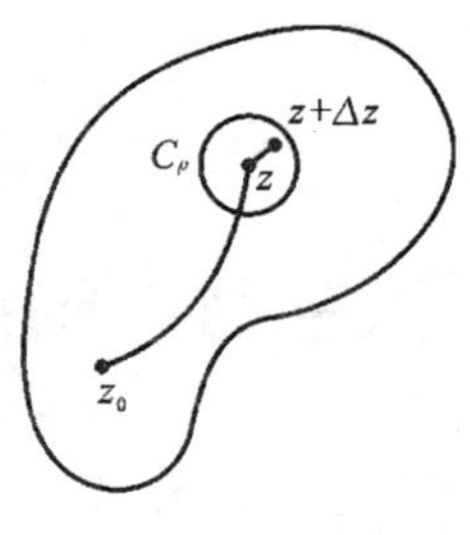

图 3-6

即

$$F'(z)=\lim_{\Delta z\to 0}\frac{F(z+\Delta z)-F(z)}{\Delta z}=f(z).$$

由以上的证明过程我们可得到一个更一般的定理：

定理 3.5 设：(1) $f(z)$ 在单连通区域 D 内连续；

(2) $\int_C f(\xi)\mathrm{d}\xi$ 沿区域 D 内任一条围线 C 的积分为零，则函数

$$F(z)=\int_{z_0}^{z} f(\xi)\mathrm{d}\xi \quad (z_0 \text{ 为 } D \text{ 内一定点})$$

在 D 内解析，且 $F'(z)=f(z)\ (z\in D)$.

定义 3.2 设 $f(z)$ 在区域 D 内连续，则称满足条件 $[\varphi(z)]'=f(z)\ (z\in D)$ 的函数 $\varphi(z)$ 为 $f(z)$ 的一个原函数.

对于 $f(z)$ 的任意一个原函数 $\varphi(z)$，

$$[\varphi(z)-F(z)]'=f(z)-f(z)=0 \quad (z\in D).$$

因此有 $\varphi(z)-F(z)=C$ （C 为复常数），即

$$\varphi(z)=F(z)+C=\int_{z_0}^{z} f(\xi)\mathrm{d}\xi+C. \tag{3.2.4}$$

在(3.2.4)式中令 $z=z_0$，即得 $C=\varphi(z_0)$. 因此我们得到如下的类似牛顿-莱布尼茨公式.

定理 3.6 $f(z)$ 在单连通区域 D 内处处解析，$\varphi(z)$ 为 $f(z)$ 的一个原函数，那么

$$\int_{z_0}^{z} f(\xi)\mathrm{d}\xi=\varphi(z)-\varphi(z_0)=\varphi(\xi)\Big|_{z_0}^{z} \quad (z_0,z\in D). \tag{3.2.5}$$

例 3.2.2 求 $\int_0^{2+\mathrm{i}} z^3\mathrm{d}z$.

解 因为 z^3 在 z 平面上解析，$\frac{z^4}{4}$ 为 z^3 的一个原函数，故由(3.2.5)式，即得

$$\int_0^{2+\mathrm{i}} z^3\mathrm{d}z=\frac{z^4}{4}\Big|_0^{2+\mathrm{i}}=\frac{1}{4}(2+\mathrm{i})^4.$$

例 3.2.3 求 $\int_a^b z\cos z^2\mathrm{d}z$.

解 因为 $z\cos z^2$ 在平面上解析，且 $\frac{1}{2}\sin z^2$ 为它的一个原函数，故

$$\int_a^b z\cos z^2\mathrm{d}z=\frac{1}{2}\sin z^2\Big|_a^b=\frac{1}{2}(\sin b^2-\sin a^2).$$

第三节 柯西积分公式与解析函数的高阶导数

一、柯西积分公式

定理 3.7（柯西积分公式） 设围线 C 是区域 D 的边界，$f(z)$ 在 D 内解析，在

$\overline{D}=D+C$ 上连续，则

$$f(z)=\frac{1}{2\pi i}\int_C \frac{f(\xi)}{\xi-z}d\xi \quad (z\in D). \tag{3.3.1}$$

证　对于任意固定一点 $z\in D$，则函数 $F(\xi)=\dfrac{f(\xi)}{\xi-z}$ 作为 ξ 的函数在 D 内除点 z 外解析. 现以点 z 为心，充分小的 $\rho>0$ 为半径作圆周 L_ρ，使 $L_\rho\subset D$. 对于复围线 $\Gamma=C+L_\rho$ 及函数 $F(\xi)$，应用复合闭路定理，有

$$\int_C \frac{f(\xi)}{\xi-z}d\xi=\int_{L_\rho}\frac{f(\xi)}{\xi-z}d\xi.$$

而由例 3.1.2，知 $\displaystyle\int_{L_\rho}\frac{1}{\xi-z}d\xi=2\pi i$. 因此

$$\begin{aligned}\left|\int_C \frac{f(\xi)}{\xi-z}d\xi-2\pi i f(z)\right| &= \left|\int_{L_\rho}\frac{f(\xi)}{\xi-z}d\xi-2\pi i f(z)\right| \\ &= \left|\int_{L_\rho}\frac{f(\xi)}{\xi-z}d\xi-\int_{L_\rho}\frac{f(z)}{\xi-z}d\xi\right|=\left|\int_{L_\rho}\frac{f(\xi)-f(z)}{\xi-z}d\xi\right|.\end{aligned}$$

又根据 $f(\xi)$ 的连续性知对 $\forall\varepsilon>0$，$\exists\delta>0$，只要 $|\xi-z|=\rho<\delta$ 时，就有

$$|f(\xi)-f(z)|<\frac{\varepsilon}{2\pi}\quad(\xi\in L_\rho).$$

于是由估值定理，知

$$\left|\int_C \frac{f(\xi)}{\xi-z}d\xi-2\pi i f(z)\right|=\left|\int_{L_\rho}\frac{f(\xi)-f(z)}{\xi-z}d\xi\right|<\frac{\varepsilon}{2\pi\rho}\cdot 2\pi\rho=\varepsilon.$$

由 ε 的任意性即知，有

$$\int_C \frac{f(\xi)}{\xi-z}d\xi=2\pi i f(z)\quad(z\in D). \tag{3.3.2}$$

故有 $f(z)=\dfrac{1}{2\pi i}\displaystyle\int_C\frac{f(\xi)}{\xi-z}d\xi$.

柯西积分公式(3.3.2) 形式表明：一个解析函数沿曲线上的积分可以用它在曲线内部的的值来表示. 反映了解析函数在区域内部的值与其在区域边界上的值之间的密切联系.

注　通常用柯西积分公式来计算积分 $\displaystyle\int_C\frac{f(\xi)}{\xi-z}d\xi=2\pi i f(z)$.

例 3.3.1　计算 $\displaystyle\oint_C\frac{\xi}{(9-\xi^2)(\xi+i)}d\xi$，其中 C 为圆周 $|\xi|=2$，取正向.

解　因为 $f(\xi)=\dfrac{\xi}{(9-\xi^2)}$ 在闭圆 $|\xi|\leqslant 2$ 上解析. 所以满足定理 3.7 的条件，故由(3.3.2) 式，有

$$\int_C\frac{\xi}{(9-\xi^2)(\xi+i)}d\xi=\int_C\frac{\frac{\xi}{(9-\xi^2)}}{(\xi+i)}d\xi=2\pi i\left.\frac{\xi}{9-\xi^2}\right|_{\xi=-i}=\frac{\pi}{5}.$$

例 3.3.2 计算$\oint_C \frac{1}{1+\xi^2}d\xi$,其中 C 为

(1) $|\xi-\mathrm{i}|=\frac{1}{2}$,取正向;(2) $|\xi+\mathrm{i}|=\frac{1}{2}$,取正向;(3) $|\xi|=2$,取正向.

解 (1) 记 $C_1:|\xi-\mathrm{i}|=\frac{1}{2}$,取正向,由柯西积分公式,得

$$\oint_{C_1}\frac{1}{1+\xi^2}d\xi=\oint_{C_1}\frac{\frac{1}{\xi+\mathrm{i}}}{\xi-\mathrm{i}}d\xi=2\pi\mathrm{i}\left.\frac{1}{\xi+\mathrm{i}}\right|_{\xi=\mathrm{i}}=\pi.$$

(2) 记 $C_2:|\xi+\mathrm{i}|=\frac{1}{2}$,取正向,由柯西积分公式,得

$$\oint_{C_2}\frac{1}{1+\xi^2}d\xi=\oint_{C_1}\frac{\frac{1}{\xi-\mathrm{i}}}{\xi+\mathrm{i}}d\xi=2\pi\mathrm{i}\left.\frac{1}{\xi-\mathrm{i}}\right|_{\xi=-\mathrm{i}}=-\pi.$$

(3) 记 $C_3:|\xi|=2$,取正向,由复合闭路定理,得

$$\oint_{C_3}\frac{1}{1+\xi^2}d\xi=\oint_{C_1}\frac{1}{1+\xi^2}d\xi+\oint_{C_2}\frac{1}{1+\xi^2}d\xi=0.$$

当区域 D 为圆的特殊情形,我们可得到如下的解析函数的平均值定理:

定理 3.8 若函数 $f(z)$ 在圆 $|\xi-z_0|<R$ 内解析,在闭圆 $|\xi-z_0|\leqslant R$ 上连续,则

$$f(z_0)=\frac{1}{2\pi}\int_0^{2\pi}f(z_0+Re^{\mathrm{i}\theta})d\theta.$$

即 $f(z)$ 在圆心 z_0 的值等于它在圆周上的值的算术平均值.

证 设 C 表示圆周 $|\xi-z_0|=R$,则 $\xi-z_0=Re^{\mathrm{i}\theta}\quad(0\leqslant\theta\leqslant 2\pi)$. 故

$$d\xi=\mathrm{i}Re^{\mathrm{i}\theta}d\theta.$$

根据柯西积分公式(3.3.2),得

$$\begin{aligned}f(z_0)&=\frac{1}{2\pi\mathrm{i}}\int_C\frac{f(\xi)}{\xi-z_0}d\xi\\&=\frac{1}{2\pi\mathrm{i}}\int_0^{2\pi}\frac{f(z_0+Re^{\mathrm{i}\theta})}{Re^{\mathrm{i}\theta}}\mathrm{i}Re^{\mathrm{i}\theta}d\theta=\frac{1}{2\pi}\int_0^{2\pi}f(z_0+Re^{\mathrm{i}\theta})d\theta.\end{aligned}$$

二、解析函数的高阶导数

我们将柯西积分公式(3.3.1)在积分号下求导,得

$$f'(z)=\frac{1}{2\pi\mathrm{i}}\int_C\frac{f(\xi)}{(\xi-z)^2}d\xi\quad(z\in D).\tag{3.3.3}$$

再求导一次,得

$$f''(z)=\frac{2!}{2\pi\mathrm{i}}\int_C\frac{f(\xi)}{(\xi-z)^3}d\xi\quad(z\in D).$$

由此我们推得：

定理 3.9(高阶导数公式)　设围线 C 是区域 D 的边界，$f(z)$ 在 D 内解析，在 $\overline{D}=D+C$ 上连续，则函数 $f(z)$ 在区域 D 内有各阶导数，且有

$$f^{(n)}(z)=\frac{n!}{2\pi i}\int_C\frac{f(\xi)}{(\xi-z)^{n+1}}d\xi\quad(z\in D,\ n=1,2,\cdots).\tag{3.3.4}$$

证　首先，当 $n=1$ 时，我们证明(3.3.3)式成立，应用柯西积分公式，有($\Delta z\neq 0$)

$$\begin{aligned}\frac{f(z+\Delta z)-f(z)}{\Delta z}&=\frac{1}{\Delta z}\left[\frac{1}{2\pi i}\int_C\frac{f(\xi)}{\xi-z-\Delta z}d\xi-\frac{1}{2\pi i}\int_C\frac{f(\xi)}{\xi-z}d\xi\right]\\&=\frac{1}{2\pi i}\int_C\frac{f(\xi)}{(\xi-z)(\xi-z-\Delta z)}d\xi.\end{aligned}$$

因此

$$\begin{aligned}&\left|\frac{f(z+\Delta z)-f(z)}{\Delta z}-\frac{1}{2\pi i}\int_C\frac{f(\xi)}{(\xi-z)^2}d\xi\right|\\=&\left|\frac{1}{2\pi i}\int_C\frac{f(\xi)}{(\xi-z)(\xi-z-\Delta z)}d\xi-\frac{1}{2\pi i}\int_C\frac{f(\xi)}{(\xi-z)^2}d\xi\right|\\=&\left|\frac{1}{2\pi i}\int_C\frac{\Delta z f(\xi)}{(\xi-z)^2(\xi-z-\Delta z)}d\xi\right|.\end{aligned}$$

由于 $f(\xi)$ 在 $\overline{D}=D+C$ 上连续，从而在 $\overline{D}$ 上有界，更有 $f(\xi)$ 在 C 上有界，即 $\exists M>0$，使得 $\forall\xi\in C$ 均有 $|f(\xi)|<M$. 又设正数 d 为 z 到 C 的距离，则有 $|z-\xi|\geqslant d\ (\xi\in C)$，取 $|\Delta z|$ 充分小，使 $|\Delta z|<\frac{d}{2}$，则 $z+\Delta z\in D$，从而对 C 上任一点 ξ，有

$$|\xi-z-\Delta z|\geqslant|\xi-z|-|\Delta z|>\frac{d}{2}.$$

因此

$$\left|\frac{1}{2\pi i}\int_C\frac{\Delta z f(\xi)}{(\xi-z)^2(\xi-z-\Delta z)}d\xi\right|\leqslant\frac{|\Delta z|}{2\pi}\cdot\frac{ML}{\frac{d}{2}\cdot d^2}=\frac{|\Delta z|\cdot ML}{\pi d^3}$$

其中 L 为曲线 C 的长度. 从而当 $\Delta z\to 0$ 时，有

$$\left|\frac{f(z+\Delta z)-f(z)}{\Delta z}-\frac{1}{2\pi i}\int_C\frac{f(\xi)}{(\xi-z)^2}d\xi\right|\to 0.$$

即有

$$f'(z)=\lim_{\Delta z\to 0}\frac{f(z+\Delta z)-f(z)}{\Delta z}=\frac{1}{2\pi i}\int_C\frac{f(\xi)}{(\xi-z)^2}d\xi.$$

于是(3.3.3)式成立.

可以用数学归纳法类似于 $n=1$ 的情形，在假设 $n=k$ 时(3.3.4)成立，证明 $n=k+1$ 时(3.3.4)式也成立，只是稍微复杂一些，故略去不证.

注 在满足定理 3.9 的条件下，常用结论$\int_C \frac{f(\xi)}{(\xi - z)^{n+1}}\mathrm{d}\xi = \frac{2\pi \mathrm{i}}{n!}f^{(n)}(z)$.

例 3.3.3 计算$\int_C \frac{\cos z}{(z-\mathrm{i})^3}\mathrm{d}z$，其中 C 是绕 i 一周的围线，取正向.

解 因为 $\cos z$ 在 z 平面上解析，故

$$\int_C \frac{\cos z}{(z-\mathrm{i})^3}\mathrm{d}z = \frac{2\pi \mathrm{i}}{2!}(\cos z)''\Big|_{z=\mathrm{i}} = -\pi \mathrm{i}\cos \mathrm{i} = -\pi \mathrm{i}\cdot \frac{\mathrm{e}+\mathrm{e}^{-1}}{2}.$$

例 3.3.4 计算$\int_C \frac{1}{z^3(z+1)(z-2)}\mathrm{d}z$，其中 C：$|z| = r$，$r \neq 1,2$，取正向.

解 当 $0 < r < 1$ 时，$\frac{1}{(z+1)(z-2)}$ 在 $|z| \leqslant r$ 上解析，故由高阶导数公式，得

$$\int_C \frac{1}{z^3(z+1)(z-2)}\mathrm{d}z = \frac{2\pi \mathrm{i}}{2!}\left(\frac{1}{(z+1)(z-2)}\right)''\Big|_{z=0} = -\frac{3}{4}\pi \mathrm{i}.$$

当 $1 < r < 2$ 时，圆周 $|z| = r$ 内有 $z = 0$ 和 $z = -1$ 两个奇点，在 C 内分别以 $z = 0$ 和 $z = -1$ 为中心，作小圆 C_1 和 C_2，使其互不相交且互不包含，则

$$\begin{aligned}\int_C \frac{1}{z^3(z+1)(z-2)}\mathrm{d}z &= \int_{C_1} \frac{1}{z^3(z+1)(z-2)}\mathrm{d}z + \int_{C_2} \frac{1}{z^3(z+1)(z-2)}\mathrm{d}z \\ &= -\frac{3}{4}\pi \mathrm{i} + 2\pi \mathrm{i}\frac{1}{z^3(z-2)}\Big|_{z=-1} \\ &= -\frac{3}{4}\pi \mathrm{i} + \frac{2\pi \mathrm{i}}{3} = -\frac{1}{12}\pi \mathrm{i}.\end{aligned}$$

当 $r > 2$ 时，在 C 内分别以 $z = 0$，$z = -1$ 和 $z = 2$ 为中心，作小圆 C_1，C_2 和 C_3，使其互不相交且互不包含. 则

$$\begin{aligned}\int_C \frac{1}{z^3(z+1)(z-2)}\mathrm{d}z &= \int_{C_1} \frac{1}{z^3(z+1)(z-2)}\mathrm{d}z + \int_{C_2} \frac{1}{z^3(z+1)(z-2)}\mathrm{d}z \\ &\quad + \int_{C_3} \frac{1}{z^3(z+1)(z-2)}\mathrm{d}z \\ &= -\frac{1}{12}\pi \mathrm{i} + 2\pi \mathrm{i}\frac{1}{z^3(z+1)}\Big|_{z=2} = -\frac{1}{12}\pi \mathrm{i} + \frac{1}{12}\pi \mathrm{i} = 0.\end{aligned}$$

由定理 3.9，我们可得到解析函数的无穷可微性：

定理 3.10 设 $f(z)$ 在区域 D 内解析，则 $f(z)$ 在 D 内具有各阶导数，并且它们也都在 D 内解析.

证 $\forall z_0 \in D$，我们作一个以 z_0 为心，以充分小的 $\rho > 0$ 为半径的圆使得此闭圆全含于 D 内，则由定理 3.10 和 $f(z)$ 在此圆内有各阶导数，特别地 $f(z)$ 在 z_0 有各阶导数，再由 $z_0 \in D$ 的任意性即推得 $f(z)$ 在 D 内有各阶导数.

定理 3.11 说明，只要 $f(z)$ 在区域 D 内解析(仅假设 $f'(z)$ 在 D 内存在)，就可

推出 $f(z)$ 的各阶导数在 D 内存在且连续，而在高等数学中，由 $f'(z)$ 在 $[a,b]$ 上存在且连续，还不能推出 $f''(z)$ 在 $[a,b]$ 上存在，这就是复变函数较之实变函数优越的地方.

下面的定理称为摩勒拉(Morera)定理，是柯西定理(定理3.2)的逆定理，也可以看成定理3.10的一个简单应用.

定理3.11　若函数 $f(z)$ 在单连通区域 D 内连续，且对 D 内任一简单闭曲线 C，有

$$\int_C f(z)\mathrm{d}z = 0$$

则 $f(z)$ 在 D 内解析.

证　在 D 内取定一点 z_0，z 为 D 内任一点，由条件知，$\int_{z_0}^{z} f(\zeta)\mathrm{d}\zeta$ 的值与连接 z_0 和 z 的路线无关.

令

$$F(z) = \int_{z_0}^{z} f(\zeta)\mathrm{d}\zeta,$$

则 $F(z)$ 为一单值函数. 参照定理3.4的证明，可知

$$F'(z) = f(z), \quad z \in D.$$

即 $F(z)$ 为 D 内一个解析函数. 由定理3.10，解析函数的导数仍是解析函数，故 $f(z)$ 为解析函数.

第四节　解析函数与调和函数的关系

前一节已经证明了，在区域 D 内解析的函数具有任何阶的导数. 因此，在区域 D 内它的实部 u 与虚部 v 都有二阶连续偏导数. 现在我们来研究应该如何选择 u 与 v 才能使函数 $u+\mathrm{i}v$ 在区域 D 内解析.

设 $f(z)=u+\mathrm{i}v$ 在区域 D 内解析，则由C-R条件：$\frac{\partial u}{\partial x}=\frac{\partial v}{\partial y}$，$\frac{\partial u}{\partial y}=-\frac{\partial v}{\partial x}$，得

$$\frac{\partial^2 u}{\partial x^2}=\frac{\partial^2 v}{\partial x\partial y}, \quad \frac{\partial^2 u}{\partial y^2}=-\frac{\partial^2 v}{\partial y\partial x}.$$

因 $\frac{\partial^2 v}{\partial x\partial y}$ 及 $\frac{\partial^2 v}{\partial y\partial x}$ 在 D 内连续，它们必定相等，故在 D 内，有 $\frac{\partial^2 u}{\partial x^2}+\frac{\partial^2 u}{\partial y^2}=0$.

同理，在 D 内有 $\frac{\partial^2 v}{\partial x^2}+\frac{\partial^2 v}{\partial y^2}=0$. 即 u 及 v 在 D 内满足拉普拉斯方程：$\Delta u=0$，$\Delta v=0$，这里 $\Delta\equiv\frac{\partial^2}{\partial x^2}+\frac{\partial^2}{\partial y^2}$ 是一种运算记号，称为拉普拉斯算子.

定义3.4　如果二元实函数 $H(x,y)$ 在区域 D 内有二阶连续偏导数，且满足

拉普拉斯方程 $\Delta H = 0$，则称 $H(x,y)$ 为区域 D 内的调和函数.

调和函数常出现在诸如流体力学、电学、磁学等实际问题中.

定义 3.5 在区域 D 内满足 C-R 条件：$\frac{\partial u}{\partial x} = \frac{\partial v}{\partial y}, \frac{\partial u}{\partial y} = -\frac{\partial v}{\partial x}$ 的两个调和函数 u, v 中，v 称为 u 在区域 D 内的共轭调和函数.

由上面的讨论，我们已经证明了：

定理 3.12 若 $f(z) = u(x,y) + \mathrm{i}v(x,y)$ 在区域 D 内解析，则在区域 D 内 $v(x,y)$ 必为 $u(x,y)$ 的共轭调和函数.

现在接着上面的讨论. 反过来，如果 u, v 是任意选取的在区域 D 内的两个调和函数，则 $u + \mathrm{i}v$ 在 D 内就不一定解析.

要想 $u + \mathrm{i}v$ 在区域 D 内解析，u 及 v 还必须满足 C-R 条件. 即 v 必须是 u 的共轭调和函数. 由此，如已知一个解析函数的实部 $u(x,y)$（或虚部 $v(x,y)$）就可以求出它的虚部 $v(x,y)$（或实部 $u(x,y)$）.

假设 D 是一个单连通区域，$u(x,y)$ 是区域 D 内的调和函数，则在 D 内 $u(x,y)$ 有二阶连续偏导数，且 $\frac{\partial^2 u}{\partial x^2} + \frac{\partial^2 u}{\partial y^2} = 0$. 即 $-\frac{\partial u}{\partial y}, \frac{\partial u}{\partial x}$ 在 D 内有一阶连续偏导数，且

$$\frac{\partial}{\partial y}\left(-\frac{\partial u}{\partial y}\right) = \frac{\partial}{\partial x}\left(\frac{\partial u}{\partial x}\right).$$

由高等数学的定理，知道 $-\frac{\partial u}{\partial y} + \frac{\partial v}{\partial x}$ 是某个函数的全微分，令

$$\mathrm{d}v(x,y) = -\frac{\partial u}{\partial y}\mathrm{d}x + \frac{\partial u}{\partial x}\mathrm{d}y$$

则

$$v(x,y) = \int_{(x_0,y_0)}^{(x,y)} -\frac{\partial u}{\partial y}\mathrm{d}x + \frac{\partial u}{\partial x}\mathrm{d}y + C, \tag{3.4.1}$$

其中 (x_0, y_0) 是 D 内的定点，(x, y) 是 D 内的动点，C 是一个任意常数，积分与路径无关.

将 (3.4.1) 式分别对 x, y 求偏导数，得 $\frac{\partial v}{\partial x} = -\frac{\partial u}{\partial y}, \frac{\partial v}{\partial y} = \frac{\partial u}{\partial x}$，满足 C-R 条件. 即 $u + \mathrm{i}v$ 在 D 内解析. 故得：

定理 3.13 设 $u(x,y)$ 是在单连通区域 D 内的调和函数，则存在由 (3.4.1) 式所确定的函数 $v(x,y)$，使 $u + \mathrm{i}v = f(z)$ 是 D 内的解析函数.

注 1 如单连通区域 D 包含原点，则 (3.4.1) 式中的 (x_0, y_0) 显然可取成原点 $(0,0)$；如 D 非单连通区域，则积分 (3.4.1) 式可能规定一个多值函数.

注 2 (3.4.1) 式不必强记，可以先如下去推导 (3.4.1) 式：由

$$\mathrm{d}v(x,y) = v_x\mathrm{d}x + v_y\mathrm{d}y \overset{\text{C-R}}{=\!=\!=} -u_y\mathrm{d}x + u_x\mathrm{d}y,$$

然后两端积分之.

注 3　类似地

$$du(x,y)=u_x dx+u_y dy \overset{\text{C-R}}{=\!=} v_y dx-v_x dy,$$

然后两端积分,有

$$u(x,y)=\int_{(x_0,y_0)}^{(x,y)} v_y dx-v_x dy+C.$$

例 3.4.1　验证 $u(x,y)=x^3-3xy^2$ 是 z 平面上的调和函数,并求以 $u(x,y)$ 为实部的解析函数 $f(z)$,使满足 $f(0)=\mathrm{i}$.

解　因在 z 平面上任一点 $u_x=3x^2-3y^2, u_y=-6xy, u_{xx}=6x, u_{yy}=-6x$,故 $u(x,y)$ 在 z 平面上为调和函数(如图 3-7 所示).

方法 1　如图 3-7 所示,

$$\begin{aligned}v(x,y)&=\int_{(0,0)}^{(x,y)} 6xy dx+(3x^2-3y^2)dy+C\\&=\int_{(0,0)}^{(x,0)} 6xy dx+(3x^2-3y^2)dy\\&\quad+\int_{(x,0)}^{(x,y)} 6xy dx+(3x^2-3y^2)dy+C\\&=\int_0^y (3x^2-3y^2)dy+C=3x^2y-y^3+C.\end{aligned}$$

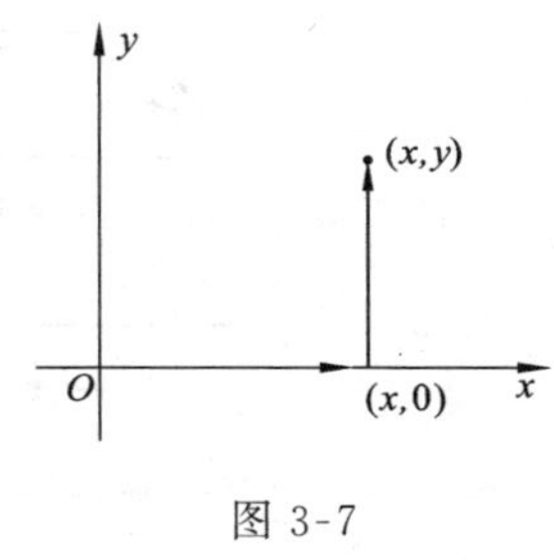

图 3-7

故

$$\begin{aligned}f(z)&=u+\mathrm{i}v=x^3-3xy^2+\mathrm{i}(3x^2y-y^3+C)\\&=(x+\mathrm{i}y)^3+\mathrm{i}C=z^3+\mathrm{i}C.\end{aligned}$$

要使 $f(0)=\mathrm{i}$,则 $C=1$,从而所求 $f(z)=z^3+\mathrm{i}$.

方法 2　先由 C-R 条件中的一个,得 $v_y=u_x=3x^2-3y^2$. 故

$$v=3x^2y-y^3+\varphi(x).$$

再由 C-R 条件中的另一个,得

$$v_x=6xy+\varphi'(x)=-u_y=6xy,$$

故 $\varphi'(x)=0$,即 $\varphi(x)=C$. 因此,$v(x,y)=3x^2y-y^3+C$. 所以

$$f(z)=u+\mathrm{i}v=x^3-3xy^2+\mathrm{i}(3x^2y-y^3+C)=(x+\mathrm{i}y)^3+\mathrm{i}C=z^3+\mathrm{i}C$$

要使 $f(0)=\mathrm{i}$,则 $C=1$,从而所求 $f(z)=z^3+\mathrm{i}$.

*第五节　解析函数的应用简介

在这一节里,我们简要介绍解析函数在平面向量场中的应用. 主要讲解如何在平面流速场及平面静电场中引入解析函数,以及势函数、流函数、势线、流线等概念.

一、用复变函数描述平面向量场

在一些特定情况下,流速场、静电场、温度场等物理场在数学上可以统一的用平面向量场来模拟. 所谓**平面向量场**,其意思并不是说这个场中所有的向量都定义在某一个平面上,而是指一个向量场满足:① 这个向量场中向量都平行于某一个平面 S;② 在垂直于 S 的任何一条直线上的所有点处的向量相等(即大小相等、方向相同). 另外,说一个平面向量场是**定常的**,意指这个场中所有的向量只是空间坐标的函数,而不随着时间改变. 本节只讨论平面定常向量场. 显然,这种向量场在所有平行于 S 的平面内的分布情况完全相同,从而它完全可以用一个位于平行于 S 的平面 S_0 内的场表示,如图 3-8 所示.

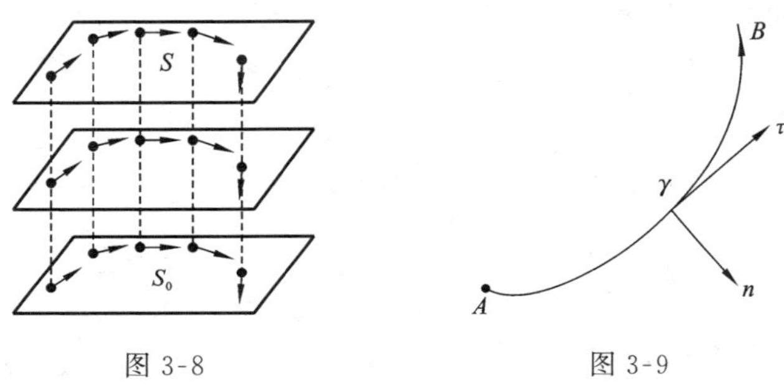

图 3-8　　　　图 3-9

将平面 S_0 看成复平面,则 S_0 中的每一个向量都可用一个复数来表示. 这样,平面向量场

$$\boldsymbol{E} = E_x(x,y)\boldsymbol{i} + E_y(x,y)\boldsymbol{j}$$

可以借助于复变函数

$$E = E(z) = E_x(x,y) + \mathrm{i}E_y(x,y)$$

来表示,其中 E_x,E_y 分别表示向量 $\boldsymbol{E}$ 在 x 轴和 y 轴方向的两个分量. 反之,已知某一复变函数

$$\omega = u(x,y) + \mathrm{i}v(x,y),$$

由此也可作出一个对应的平面向量场

$$\boldsymbol{A} = u(x,y)\boldsymbol{i} + v(x,y)\boldsymbol{j}.$$

注意本节字母下标 x,y,有时表示关于 x 轴,y 轴的分量记号,有时表示关于 x,y 的偏导,由上、下文情境,不会引起混淆,读者应予以区分.

例 3.5.1　考虑一个平面定常流速场(如河水的表面)

$$\boldsymbol{v} = v_x(x,y)\boldsymbol{i} + v_y(x,y)\boldsymbol{j}$$

可以用复变函数

$$v = v(z) = v_x(x,y) + \mathrm{i}v_y(x,y)$$

来表示. 其中 v_x,v_y 表示速度 $\boldsymbol{v}$ 在 x 轴和 y 轴方向的两个分量.

例 3.5.2　垂直于均匀带电的无限长直导线的所有平面上，电场的分布是相同的，因而可以任意取其中一个平面为代表当成平面电场来研究. 设电场强度向量为

$$\boldsymbol{E}=E_x(x,y)\boldsymbol{i}+E_y(x,y)\boldsymbol{j},$$

则该平面电场也可以用一个复变函数

$$E=E(z)=E_x(x,y)+\mathrm{i}E_y(x,y)$$

来表示. 其中 E_x,E_y 表示向量 $\boldsymbol{E}$ 在 x 轴，y 轴方向的两个分量.

二、用解析函数描述无源无旋的平面场

通过前面的介绍，我们将平面场与复变函数建立了对应关系. 一个自然的问题(也是实际中研究得较多的问题)，是一个解析函数能描述怎样的平面场. 我们知道，解析函数是一类更特殊的复变函数，自然它也应该对应更特殊的平面场，这就是所谓的**无源无旋平面向量场**. 也就是说一个无源无旋平面场可以由一个解析函数来描述，这个时候，我们称这个解析函数为该平面场的**复势函数**，简称**复势**. 下面，我们以平面流速场和平面静电场作具体说明.

1. 平面流速场的复势

考虑不可压缩的流体的平面定常流动(如例 3.5.1)，所谓**不可压缩**是指流体密度不因所处的位置和所受的压力而改变. 因此，我们以下假设流体在各点的质量密度恒为 1. 选定一个有代表性的平作为 z 平面，并用 D 表示流体的流动区域. 为简单起见，假设 D 为单连通域. 由例 3.5.1 知，可以用一个复变函数

$$v=v(z)=v_x(x,y)+\mathrm{i}v_y(x,y)$$

描述该平面流速场.

假设 v 是区域 D 内任何给定的有向光滑曲线，起点为 A，终点为 B，如图 3-9 所示. 用 $\boldsymbol{\tau}$ 表示曲线 γ 上任何一点处的正向单位切向量，用 $\boldsymbol{n}$ 表示曲线 γ 上任何一点处指向正侧的单位法向量(正侧是指，从起点 A 向起点 B 方向看右手所指的侧). 用元素法或者直接用场论的知识容易知道，流体在单位时间内从曲线 γ 的负侧流入正侧的**流量**(即流体质量) 为

$$N_\gamma=\int_\gamma \boldsymbol{v}\cdot\boldsymbol{n}\mathrm{d}s. \tag{3.5.1}$$

而流体沿曲线 γ 的**环量**为

$$H_\gamma=\int_\gamma \boldsymbol{v}\cdot\boldsymbol{\tau}\mathrm{d}s. \tag{3.5.2}$$

其中这两个积分都是关于弧长的第一类曲线积分. 显然，单位法向量 $\boldsymbol{n}$ 可由单位切向量 $\boldsymbol{\tau}$ 沿顺时针转动 $\frac{\pi}{2}$ 得到，即

$$\boldsymbol{n}=\boldsymbol{e}^{-\frac{\pi}{2}\mathrm{i}}\boldsymbol{\tau}=-\mathrm{i}\boldsymbol{\tau}. \tag{3.5.3}$$

设曲线 γ 的长度为 l，以弧长 s 作参数，曲线 γ 的参数方程为

$$\begin{cases} x = x(s), \\ y = y(s), \end{cases} \quad s \in [0, l].$$

那么曲线上的正向单位切向量为

$$\boldsymbol{\tau} = \frac{dx}{ds} i \frac{dy}{ds}. \tag{3.5.4}$$

由(3.5.3)式可知曲线 γ 上单位法向量

$$\boldsymbol{n} = \frac{dy}{ds} - i\frac{dx}{ds} \tag{3.5.5}$$

将(3.5.4)式和(3.5.5)式代入(3.5.1)、(3.5.2)两式，得流量和环量积分表达式

$$N_\gamma = \int_\gamma \boldsymbol{v} \cdot \boldsymbol{n} ds = \int_\gamma \left(v_x \frac{dy}{ds} - v_y \frac{dx}{ds} \right) ds = \int_\gamma - v_y dx + v_x dy,$$

$$H_\gamma = \int_\gamma \boldsymbol{v} \cdot \boldsymbol{\tau} ds = \int_\gamma \left(v_x \frac{dx}{ds} + v_y \frac{dy}{ds} \right) ds = \int_\gamma v_x dx + v_y dy,$$

这两个式子中最后的积分均表示第二类曲线积分.

我们把 $H_\gamma + iN_\gamma$ 称为流动关于有向曲线 γ 的**环流量**，其表达式为

$$\begin{aligned} H_\gamma + iN_\gamma &= \int_\gamma v_x dx + v_y dy + i\int_\gamma v_x dy - v_y dx \\ &= \int_\gamma (v_x - iv_y)(d_x + idy) \end{aligned}$$

此即

$$H_\gamma + iN_\gamma = \int_\gamma \overline{v(z)} dz.$$

我们称 $\overline{v(z)}$ 为**复速度**.

有了以上概念和计算式，我们就可以利用解析函数这一工具研究一类常见的流体，即无源无旋流体，其对应向量为无源无旋平面场. 流体在区域 D 内无源是指流体在 D 内流动过程中没有任何一处涌出或者漏掉. 用术语讲，无源流体即指无源无漏流体.

一方面，由于流动是无源. 因此，若在 D 内作一闭曲线 C，由于不可压缩性，经过 C 而流进 C 内的流量恰好等于经过 C 而流出 C 的流量，此即 $N_C = 0$. 另一方面，无旋流动等价于说 $H_C = 0$，只要 C 包含于 D. 这样，如果流体在 D 内作无源无旋的流动，其充要条件为

$$\int_C \overline{v(z)} dz = 0,$$

只要 C 含于 D.

由定理 3.11 知，无源无旋流动的特征是 $\overline{v(z)}$ 在 D 内解析. 至此，我们建立了无源无旋场与解析函数之间的关系. 由定理 3.4 知无源无旋流体的复速度在 D 内有原函数 $f(z)$（即 $f'(z) = \overline{v(z)}$）且可取变上限积分

$$f(z)=\int_a^z \overline{v(z)}\mathrm{d}z+C,\quad z\in D.$$

其中,a 为 D 内任何固定点,C 为任何复数. 我们把复速度 $\overline{v(z)}$ 的任何一个原函数称为该流体的**复势函数**,简称**复势**. 因此,任何两个复势之间只相差一个常复数.

今设

$$f(z)=\varphi(x,y)+\mathrm{i}\psi(x,y)$$

为某一流体的复势. 我们分别称 $\varphi(x,y)$ 和 $\psi(x,y)$ 为流体的**势函数**和**流函数**. 对任何实数 C_1,C_2,把曲线 $\varphi(x,y)=C_1$ 称为流体的**等势线**,把曲线 $\psi(x,y)=C_2$ 称为流体的**流线**.

因

$$\varphi_x+\mathrm{i}\psi_x=f'(z)=\overline{v(z)}=v_x-\mathrm{i}v_y \tag{3.5.6}$$

所以,结合柯西 - 黎曼方程,有

$$v_x=\varphi_x=\psi_y,\quad v_y=-\psi_x=\varphi_y$$

因此,流体的复势一旦求出,那么该流体的流速场及其性态就完全确定了. 此外,我们指出,流线上每一点的切方向与流体的流速方向相同,并且由例 2.2.3 知,流体的等势线和流线在交汇点处必正交.

用复势刻画流动比用复速度方便. 因为由复势求复速度只需求导数,而由复速度求复势则要求积分. 另一方面,由复势容易求流线和势线,这样就可以了解流动的概况.

例 3.5.3　设一平面流速场的复势为 $f(z)=az$ ($a>0$ 为实常数),试求该场的复速度. 流函数和势函数.

解　因为 $f'(z)=a$,所以场中任一点的复速度

$$\overline{v}=f'(z)=a$$

即任一点处的速度 $v=a$,方向指向 x 轴正向. 势函数 $\varphi(x,y)=ax$,等势线是直线族 $x=C_1$;流函数 $\psi(x,y)=ay$,流线是直线族 $y=C_2$. 这种流动称为均匀常流,其流动图像如图 3-10 所示.

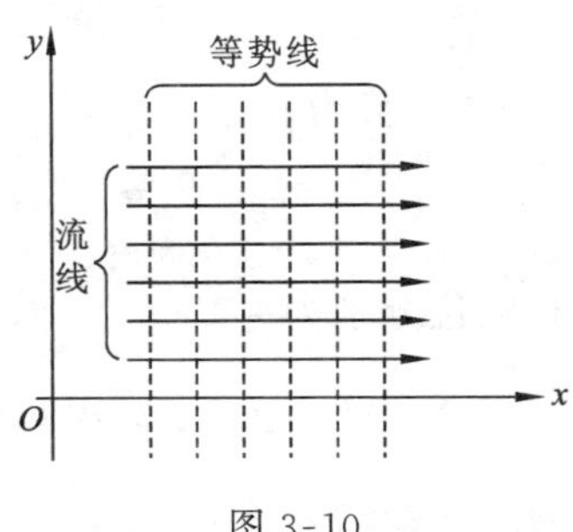

图 3-10

2. 静电场的复势

在一个平面静电场内没有带电物体,那么该场是一个无源无旋平面向量场. 由物理学知识,**电通** φ 和**电位** ψ 都是调和函数,而且**电力线**(相当于势线)$\varphi=C_1$ 和**等位线**(相当于流线)$\psi=C_2$ 互相正交. 这种性质正好和一个解析函数的实部和虚部所具有的性质相符. 因此,可以将电通 φ(又称力函数,相当于势函数) 和电位 ψ(又称电势,相当于流函数) 分别看成一个解析函数的实部和虚部. 这种由电通作

实部，电位作虚部组成的解析函数

$$f(z)=\varphi(x,y)+\mathrm{i}\psi(x,)$$

称为电场的**复电位**(相当于**复势**). 知道了复电位，电场 E 可以用复电位表示

$$\boldsymbol{E}=-\psi_x-\mathrm{i}\varphi_x=-\mathrm{i}\,\overline{f'(z)}. \tag{3.5.7}$$

上式相当于前面的(3.5.6)式，只是静电场的复势和流速场的复势相差一个因子 $-\mathrm{i}$，这是电工上的一个习惯用法.

同流速场一样，利用静电场的复势，可以研究电场的等位线和电力线的分布情况，描绘出电场的图像.

例 3.5.4 试描述一条具有电荷密度 λ 的均匀带电的无限长直导线所产生的静电场的复势.

解 由库仑定律，平面上任意一点 $z=x+\mathrm{i}y$ 的电场强度为

$$|\boldsymbol{E}|=\frac{2\lambda}{r},$$

其中

$$r=|z|=\sqrt{x^2+y^2}.$$

令 $\boldsymbol{r}_0=\dfrac{z}{|z|}$，即 $\boldsymbol{r}_0$ 为指向点 z 的向径上的单位向量，则

$$\boldsymbol{E}=\frac{2\lambda}{r}\boldsymbol{r}_0=\frac{2\lambda}{\bar{z}}.$$

由(3.5.7)式，有

$$f'(z)=\overline{\mathrm{i}\boldsymbol{E}}=-\frac{2\lambda\mathrm{i}}{z}.$$

所以，场的复势为

$$f(z)=2\lambda\mathrm{i}\mathrm{Ln}\frac{1}{z}+C.$$

电能和电位分别为

$$\varphi(x,y)=2\lambda\mathrm{Arg}z+C_1,\quad \psi(x,y)=2\lambda\ln\frac{1}{|z|}+C_2.$$

该场的图像描绘如图 3-11 和 3-12 所示.

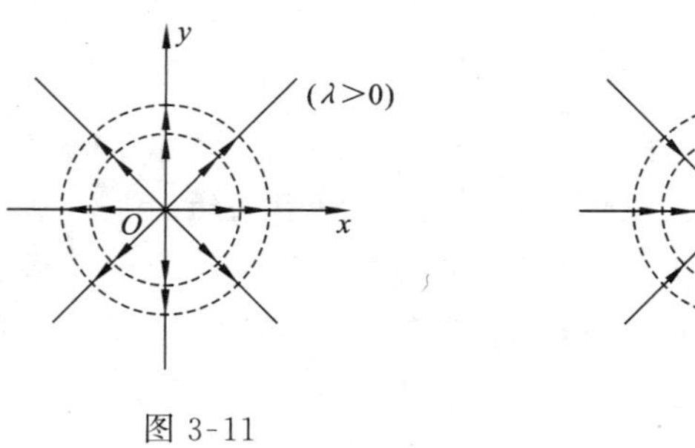

图 3-11

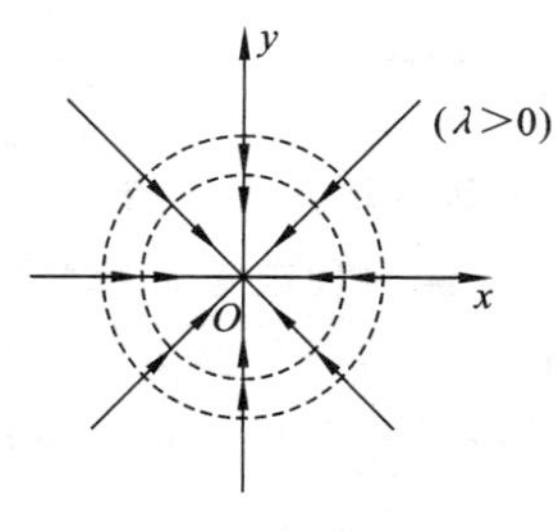

图 3-12

如图导线竖立在 $z=z_0$，则复势为

$$f(z)=2\lambda\mathrm{i}\mathrm{Ln}\frac{1}{z-z_0}+C.$$

本章小结

一、内容小结

本章研究了解析函数的积分理论，在引入复变函数积分的概念与积分的基本性质的基础上，对解析函数积分及运算性质等问题做了一系列特性进行了讨论. 给出了柯西积分定理，从而揭示了区域与沿其内部任意一条闭曲线积分的内在联系，进而得到柯西积分公式，使得闭区域上一点的函数值与其边界上的积分之间的相联系.

从本章的讨论可知高阶导数是柯西积分公式的发展，它是一个十分重要的结果，它证明了解析函数的导数仍是解析函数这一重要的结论，它显示了解析函数的导数可用函数本身的某种积分来表达，这样就有可能从函数的积分性质推出导数的积分性质.

解析函数与调和函数之间的关系是本章最后研究的内容，这一部分要求掌握从已知的调和函数 $u(x,y)$ 求共轭调和函数 $v(z,y)$ 以组成解析函数的方法.

在对本章理论体系作系统分析的同时，必须注意与积分理论密切结合的积分计算问题. 除了将复积分化为二元函数的曲线积分、或利用积分曲线的方程进行实际计算外，在绝大多数情况下，都是应用某些定理、公式来计算复积分的. 只有弄清了何时用单连通区域的柯西定理、何时用多连通区域的柯西定理、柯西积分公式适用于计算怎样的积分、高阶导数公式又适用于计算怎样的积分、怎样选择最方便的方法计算可用多种方法计算的积分等等这些问题，我们才能真正掌握计算积分的技能.

二、典型例题

例 1 $\oint_{|z|=1}\frac{\cos 2\pi z}{8z^2+6z+1}\mathrm{d}z=($　　$)$.

A. 0　　B. $\pi\mathrm{i}$　　C. $-\pi\mathrm{i}$　　D. $2\pi\mathrm{i}$

解 $8z^2+6z+1=(4z+1)(2z+1)$，在 $|z|<1$ 内被积函数有 2 个奇点：$z=-\frac{1}{4}$ 和 $z=-\frac{1}{2}$，在 $|z|=1$ 内分别以 $z=-\frac{1}{4}$ 和 $z=-\frac{1}{2}$ 为中心，作小圆 C_1 和 C_2，使其互不相交且互不包含，则

$$\oint_{|z|=1}\frac{\cos 2\pi z}{8z^2+6z+1}dz=\oint_{C_1}\frac{\cos 2\pi z}{8z^2+6z+1}dz+\oint_{C_2}\frac{\cos 2\pi z}{8z^2+6z+1}dz$$

$$=\oint_{C_1}\frac{\frac{\cos 2\pi z}{4(2z+1)}}{z-\left(-\frac{1}{4}\right)}dz+\oint_{C_2}\frac{\frac{\cos 2\pi z}{2(4z+1)}}{z-\left(-\frac{1}{2}\right)}dz$$

$$=2\pi i\cdot\frac{\cos 2\pi z}{4(2z+1)}\bigg|_{z=-\frac{1}{4}}+2\pi i\cdot\frac{\cos 2\pi z}{2(4z+1)}\bigg|_{z=-\frac{1}{2}}=\pi i.$$

故选 B.

例 2 $\oint_{|z|=\frac{3}{2}}\frac{dz}{(z^2+3z+2)^3}=(\quad)$.

A. 0 B. $4\pi i$ C. $6\pi i$ D. $12\pi i$

解 原式 $=\oint_{|z|=\frac{3}{2}}\frac{\frac{1}{(z+2)^3}}{[z-(-1)]^3}dz=\frac{2\pi i}{2!}\left(\frac{1}{(z+2)^3}\right)''\bigg|_{z=-1}=12\pi i.$

故选 D.

例 3 计算 $I=\oint_{|z|=\rho}\frac{|dz|}{|z-a|^2}$,其中 $|a|\neq\rho,\rho>0$ 是常数.

解 设 $z=\rho e^{i\theta}$,则

$$dz=\rho e^{i\theta}id\theta=\rho d\theta\left[\cos\left(\frac{\pi}{2}+\theta\right)+i\sin\left(\frac{\pi}{2}+\theta\right)\right],$$

$$|dz|=\rho d\theta=\rho\frac{\rho ie^{i\theta}d\theta}{\rho ie^{i\theta}}=-i\rho\frac{dz}{z}.$$

于是

$$I=\oint_{|z|=\rho}\frac{-i\rho dz}{z(z-a)(\bar{z}-\bar{a})}=-i\rho\oint_{|z|=\rho}\frac{dz}{(z-a)(\rho^2-\bar{a}z)}$$

$$=i\rho\oint_{|z|=\rho}\frac{dz}{(z-a)(\bar{a}z-\rho^2)}.$$

若 $|a|<\rho$ 时,

$$\text{原式}=i\rho\cdot 2\pi i\cdot\frac{1}{\bar{a}z-\rho^2}\bigg|\ z=a=-2\pi\rho\frac{1}{|a|^2-\rho^2}=\frac{2\pi\rho}{\rho^2-|a|^2};$$

当 $|a|>\rho$ 时,原式 $=i\rho\cdot 2\pi i\cdot\frac{1}{\bar{a}(z-a)}\bigg|_{z=\frac{\rho^2}{\bar{a}}}=\frac{2\pi\rho}{|a|^2-\rho^2}.$

例 4 求 $u=(x-y)(x^2+4xy+y^2)$ 的共轭调和函数.

解 $u=x^3-y^3+3xy(x-y)$,所以

$$u_x=3x^2+6xy-3y^2,\quad u_y=-3y^2+3x^2-6xy,$$

$$u_{xx}=6x+6y,\quad u_{yy}=-6y-6x,$$

故 u 是调和函数,以下求 u 的共轭调和函数 v.

由 C-R 条件，得

$$v_x = -u_y = 3y^2 - 3x^2 + 6xy, \quad v_y = u_x = 3x^2 + 6xy - 3y^2.$$

可用以下三种方程求 v.

(1) 凑全微分法.

$$\begin{aligned} dv &= (3y^2 - 3x^2 + 6xy)dx + (3x^2 + 6xy - 3y^2)dy \\ &= 3y^2 dx + 3x dy^2 + 3x^2 dy + 3y dx^2 - d(x^3 + y^3) \\ &= d(3xy^2 + 3x^2 y - x^3 - y^3), \end{aligned}$$

故 $v = 3xy(x + y) - x^3 - y^3 + C.$

(2) 偏积分法.

$$v = \int v_x dx = \int (3y^2 - 3x^2 + 6xy)dx = 3y^2 x - x^3 + 3x^2 y + g(y),$$

$$v_y = 6xy + 3x^2 + g'(y) = 3x^2 + 6xy - 3y^2,$$

故 $g'(y) = -3y^2, g(y) = -y^3 + C.$

因此 $v = 3y^2 x + 3x^2 y - x^3 - y^3 + C.$

(3) 线积分法.

由于 $v_x dx + v_y dy$ 是全微分表示式，故

$$\begin{aligned} v &= \int_{(0,0)}^{(x,y)} (3y^2 - 3x^2 + 6xy dx) + (3x^2 + 6xy - 3y^2)dy + C \\ &= \int_0^x -3x^2 dx + \int_0^y (3x^2 + 6xy - 3y^2)dy + C \\ &= -x^3 + 3x^2 y + 3xy^2 - y^3 + C. \end{aligned}$$

例 5　设 $f(z) = u + \mathrm{i}v$ 是上半平面的解析函数，$v = \arctan \frac{y}{x}$，求 $f(z)$.

解　由 C-R 条件知，$u_x = v_y = \dfrac{\frac{1}{x}}{1 + \frac{y^2}{x^2}} = \dfrac{x}{x^2 + y^2}, u_y = -v_x = \dfrac{y}{x^2 + y^2}$. 下面求 u，用偏积分法.

$$u = \int \frac{x}{x^2 + y^2} dx = \frac{1}{2}\ln(x^2 + y^2) + g(y), u_y = \frac{y}{x^2 + y^2} + g'(y),$$

故 $g'(y) = 0, g(y) = C$. 所以，$u = \frac{1}{2}\ln(x^2 + y^2) + C$. 故

$$f(z) = \frac{1}{2}\ln(x^2 + y^2) + \mathrm{i}\arctan \frac{y}{x} + C \quad (C\text{ 是实常数}),$$

或 $f(z) = \ln z + C$，其中 $z = re^{\mathrm{i}\theta}$　$(0 < \theta < \frac{\pi}{2})$，$r = \sqrt{x^2 + y^2}, \theta = \arctan \frac{y}{x}$，$C$ 是实常数.

例 6 若 $f(z)=x^2+\alpha(y)+\mathrm{i}v(x,y)$ 解析且 $f(0)=f'(0)=0$,求实函数 $\alpha(y),v(x,y)$ 及 $f(z)$.

解 $u=x^2+\alpha(y)$ 为调和函数,故 $u_{yy}=-u_{xx}$,即

$$\alpha''(y)=-2,\quad \alpha(y)=-y^2+C_1y+C_2.$$

由 C-R 条件,$u_x=2x=v_y$,而 $-u_y=2y+C_1=v_x$,因此

$$v=2xy+C_1x+C_3$$

由 $f(0)=0$ 得 $C_2=C_3=0$;由 $f'(0)=0$ 得 $C_1=0$,故

$$\alpha(y)=-y^2,\quad v(x,y)=2xy,\quad f(z)=x^2-y^2+2xy\mathrm{i}=z^2.$$

例 7 设 $f(z)=u+\mathrm{i}v$ 解析,且 $u_x+v_x=0$,求 $f(z)$.

解
$$f'(z)=u_x-\mathrm{i}v_y=u_x(1-\mathrm{i})$$

故解析函数$\dfrac{f'(z)}{1-\mathrm{i}}$的虚部为 0,从而有 $u_x=C_1$ 是实常数,于是 $f'(z)=C_1(1-\mathrm{i})$.由此

$$f(z)=C_1(1-\mathrm{i})z+C\quad (C\text{ 是复常数}).$$

例 8 设 $f(z)$ 在 $|z|<1$ 内解析,在 $|z|\leqslant 1$ 上连续,且在 $|z|=1$ 上

$$|f(z)-z|\leqslant|z|,$$

证明:$\left|f'\left(\dfrac{1}{2}\right)\right|\leqslant 8$.

证
$$\left|f'\left(\frac{1}{2}\right)\right|=\left|\frac{1}{2\pi\mathrm{i}}\int_{|z|=1}\frac{f(z)}{\left(z-\frac{1}{2}\right)^2}\mathrm{d}z\right|$$

$$\leqslant\frac{1}{2\pi}\int_0^{2\pi}\frac{|f(z)|}{\left|z-\frac{1}{2}\right|^2}\mathrm{d}\theta\leqslant\frac{1}{2\pi}\int_0^{2\pi}\frac{|f(z)-z|+|z|}{\left(|z|-\frac{1}{2}\right)^2}\mathrm{d}\theta$$

$$\leqslant\frac{1}{2\pi}\int_0^{2\pi}\frac{2}{\frac{1}{4}}\mathrm{d}\theta=8\quad(|z|=1).$$

习 题 三

一、选择题

(1) 设 C 为从原点沿 $y^2=x$ 至 $1+\mathrm{i}$ 的弧段,则$\int_C(x+\mathrm{i}y^2)\mathrm{d}z=($ $)$.

A. $\frac{1}{6}-\frac{5}{6}\mathrm{i}$ B. $-\frac{1}{6}+\frac{5}{6}\mathrm{i}$ C. $-\frac{1}{6}-\frac{5}{6}\mathrm{i}$ D. $\frac{1}{6}+\frac{5}{6}\mathrm{i}$

(2) 设 C 是 $z=(1+\mathrm{i})t$,t 从 1 到 2 的线段,则$\int_C\arg z\mathrm{d}z=($ $)$.

A. $\frac{\pi}{4}$ B. $\frac{\pi}{4}\mathrm{i}$ C. $\frac{\pi}{4}(1+\mathrm{i})$ D. $1+\mathrm{i}$

(3) 设 C 是从 0 到 $1+\frac{\pi}{2}\mathrm{i}$ 的直线段,则 $\int_C z\mathrm{e}^z\mathrm{d}z=$ (　　).

A. $1-\frac{\pi}{2}\mathrm{e}$　　B. $-1-\frac{\pi}{2}\mathrm{e}$　　C. $1+\frac{\pi}{2}\mathrm{ei}$　　D. $1-\frac{\pi}{2}\mathrm{ei}$

(4) 设 $f(z)$ 在单连通区域 B 内解析,C 为 B 内任一闭路,则必有(　　).

A. $\oint_C \mathrm{Im}[f(z)]\mathrm{d}z=0$　　B. $\oint_C \mathrm{Re}[f(z)]\mathrm{d}z=0$

C. $\oint_C |f(z)|\mathrm{d}z=0$　　D. $\mathrm{Re}\oint_C f(z)\mathrm{d}z=0$

(5) 设 $f(z)$ 在单连通域 B 内处处解析且不为零,C 为 B 内任何一条简单闭曲线,则积分 $\oint_C \frac{f''(z)+2f'(z)+f(z)}{f(z)}\mathrm{d}z=$ (　　).

A. $2\pi\mathrm{i}$　　B. $-2\pi\mathrm{i}$　　C. 0　　D. 不能确定

(6) 设 C 是正向圆周 $x^2+y^2-2x=0$,则 $\oint_C \frac{\sin\left(\frac{\pi}{4}z\right)}{z^2-1}\mathrm{d}z=$ (　　).

A. $\frac{\sqrt{2}}{2}\pi\mathrm{i}$　　B. $\sqrt{2}\pi\mathrm{i}$　　C. 0　　D. $-\frac{\sqrt{2}}{2}\pi\mathrm{i}$

(7) 设 $f(z)=\oint_{|\xi|=4}\frac{\mathrm{e}^{\xi}}{\xi-z}\mathrm{d}\xi$,其中 $|z|\neq 4$,则 $f'(\pi\mathrm{i})=$ (　　).

A. $-2\pi\mathrm{i}$　　B. -1　　C. $2\pi\mathrm{i}$　　D. 1

(8) 函数 $f(z)$ 在闭路 C 上及其内部解析,z_0 在 C 的内部,则有(　　).

A. $\oint_C \frac{f(z)}{(z-z_0)^2}\mathrm{d}z=f'(z_0)\oint_C \frac{1}{(z-z_0)^2}\mathrm{d}z$

B. $\oint_C \frac{f(z)}{(z-z_0)^2}\mathrm{d}z=\oint_C \frac{f'(z)}{z-z_0}\mathrm{d}z$

C. $\oint_C \frac{f(z)}{(z-z_0)^2}\mathrm{d}z=\frac{f(z_0)}{2!}\oint_C \frac{1}{z-z_0}\mathrm{d}z$

D. $\oint_C \frac{f(z)}{(z-z_0)^2}\mathrm{d}z=\oint_C \frac{f(z_0)}{z-z_0}\mathrm{d}z$

二、填空题

(1) 设 C 为沿原点 $z=0$ 到点 $z=1+\mathrm{i}$ 的直线段,则 $\int_C 2\bar{z}\mathrm{d}z=$ ________.

(2) 设 C 为正向圆周 $|z-4|=1$,则 $\oint_C \frac{z^2-3z+2}{(z-4)^2}\mathrm{d}z=$ ______.

(3) 设 C 为正向圆周 $|z|=3$,则 $\oint_C \frac{z+\bar{z}}{|z|}\mathrm{d}z=$ ________.

(4) 设 $f(z)=\oint_{|\xi|=2}\frac{\sin\left(\frac{\pi}{2}\xi\right)}{\xi-z}\mathrm{d}\xi$,其中 $|z|\neq 2$,则 $f'(1)=$ ________,$f'(3)=$ ________.

(5) 设 $u(x,y)$ 的共轭调和函数为 $v(x,y)$,那么 $v(x,y)$ 的共轭调和函数为____________.

三、计算题

1. 计算下列积分.

(1) $\int_{-\pi i}^{3\pi i} e^{2z} dz$； (2) $\int_{-\pi i}^{\pi i} \sin^2 z dz$； (3) $\int_0^1 z\sin z dz$； (4) $\int_0^{\pi i} z\cos z^2 dz$.

2. 分别沿 $y = x$ 与 $y = x^2$ 算出积分$\int_0^{1+i} (i - \bar{z}) dz$ 的值.

3. 计算下列积分.

(1) $\oint_C \frac{1}{z^2 - a^2} dz, C: |z - a| = a \quad (a > 0)$；(2) $\oint_C \frac{z}{z^2 - 1} dz, C: |z| = 2$；

(3) $\oint_{|z|=5} \frac{3z - 1}{z^2 - 2z - 3} dz$； (4) $\oint_C \frac{\cos z}{z^2 - 4} dz$,其中 $C: x^2 + y^2 = 4x$ 正向.

4. 计算积分$\oint_C \frac{dz}{z(z^2 + 1)}$,其中 C 为下列曲线：

(1) $C: |z| = \frac{1}{2}$； (2) $C: |z - i| = \frac{3}{2}$； (3) $C: |z + i| = \frac{1}{2}$； (4) $C: |z| = \frac{3}{2}$.

5. 计算$\oint_C \frac{z}{(z-1)(z+1)^2} dz$,$C$ 分别为：

(1) $|z - 1| = \frac{1}{2}$； (2) $|z + 1| = \frac{1}{2}$； (3) $|z| = 2$.

6. $\oint_C \frac{e^z}{(z-a)^3} dz$,其中 a 为 $|a| \neq 1$ 的任何复数,$C: |z| = 1$ 为正向.

四、解答题

1. 由下列各已知调和函数求解析函数 $f(z) = u + iv$.

(1) $v = \frac{y}{x^2 + y^2}, f(2) = 0$； (2) $v = \arctan \frac{y}{x}, x > 0$.

2. 求具有下列形式的所有调和函数 u.

(1) $u = f(ax + by)$,a 与 b 为常数,且不全为零； (2) $u = f\left(\frac{y}{x}\right)$.

3. 计算积分$\oint_C \frac{\cos z}{z\left(z - \frac{\pi}{2}\right)^3} dz$,$C$ 为以下曲线：

(1) $|z| = \frac{1}{4}$； (2) $\left|z - \frac{\pi}{2}\right| = \frac{1}{4}$； (3) $|z| = 2$.

4. 设解析函数 $f(z) = u(x,y) + iv(x,y)$,$u(x,y) = y^3 - 3x^2 y$,$f(i) = 1 + i$,求 $f(z)$.

自测题三

1. 选择题

(1) 设 C 是 $z = e^{i\theta}$,θ 从 $-\pi$ 到 π 的一周,则$\int_C \text{Re}(z) dz =$ (　　).

A. $-\pi$　　B. π　　C. $-\pi i$　　D. πi

(2) 设 $f(z)$ 在复平面处处解析且$\int_{-\pi i}^{\pi i} f(z) dz = 2\pi i$,则积分$\int_{-\pi i}^{\pi i} f(-z) dz =$ (　　).

A. $2\pi i$　　B. $-2\pi i$　　C. 0　　D. 不能确定

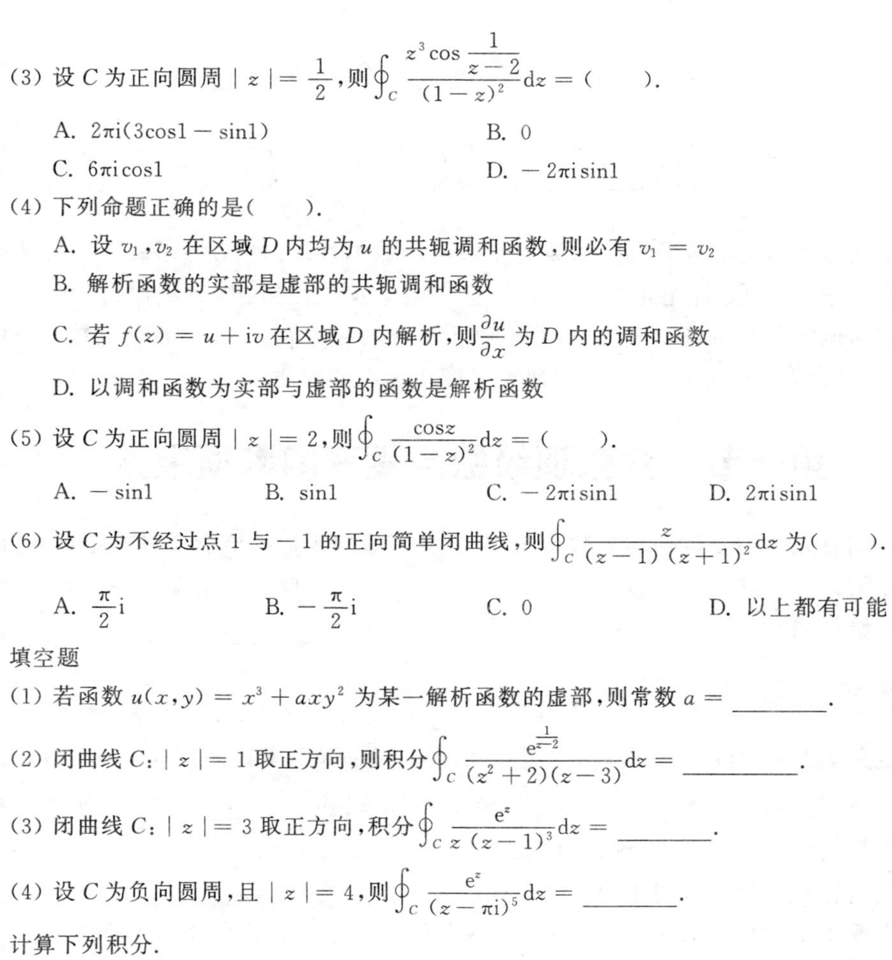

(3) 设 C 为正向圆周 $|z|=\frac{1}{2}$，则 $\oint_C \frac{z^3\cos\frac{1}{z-2}}{(1-z)^2}dz=$（　　）.

A. $2\pi i(3\cos1-\sin1)$　　B. 0

C. $6\pi i\cos1$　　D. $-2\pi i\sin1$

(4) 下列命题正确的是（　　）.

A. 设 v_1,v_2 在区域 D 内均为 u 的共轭调和函数，则必有 $v_1=v_2$

B. 解析函数的实部是虚部的共轭调和函数

C. 若 $f(z)=u+iv$ 在区域 D 内解析，则 $\frac{\partial u}{\partial x}$ 为 D 内的调和函数

D. 以调和函数为实部与虚部的函数是解析函数

(5) 设 C 为正向圆周 $|z|=2$，则 $\oint_C \frac{\cos z}{(1-z)^2}dz=$（　　）.

A. $-\sin1$　　B. $\sin1$　　C. $-2\pi i\sin1$　　D. $2\pi i\sin1$

(6) 设 C 为不经过点 1 与 -1 的正向简单闭曲线，则 $\oint_C \frac{z}{(z-1)(z+1)^2}dz$ 为（　　）.

A. $\frac{\pi}{2}i$　　B. $-\frac{\pi}{2}i$　　C. 0　　D. 以上都有可能

2. 填空题

(1) 若函数 $u(x,y)=x^3+axy^2$ 为某一解析函数的虚部，则常数 $a=$ ________.

(2) 闭曲线 C：$|z|=1$ 取正方向，则积分 $\oint_C \frac{e^{\frac{1}{z-2}}}{(z^2+2)(z-3)}dz=$ ________.

(3) 闭曲线 C：$|z|=3$ 取正方向，积分 $\oint_C \frac{e^z}{z(z-1)^3}dz=$ ________.

(4) 设 C 为负向圆周，且 $|z|=4$，则 $\oint_C \frac{e^z}{(z-\pi i)^5}dz=$ ________.

3. 计算下列积分.

(1) $\int_C (x-y+ix^2)dz$，C：从 0 到 $1+i$ 的直线段；

(2) $\int_C (z^2+z\bar{z})dz$，C：$|z|=1$ 上沿正向从 1 到 -1.

4. 计算 $\int_C \ln z dz$，其中

(1) $\ln z=\ln|z|+i\arg z$，C：$|z|=1$；

(2) $\ln z=\ln|z|+i\arg z+2\pi i$，$C$：$|z|=R$.

5. 计算下列积分的值，C 为由 $x=\pm2$，$y=\pm2$ 所围的矩形边界正向.

(1) $\oint_C \frac{e^z}{\left(z+\frac{\pi i}{2}\right)^2}dz$；　　(2) $\oint_C \frac{\cos z}{z^3}dz$.

6. 设 $v=e^{px}\sin y$，求 p 的值使 v 为调和函数，并计算解析函数 $f(z)=u+iv$.

第四章 级 数

前两章用微分和积分的方法研究了解析函数的性质.本章将用级数的方法研究解析函数的性质.首先介绍复级数的基本概念及其性质,然后从柯西积分公式这一解析函数的积分表示式出发,给出解析函数的级数表示——泰勒级数及洛朗级数.然后,以它们为工具,进一步研究了解析函数的性质.

第一节 复数项级数与复变函数项级数

我们首先介绍复数列与复数项级数,复变函数项级数的概念及基本定理,它们的许多结论及其证明与实数列及实数项级数等类似,因此一般情况下,我们只作叙述而不给证明.

一、复数列的极限

定义 4.1 设$\{\alpha_n = a_n + \mathrm{i}b_n\}$是复数列,$\alpha = a + \mathrm{i}b$是复常数.若$\forall \varepsilon > 0$,$\exists \mathbf{N} > 0$,当$n > \mathbf{N}$时,$|\alpha_n - \alpha| < \varepsilon$.则称$\{\alpha_n\}$收敛于$\alpha$,记为$\lim\limits_{n\to\infty}\alpha_n = \alpha$或$\alpha_n \to \alpha \quad (n \to \infty)$.如果复数列$\{\alpha_n\}$不收敛,则称$\{\alpha_n\}$发散.

我们容易得到复数列收敛与实数列收敛有如下关系:

定理 4.1 复数列$\{\alpha_n = a_n + \mathrm{i}b_n\}$收敛于$\alpha = a + \mathrm{i}b$的充分必要条件是

$$\lim_{n\to\infty} a_n = a, \quad \lim_{n\to\infty} b_n = b.$$

注 定理4.1说明判别复数列的敛散性可转化为判别两个实数列的敛散性.

例 4.1.1 下列复数列是否收敛.如果收敛,求出其极限.

(1) $\alpha_n = \left(1 + \dfrac{1}{n}\right)\mathrm{e}^{\mathrm{i}\frac{\pi}{n}}$; (2) $\alpha_n = n\cos\mathrm{i}n$.

解 (1) $$\alpha_n = \left(1 + \frac{1}{n}\right)\mathrm{e}^{\mathrm{i}\frac{\pi}{n}} = \left(1 + \frac{1}{n}\right)\left(\cos\frac{\pi}{n} + \mathrm{i}\sin\frac{\pi}{n}\right) = \left(1 + \frac{1}{n}\right)\cos\frac{\pi}{n} + \mathrm{i}\left(1 + \frac{1}{n}\right)\sin\frac{\pi}{n},$$

故 $a_n = \left(1 + \dfrac{1}{n}\right)\cos\dfrac{\pi}{n}$,$\lim\limits_{n\to\infty} a_n = 1$; $b_n = \left(1 + \dfrac{1}{n}\right)\sin\dfrac{\pi}{n}$,$\lim\limits_{n\to\infty} b_n = 0$.所以数列$(1 + \dfrac{1}{n})\mathrm{e}^{\mathrm{i}\frac{\pi}{n}}$ 收敛.

(2) 由于$\alpha_n = n\cos\mathrm{i}n = n\mathrm{ch}n$,因此$n \to \infty$时,$\alpha_n \to \infty$.,所以$\alpha_n$发散.

二、复数项级数

设$\{\alpha_n\}=\{a_n+ib_n\}$是复数列，和式$\sum\limits_{n=1}^{\infty}\alpha_n=\alpha_1+\alpha_2+\alpha_3+\cdots+\alpha_n+\cdots$称为复数项级数. 它的前$n$项之和$s_n=\alpha_1+\alpha_2+\cdots+\alpha_n=\sum\limits_{k=1}^{n}\alpha_k$称为该级数的部分和，记为$\{s_n\}$. α_n称为级数$\sum\limits_{n=1}^{\infty}\alpha_n$的一般项或通项.

定义 4.2　如果级数$\sum\limits_{n=1}^{\infty}\alpha_n=\alpha_1+\alpha_2+\alpha_3+\cdots+\alpha_n+\cdots$的部分和数列$\{s_n\}$收敛于复数$s$，即$\lim\limits_{n\to\infty}s_n=s$，则称级数收敛，这时$s$为级数的和，并记为$\sum\limits_{n=1}^{\infty}\alpha_n=s$. 如果$\{s_n\}$发散，称级数发散.

复数项级数收敛与实数项级数收敛也有密切关系.

定理 4.2　级数$\sum\limits_{n=1}^{\infty}\alpha_n=\sum\limits_{n=1}^{\infty}(a_n+ib_n)$收敛的充要条件是$\sum\limits_{n=1}^{\infty}a_n$和$\sum\limits_{n=1}^{\infty}b_n$均收敛，并且

$$\sum_{n=1}^{\infty}\alpha_n=\sum_{n=1}^{\infty}a_n+\mathrm{i}\sum_{n=1}^{\infty}b_n.$$

证　由$s_n=\sum\limits_{k=1}^{n}\alpha_k=\left(\sum\limits_{k=1}^{n}a_k\right)+\mathrm{i}\left(\sum\limits_{k=1}^{n}b_k\right)$，及定理 4.1，易证.

此定理将复级数的审敛问题转化为两个实级数的审敛问题.

定理 4.3　复数项级数$\sum\limits_{n=1}^{\infty}\alpha_n$收敛的充分必要条件是它的部分和序列$\{s_n\}$满足柯西收敛准则. 即对于任意给定的$\varepsilon>0$，存在$N=N(\varepsilon)$，使得当$n>N$时

$$|S_{n+p}-S_n|<\varepsilon\quad(p=1,2,\cdots)$$

成立.

定理 4.4　如果级数$\sum\limits_{n=1}^{\infty}\alpha_n$收敛，则$\lim\limits_{n\to\infty}\alpha_n=0$.

证　由定理 4.1 及实数项级数收敛的必要条件$\lim\limits_{n\to\infty}a_n=0$，$\lim\limits_{n\to\infty}\mathrm{b}_n=0$知，

$$\lim_{n\to\infty}\alpha_n=0.$$

于是在判别级数的敛散性时，可先考察$\lim\limits_{n\to\infty}\alpha_n$是否为零.

定义 4.3　设$\sum\limits_{n=1}^{\infty}\alpha_n$是复数项级数，如果正项级数$\sum\limits_{n=1}^{\infty}|\alpha_n|$收敛，则称$\sum\limits_{n=1}^{\infty}\alpha_n$绝对收敛. 如果$\sum\limits_{n=1}^{\infty}\alpha_n$收敛但不绝对收敛，则称$\sum\limits_{n=1}^{\infty}\alpha_n$条件收敛.

定理 4.5 若 $\sum_{n=1}^{\infty}\alpha_n$ 绝对收敛，则 $\sum_{n=1}^{\infty}\alpha_n$ 必收敛. 但反之不一定成立.

例 4.1.2 级数 $\sum_{n=1}^{\infty}\left[\frac{(-1)^n}{n}+\frac{\mathrm{i}}{2^n}\right]$ 是否收敛?是否绝对收敛?

解 $\alpha_n=\frac{(-1)^n}{n}+\frac{\mathrm{i}}{2^n}$，$\sum_{n=1}^{\infty}a_n=\sum_{n=1}^{\infty}\frac{(-1)^n}{n}$ 是交错级数，收敛；$\sum_{n=1}^{\infty}b_n=\sum_{n=1}^{\infty}\frac{1}{2^n}$ 是几何级数，收敛. 所以 $\sum_{n=1}^{\infty}\alpha_n$ 收敛.

因为

$$|\alpha_n|=\sqrt{\frac{1}{n^2}+\frac{1}{2^{2n}}}\geqslant\sqrt{\frac{1}{n^2}}=\frac{1}{n},$$

而 $\sum_{n=1}^{\infty}\frac{1}{n}$ 发散，由比较审敛法知，$\sum_{n=1}^{\infty}|\alpha_n|$ 发散，即级数非绝对收敛，是条件收敛的.

三、复变函数项级数

定义 4.4 设 $\{f_n(z)\}$ 是定义于区域 D 内的复变函数序列，又设 $f(z)$ 是定义在 D 上的一个函数，如果对于任意给定的 $\varepsilon>0$，存在 $N=N(\varepsilon,z)$，使得 $n>N$ 时，有 $|f_n(z)-f(z)|<\varepsilon\ (z\in D)$ 成立，则称复变函数序列 $\{f_n(z)\}$ 的极限为 $f(z)$，或称 $\{f_n(z)\}$ 收敛于 $f(z)$.

定义 4.5 对于定义于区域 D 内的复变函数序列 $\{f_n(z)\}\ (n=1,2,\cdots)$，称

$$\sum_{n=1}^{\infty}f_n(z)=f_1(z)+f_2(z)+f_3(z)+\cdots+f_n(z)+\cdots$$

为复变函数项级数. 它的前 n 项之和

$$S_n(z)=f_1(z)+f_2(z)+\cdots+f_n(z)=\sum_{k=1}^{n}f_k(z)$$

为该级数部分和. $\{S_n(z)\}$ 称为复变函数项级数 $\sum_{n=1}^{\infty}f_n(z)$ 的部分和序列.

如果对于 D 内某一点 z_0，极限 $\lim_{n\to\infty}S_n(z_0)=S$ 存在，则称级数 $\sum_{n=1}^{\infty}f_n(z)$ 在 z_0 处收敛，其和为 S，z_0 称为收敛点；如果极限 $\lim_{n\to\infty}S_n(z_0)$ 不存在，则称 $\sum_{n=1}^{\infty}f_n(z)$ 在 z_0 处发散，z_0 称为发散点. 收敛点的全体称为收敛域，记为 D_1；发散点的全体称为发散域，记为 D_2. 如果对于收敛域 D_1 内任一点 z. 有 $S(z)=\sum_{n=1}^{\infty}f_n(z)$，此时 $S(z)$ 称为该级数在收敛域 D_1 上的和函数.

第二节 幂 级 数

一、幂级数及其收敛性

形如

$$\sum_{n=0}^{\infty} c_n (z-a)^n = c_0 + c_1(z-a) + c_2(z-a)^2 + c_3(z-a)^3 + \cdots + c_n(z-a)^n + \cdots \tag{4.2.1}$$

或

$$\sum_{n=0}^{\infty} c_n z^n = c_0 + c_1 z + c_2 z^2 + c_3 z^3 + \cdots + c_n z^n + \cdots \quad (\text{其中 } c_n \text{ 是复常数}) \tag{4.2.2}$$

的函数项级数称为幂级数.

事实上在(4.2.1)式中令 $\zeta = z-a$ 就得到(4.2.2)式的形式. 因此为了方便起见,本节主要讨论形如 $\sum_{n=0}^{+\infty} c_n z^n$ 的幂级数.

下面讨论幂级数的收敛域问题,同实数项幂级数一样,有:

定理 4.6(阿贝尔(Abel)定理)　对于幂级数 $\sum_{n=0}^{\infty} c_n z^n$,

(1) 若它在 $z_0 \neq 0$ 处收敛,则对于满足 $|z| < |z_0|$ 的 z,级数绝对收敛;

(2) 若它在 z_1 处发散,则对于满足 $|z| > |z_1|$ 的 z,级数发散.

证　(1) 因为 $\sum_{n=0}^{\infty} c_n z_0^n$ 收敛,所以 $\lim_{n\to\infty} c_n z_0^n = 0$,则 $\{c_n z_0^n\}$ 有界,即存在正数 $M > 0$,使对所有的 n 有 $|c_n z_0^n| \leqslant M$. 当 $|z| < |z_0|$ 时,令 $q = \left|\frac{z}{z_0}\right| < 1$,因而

$$|c_n z^n| = |c_n z_0^n| \cdot \left|\frac{z}{z_0}\right|^n \leqslant M q^n.$$

由实数正项级数的比较审敛法知,$\sum_{n=0}^{\infty} |c_n z^n|$ 收敛,即级数 $\sum_{n=0}^{\infty} c_n z^n$ 绝对收敛.

(2) 反证法. 假设存在 z_0,尽管满足 $|z_0| > |z_1|$,但 $\sum_{n=0}^{\infty} c_n z_0^n$ 收敛,利用(1)知,$\sum_{n=0}^{\infty} c_n z_1^n$ 收敛,与题设中 $\sum_{n=0}^{\infty} c_n z_1^n$ 发散矛盾. 故原命题成立.

二、幂级数的收敛圆与收敛半径

考虑幂级数 $\sum_{n=0}^{\infty} c_n z^n$. 根据阿贝尔定理,存在圆 C_R: $|z| = R, R \geqslant 0$. 在圆 C_R

内部,级数收敛,而在圆 C_R 外部,级数发散. 在圆 C_R 上,则要具体分析. 即幂级数 $\sum_{n=0}^{\infty} c_n z^n$ 的收敛范围是一个以原点为中心的圆域;其中 R 称为幂级数 $\sum_{n=0}^{\infty} c_n z^n$ 收敛半径,C_R 称为幂级数 $\sum_{n=0}^{\infty} c_n z^n$ 收敛圆.

收敛半径 R 有三种情况:

(1) $R=0$,幂级数 $\sum_{n=0}^{\infty} c_n z^n$ 除了 $z=0$ 外处处发散;

(2) $R=+\infty$,幂级数 $\sum_{n=0}^{\infty} c_n z^n$ 在复平面上处处收敛;

(3) $0<R<+\infty$,幂级数 $\sum_{n=0}^{\infty} c_n z^n$ 在 $|z|<R$ 中绝对收敛;在 $|z|>R$ 中发散. 至于在收敛圆周 $|z|=R$ 上,级数收敛与否却不能作出一般结论,在此不作具体讨论.

例 4.2.1 求等比级数 $\sum_{n=0}^{\infty} z^n = 1+z+z^2+z^3+\cdots+z^{n-1}+\cdots$ 的收敛域和和函数.

解 级数 $\sum_{n=0}^{\infty} z^n$ 的部分和

$$S_n(z) = 1+z+z^2+z^3+\cdots+z^{n-1} = \frac{1-z^n}{1-z} \quad (z \neq 1).$$

当 $|z|<1$ 时,$\lim\limits_{n\to\infty} S_n(z) = \dfrac{1}{1-z}$, 即当 $|z|<1$ 时,级数 $\sum_{n=0}^{\infty} z^n$ 绝对收敛,其和为 $\sum_{n=0}^{+\infty} z^n = \dfrac{1}{1-z}$;而当 $|z|\geqslant 1$ 时,通项 z^{n-1} 不趋于 0,级数发散. 故收敛半径 $R=1$,收敛圆 C_R: $|z|=1$,收敛域: $|z|<1$. 综上知

$$1+z+z^2+z^3+\cdots+z^n+\cdots = \frac{1}{1-z}, \quad |z|<1.$$

讨论复变幂级数的收敛性,关键求收敛半径. 类似于实变幂级数,求复变幂级数 $\sum_{n=0}^{\infty} c_n z^n$ 的收敛半径也有以下两种方法.

定理 4.7(比值法) 若 $\lim\limits_{n\to\infty}\left|\dfrac{c_{n+1}}{c_n}\right| = \begin{cases} 0, \\ \lambda, & 0<\lambda<+\infty, \\ +\infty, \end{cases}$ 则 $R = \begin{cases} +\infty \\ \dfrac{1}{\lambda} \\ 0 \end{cases}$.

定理 4.8(根值法) 若 $\lim\limits_{n\to\infty}\sqrt[n]{|c_n|} = \begin{cases} 0 \\ \mu & ,0<\mu<+\infty, \\ +\infty \end{cases}$ 则 $R = \begin{cases} +\infty, \\ \dfrac{1}{\mu}, \\ 0. \end{cases}$

证明略.

例 4.2.2　求下列级数的收敛半径.

(1) $\sum\limits_{n=0}^{\infty}\frac{z^n}{2^n}$，并求收敛域；

(2) $\sum\limits_{n=1}^{\infty}\frac{(z-1)^n}{n}$，并讨论 $z=0$，2 时的情况.

解　(1) $c_n=\frac{1}{2^n}$，$\lim\limits_{n\to\infty}\sqrt[n]{|c_n|}=\lim\limits_{n\to\infty}\frac{1}{2}=\frac{1}{2}=\mu$，故 $R=\frac{1}{\mu}=2$.

在收敛圆 $|z|=2$ 上，$\left|\frac{z^n}{2^n}\right|=1$，级数 $\sum\limits_{n=0}^{\infty}\frac{z^n}{2^n}$ 之通项 $\frac{z^n}{2^n}$ 不收敛于零，级数发散. 故收敛域为 $|z|<2$.

(2) $c_n=\frac{1}{n}$，$\lim\limits_{n\to\infty}\left|\frac{c_{n+1}}{c_n}\right|=\lim\limits_{n\to\infty}\frac{n}{n+1}=1=\lambda$，$R=\frac{1}{\lambda}=1$.

当 $z=0$ 时，级数为 $\sum\limits_{n=1}^{\infty}\frac{(-1)^n}{n}$，收敛；当 $z=2$ 时，级数为 $\sum\limits_{n=1}^{\infty}\frac{1}{n}$，发散.

三、幂级数的运算性质

和实变幂级数一样，复变幂级数也能进行如下运算：

(1) 两个幂级数可进行相加、减、乘.

$$f(z)=\sum_{n=0}^{\infty}a_n z^n,\quad |z|<R_1;\quad g(z)=\sum_{n=0}^{\infty}b_n z^n,\quad |z|<R_2.$$

则

$$\sum_{n=0}^{\infty}(a_n\pm b_n)z^n=f(z)\pm g(z),\quad |z|<\min(R_1,R_2);$$

$$\left(\sum_{n=0}^{\infty}a_n z^n\right)\cdot\left(\sum_{n=0}^{\infty}b_n z^n\right)=\sum_{n=0}^{\infty}\left(\sum_{k=0}^{n}a_k b_{n-k}\right)z^n=f(z)\cdot g(z),\quad |z|<\min(R_1,R_2).$$

(2) 复合代换运算. 若当 $|z|<r$ 时，$f(z)=\sum\limits_{n=0}^{\infty}a_n z^n$；又设当 $|z|<R$ 时，$g(z)$ 解析且 $|g(z)|<r$，则当 $|z|<R$ 时，$f[g(z)]=\sum\limits_{n=0}^{\infty}a_n[g(z)]^n$.

注　此原理在幂级数展开时常用.

(3) 设幂级数 $\sum\limits_{n=0}^{\infty}c_n z^n$ 的收敛半径为 R，并且在 $|z|<R$ 内，$f(z)=\sum\limits_{n=0}^{\infty}c_n z^n$，则 $f(z)$ 是 $|z|<R$ 内的解析函数，且在收敛圆 $|z|<R$ 内，可以逐项求导和逐项积分，即

(i) 当 $|z|<R$ 时，$f'(z)=\left[\sum\limits_{n=0}^{\infty}c_n z^n\right]'=\sum\limits_{n=0}^{\infty}[c_n z^n]'=\sum\limits_{n=1}^{\infty}nc_n z^{n-1}$.

(ii) 设 C 是 $|z|<R$ 内的一条分段光滑曲线，则

$$\int_C f(z)\mathrm{d}z = \sum_{n=0}^{\infty} c_n \int_C z^n \mathrm{d}z.$$

特别地,如果 C 是圆内部的以 z_0 为起点、z 为终点的分段光滑曲线,则

$$\int_{z_0}^{z} f(z)\mathrm{d}z = \sum_{n=0}^{\infty}\int_{z_0}^{z} c_n z^n \mathrm{d}z = \sum_{n=0}^{\infty}\frac{c_n z^{n+1}}{n+1}\Bigg|_{z_0}^{z} = \sum_{n=0}^{\infty}\frac{c_n z^{n+1} - c_n z_0^{n+1}}{n+1}.$$

注 前两个性质为代数运算性质,第三个性质为分析运算性质.

例 4.2.3 试把 $f(z)=\dfrac{1}{z-b}$ 表示成形如 $\sum\limits_{n=0}^{\infty} c_n (z-a)^n$ 的幂级数.

解 $$f(z)=\frac{1}{z-b}=\frac{1}{(z-a)-(b-a)}=\frac{-1}{b-a}\cdot\frac{1}{1-\dfrac{z-a}{b-a}}$$

$$=\frac{1}{a-b}\sum_{n=0}^{\infty}\left(\frac{z-a}{b-a}\right)^n.$$

其中,$\left|\dfrac{z-a}{b-a}\right|<1$ 即 $|z-a|<|b-a|$,故收敛半径 $R=|b-a|$,收敛域:$|z-a|<|b-a|$.

例 4.2.4 求 $\sum\limits_{n=0}^{\infty}(n+1)z^n$ 的收敛半径与和函数.

解 因为 $\lim\limits_{n\to\infty}\dfrac{|c_{n+1}|}{|c_n|}=\lim\limits_{n\to\infty}\dfrac{n+2}{n+1}=1$,所以 $R=1$. 利用逐项积分,得

$$\int_0^z \sum_{n=0}^{\infty}(n+1)z^n \mathrm{d}z = \sum_{n=0}^{\infty}\int_0^z (n+1)z^n\mathrm{d}z = \frac{z}{1-z},$$

所以 $\sum\limits_{n=0}^{\infty}(n+1)z^n = \left(\dfrac{z}{1-z}\right)' = \dfrac{1}{(1-z)^2}\quad(|z|<1)$.

第三节 泰勒级数

实函数在一点的邻域内展开成泰勒(Taylor)级数是非常重要的问题,它是表示函数、研究函数性质以及进行数值计算的一种工具. 对于复变函数,我们已经知道幂级数在收敛圆域内收敛于解析函数. 在本节我们将证明解析函数在解析点的某邻域内一定能够展开成幂级数——泰勒级数. 这是解析函数的重要特征

一、解析函数的泰勒展开定理

定理 4.9(泰勒展开定理) 设 $f(z)$ 在区域 D 内解析,$z_0\in D$. R 是 z_0 到 D 的边界的最短距离,则

$$f(z)=\sum_{n=0}^{\infty}\frac{f^{(n)}(z_0)}{n!}(z-z_0)^n,\quad |z-z_0|<R \tag{4.3.1}$$

且展开式是唯一的.

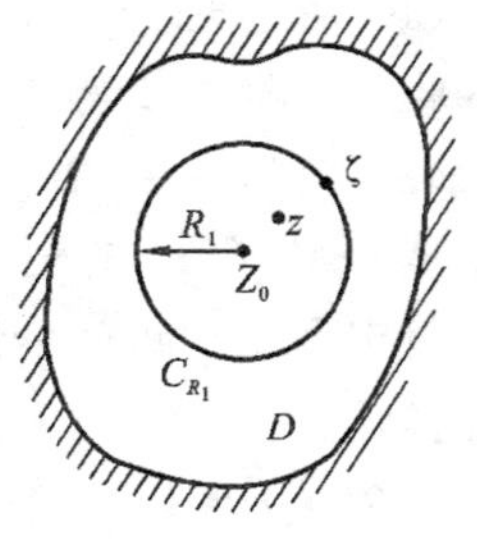

图 4-1

证　在 $|z-z_0|<R$ 内任一点 z，以 z_0 为中心，R_1 为半径（$R_1<R$）作圆 $C_{R_1}=\{\zeta \mid |\zeta-z_0|=R_1\}$，使 z 包含在 C_{R_1} 内部（图 4-1），由柯西积分公式，得

$$f(z)=\frac{1}{2\pi i}\int_{C_{R_1}}\frac{f(\zeta)}{\zeta-z}d\zeta.$$

由于在 C_{R_1} 上 $|\zeta-z_0|=R_1$，在 C_{R_1} 的内部，所以有 $|z-z_0|<R_1$，$\dfrac{|z-z_0|}{|\zeta-z_0|}<1$. 因为

$$\frac{1}{\zeta-z}=\frac{1}{(\zeta-z_0)-(z-z_0)}=\frac{1}{\zeta-z_0}\frac{1}{1-\dfrac{z-z_0}{\zeta-z_0}}$$

$$=\frac{1}{\zeta-z_0}\left[1+\frac{z-z_0}{\zeta-z_0}+\left(\frac{z-z_0}{\zeta-z_0}\right)^2+\cdots+\left(\frac{z-z_0}{\zeta-z_0}\right)^n+\cdots\right].$$

将上式两边乘以 $\dfrac{1}{2\pi i}f(\zeta)$，并在 C_{R_1} 上逐项求积分

$$f(z)=\frac{1}{2\pi i}\int_{C_{R_1}}\frac{f(\zeta)}{\zeta-z}d\zeta=\sum_{n=0}^{\infty}\left[\frac{1}{2\pi i}\int_{C_{R_1}}\frac{f(\zeta)}{(\zeta-z)^{n+1}}d\zeta\right](z-z_0)^n=\sum_{n=0}^{\infty}c_n(z-z_0)^n,$$

由高阶导数公式

$$c_n=\frac{1}{2\pi i}\int_{C_{R_1}}\frac{f(\zeta)}{(\zeta-z_0)^{n+1}}d\zeta=\frac{1}{n!}\left[\frac{n!}{2\pi i}\int_{C_{R_1}}\frac{f(\zeta)}{(\zeta-z_0)^{n+1}}d\zeta\right]=\frac{f^{(n)}(z_0)}{n!}. \quad (4.3.2)$$

下面证明展开式的唯一性：如果 $f(z)$ 在 $|z-z_0|<R$ 另有展开式 $f(z)=\sum\limits_{n=0}^{\infty}c'_n(z-z_0)^n$. 显然，$c'_0=f(z_0)$. 两边求导，得

$$f'(z_0)=\left[\sum_{n=1}^{+\infty}nc'_n(z-z_0)^{n-1}\right]\Big|_{z=z_0}=c'_1.$$

逐次求导，可得 $f^{(n)}(z_0)=n!\,c'_n\ (n\in N)$. 这样，$c'_n=\dfrac{f^{(n)}(z_0)}{n!}\quad(n=0,1,2,3,\cdots)$. 所以展开式是唯一的，定理证毕.

定义 4.6　我们称(4.3.1)式为 $f(z)$ 在点 z_0 的泰勒展开式，(4.3.2)式称为它的泰勒系数，(4.3.1)式右边的级数称为泰勒级数.

当取 $z_0=0$，(4.3.1)式为

$$f(z)=\sum_{n=0}^{\infty}\frac{f^{(n)}(0)}{n!}z^n=f(0)+\frac{f'(0)}{1!}z+\cdots+\frac{f^{(n)}(0)}{n!}z^n+\cdots,\quad |z|<R \quad (4.3.3)$$

(4.3.3)式亦称为 $f(z)$ 的麦克劳林级数.

关于定理 4.9，我们作如下两点说明：

(1) 从定理 4.9 的证明知，C_{R_1} 的半径可任意接近 R，所以 $f(z)$ 在 z_0 处的幂级数的收敛半径至少等于从 z_0 到 D 的边界上各点的最短距离.

(2) 应当指出，若 $f(z)$ 在 D 内有奇点，则使 $f(z)$ 在 z_0 的泰勒展开式成立的 R 等于从 z_0 到 $f(z)$ 的距 z_0 最近的一个奇点 α 的距离，即 $R=|\alpha-z_0|$.

将定理 4.9 同上一节的幂级数的运算性质(3) 相结合，就得到一个重要的结论.

推论 函数 $f(z)$ 在区域 D 内解析的充分必要条件是在 D 内任一点 z_0（存在 z_0 的一个邻域）处均可展开为泰勒级数.

这个结论从级数的角度深刻地反映了解析函数的本质.

二、解析函数幂级数展开法

根据泰勒展开定理和幂级数的运算性质，将解析函数展开为幂级数有两种方法，一种是直接展开法，就是直接算出函数 $f(z)$ 在 z_0 处的各阶导数及泰勒系数，代入展开(4.3.1) 式；另一种方法是根据展开式的唯一性，借助于一些已知函数的展开式，利用幂级数的代数运算和分析运算性质求得函数 $f(z)$ 的展开式，称为间接展开法.

例 4.3.1 用直接展开法将 $f(z)=e^z$ 在 $z=0$ 处展开为泰勒级数.

解 $f^{(n)}(z)=e^z$，$f^{(n)}(0)=1$. 因为 $f(z)=e^z$ 在复平面内处处解析，故

$$f(z)=\sum_{n=0}^{\infty}\frac{f^{(n)}(0)}{n!}z^n=\sum_{n=0}^{\infty}\frac{z^n}{n!}=1+\frac{z}{1!}+\frac{z^2}{2!}+\frac{z^3}{3!}+\cdots+\frac{z^n}{n!}+\cdots.$$

右端幂级数的收敛半径 $R=+\infty$. 将范围加以考虑之后，可将泰勒展开式更完整地写成

$$e^z=1+\frac{z}{1!}+\frac{z^2}{2!}+\frac{z^3}{3!}+\cdots+\frac{z^n}{n!}+\cdots,\quad |z|<+\infty.$$

同理，用直接展开法，得

$$\sin z=z-\frac{z^3}{3!}+\frac{z^5}{5!}-\frac{z^7}{7!}+\cdots+(-1)^n\frac{z^{(2n+1)}}{(2n+1)!}+\cdots,\quad |z|<+\infty,$$

$$\cos z=1-\frac{z^2}{2!}+\frac{z^4}{4!}-\frac{z^8}{8!}+\cdots+(-1)^n\frac{z^{2n}}{(2n)!}+\cdots,\quad |z|<+\infty,$$

$$(1+z)^\alpha=1+\alpha z+\frac{\alpha(\alpha-1)}{2!}z^2+\frac{\alpha(\alpha-1)(\alpha-2)}{3!}z^3+\cdots$$
$$+\frac{\alpha(\alpha-1)\cdots(\alpha-n+1)}{n!}z^n+\cdots,\quad |z|<1.$$

例 4.3.2 用间接展开法求 $f(z)=\ln(1+z)$ 在 $z=0$ 处的泰勒级数.

解 $f(z)=\ln(1+z)$ 在 $z=-1$ 向左沿实轴剪开的平面内是解析的，而 $z=-1$ 是它距 $z=0$ 最近的奇点，所以它在 $|z|<1$ 内可以展开成 z 的幂级数.

由于 $f'(z)=\dfrac{1}{1+z}$，结合例 4.2.1 的结果

$$\frac{1}{1-z}=1+z+z^2+z^3+\cdots+z^n+\cdots=\sum_{n=0}^{\infty}z^n,\quad |z|<1,$$

得

$$f'(z)=\frac{1}{1-(-z)}=\sum_{n=0}^{\infty}(-1)^n z^n,\quad |-z|<1.$$

逐项积分，得

$$\ln(1+z)=\int_0^z f'(z)\mathrm{d}z=\int_0^z\frac{\mathrm{d}z}{1+z}=\sum_{n=0}^{\infty}\int_0^z(-1)^n z^n\mathrm{d}z$$

$$=\sum_{n=0}^{\infty}(-1)^n\frac{z^{n+1}}{n+1},\quad |z|<1.$$

以上几个常用复变初等函数在 $z=0$ 处的泰勒展开式在形式上与高等数学中熟知的相应实变初等函数的展开式是一样的.

例 4.3.3　把 $f(z)=\dfrac{1}{z^2}$ 展开成 $(z-1)$ 的幂级数.

解　利用逐项求导，得

$$f(z)=-\left(\frac{1}{z}\right)'=-\left\{\frac{1}{1-[-(z-1)]}\right\}'=-\left[\sum_{n=0}^{\infty}(-1)^n(z-1)^n\right]'$$

$$=-\sum_{n=1}^{\infty}(-1)^n\cdot n\cdot(z-1)^{n-1}=\sum_{n=0}^{\infty}(n+1)(-1)^n(z-1)^n.$$

$f(z)$ 有奇点 $z=0$，故收敛域为 $|z-1|<1$.

第四节　洛朗级数

在上节中我们知道，若 $f(z)$ 在 z_0 为中心的某圆域内解析，则 $f(z)$ 可展开成 $(z-z_0)$ 的幂级数. 但若 z_0 是 $f(z)$ 的奇点，则 $f(z)$ 就不能展开成 $(z-z_0)$ 的幂级数. 本节讨论以 z_0 为中心的圆环域内的解析函数的级数展开问题. 称为洛朗级数展开式. 它在第五章留数中要用到.

定义 4.7　形如

$$\sum_{n=-\infty}^{\infty}c_n(z-z_0)^n=\sum_{n=-\infty}^{-1}c_n(z-z_0)^n+\sum_{n=0}^{\infty}c_n(z-z_0)^n$$

$$=\sum_{n=1}^{\infty}c_{-n}(z-z_0)^{-n}+\sum_{n=0}^{\infty}c_n(z-z_0)^n\qquad(4.4.1)$$

的级数称为洛朗(Laurent)级数，其中 z_0 及 c_n　$(n=0,\pm1,\cdots)$ 都是复常数，c_n 称为级数(4.4.1)的系数.

当 $c_{-n}=0$　$(n=1,2,\cdots)$ 时，洛朗级数就是幂级数.

由于这种级数没有首项，所以对它的敛散性我们无法象前面讨论的幂级数那样用前 n 项和的极限来定义. 容易看出洛朗级数是双边幂级数，即它是由正幂项

(包含常数项)级数

$$\sum_{n=0}^{\infty} c_n (z-z_0)^n \tag{4.4.2}$$

和负幂项级数

$$\sum_{n=1}^{\infty} c_{-n} (z-z_0)^{-n} \tag{4.4.3}$$

两部分组成.

定义 4.8 若级数(4.4.2)和(4.4.3)都在点 z 收敛时,则称洛朗级数(4.4.1)在点 z 收敛.并把级数(4.4.2)、(4.4.3)的和相加的结果作为级数(4.4.1)的和.

级数(4.4.2)是泰勒级数,设其收敛半径为 R_2,则当 $|z-z_0|<R_2$ 时收敛于一个解析函数,当 $|z-z_0|>R_2$ 时发散.

对于级数(4.4.3),令 $\zeta=\dfrac{1}{z-z_0}$,则

$$\sum_{n=1}^{\infty} c_{-n} (z-z_0)^{-n} = \sum_{n=1}^{\infty} c_{-n} \zeta^n, \tag{4.4.4}$$

设级数(4.4.4)的收敛半径为 R,则当 $|\zeta|<R$ 时级数(4.4.4)收敛;当 $|\zeta|>R$ 时级数(4.4.4)发散.若记 $R_1=\dfrac{1}{R}$,则当 $|z-z_0|>R_1$ 时,(4.4.3)收敛于一个解析函数,当 $|z-z_0|<R_1$ 时,级数(4.4.3)发散.

由于当且仅当级数(4.4.2)和(4.4.3)均收敛时,级数(4.4.1)才收敛,所以有:

(1) 当 $R_1>R_2$ 时(图 4-2(a)),以上两级数没有公共的收敛域,于是级数(4.4.1)处处发散;

(2) 当 $R_1<R_2$ 时(图 4-2(b)),两级数的公共收敛域为圆环域 $R_1<|z-z_0|<R_2$,从而级数(4.4.1)在圆环域 $R_1<|z-z_0|<R_2$ 内收敛于一个解析函数.

(3) 当 $R_1=R_2$ 时,级数(4.4.1)可能收敛,也可能发散.

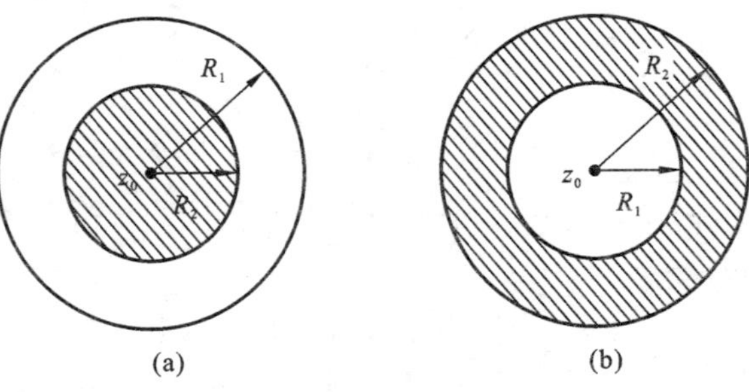

图 4-2

注 在圆环域的边界 $|z-z_0|=R_i$,$(i=1,2)$ 上有些点可能收敛,有些点可能发散. 这里内半径 R_1 可以为 0,而外半径 R_2 可以为 $+\infty$.

幂级数所具有的性质,级数(4.4.1) 在收敛圆环域内也具有. 例如,级数(4.4.1) 的和函数在收敛圆环域内解析,可以逐项积分,也可以作变量替换.

和幂级数一样,我们也有相同的问题,即在圆环域内解析的函数是否一定能展开成级数(4.4.1) 呢?答案也是肯定的.

定理 4.10(洛朗定理) 设函数 $f(z)$ 在以 z_0 为中心的圆环域 $R_1<|z-z_0|<R_2$ 内解析,则在此圆环域内,函数可以展开成洛朗级数

$$f(z)=\sum_{n=-\infty}^{+\infty}c_n(z-z_0)^n \quad (R_1<|z-z_0|<R_2), \tag{4.4.5}$$

其中系数 c_n 为

$$c_n=\frac{1}{2\pi i}\oint_C\frac{f(\zeta)}{(\zeta-z_0)^{n+1}}d\zeta, \quad (n=0,\pm1,\pm2,\pm3,\cdots). \tag{4.4.6}$$

C 是此圆环内绕 z_0 的任一正向简单闭曲线.

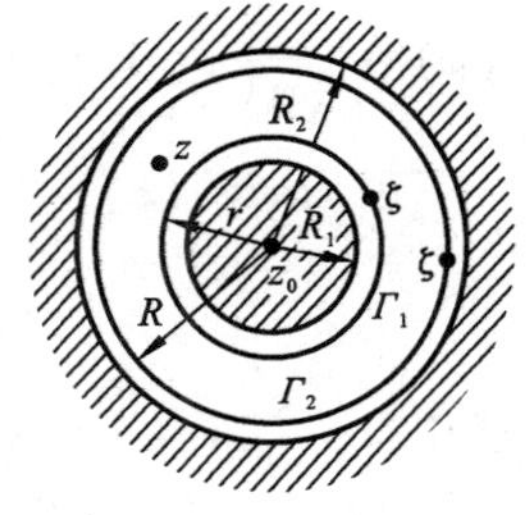

图 4-3

证 设 z 是圆环域 $R_1<|z-z_0|<R_2$ 内任意一点,以 z_0 为中心,作位于已知圆环内部的圆周曲线 Γ_1:$|z-z_0|=r>R_1$,Γ_2:$|z-z_0|=R<R_2$ $(r<R)$,且使 z 落在 $r<|z-z_0|<R$(图 4-3),因为 $f(z)$ 在闭圆环 $r<|z-z_0|<R$ 中解析,其边界 $C=\Gamma_1^-+\Gamma_2$,所以由柯西积分公式,得

$$\begin{aligned}f(z)&=\frac{1}{2\pi i}\int_{\Gamma_1^-+\Gamma_2}\frac{f(\zeta)}{\zeta-z}d\zeta\\&=\frac{1}{2\pi i}\oint_{\Gamma_2}\frac{f(\zeta)}{\zeta-z}d\zeta-\frac{1}{2\pi i}\oint_{\Gamma_1}\frac{f(\zeta)}{\zeta-z}d\zeta.\end{aligned}$$

上式右端的第一个积分,由于 ζ 在 Γ_2 上,点 z 在 Γ_2 的内部,所以 $\dfrac{|z-z_0|}{|\zeta-z_0|}<1$,又因为 $|f(\zeta)|$ 在 Γ_2 上连续,因此存在一个正常数 M,使得 $|f(\zeta)|<M$. 与泰勒展开定理的证明一样,当 $|\zeta-z_0|<R$,有

$$\frac{1}{2\pi i}\oint_{\Gamma_2}\frac{f(\zeta)}{\zeta-z}d\zeta=\sum_{n=0}^{\infty}c_n(z-z_0)^n,$$

其中

$$c_n=\frac{1}{2\pi i}\oint_{\Gamma_2}\frac{f(\zeta)}{(\zeta-z_0)^{n+1}}d\zeta \quad (n=0,1,2,\cdots), \tag{4.4.7}$$

注 不能将 c_n 写成 $\dfrac{f^{(n)}(z_0)}{n!}$,因为 $f(z)$ 在 Γ_2 的内部不一定处处解析.

再考虑第二个积分 $-\frac{1}{2\pi i}\oint\limits_{\Gamma_1}\frac{f(\zeta)}{\zeta-z}d\zeta$，由于 ζ 在 Γ_1 上，点 z 在 Γ_1 的外部，所以 $\frac{|\zeta-z_0|}{|z-z_0|}<1$，于是

$$\frac{1}{\zeta-z}=-\frac{1}{z-z_0}\cdot\frac{1}{1-\frac{\zeta-z_0}{z-z_0}}=-\sum_{n=1}^{\infty}\frac{(\zeta-z_0)^{n-1}}{(z-z_0)^n}$$

$$=-\sum_{n=1}^{\infty}\frac{1}{(\zeta-z_0)^{-n+1}}(z-z_0)^{-n}.$$

所以

$$-\frac{1}{2\pi i}\oint\limits_{\Gamma_1}\frac{f(\zeta)}{\zeta-z}d\zeta=\frac{1}{2\pi i}\Big[\sum_{n=1}^{N-1}\oint\limits_{\Gamma_1}\frac{f(\zeta)}{(\zeta-z_0)^{-n+1}}d\zeta\Big](z-z_0)^{-n}+R_N(z),$$

其中

$$R_N(z)=\frac{1}{2\pi i}\Big[\sum_{n=N}^{+\infty}\oint\limits_{\Gamma_1}\frac{f(\zeta)}{(\zeta-z_0)^{-n+1}}d\zeta\Big](z-z_0)^{-n}=\frac{1}{2\pi i}\oint\limits_{\Gamma_1}\Big[\sum_{n=N}^{+\infty}\frac{f(\zeta)\ (\zeta-z_0)^{n-1}}{(z-z_0)^n}\Big]d\zeta$$

下证 $\lim\limits_{N\to\infty}R_N(z)=0$ 在 Γ_1 外部成立. 令

$$\frac{|\zeta-z_0|}{|z-z_0|}=\frac{r}{|z-z_0|}=q,$$

显然 $0\leqslant q<1$，由于 z 在 Γ_1 的外部，$|f(\zeta)|$ 在 Γ_1 上连续，因此存在一个正常数 M，使得 $|f(\zeta)|<M$. 所以

$$|R_N(z)|\leqslant\frac{1}{2\pi}\oint\limits_{\Gamma_1}\Big[\sum_{n=N}^{\infty}\frac{|f(\zeta)|}{|\zeta-z_0|}\left|\frac{\zeta-z_0}{z-z_0}\right|^n\Big]ds\leqslant\frac{1}{2\pi}\sum_{n=N}^{\infty}\frac{M}{r}q^n\cdot 2\pi r=\frac{Mq^N}{1-q}.$$

因 $\lim\limits_{N\to\infty}q^N=0$，故 $\lim\limits_{N\to\infty}R_N(z)=0$. 从而有

$$-\frac{1}{2\pi i}\oint\limits_{\Gamma_1}\frac{f(\zeta)}{\zeta-z}d\zeta=\sum_{n=1}^{\infty}c_{-n}\ (z-z_0)^{-n}$$

其中

$$c_{-n}=\frac{1}{2\pi i}\oint\limits_{\Gamma_1}\frac{f(\zeta)}{(\zeta-z_0)^{-n+1}}d\zeta\quad(n=1,2,\cdots).\tag{4.4.8}$$

综上所述，我们有

$$f(z)=\sum_{n=0}^{\infty}c_n\ (z-z_0)^n+\sum_{n=1}^{\infty}c_{-n}\ (z-z_0)^{-n}=\sum_{n=-\infty}^{\infty}c_n\ (z-z_0)^n.$$

如果在圆环内取绕 z_0 的任一正向简单闭曲线，根据复合闭路定理，(4.4.7) 与 (4.4.8) 式中的系数表达式可以用一个式子表达，即

$$c_n=\frac{1}{2\pi i}\oint_C\frac{f(\xi)}{(\xi-z_0)^{n+1}}d\xi\quad(n=0,\pm1,\pm2,\pm3,\cdots),$$

于是(4.4.5) 式成立.

(4.4.5) 式称为 $f(z)$ 在以 z_0 为中心的圆环域 $R_1 < |z - z_0| < R_2$ 内的洛朗展开式，其右端的级数称为 $f(z)$ 在此圆环域内的洛朗级数. 级数中负整次幂部分称为洛朗级数的主要部分(简称主部)，正整次幂部分称为洛朗级数的解析部分(或称正则部分).

另外，$f(z)$ 在圆环域 $R_1 < |z - z_0| < R_2$ 内的洛朗展开式(4.4.5) 是唯一的. 证明略.

有了这个结论的保证，当需要将一个函数 $f(z)$ 在一个圆环域 $R_1 < |z - z_0| < R_2$ 内展开成洛朗级数时，我们可以采取一切可能的方法，只要找到一个形如 $\sum\limits_{n=-\infty}^{+\infty} c_n (z - z_0)^n$ 的级数，它在 $R_1 < |z - z_0| < R_2$ 内收敛于 $f(z)$，则此级数一定就是所要求的洛朗级数.

那么，具体地说，究竟怎样把函数展开为洛朗级数呢？通常很少利用计算系数的办法来展开，而是设法将函数拆开成两部分，一部分在圆盘 $|z - z_0| < R_2$ 内为解析，从而可展开为幂级数；另一部分在圆周的外部 $|z - z_0| > R_1$ 为解析，从而可展开为负次幂级数. 这样，就可以把泰勒展开的方法应用上去(对于负次幂部分，可以认为：这是含 $\dfrac{1}{z - z_0}$ 的幂次项的幂级数，从而可使用泰勒展开的方法).

例 4.4.1　将函数 $f(z) = \dfrac{1}{(z-1)(z-2)}$ 在下列圆环域内展开为洛朗级数.

(1) $0 < |z| < 1$；　(2) $1 < |z| < 2$；　(3) $2 < |z| < +\infty$；

(4) $1 < |z-1| < +\infty$.

解　$f(z) = \dfrac{1}{1-z} - \dfrac{1}{2-z}$，奇点为 $z_1 = 1$，$z_2 = 2$.

(1) 在 $0 < |z| < 1$ 内，$z_0 = 0$，要展开成 $(z - z_0)^n = z^n$ 的表达式. 此时，$|z| < 1$ 且 $\left|\dfrac{z}{2}\right| < 1$，故

$$f(z) = \frac{1}{1-z} - \frac{1}{2}\frac{1}{1-\dfrac{z}{2}} = \sum_{n=0}^{+\infty} z^n - \sum_{n=0}^{+\infty}\frac{z^n}{2^{n+1}} = \sum_{n=0}^{+\infty}\frac{2^{n+1}-1}{2^{n+1}} \cdot z^n.$$

(2) 在 $1 < |z| < 2$ 内，$z_0 = 0$，要展开成 $(z - z_0)^n = z^n$ 的表达式. 此时，$\left|\dfrac{1}{z}\right| < 1$ 且 $\left|\dfrac{z}{2}\right| < 1$，故

$$f(z) = \frac{-1}{z}\frac{1}{1-z^{-1}} - \frac{1}{2}\frac{1}{1-\dfrac{z}{2}} = -z^{-1}\sum_{n=0}^{+\infty} z^{-n} - \sum_{n=0}^{+\infty}\frac{z^n}{2^{n+1}} = -\left[\sum_{n=-1}^{-\infty} z^n + \sum_{n=0}^{+\infty}\frac{z^n}{2^{n+1}}\right].$$

(3) 在 $2 < |z| < +\infty$ 内，$z_0 = 0$，要展开成 $(z - z_0)^n = z^n$ 的表达式. 此时，$\left|\dfrac{1}{z}\right| < 1$ 且 $\left|\dfrac{2}{z}\right| < 1$，故

$$f(z)=\frac{-1}{z}\frac{1}{1-z^{-1}}+z^{-1}\frac{1}{1-\frac{2}{z}}=-\sum_{n=0}^{+\infty}z^{-(n+1)}+\sum_{n=0}^{+\infty}\frac{2^n}{z^{n+1}}$$

$$=\sum_{n=0}^{+\infty}(2^n-1)z^{-(n+1)}.$$

(4) 在 $1<|z-1|<+\infty$ 内，$z_0=1$，要展开成 $(z-z_0)^n=(z-1)^n$ 的表达式. 此时，$\left|\frac{1}{z-1}\right|<1$，故

$$f(z)=\frac{(z-1)^{-1}}{(z-1)-1}=\frac{(z-1)^{-2}}{1-(z-1)^{-1}}$$

$$=(z-1)^{-2}\sum_{n=0}^{+\infty}(z-1)^{-n}$$

$$=\sum_{n=2}^{+\infty}(z-1)^{-n}.$$

例 4.4.2 求 $f(z)=z^3e^{1/z}$ 在 $0<|z|<+\infty$ 内的洛朗级数.

解 在 $0<|z|<+\infty$ 内，$z_0=0$，要展开成 $(z-z_0)^n=z^n$ 的表达式.

由于 $e^\xi=\sum\limits_{n=0}^{+\infty}\frac{\xi^n}{n!}$. 令 $\xi=1/z$，得 $e^{1/z}=\sum\limits_{n=0}^{+\infty}\frac{1}{n!z^n}$ （$z\neq 0$）. 这样，在 $0<|z|<+\infty$ 内，有

$$f(z)=z^3e^{\frac{1}{z}}=\sum_{n=0}^{+\infty}\frac{1}{n!z^{n-3}}=z^3+z^2+\frac{z}{2!}+\frac{1}{3!}+\frac{1}{4!z}+\frac{1}{5!z^2}+\frac{1}{6!z^3}+\cdots.$$

注 (1) 将 $f(z)$ 在以 z_0 为中心的圆环域内展开成洛朗级数时，尽管展开式中会有 $(z-z_0)$ 的负幂项，且 z_0 是这些项的奇点，但 z_0 可能是 $f(z)$ 的奇点，也可能不是. 如例 4.4.1 中(3)、(4) 和例 4.4.2.

(2) $f(z)$ 在不同的圆环域内的洛朗级数不同. 这与洛朗级数的唯一性并不矛盾.

(3) 在划分圆环域时，常把 $f(z)$ 的奇点划分在圆周(即边界)上.

例 4.4.3 将 $f(z)=\frac{1}{z(z-2)^2}$ 在区域 $0<|z|<2$ 内展开成洛朗级数.

解 在 $0<|z|<2$ 内，$z_0=0$，要展开成 $(z-z_0)^n=z^n$ 的表达式. 此时 $\left|\frac{z}{2}\right|<1$，利用逐项求导运算，得

$$f(z)=z^{-1}\left(\frac{1}{2-z}\right)'=z^{-1}\left[\frac{1}{2\left(1-\frac{z}{2}\right)}\right]'=z^{-1}\left[\frac{1}{2}\sum_{n=0}^{+\infty}\left(\frac{z}{2}\right)^n\right]'$$

$$=\frac{z^{-1}}{2}\left[\sum_{n=1}^{+\infty}\frac{n}{2^n}z^{n-1}\right]=\sum_{n=1}^{+\infty}\frac{n}{2^{n+1}}z^{n-2}.$$

本 章 小 结

一、内容小结

本章研究了幂级数与洛朗级数,我们已知复变函数论研究的主要对象是解析函数,在这一章里表述了幂级数与解析函数的密切联系,一方面幂级数在一定的区城内收敛于一个解析函数;另一方面一个解析函数在其解析点的邻城内能展开成幂级数. 所以,幂级数是我们研究解析函数在解析点邻域的性质时必不可少的有力工具. 而且在实际计算中,把函数展开成幂级数,应用起来也比较方便. 所以,幂级数在复变函数论中有着特别重要的意义.

洛朗级数是幂级数的进一步发展. 它实际上是由一个通常(非负次的)幂级数同一个只含负次幂的级数组合而成的. 洛朗级数的性质可以由幂级数的性质推寻出来. 特别可以推导出:洛朗级数的和表示圆环内的解析函数. 同幂级数一样,我们也研究了相反的问题,即任意一个在某圆环内解析的函数是否一定可以展开为洛朗级数,如果可以,怎样展开. 洛朗级数是泰勒级数的推广,这种推广非常必要,因为在实用上常常要把一个函数在环绕它的孤立奇点的圆环域内展开成级数. 下一章将会用洛朗级数对孤立奇点进行分类.

幂级数与洛朗级数是研究解析函数的重要工具,为使用好这些工具,我们不可避免的一个问题就是“将函数 $f(z)$ 展开成级数”,关于这个问题,我们必须注意以下几点:

(1) 能不能展开?怎样展开?

(2) 将函数 $f(z)$ 展开成什么级数?是幂级数还是洛朗级数?

(3) 在哪些区域里展开?区域不同展开式也不一样.

二、典型例题

例 1　考察级数 $\sum\limits_{n=1}^{\infty}\left(\frac{1}{n}+\frac{\mathrm{i}}{2^n}\right)$ 的敛散性.

解　因 $\sum\limits_{n=1}^{\infty}\frac{1}{n}$ 发散,故虽 $\sum\limits_{n=1}^{\infty}\frac{1}{2^n}$ 收敛,我们仍断定原级数发散.

例 2　试求下列各幂级数的收敛半径 R.

(1) $\sum\limits_{n=1}^{\infty}\frac{z^n}{n^2}$;　(2) $\sum\limits_{n=0}^{\infty}\frac{z^n}{n!}$;　(3) $\sum\limits_{n=0}^{\infty}n!z^n$

解(1) 因 $\rho=\lim\limits_{n\to\infty}\left|\frac{c_{n+1}}{c_n}\right|=\lim\limits_{n\to\infty}\left(\frac{n}{n+1}\right)^2=1$,故收敛半径 $R=\frac{1}{\rho}=1$.

(2) 因 $\rho=\lim\limits_{n\to\infty}\left|\dfrac{c_{n+1}}{c_n}\right|=\lim\limits_{n\to\infty}\dfrac{\dfrac{1}{(n+1)!}}{\dfrac{1}{n!}}=0$,故收敛半径 $R=\infty$.

(3) 因 $\rho=\lim\limits_{n\to\infty}\left|\dfrac{c_{n+1}}{c_n}\right|=\lim\limits_{n\to\infty}\dfrac{(n+1)!}{n!}=\infty$,故收敛半径故 $R=0$.

例 3 将 $\dfrac{e^z}{1-z}$ 在 $z=0$ 展开成幂级数.

解 因 $\dfrac{e^z}{1-z}$ 在 $|z|<1$ 内解析,故展开后的幂级数在 $|z|<1$ 内收敛. 已经知道

$$e^z=1+\frac{z}{1!}+\frac{z^2}{2!}+\frac{z^3}{3!}+\cdots+\frac{z^n}{n!}+\cdots\quad(|z|<\infty),$$

$$\frac{1}{1-z}=1+z+z^2+z^3+\cdots+z^n+\cdots\quad(|z|<1).$$

在 $|z|<1$ 时将两式相乘(按对角线方法),得

$$\frac{e^z}{1-z}=1+\left(1+\frac{1}{1!}\right)z+\left(1+\frac{1}{1!}+\frac{1}{2!}\right)z^2+\left(1+\frac{1}{1!}+\frac{1}{2!}+\frac{1}{3!}\right)z^3+\cdots.$$

例 4 将 $e^z\cos z$ 及 $e^z\sin z$ 展为 z 的幂级数.

解 因 $e^z(\cos z+i\sin z)=e^ze^{iz}=e^{(1+i)z}=e^{\sqrt{2}e^{\frac{\pi}{4}i}z}=1+\sqrt{2}e^{\frac{\pi}{4}i}z+\sum\limits_{n=2}^{\infty}\dfrac{(\sqrt{2})^ne^{\frac{n\pi}{4}i}z^n}{n!}$,

同理

$$e^z(\cos z-i\sin z)=e^ze^{iz}=e^{(1-i)z}=e^{\sqrt{2}e^{-\frac{\pi}{4}i}}z=1+\sqrt{2}e^{-\frac{\pi}{4}i}z+\sum_{n=2}^{\infty}\frac{(\sqrt{2})^ne^{-\frac{n\pi}{4}i}z^n}{n!}.$$

两式相加除以 2,得

$$e^z\cos z=1+\sqrt{2}\cos\frac{\pi}{4}z+\sum_{n=2}^{\infty}\frac{(\sqrt{2})^n\cos\dfrac{n\pi}{4}z^n}{n!},\quad|z|<\infty.$$

两式相减除以 2i,得

$$e^z\sin z=\sqrt{2}\sin\frac{\pi}{4}z+\sum_{n=2}^{\infty}\frac{(\sqrt{2})^n\sin\dfrac{n\pi}{4}z^n}{n!},\quad|z|<\infty.$$

例 5 试将函数 $f(z)=\dfrac{z}{z+2}$ 按 $z-1$ 的幂展开,并指明其收敛范围.

解 $f(z)=\dfrac{z}{z+2}=1+\dfrac{2}{z+2}=1-\dfrac{2}{(z-1)+3}=1-\dfrac{2}{3}\dfrac{1}{1+\dfrac{z-1}{3}}$

$$=1-\frac{2}{3}\sum_{n=1}^{\infty}(-1)^n\left(\frac{z-1}{3}\right)^n$$

$$= \frac{1}{3} - \frac{2}{3}\sum_{n=1}^{\infty}\left(-\frac{1}{3}\right)^n (z-1)^n \quad (|z-1|<3).$$

例 6　将 $f(z) = \dfrac{\ln(2-z)}{z(z-1)}$ 在圆环域 $0<|z|<1$ 内展开为洛朗级数.

解　因为

$$f(z) = \left(\frac{1}{z-1} - \frac{1}{z}\right)\ln(2-z),$$

$$\frac{1}{z-1} - \frac{1}{z} = -\sum_{n=0}^{\infty} z^n - \frac{1}{z} = -\sum_{n=-1}^{\infty} z^n, \quad |z|<1,$$

$$\ln(2-z) = \ln 2\left(1-\frac{z}{2}\right) = \ln 2 + \ln\left(1-\frac{z}{2}\right) = \ln 2 - \sum_{n=1}^{\infty}\frac{z^n}{n2^n}, \quad |z|<2.$$

故

$$f(z) = \left(-\sum_{n=-1}^{\infty} z^n\right)\left(\ln 2 - \sum_{n=1}^{\infty}\frac{z^n}{n2^n}\right) = -\ln 2\sum_{n=0}^{\infty} z^{n-1} + \left(\sum_{n=0}^{\infty} z^{n-1}\right)\left(\sum_{n=1}^{\infty}\frac{z^n}{n2^n}\right)$$

$$= -\frac{1}{z}\ln 2 + \sum_{n=0}^{\infty}\left(\sum_{m=1}^{n+1}\frac{1}{m2^n} - \ln 2\right)z^n.$$

例 7　在 $2<|z|<\infty$ 内,将 $f(z) = e^{\frac{z}{z+2}}$ 展开成洛朗级数.

解　令 $z = \dfrac{1}{\zeta}$,则 $f(z) = e^{\frac{z}{z+2}} = e^{\frac{1}{1+2\zeta}} = \varphi(\zeta)$,$\zeta = 0$ 为解析点,在 $|\zeta|<\dfrac{1}{2}$ 内解析

$$\varphi(\zeta) = e^{\frac{1}{1+2\zeta}}, \quad \varphi(0) = e,$$

$$\varphi'(\zeta) = \frac{-2}{(1+2\zeta)^2}\varphi(\zeta), \quad \varphi'(0) = -2e,$$

$$\varphi''(\zeta) = \left[\frac{8}{(1+2\zeta)^2} + \frac{4}{(1+2\zeta)^4}\right]\varphi(\zeta), \quad \varphi''(0) = 12e,$$

$$\cdots$$

所以 $\varphi(\zeta) = e\left(1-2\zeta+\dfrac{12}{2!}\zeta^2-\cdots\right)$,$|\zeta|<\dfrac{1}{2}$. 即

$$f(z) = e\left(1-\frac{2}{z}+\frac{6}{z^2}+\cdots\right), \quad 2<|z|<\infty.$$

例 8　证明:在 $f(z) = \cos\left(z+\dfrac{1}{z}\right)$ 以 z 的各幂表出的洛朗级数展开式中的各系数为

$$c_n = \frac{1}{2\pi}\int_0^{2\pi}\cos(2\cos\theta)\cos n\theta\,d\theta \quad (n = 0, \pm 1, \cdots).$$

解　令 C 为单位圆 $|z| = 1$,在 C 上取积分变量 $\zeta = e^{i\theta}$,则 $\zeta + \dfrac{1}{\zeta} = 2\cos\theta$, $dz = ie^{i\theta}d\theta$,故

$$c_n = \frac{1}{2\pi i}\oint_C \frac{\cos\left(\zeta + \frac{1}{\zeta}\right)}{\zeta^{n+1}} d\zeta = \frac{1}{2\pi}\int_0^{2\pi} \frac{\cos(2\cos\theta)}{\cos n\theta + i\sin n\theta} d\theta$$

$$= \frac{1}{2\pi}\int_0^{2\pi} \cos n\theta\cos(2\cos\theta)d\theta - \frac{i}{2\pi}\int_0^{2\pi} \sin n\theta\cos(2\cos\theta)d\theta.$$

令 $t = \theta - \pi$，得 $\int_{-\pi}^{\pi} (-1)\sin nt\cos(-2\cos t)dt = 0$. 故

$$c_n = \frac{1}{2\pi}\int_0^{2\pi} \cos(2\cos\theta)\cos n\theta d\theta \quad (n = 0, \pm 1, \cdots).$$

习 题 四

1. 复级数 $\sum_{n=1}^{\infty} a_n$ 与 $\sum_{n=1}^{\infty} b_n$ 都发散，则级数 $\sum_{n=1}^{\infty} (a_n \pm b_n)$ 和 $\sum_{n=1}^{\infty} a_n b_n$ 发散. 这个命题是否成立？为什么？

2. 下列数列是否收敛？如果收敛，求出其极限.

   (1) $\alpha_n = \left(\frac{1+i}{2}\right)^n$；(2) $\alpha_n = \frac{1}{n}\text{sh} in$；(3) $\alpha_n = e^{-\left(\frac{\pi}{2}+\frac{1}{2n}\right)i}$.

3. 判断下列级数是否收敛. 是绝对收敛还是条件收敛.

   (1) $\sum_{n=0}^{\infty} \frac{(3i)^n}{n!}$；(2) $\sum_{n=1}^{\infty} \frac{n!}{n^n}$；(3) $\sum_{n=1}^{\infty} \frac{e^{\frac{i\pi}{n}}}{n}$；(4) $\sum_{n=1}^{\infty} \left(\frac{1+5i}{2}\right)^n$.

4. 讨论级数 $\sum_{n=0}^{\infty} (z^{n+1} - z^n)$ 的敛散性.

5. 求下列幂级数的收敛半径.

   (1) $\sum_{n=1}^{\infty} z^{n!}$；(2) $\sum_{n=0}^{\infty} n^p z^n$ （p 为正整数）；(3) $\sum_{n=1}^{\infty} \frac{n!}{n^n} z^n$；

   (4) $\sum_{n=0}^{\infty} q^{n^2} z^n$ （$|q| < 1$）；(5) $\sum_{n=1}^{\infty} (-i)^{n-1} \frac{2n-1}{2^n} z^{2n-1}$.

6. 求下列级数的和函数.

   (1) $\sum_{n=1}^{\infty} (-1)^{n-1} n z^n$；(2) $\sum_{n=0}^{\infty} (-1)^n \frac{z^{2n}}{(2n)!}$.

7. 求下列函数在指定点的泰勒级数，并指出它们的收敛半径.

   (1) $f(z) = \ln z$ 在点 $z = 2$.

   (2) $f(z) = \frac{1}{(z+1)(z+2)}$ 在 $z = 0$.

   (3) $f(z) = \frac{1}{(z-1)(z-2)}$ 在 $z = 0$ 处.

   (4) $f(z) = \ln(3+z)$ 在 $z = 0$ 处.

   (5) $f(z) = \ln(z^2 - 3z + 2)$ 在 $z = 0$ 处.

8. 求下列各函数在指定圆环域内的洛朗级数.

(1) $\frac{1}{z}$, $1<|z-1|<+\infty$;

(2) $f(z)=\frac{1}{z(z-1)}$, $1<|z-1|<+\infty$;

(3) $f(z)=\frac{2}{z(z+2)}$, $0<|z|<2$;

(4) $f(z)=-\frac{2}{(z-4)(z-2)}$, $1<|z-1|<3$.

9. 如果 C 为正向圆周 $|z|=3$,求积分 $\oint_C f(z)\mathrm{d}z$ 的值. 设 $f(z)$ 为

(1) $\frac{1}{z(z+1)^2}$　(2) $\frac{z}{(z+1)(z+2)}$

自测题四

1. 选择题

(1) 当函数 $f(z)=\frac{3z}{(2-z)(2z-1)}$ 表示成 z 的幂级数时,收敛半径为(　　).

A. $\frac{1}{2}$　　B. 1　　C. 2　　D. ∞

(2) 函数 $f(z)=\frac{1}{z(z^2-5z+6)}$ 在下列哪个区域内不能展开为洛朗级数(　　).

A. $|z|<1$　　B. $0<|z|<2$　　C. $2<|z|<3$　　D. $|z|>3$

(3) 幂级数 $\sum_{n=0}^{\infty}\frac{1+(-1)^n}{2^n}z^n$ 的收敛半径为(　　).

A. $\frac{1}{2}$　　B. 2　　C. 4　　D. $+\infty$

(4) 幂级数 $\sum_{n=1}^{\infty}\frac{n^2z^n}{3^n}$ 的收敛半径是(　　).

A. $\frac{1}{3}$　　B. 2　　C. 3　　D. 9

(5) 设 $\sum_{n=0}^{\infty}a_n z^n$ $\sum_{n=0}^{\infty}b_n z^n$ 和 $\sum_{n=0}^{\infty}(a_n+b_n)z^n$ 的收敛半径分别为 R_1,R_2 和 R,则(　　).

A. $R=R_1$　　B. $R=\min\{R_1,R_2\}$

C. $R=R_2$　　D. $R\geqslant\min\{R_1,R_2\}$

(6) 洛朗级数 $\sum_{n=0}^{\infty}\frac{1}{z^n}+\sum_{n=0}^{\infty}\frac{z^n}{2^{n-1}}$ 的收敛域为(　　).

A. $|z|<1$　　B. $|z|<2$　　C. $1<|z|<2$　　D. $|z|>2$

(7) 幂级数 $\sum_{n=1}^{\infty}\frac{nz^n}{2^{2n}}$ 的收敛半径是(　　).

A. 2　　B. 3　　C. 4　　D. 5

2. 填空题

(1) 函数 $f(z)=\dfrac{1}{z}$ 在 $z=1$ 处的泰勒展开式为____________.

(2) 级数 $\sum\limits_{n=0}^{\infty}(3+4\mathrm{i})^n z^{2n}$ 的收敛半径为____________.

(3) 幂级数 $\sum\limits_{n=0}^{\infty}(1+\mathrm{i})^n(z-\mathrm{i})^n$ 的收敛半径 $R=$ ____________.

(4) $F(z)=\int_0^z \mathrm{e}^{\zeta^2}\mathrm{d}\zeta$ 在 $z=0$ 处的泰勒展开式为____________.

(5) $\sum\limits_{n=1}^{\infty}\mathrm{e}^{\mathrm{i}n^2}z^n$ 的收敛半径是____________.

3. 将函数 $f(z)=\dfrac{1}{z(z-\mathrm{i})}$ 在 $|z|>1$ 内展成洛朗级数.

4. 将函数 $f(z)=\dfrac{z-1}{z+1}$ 按 $z-1$ 的幂展开,并指明其收敛范围.

5. 求级数 $\sum\limits_{n=1}^{\infty}\dfrac{z^n}{n}(|z|<1)$ 的和函数.

6. 将函数 $f(z)=\dfrac{2-3z}{2z^2-3z+1}$ 在 $z=-1$ 处展开为泰勒级数.

7. 将函数 $f(z)=\dfrac{1}{z^2-3z+2}$ 在圆环域 $1<|z-1|<+\infty$ 内展开为洛朗级数.

8. 设 $f(z)=\dfrac{1}{(z-1)(z+\mathrm{i})}$. 问:$f(z)$ 在哪几个以 i 为中心的圆环域(包括圆域)内可展为洛朗级数?写出这几个圆环域(不要求写出展开式).

9. 求函数 $f(z)=\int_{|\xi|=1}\dfrac{\mathrm{e}^{\xi}}{z\xi-\xi}\mathrm{d}\xi$ 在区域 $1<|z|$ 内的洛朗展开式.

第五章　留　　数

在第三章和第四章，我们分别利用积分方法和级数方法研究了解析函数. 在这一章里，我们将结合这两种方法，首先对解析函数的孤立奇点进行分类并讨论其性质，然后引入留数的概念，介绍留数的计算方法以及留数定理. 利用留数定理可以把计算沿闭路的积分转化为计算在孤立奇点处的留数；利用留数定理还可以计算一些定积分的反常积分. 从而用复变函数的方法解决某些用高等数学中的方法难以解决的积分计算问题.

第一节　孤立奇点

一、孤立奇点的概念和分类

如果函数 $f(z)$ 在 z_0 点不解析，则称 z_0 是 $f(z)$ 的一个奇点. 如果 z_0 是 $f(z)$ 的一个奇点，且存在 $\delta>0$，使 $f(z)$ 在 $0<|z-z_0|<\delta$ 内解析，则称 z_0 是 $f(z)$ 的孤立奇点.

若 z_0 是 $f(z)$ 的孤立奇点，此时 $f(z)$ 在圆环域 $0<|z-z_0|<\delta$ 内解析，根据洛朗级数展开定理，则 $f(z)$ 可以展开为

$$f(z)=\sum_{n=-\infty}^{\infty}c_n(z-z_0)^n. \tag{5.1.1}$$

根据函数 $f(z)$ 展开成洛朗级数的不同情况，我们将孤立奇点作如下的分类.

1. 可去奇点

定义 5.1　如果 $f(z)$ 在 $0<|z-z_0|<\delta$ 内的展开式(5.1.1)中不含 $z-z_0$ 的负幂项，即当 $n=-1,-2,-3,\cdots$ 时，(5.1.1)式中的 $c_n=0$，则称 z_0 是 $f(z)$ 的可去奇点.

例 5.1.1　$z=0$ 是函数 $f(z)=\dfrac{e^z-1}{z}$ 的可去奇点.

解　对任何 z，

$$e^z-1=z+\frac{z^2}{2!}+\cdots+\frac{z^n}{n!}+\cdots,$$

则在 $0<|z|<+\infty$ 内，有

$$\frac{e^z-1}{z}=\frac{1}{z}\left(z+\frac{z^2}{2!}+\cdots+\frac{z^n}{n!}+\cdots\right)=1+\frac{z}{2!}+\cdots+\frac{z^{n-1}}{n!}+\cdots.$$

显然 $f(z)$ 在 $0<|z|<+\infty$ 的洛朗级数展开式中不含 z 的负幂项,因此 $z=0$ 是 $f(z)=\dfrac{e^z-1}{z}$ 的可去奇点. 如果我们令 $\dfrac{e^z-1}{z}$ 在 $z=0$ 的值为1, $\dfrac{e^z-1}{z}$ 在 $z=0$ 就成为解析的了.

设 z_0 是 $f(z)$ 的可去奇点,则(5.1.1)式变为

$$f(z)=\sum_{n=0}^{\infty}c_n(z-z_0)=c_0+c_1(z-z_0)+c_2(z-z_0)^2+\cdots. \quad (5.1.2)$$

(5.1.2)式的右端是幂级数,收敛半径至少为 δ,因此,其和函数在 $0<|z-z_0|<\delta$ 内解析,于是 $\lim\limits_{z\to z_0}f(z)=c_0$.

反之,设 $f(z)$ 在 $0<|z-z_0|<\delta$ 内解析,且 $\lim\limits_{z\to z_0}f(z)$ 存在,由极限的存在性,函数 $f(z)$ 在 z_0 点的某个去心邻域内有界,即存在两个正数 M 及 $\rho_0<\delta$,使得在 $0<|z-z_0|<\rho_0$ 内,有 $|f(z)|<M$. 那么由洛朗级数的系数积分表达式可知

$$|a_n|=\frac{1}{2\pi}\left|\oint_C\frac{f(\zeta)}{(\zeta-z_0)^{n+1}}d\zeta\right|\leqslant\frac{1}{2\pi}\oint_C\frac{|f(\zeta)|}{\rho^{n+1}}ds\leqslant\frac{M}{2\pi\rho^{n+1}}2\pi\rho=\frac{M}{\rho^n},$$

这里,C: $|z-z_0|=\rho$ $(0<\rho<\rho_0)$. 由于当 n 为负整数时,令 $\rho\to0$,得 $c_n=0$. 由此可知,$f(z)$ 的洛朗级数展开式中负幂项的系数为零,于是 z_0 是 $f(z)$ 的可去奇点.

这样,我们得到了 $f(z)$ 在可去奇点处的特性.

定理 5.1 设 $f(z)$ 在 $0<|z-z_0|<\delta$ 内解析,则 z_0 是 $f(z)$ 的可去奇点的充分必要条件是存在极限 $\lim\limits_{z\to z_0}f(z)=c_0$($c_0$ 是有限复常数).

2. 极点

定义 5.2 如果 $f(z)$ 在 $0<|z-z_0|<\delta$ 内的展开式(5.1.1)中只有有限个 $z-z_0$ 的负幂项,且其中关于 $(z-z_0)^{-1}$ 的最高幂为 $(z-z_0)^{-m}$,即

$$\begin{aligned}f(z)=&c_{-m}(z-z_0)^{-m}+\cdots+c_{-2}(z-z_0)^{-2}+c_{-1}(z-z_0)^{-1}\\&+c_0+c_1(z-z_0)+\cdots\quad(m\geqslant1,c_{-m}\neq0),\end{aligned}$$

那么孤立奇点 z_0 称为函数 $f(z)$ 的 m 阶极点. 上式也可写成

$$f(z)=\frac{1}{(z-z_0)^m}g(z), \quad (5.1.3)$$

其中,$g(z)=c_{-m}+c_{-m+1}(z-z_0)+\cdots+c_0(z-z_0)^m+c_1(z-z_0)^{m+1}+\cdots$ 在 $|z-z_0|<\delta$ 内是解析函数,且 $g(z_0)\neq0$. 反过来,当任何一个函数 $f(z)$ 能表示成为(5.1.3)式的形式,且 $g(z_0)\neq0$,那么 z_0 是 $f(z)$ 的 m 阶极点.

由此,我们得到了 $f(z)$ 在极点处的特性.

定理 5.2 设 $f(z)$ 在 $0<|z-z_0|<\delta(0<\delta\leqslant+\infty)$ 内解析,则 z_0 是 $f(z)$ 的极点的充分必要条件是 $\lim\limits_{z\to z_0}f(z)=\infty$.

(5.1.3) 式对于判别函数的极点是十分有用的.

例 5.1.2　设函数 $f(z)=\dfrac{z-2}{(z^2+1)(z-1)^3}$,则 $z=1$ 是 $f(z)$ 的三阶极点,$z=\pm\mathrm{i}$ 是 $f(z)$ 的一阶极点.

解　显然 $z=\pm\mathrm{i}$ 和 $z=1$ 是 $f(z)$ 的孤立奇点,把 $f(z)$ 写成式(5.1.3)的形式,有 $f(z)=(z-1)^{-3}(z-\mathrm{i})^{-1}(z+\mathrm{i})^{-1}(z-2)$,从而可得 $z=1$ 是 $f(z)$ 的三阶极点,$z=\pm\mathrm{i}$ 是 $f(z)$ 的一阶极点.

3. 本性奇点

定义 5.3　如果 $f(z)$ 在 $0<|z-z_0|<\delta$ 内的展开式(5.1.1)中含有无穷多个系数非零的 $z-z_0$ 的负幂项,则称孤立奇点 z_0 为解析函数 $f(z)$ 的本性奇点.

例 5.1.3　$z=0$ 是 $\mathrm{e}^{\frac{1}{z}}$,$\sin\dfrac{1}{z}$ 的本性奇点.

解　$$\mathrm{e}^{\frac{1}{z}}=1+z^{-1}+\frac{z^{-2}}{2!}+\cdots+\frac{z^{-n}}{n!}+\cdots\quad(0<|z|<+\infty),$$

$$\sin\frac{1}{z}=z^{-1}-\frac{z^{-3}}{3!}+\frac{z^{-5}}{5!}-\cdots\quad(0<|z|<+\infty),$$

可见式中含有 z 的负幂项系数有无穷多个不为零,故 $z=0$ 为 $\mathrm{e}^{\frac{1}{z}}$,$\sin\dfrac{1}{z}$ 的本性奇点.

由定义可知,不是可去奇点和极点的孤立奇点必定是本性奇点,因此,结合可去奇点和极点的特性,可以得到本性奇点的如下特性:

定理 5.3　设 $f(z)$ 在 $0<|z-z_0|<\delta$ $(0<\delta\leqslant+\infty)$ 内解析,则 z_0 是 $f(z)$ 的本性奇点的充分必要条件是当 $z\to z_0$ 时,$f(z)$ 不存在有限或无穷的极限 $\lim\limits_{z\to z_0}f(z)$.

最后必须指出的是:函数 $f(z)$ 的奇点并不都是孤立的. 例如,$z=0$ 是 $f(z)=\dfrac{1}{\sin\frac{1}{z}}$ 的奇点,但不是孤立奇点.

二、函数的零点与极点的关系

设函数 $f(z)$ 在 z_0 的邻域 $N(z_0,\delta)=\{z:|z-z_0|<\delta\}$ 内解析,并且 $f(z_0)=0$,那么点 z_0 称为解析函数 $f(z)$ 的一个零点. 设 $f(z)$ 在 $N(z_0,\delta)$ 内的泰勒展式为

$$f(z)=c_1(z-z_0)+c_2(z-z_0)^2+\cdots+c_n(z-z_0)^n+\cdots.$$

如果 $c_n=0$ $(n=1,2,\cdots)$,那么 $f(z)$ 在 $N(z_0,\delta)$ 内恒等于零.

如果 $c_1,c_2,\cdots,c_n,\cdots$ 不全为零,则存在正整数 m,$c_m\neq0$,而对于 $n=1,2,\cdots,m-1$,$c_n=0$,那么称 z_0 是 $f(z)$ 的 m 阶零点. 于是

$$f(z)=(z-z_0)^m\varphi(z) \tag{5.1.4}$$

其中,$\varphi(z)=c_m+c_{m+1}(z-z_0)+c_{m+2}(z-z_0)^2+\cdots$,在 $N(z_0,\delta)$ 内解析且 $\varphi(z_0)\neq 0$. 因而可以找到一个正数 ε,使得当 $0<|z-z_0|<\varepsilon$ 时,$\varphi(z)\neq 0$,于是 $f(z)\neq 0$. 即一个不为恒为零的解析函数的零点是孤立的.

例如,$z=0$ 与 $z=1$ 分别是函数 $f(z)=z(z-1)^3$ 的一阶和三阶零点.

定理 5.4 函数 $f(z)$ 在点 z_0 处解析,则 z_0 是 $f(z)$ 的 m 阶零点的充分必要条件是

$$f(z_0)=f'(z_0)=\cdots=f^{(m-1)}(z_0)=0,\quad f^{(m)}(z_0)\neq 0.$$

注意到解析函数的泰勒展开式的系数与导数之间的关系及解析函数零点的定义,定理 5.4 是显然的,所以证明从略.

例 5.1.4 $z=1$ 是 $f(z)=z^3-1$ 的一阶零点.

解 由于 $f(1)=0$,故 $z=1$ 是 $f(z)$ 的零点,又 $f'(1)=3z^2\Big|_{z=1}=3\neq 0$,从而知 $z=1$ 是 $f(z)$ 的一阶零点.

解析函数的零点和极点有下面的关系:

定理 5.5 如果 z_0 是 $f(z)$ 的 m 阶极点,那么 z_0 是 $\dfrac{1}{f(z)}$ 的 m 阶零点. 反之也成立.

证 如果 z_0 是 $f(z)$ 的 m 阶极点,由(5.1.3)式,便有

$$f(z)=\frac{1}{(z-z_0)^m}g(z),$$

其中 $g(z)$ 在 z_0 解析,且 $g(z_0)\neq 0$. 所以当 $z\neq z_0$ 时,有

$$\frac{1}{f(z)}=(z-z_0)^m\cdot\frac{1}{g(z)}=(z-z_0)^m h(z). \tag{5.1.5}$$

函数 $h(z)$ 也在 z_0 解析,且 $h(z_0)\neq 0$,由于 $\lim\limits_{z\to z_0}\dfrac{1}{f(z)}=0$,因此,我们只要令 $\dfrac{1}{f(z_0)}=0$,那么由(5.1.5)式知 z_0 是 $\dfrac{1}{f(z)}$ 的 m 阶零点.

反过来,如果 z_0 是 $\dfrac{1}{f(z)}$ 的 m 阶零点,那么

$$\frac{1}{f(z)}=(z-z_0)^m\varphi(z).$$

这里 $\varphi(z)$ 在 z_0 解析,并且 $\varphi(z_0)\neq 0$,由此,当 $z\neq z_0$ 时,得

$$f(z)=\frac{1}{(z-z_0)^m}\psi(z),$$

而 $\psi(z)=\dfrac{1}{\varphi(z)}$ 在 z_0 解析,并且 $\psi(z_0)\neq 0$,所以 z_0 是 $f(z)$ 的 m 阶极点.

例 5.1.5　试求函数 $f(z)=\dfrac{1}{\sin z}$ 的有限孤立奇点.

解　函数$\dfrac{1}{\sin z}$的奇点显然是使 $\sin z=0$ 的点. 这些奇点是 $z=k\pi$ ($k=0,\pm 1,\pm 2,\cdots$). 因为从 $\sin z=\dfrac{e^{iz}-e^{-iz}}{2i}=0$ 得 $e^{2iz}=1$,从而有 $2iz=2k\pi i$,$z=k\pi$. 它们是$\dfrac{1}{\sin z}$的孤立奇点. 又由于$(\sin z)'\Big|_{z=k\pi}=\cos(k\pi)=(-1)^k\neq 0$,所以 $z=k\pi$ 都是 $\sin z$ 的一阶零点,也就是$\dfrac{1}{\sin z}$的一阶极点.

应当注意,我们在求函数的孤立奇点时,不能一看函数的表面形式就急于做出结论. 像例 5.1.1 中的函数 $f(z)=\dfrac{e^z-1}{z}$,初一看似乎 $z=0$ 是它的一阶极点,其实是可去奇点.

例 5.1.6　设 $f(z)=\dfrac{1-\cos z}{z^3}$,问 $z=0$ 是否是 $f(z)$ 的极点?若是极点,指出它的阶数.

解　$\dfrac{1-\cos z}{z^3}=\dfrac{1-\left(1-\dfrac{z^2}{2!}+\dfrac{z^4}{4!}-\cdots\right)}{z^3}=\dfrac{1}{2!z}-\dfrac{z}{4!}+\dfrac{z^3}{6!}-\cdots=\dfrac{1}{z}\varphi(z)$,

其中 $\varphi(z)$ 在 $z=0$ 解析,并且 $\varphi(0)\neq 0$. 故 $z=0$ 是 $f(z)$ 的一阶极点.

三、函数在无穷远点的性态

以上讨论了有限孤立奇点邻域内函数的性质,现在我们来讨论解析函数在无穷远点邻域内的性质.

由第一章的知识,我们知道无穷远点(以后简记为 ∞)是扩充复平面上的一点,进而我们称区域 $R<|z|$ 为 ∞ 的一个邻域,称 $R<|z|<+\infty$ 为 ∞ 的去心邻域.

如果函数 $f(z)$ 在无穷远点 $z=\infty$ 的去心邻域 $R<|z|<+\infty$ 内解析,那么称点 ∞ 为 $f(z)$ 的孤立奇点. 这时 $f(z)$ 可展为

$$f(z)=\sum_{n=-\infty}^{+\infty}c_n z^n \tag{5.1.6}$$

$$c_n=\frac{1}{2\pi i}\oint_C\frac{f(\zeta)}{\zeta^{n+1}}d\zeta\ (n=0,\pm 1,\pm 2,\cdots), \tag{5.1.7}$$

其中 C 是圆周 $|z|=r$ ($r>R$) 的正向.

如果令 $z=\dfrac{1}{\zeta}$,则 $\varphi(\zeta)=f\left(\dfrac{1}{\zeta}\right)$在去心邻域 $0<|\zeta|<\dfrac{1}{R}$ 内解析. 而 $\zeta=0$ 是 $\varphi(\zeta)$ 的孤立奇点. 当 $\zeta=0$ 是 $\varphi(\zeta)$ 的可去奇点、极点及本性奇点时,我们称 $z=\infty$

为 $f(z)$ 的可去奇点、极点及本性奇点，即：

定义 5.4 设 $f(z)$ 在 $R<|z|<+\infty$ 内解析，且在此区域上的洛朗展开式为

$$f(z)=\sum_{n=-\infty}^{+\infty}c_n z^n. \tag{5.1.8}$$

如果(5.1.8)式中不含 z 的正幂项，即当 $n=1,2,\cdots$ 时，$c_n=0$，称 $z=\infty$ 是 $f(z)$ 的可去奇点.

如果(5.1.8)式中含有 z 的有限个正幂项（至少含有一项）时，称 $z=\infty$ 是 $f(z)$ 的极点. 当 $c_m\neq 0\ (m\geqslant 1)$，且 $n>m$ 时，$c_n=0$，称 $z=\infty$ 是 $f(z)$ 的 m 阶极点.

如果(5.1.8)式中含有无穷多个 z 的正幂项，称 $z=\infty$ 是 $f(z)$ 的本性奇点.

注意到 $\lim\limits_{z\to\infty}f(z)=\lim\limits_{\zeta\to 0}\varphi(\zeta)$，因而无穷远点的孤立奇点有以下特性：

定理 5.6 设 $f(z)$ 在 $R<|z|<+\infty$ 内解析，则：

(1) $z=\infty$ 为 $f(z)$ 的可去奇点的充分必要条件是 $\lim\limits_{z\to\infty}f(z)$ 存在有限的极限；

(2) $z=\infty$ 为 $f(z)$ 的极点的充分必要条件是 $\lim\limits_{z\to\infty}f(z)=\infty$，即 $\lim\limits_{z\to\infty}|f(z)|=+\infty$；

(3) $z=\infty$ 为 $f(z)$ 的本性奇点的充分必要条件是 $\lim\limits_{z\to\infty}f(z)$ 不存在有限与无穷的极限.

例 5.1.7 设函数 $f(z)=\dfrac{1}{z-z^3}$，$g(z)=\mathrm{e}^{\frac{1}{1-z}}$，判断 $z=\infty$ 是否为它们的孤立奇点？如果是，指出它的类型.

解 函数 $f(z)=\dfrac{1}{z-z^3}$ 在圆环域 $1<|z|<+\infty$ 内可以展开成

$$f(z)=\frac{1}{z-z^3}=-\frac{1}{z^3}\frac{1}{1-\frac{1}{z^2}}=-\frac{1}{z^3}-\frac{1}{z^5}-\frac{1}{z^7}-\cdots$$

它的正幂项系数全为零，所以 $z=\infty$ 是 $f(z)$ 的可去奇点.

函数 $g(z)=\mathrm{e}^{\frac{1}{1-z}}$，令 $z=\dfrac{1}{\zeta}$，得 $h(\zeta)=g\left(\dfrac{1}{\zeta}\right)=\mathrm{e}^{\frac{1}{1-\frac{1}{\zeta}}}=\mathrm{e}^{\frac{\zeta}{\zeta-1}}$，而

$$\lim_{\zeta\to 0}h(\zeta)=\lim_{\zeta\to 0}\mathrm{e}^{\frac{\zeta}{\zeta-1}}=\mathrm{e}^0=1,$$

故 $z=\infty$ 是 $g(z)=\mathrm{e}^{\frac{1}{1-z}}$ 的可去奇点.

第二节 留 数

一、留数的概念与留数定理

留数是复变函数中的重要概念，留数理论在数学及工程技术中有着广泛的应

用. 我们知道,如果函数 $f(z)$ 在 z_0 的邻域内解析,那么根据柯西－古萨基本定理

$$\oint_C f(z)\mathrm{d}z = 0,$$

其中 C 为 z_0 邻域内的任意一条简单闭曲线.

但是,如果 z_0 为 $f(z)$ 的一个孤立奇点,那么沿在 z_0 的某个去心邻域 $0<|z-z_0|<R$ 内包含 z_0 的任意一条简单闭曲线 C 的积分:$\oint_C f(z)\mathrm{d}z$ 一般就不等于零. 将函数 $f(z)$ 在此邻域内展开成洛朗级数

$$f(z) = \cdots + c_{-n}(z-z_0)^{-n} + \cdots + c_{-1}(z-z_0)^{-1} + c_0 + c_1(z-z_0) + \cdots + c_n(z-z_0)^n + \cdots$$

后,再对此展开式的两端沿 C 逐项积分,右端各项的积分除留下 $c_{-1}(z-z_0)^{-1}$ 一项的积分等于 $2\pi \mathrm{i} c_{-1}$ 外,其余各项的积分都等于零,所以 $\oint_C f(z)\mathrm{d}z = 2\pi\mathrm{i}c_{-1}$. 由此,我们给出留数的定义:

定义 5.5　设 $f(z)$ 在 z_0 的去心邻域 D:$0<|z-z_0|<\delta$ 内解析,z_0 是 $f(z)$ 的孤立奇点,C 为包含在 D 内且围绕 z_0 的任意一条正向简单闭曲线,积分 $\frac{1}{2\pi\mathrm{i}}\oint_C f(z)\mathrm{d}z$ 称为 $f(z)$ 在 z_0 点的留数,记为 $\mathrm{Res}[f(z),z_0]$,即

$$\mathrm{Res}[f(z),z_0] = \frac{1}{2\pi\mathrm{i}}\oint_C f(z)\mathrm{d}z.$$

由上面的讨论可知,

$$\mathrm{Res}[f(z),z_0] = c_{-1} \tag{5.2.1}$$

其中 c_{-1} 是 $f(z)$ 在 z_0 点处洛朗展开式中负幂项 $c_{-1}(z-z_0)^{-1}$ 的系数.

根据复合闭路定理,可以很容易得到留数基本定理.

定理 5.7(留数基本定理)　设函数 $f(z)$ 在区域 D 内除有限个孤立奇点 $z_1, z_2, \cdots, z_n$ 外处处解析. C 是 D 内包围诸奇点的一条正向简单闭曲线,那么

$$\oint_C f(z)\mathrm{d}z = 2\pi\mathrm{i}\sum_{k=1}^{n}\mathrm{Res}[f(z),z_k]. \tag{5.2.2}$$

证　把在 C 内的孤立奇点 z_k $(k=1,2,\cdots,n)$ 用互不相交且互不包含的正向简单闭曲线 C_k 围绕起来(图 5-1),那么根据复合闭路定理,有

$$\oint_C f(z)\mathrm{d}z = \oint_{C_1} f(z)\mathrm{d}z + \oint_{C_2} f(z)\mathrm{d}z + \cdots + \oint_{C_n} f(z)\mathrm{d}z.$$

以 $2\pi\mathrm{i}$ 除等式两边,得

$$\frac{1}{2\pi\mathrm{i}}\oint_C f(z)\mathrm{d}z = \mathrm{Res}[f(z),z_1] + \mathrm{Res}[f(z),z_2] + \cdots + \mathrm{Res}[f(z),z_n].$$

即

$$\oint_C f(z)\mathrm{d}z = 2\pi\mathrm{i}\sum_{k=1}^{n}\mathrm{Res}[f(z),z_k].$$

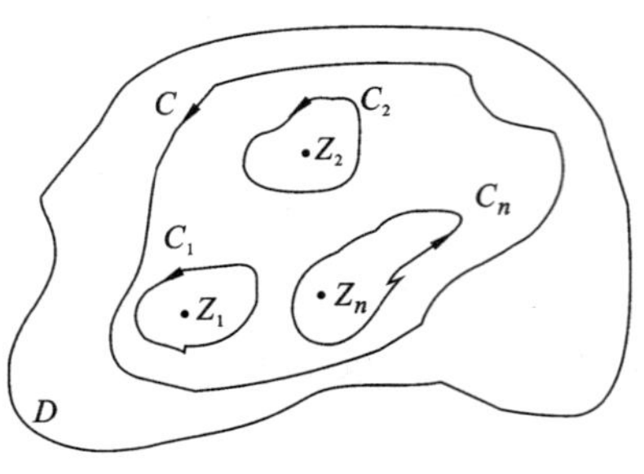

图 5-1

根据这个定理,函数在封闭曲线 C 上的积分可转化为函数在曲线内部各孤立奇点处留数的计算.

二、计算留数的方法

一般来说,求函数在其奇点 z_0 处的留数,只需求出它在以 z_0 为中心的圆环域内的洛朗级数中 $c_{-1}(z-z_0)^{-1}$ 项的系数 c_{-1} 就可以了. 但是如果能先知道奇点的类型,对求留数有时更为有利.

1. 可去奇点

如果 z_0 是 $f(z)$ 的可去奇点,由(5.2.1)式可知 $\mathrm{Res}[f(z),z_0]=0$.

2. 极点

如果 z_0 是 $f(z)$ 的极点时,我们给出以下几种计算法则:

法则 I 设 z_0 是 $f(z)$ 的一阶极点,那么

$$\mathrm{Res}[f(z),z_0]=\lim_{z\to z_0}[(z-z_0)f(z)]. \tag{5.2.3}$$

法则 II 设 z_0 是 $f(z)$ 的 m 阶极点,那么

$$\mathrm{Res}[f(z),z_0]=\frac{1}{(m-1)!}\lim_{z\to z_0}\frac{\mathrm{d}^{m-1}}{\mathrm{d}z^{m-1}}\{(z-z_0)^m f(z)\}. \tag{5.2.4}$$

证 由于

$$f(z)=c_{-m}(z-z_0)^{-m}+\cdots+c_{-2}(z-z_0)^{-2}+c_{-1}(z-z_0)^{-1}+c_0 +c_1(z-z_0)+\cdots$$

以 $(z-z_0)^m$ 乘上式的两端,得

$$(z-z_0)^m f(z)=c_{-m}+\cdots+c_{-2}(z-z_0)^{m-2}+c_{-1}(z-z_0)^{m-1} +c_0(z-z_0)^m+c_1(z-z_0)^{m+1}+\cdots$$

两边求 $m-1$ 阶导数,得

$$\frac{\mathrm{d}^{m-1}}{\mathrm{d}z^{m-1}}\{(z-z_0)^m f(z)\}=(m-1)!c_{-1}+\{\text{含有}(z-z_0)\text{的正幂次的项}\}.$$

令 $z\to z_0$，两端求极限，右端的极限是$(m-1)!c_{-1}$，根据(5.2.1)式，除以$(m-1)!$就是 $\mathrm{Res}[f(z),z_0]$，因此即得(5.2.4)式；当 $m=1$ 时，就是法则 I 的(5.2.3)式.

例 5.2.1　求 $f(z)=\dfrac{\mathrm{e}^z}{(z-1)(z-2)}$ 在孤立奇点处的留数.

解　易知 $z=1$ 和 $z=2$ 都是 $f(z)$ 的一阶极点，故

$$\mathrm{Res}[f(z),1]=\lim_{z\to 1}[(z-1)f(z)]=\lim_{z\to 1}\frac{\mathrm{e}^z}{z-2}=-\mathrm{e},$$

$$\mathrm{Res}[f(z),2]=\lim_{z\to 2}[(z-2)f(z)]=\lim_{z\to 2}\frac{\mathrm{e}^z}{z-1}=\mathrm{e}^2.$$

例 5.2.2　求 $f(z)=\dfrac{z^{2n}}{(z+1)^n}$ 在 $z=-1$ 处的留数.

解　$z=-1$ 是$\dfrac{z^{2n}}{(z+1)^n}$ 的 n 阶极点，由(5.2.4)式

$$\begin{aligned}\mathrm{Res}\left[\frac{z^{2n}}{(z+1)^n},-1\right]&=\frac{1}{(n-1)!}\lim_{z\to -1}(z^{2n})^{(n-1)}\\&=\lim_{z\to -1}\frac{2n(2n-1)\cdots(2n-n+2)}{(n-1)!}z^{2n-n+1}\\&=(-1)^{n+1}\frac{2n(2n-1)\cdots(2n-n+2)}{(n-1)!}\\&=(-1)^{n+1}\frac{(2n)!}{(n+1)!(n-1)!}.\end{aligned}$$

例 5.2.3　计算积分$\displaystyle\oint_C\frac{\mathrm{e}^z}{z(z-1)^2}\mathrm{d}z$，$C$ 为正向圆周：$|z|=2$.

解　$z=0$ 为被积函数的一阶极点，$z=1$ 为二阶极点，而

$$\mathrm{Res}[f(z),0]=\lim_{z\to 0}z\frac{\mathrm{e}^z}{z(z-1)^2}=\lim_{z\to 0}\frac{\mathrm{e}^z}{(z-1)^2}=1,$$

$$\begin{aligned}\mathrm{Res}[f(z),1]&=\frac{1}{(2-1)!}\lim_{z\to 1}\frac{\mathrm{d}}{\mathrm{d}z}\left[(z-1)^2\frac{\mathrm{e}^z}{z(z-1)^2}\right]\\&=\lim_{z\to 1}\frac{\mathrm{d}}{\mathrm{d}z}\left(\frac{\mathrm{e}^z}{z}\right)=\lim_{z\to 1}\frac{\mathrm{e}^z(z-1)}{z^2}=0.\end{aligned}$$

所以

$$\begin{aligned}\oint_C\frac{\mathrm{e}^z}{z(z-1)^2}\mathrm{d}z&=2\pi\mathrm{i}\{\mathrm{Res}[f(z),0]+\mathrm{Res}[f(z),1]\}\\&=2\pi\mathrm{i}(1+0)=2\pi\mathrm{i}.\end{aligned}$$

法则 III　设 $f(z)=\dfrac{P(z)}{Q(z)}$，$P(z)$ 及 $Q(z)$ 在 z_0 都解析，如果 $P(z_0)\neq 0$，$Q(z_0)=0$，$Q'(z_0)\neq 0$，那么 z_0 为 $f(z)$ 的一阶极点，并且

$$\operatorname{Res}[f(z),z_0]=\frac{P(z_0)}{Q'(z_0)}. \tag{5.2.5}$$

证 z_0 为 $f(z)$ 的一级极点是显然的，由法则 I 及导数的定义，有

$$\operatorname{Res}[f(z),z_0]=\lim_{z\to z_0}[(z-z_0)f(z)]=\lim_{z\to z_0}\frac{P(z)}{\dfrac{Q(z)-Q(z_0)}{z-z_0}}=\frac{P(z_0)}{Q'(z_0)}.$$

例 5.2.4 求 $f(z)=\dfrac{e^{iz}}{1+z^2}$ 在孤立起点处的留数.

解 $z=\pm i$ 是 $f(z)$ 的孤立起点，$P(z)=e^{iz}$ 和 $Q(z)=1+z^2$ 都在 $z=\pm i$ 处解析，且 $P(\pm i)=e^{\mp 1}\neq 0$，$Q(\pm i)=0$，$Q'(\pm i)=\pm 2i\neq 0$，故 $z=\pm i$ 是 $f(z)$ 的一阶极点，且

$$\operatorname{Res}[f(z),i]=\frac{e^{iz}}{2z}\bigg|_{z=i}=-\frac{i}{2e},\quad \operatorname{Res}[f(z),-i]=\frac{e^{iz}}{2z}\bigg|_{z=-i}=\frac{e}{2}i.$$

以上介绍了求极点处留数的若干法则，我们在解题时需要灵活运用，特别是对于 m 阶极点的法则 II，有时可以取 n $(n>m)$ 阶导数，计算起来更方便.

例 5.2.5 求 $f(z)=\dfrac{P(z)}{Q(z)}=\dfrac{z-\sin z}{z^6}$ 在 $z=0$ 处的留数.

解 由于

$$P(0)=(z-\sin z)\big|_{z=0}=0,\quad P'(0)=(1-\cos z)\big|_{z=0}=0,$$

$$P''(0)=\sin z\big|_{z=0}=0,\qquad P'''(0)=\cos z\big|_{z=0}=1\neq 0.$$

因此 $z=0$ 是 $z-\sin z$ 的三阶零点，从而由 $f(z)$ 的表达式可知，$z=0$ 是 $f(z)$ 的三阶极点. 如果应用法则 II，得

$$\begin{aligned}\operatorname{Res}\left[\frac{z-\sin z}{z^6},0\right]&=\frac{1}{(3-1)!}\lim_{z\to 0}\frac{d^2}{dz^2}\left[z^3\cdot\frac{z-\sin z}{z^6}\right]\\&=\frac{1}{2!}\lim_{z\to 0}\frac{d^2}{dz^2}\left(\frac{z-\sin z}{z^3}\right).\end{aligned}$$

往下的运算十分繁琐. 而利用洛朗展开式就比较简单. 因为

$$\frac{z-\sin z}{z^6}=\frac{1}{z^6}\left[z-\left(z-\frac{z^3}{3!}+\frac{z^5}{5!}-\cdots\right)\right]=\frac{z^{-3}}{3!}-\frac{z^{-1}}{5!}+\cdots,$$

所以

$$\operatorname{Res}[f(z),0]=-\frac{1}{5!}.$$

当然，不难看出，如果 m 不是 $f(z)$ 的极点 z_0 的阶数，而是比实际的阶数要高，法则 II 仍然成立. 这一特点用在某些函数留数的运算中，反而可以简化计算. 例如对于刚才的函数 $f(z)=\dfrac{z-\sin z}{z^6}$，有

$$\begin{aligned}\operatorname{Res}\left[\frac{z-\sin z}{z^6},0\right]&=\frac{1}{(6-1)!}\lim_{z\to 0}\frac{d^5}{dz^5}\left[z^6\cdot\frac{z-\sin z}{z^6}\right]\\&=\frac{1}{5!}\lim_{z\to 0}(-\cos z)=-\frac{1}{5!}.\end{aligned}$$

3. 本性奇点

如果 z_0 是 $f(z)$ 的本性奇点，我们通常将函数在该点的去心邻域内展开成洛朗级数，然后根据公式 $\mathrm{Res}[f(z),z_0]=c_{-1}$ 求解.

例 5.2.6　求函数 $f(z)=\cos\dfrac{1}{z}$ 在 $z=0$ 处的留数.

解　$z=0$ 是 $f(z)$ 的本性奇点，由于

$$f(z)=\sum_{n=0}^{\infty}\frac{(-1)^n}{(2n)!}z^{-2n},$$

可得 $\mathrm{Res}[f(z),0]=0$.

例 5.2.7　求函数 $f(z)=z^2\mathrm{e}^{\frac{1}{z}}$ 在 $z=0$ 处的留数，并求 $\oint_{|z|=1}z^2\mathrm{e}^{\frac{1}{z}}\mathrm{d}z$.

解　容易知道 $z=0$ 是 $f(z)=z^2\mathrm{e}^{\frac{1}{z}}$ 的本性奇点，在 $0<|z|<+\infty$ 上，有

$$f(z)=z^2\left(1+\frac{1}{z}+\frac{1}{2!z^2}+\frac{1}{3!z^3}+\cdots\right)=z^2+z+\frac{1}{2!}+\frac{z^{-1}}{3!}+\frac{z^{-2}}{4!}+\cdots.$$

因此

$$\mathrm{Res}[f(z),0]=\frac{1}{3!}.$$

于是 $\oint_{|z|=1}z^2\mathrm{e}^{\frac{1}{z}}\mathrm{d}z=\dfrac{\pi\mathrm{i}}{3}$.

三、函数在无穷远点处的留数

由定义 5.5 可知，当 z_0 是 $f(z)$ 在复平面内的孤立奇点时，函数 $f(z)$ 在 z_0 的留数为

$$\mathrm{Res}[f(z),z_0]=\frac{1}{2\pi\mathrm{i}}\oint_C f(z)\mathrm{d}z,$$

其中 C 是以 z_0 为中心、半径充分小的圆周的正向. 这时点 z_0 的领域(C 内部区域)始终在 C 的正向的左侧.

如果 C 表示 $|z|=r$ 的正向，则当 z 在 C 上沿负向变化时，$z=\infty$ 的邻域 $|z|>r$ 始终在 C 的左侧. 由此，可以类似的定义 $f(z)$ 在 $z=\infty$ 的留数.

定义 5.6　设 $z=\infty$ 是 $f(z)$ 的孤立奇点，即 $f(z)$ 在 $z=\infty$ 的去心邻域 $R<|z|<\infty$ 内解析，记 $r>R$，称积分 $\dfrac{1}{2\pi\mathrm{i}}\oint_{C^-}f(z)\mathrm{d}z$ 为 $f(z)$ 在 $z=\infty$ 的留数，并记为 $\mathrm{Res}[f(z),\infty]$，即

$$\mathrm{Res}[f(z),\infty]=\frac{1}{2\pi\mathrm{i}}\oint_{C^-}f(z)\mathrm{d}z, \tag{5.2.6}$$

其中 C^- 表示圆周 $|z|=r$ $(r>R)$ 的负向(即顺时针方向).

如果(5.1.6)式是 $f(z)$ 在 $R<|z|<\infty$ 上的洛朗展开式，则由(5.1.7)式和(5.2.6)式，有

$$\operatorname{Res}[f(z),\infty]=-c_{-1}$$

即，如果 $f(z)$ 在 $R<|z|<\infty$ 上解析，则 $f(z)$ 在 $z=\infty$ 的去心邻域内的洛朗级数展开式中 z^{-1} 的系数 c_{-1} 乘上 -1 就是 $\operatorname{Res}[f(z),\infty]$.

结合有限孤立奇点处的留数，我们有下面的定理，它在计算留数时非常有用.

定理 5.8(推广的留数基本定理)　如果函数 $f(z)$ 在扩充复平面内只有有限个孤立奇点，那么 $f(z)$ 在所有孤立奇点(包括 ∞ 点)的留数总和必等于零.

证　设 $f(z)$ 的有限孤立奇点为 z_k $(k=1,2,\cdots,n)$. 以原点为中心，作半径为 R 的充分大的圆周 C，使得 C 的内部包含 $z_1,z_2,\cdots,z_n$，从而由留数基本定理

$$\oint_C f(z)\mathrm{d}z=2\pi\mathrm{i}\sum_{k=1}^{n}\operatorname{Res}[f(z),z_k].$$

又因

$$\oint_C f(z)\mathrm{d}z=-2\pi\mathrm{i}\operatorname{Res}[f(z),\infty],$$

所以

$$\operatorname{Res}[f(z),\infty]+\sum_{k=1}^{n}\operatorname{Res}[f(z),z_k]=-\frac{1}{2\pi\mathrm{i}}\oint_C f(z)\mathrm{d}z+\frac{1}{2\pi\mathrm{i}}\oint_C f(z)\mathrm{d}z=0.$$

下面介绍求无穷远点留数的方法.

法则 IV　设 $f(z)$ 在 $R<|z|<+\infty$ 内解析，则

$$\operatorname{Res}[f(z),\infty]=-\operatorname{Res}\left[f\left(\frac{1}{z}\right)\frac{1}{z^2},0\right].\tag{5.2.7}$$

证　根据定义，当 $r>R$ 时，

$$\begin{aligned}\operatorname{Res}[f(z),\infty]&=-\frac{1}{2\pi\mathrm{i}}\oint_{|z|=r}f(z)\mathrm{d}z=-\frac{1}{2\pi\mathrm{i}}\int_0^{2\pi}f(re^{\mathrm{i}\theta})\mathrm{i}re^{\mathrm{i}\theta}\mathrm{d}\theta\\&=-\frac{1}{2\pi\mathrm{i}}\int_0^{2\pi}f\left(\frac{1}{r^{-1}\mathrm{e}^{-\mathrm{i}\theta}}\right)\frac{\mathrm{i}r^{-1}\mathrm{e}^{-\mathrm{i}\theta}}{r^{-2}\mathrm{e}^{-2\mathrm{i}\theta}}\mathrm{d}\theta\\&\xlongequal{\varphi=-\theta}\frac{1}{2\pi\mathrm{i}}\int_0^{-2\pi}f\left(\frac{1}{r^{-1}\mathrm{e}^{\mathrm{i}\varphi}}\right)\frac{1}{(r^{-1}\mathrm{e}^{\mathrm{i}\varphi})^2}\mathrm{d}\left(\frac{\mathrm{e}^{\mathrm{i}\varphi}}{r}\right)\\&=-\frac{1}{2\pi\mathrm{i}}\int_{-2\pi}^{0}f\left(\frac{1}{r^{-1}\mathrm{e}^{\mathrm{i}\varphi}}\right)\frac{1}{(r^{-1}\mathrm{e}^{\mathrm{i}\varphi})^2}\mathrm{d}(r^{-1}\mathrm{e}^{\mathrm{i}\varphi}).\end{aligned}$$

由于 $f(z)$ 在 $R<|z|<+\infty$ 内解析，从而 $f\left(\frac{1}{\zeta}\right)$在 $0<|\zeta|<\frac{1}{r}$ 内解析，因此 $f\left(\frac{1}{\zeta}\right)\frac{1}{\zeta^2}$ 在 $|\zeta|<\frac{1}{r}$ 内除 $\zeta=0$ 外没有其它奇点. 由留数定理，得

$$\frac{1}{2\pi\mathrm{i}}\oint_{|\zeta|=\frac{1}{r}}f\left(\frac{1}{\zeta}\right)\frac{1}{\zeta^2}\mathrm{d}\zeta=\operatorname{Res}\left[f\left(\frac{1}{\zeta}\right)\frac{1}{\zeta^2},0\right]=\operatorname{Res}\left[f\left(\frac{1}{z^2}\right),0\right],$$

所以(5.2.7)式成立.

例 5.2.8　设函数 $f(z)=\dfrac{z}{z^4-1}$，求 $\text{Res}[f(z),\infty]$.

解　$\text{Res}[f(z),\infty]=-\text{Res}\left[f\left(\dfrac{1}{z}\right)\dfrac{1}{z^2},0\right]=-\text{Res}\left[\dfrac{z}{1-z^4},0\right]=0.$

例 5.2.9　计算积分 $\oint_C \dfrac{z}{z^4-1}\mathrm{d}z$，$C$ 为正向圆周：$|z|=2$.

解　被积函数 $f(z)=\dfrac{z}{z^4-1}$ 的 4 个一阶极点是：± 1，$\pm \mathrm{i}$ 都在圆 $|z|=2$ 内，所以由基本留数定理，有

$$\oint_C \frac{z}{z^4-1}\mathrm{d}z=2\pi\mathrm{i}\{\text{Res}[f(z),1]+\text{Res}[f(z),-1]+\text{Res}[f(z),\mathrm{i}]+\text{Res}[f(z),-\mathrm{i}]\}.$$

由于函数 $f(z)=\dfrac{z}{z^4-1}$ 在 $|z|=2$ 的外部除了 ∞ 点外没有其他奇点，因此根据推广的留数基本定理可知

$$\begin{aligned}&\text{Res}[f(z),1]+\text{Res}[f(z),-1]+\text{Res}[f(z),\mathrm{i}]+\text{Res}[f(z),-\mathrm{i}]\\&+\text{Res}[f(z),\infty]=0,\end{aligned}$$

从而

$$\begin{aligned}&\oint_C \frac{z}{z^4-1}\mathrm{d}z\\&=2\pi\mathrm{i}\{\text{Res}[f(z),1]+\text{Res}[f(z),-1]+\text{Res}[f(z),\mathrm{i}]+\text{Res}[f(z),-\mathrm{i}]\}\\&=-2\pi\mathrm{i}\,\text{Res}[f(z),\infty]=0.\end{aligned}$$

注　对于无穷远点而言，$f(z)$ 在可去奇点的留数为 0 的结论已不再适用. 例如，$z=\infty$ 是 $\sin\dfrac{1}{z}$ 的可去奇点，且有

$$\text{Res}\left[\sin\frac{1}{z},\infty\right]=-1.$$

例 5.2.10　计算积分 $\oint_C \dfrac{\mathrm{d}z}{(z+\mathrm{i})^{10}(z-1)^5(z-3)}$，$C$ 为正向圆周：$|z|=2$.

解　除 ∞ 点外，被积函数的奇点是：$-\mathrm{i}$，1 与 3. 根据推广的留数基本定理，有

$$\text{Res}[f(z),-\mathrm{i}]+\text{Res}[f(z),1]+\text{Res}[f(z),3]+\text{Res}[f(z),\infty]=0,$$

其中 $f(z)=\dfrac{1}{(z+\mathrm{i})^{10}(z-1)^5(z-3)}$.

由于 $-\mathrm{i}$ 与 1 在 C 的内部，所以从上式、留数定理与法则 IV，得

$$\begin{aligned}\oint_C \frac{\mathrm{d}z}{(z+\mathrm{i})^{10}(z-1)^5(z-3)}&=2\pi\mathrm{i}\{\text{Res}[f(z),-\mathrm{i}]+\text{Res}[f(z),1]\}\\&=-2\pi\mathrm{i}\{\text{Res}[f(z),3]+\text{Res}[f(z),\infty]\}.\end{aligned}$$

另一方面，

$$\text{Res}[f(z),3]=\lim_{z\to 3}(z-3)\frac{1}{(z+\mathrm{i})^{10}(z-1)^5(z-3)}=\frac{1}{2^5(3+\mathrm{i})^{10}},$$

$$\text{Res}[f(z),\infty]=-\text{Res}\left[\frac{1}{\left(\frac{1}{z}+\text{i}\right)^{10}\left(\frac{1}{z}-1\right)^{5}\left(\frac{1}{z}-3\right)}\frac{1}{z^{2}},0\right]$$

$$=-\text{Res}\left[\frac{z^{14}}{(1+\text{i}z)^{10}(1-z)^{5}(1-3z)},0\right]=0.$$

从而

$$\oint_{C}\frac{\text{d}z}{(z+\text{i})^{10}(z-1)^{5}(z-3)}=-2\pi\text{i}\left\{\frac{1}{2^{5}(3+\text{i})^{10}}+0\right\}=-\frac{\pi\text{i}}{16(3+\text{i})^{10}}.$$

如果用上一段的方法,由于 $-\text{i}$ 是 $f(z)$ 的十阶极点,1 是 $f(z)$ 的五阶极点,并且均在 C 的内部,它们的留数计算是十分繁琐的.

第三节　留数在定积分计算上的应用

高等数学中的牛顿 - 莱布尼茨公式在定积分的计算过程中起着十分重要的作用. 但是在工程技术问题中出现的一些定积分或广义积分,由于被积函数的原函数不能用初等函数表示出来,或者即使可以求出被积函数的原函数,计算却往往很复杂.

利用留数理论,可以计算某些类型的定积分或广义积分,其基本思想是把实函数的积分化为复变函数的积分,然后根据留数基本定理,把它归结为留数的计算问题,这样就把问题大大简化了. 但要说明的是,利用留数计算定积分或广义积分时,没有普遍适用的方法.

我们仅考虑几种特殊类型的积分.

一、形如 $\int_0^{2\pi}R(\cos\theta,\sin\theta)\text{d}\theta$ 的积分

$R(\cos\theta,\sin\theta)$ 是关于 $\cos\theta,\sin\theta$ 的有理函数且 $R(x,y)$ 在 $x^2+y^2=1$ 上无奇点. 这类积分可以化为单位圆周上的复积分. 令 $z=e^{\text{i}\theta}$,则

$$\cos\theta=\frac{\text{e}^{\text{i}\theta}+\text{e}^{-\text{i}\theta}}{2}=\frac{1}{2}\left(z+\frac{1}{z}\right)=\frac{1}{2z}(z^2+1),$$

$$\sin\theta=\frac{\text{e}^{\text{i}\theta}-\text{e}^{-\text{i}\theta}}{2\text{i}}=\frac{1}{2\text{i}}\left(z-\frac{1}{z}\right)=\frac{1}{2\text{i}z}(z^2-1),$$

$$\text{d}\theta=\frac{1}{\text{i}\text{e}^{\text{i}\theta}}\text{d}\text{e}^{\text{i}\theta}=\frac{1}{\text{i}z}\text{d}z.$$

于是

$$\int_0^{2\pi}R(\cos\theta,\sin\theta)\text{d}\theta=\oint_{|z|=1}R\left[\frac{z^2+1}{2z},\frac{z^2-1}{2\text{i}z}\right]\frac{\text{d}z}{\text{i}z}=\oint_{|z|=1}f(z)\text{d}z,$$

其中 $f(z)$ 为 z 的有理函数,且在单位圆周 $|z|=1$ 上无奇点,所以满足留数定理的条件. 若 $z_1,z_2,\cdots,z_n$ 是包含在单位圆周 $|z|=1$ 内的 $f(z)$ 的孤立奇点,则由留数

基本定理，得

$$\int_0^{2\pi} R(\cos\theta,\sin\theta)\,\mathrm{d}\theta = 2\pi\mathrm{i}\sum_{k=1}^{n}\mathrm{Res}[f(z),z_k].$$

例 5.3.1　计算积分 $I = \int_0^{2\pi}\dfrac{\mathrm{d}\theta}{\dfrac{5}{4}+\sin\theta}$.

解　令 $z = e^{\mathrm{i}\theta}$，则 $\dfrac{1}{\dfrac{5}{4}+\sin\theta} = \dfrac{1}{\dfrac{5}{4}+\dfrac{z^2-1}{2\mathrm{i}z}}$，因此

$$I = \oint_{|z|=1}\frac{\mathrm{d}z}{\left(\dfrac{5}{4}+\dfrac{z^2-1}{2\mathrm{i}z}\right)\mathrm{i}z} = 4\oint_{|z|=1}\frac{\mathrm{d}z}{2z^2+5\mathrm{i}z-2},$$

因为

$$\frac{4}{2z^2+5\mathrm{i}z-2} = \frac{2}{(z+2\mathrm{i})\left(z+\dfrac{\mathrm{i}}{2}\right)}$$

有一阶极点 $z=-2\mathrm{i}$（圆外）及 $z=-\dfrac{\mathrm{i}}{2}$（圆内），在 $z=-\dfrac{\mathrm{i}}{2}$ 处被积函数的留数为

$$\mathrm{Res}\left[\frac{2}{(z+2\mathrm{i})\left(z+\dfrac{\mathrm{i}}{2}\right)},-\frac{\mathrm{i}}{2}\right] = \lim_{z\to-\frac{\mathrm{i}}{2}}\left[\left(z+\frac{\mathrm{i}}{2}\right)\cdot\frac{2}{(z+2\mathrm{i})\left(z+\dfrac{\mathrm{i}}{2}\right)}\right] = -\frac{4}{3}\mathrm{i},$$

故 $I = \dfrac{8}{3}\pi$.

例 5.3.2　计算 $I = \int_0^{2\pi}\dfrac{\cos2\theta}{1-2p\cos\theta+p^2}\mathrm{d}\theta\ (0<p<1)$ 的值.

解　由于 $0<p<1$，被积函数的分母 $1-2p\cos\theta+p^2 = (1-p)^2+2p(1-\cos\theta)$ 在 $0\leqslant\theta\leqslant2\pi$ 内不为零，因而积分是有意义的. 由于

$$\cos2\theta = \frac{1}{2}(\mathrm{e}^{2\mathrm{i}\theta}+\mathrm{e}^{-2\mathrm{i}\theta}) = \frac{1}{2}(z^2+z^{-2}),$$

故

$$I = \oint_{|z|=1}\frac{z^2+z^{-2}}{2}\cdot\frac{1}{1-2p\cdot\dfrac{z+z^{-1}}{2}+p^2}\cdot\frac{\mathrm{d}z}{\mathrm{i}z}$$

$$= \oint_{|z|=1}\frac{1+z^4}{2\mathrm{i}z^2(1-pz)(z-p)}\mathrm{d}z = \oint_{|z|=1}f(z)\mathrm{d}z.$$

在被积函数的 3 个极点 $z=0, z=p, z=\dfrac{1}{p}$ 中，只有前两个在圆周 $|z|=1$ 内，其中 $z=0$ 为二阶极点，$z=p$ 为一阶极点，所以在圆周 $|z|=1$ 上被积函数无奇点. 而

$$\begin{aligned}\operatorname{Res}[f(z),0]&=\lim_{z\to 0}\frac{\mathrm{d}}{\mathrm{d}z}\left[z^2\frac{1+z^4}{2\mathrm{i}z^2(1-pz)(z-p)}\right]\\&=\lim_{z\to 0}\frac{(z-pz^2-p+p^2z)4z^3-(1+z^4)(1-2pz+p^2)}{2\mathrm{i}(z-pz^2-p+p^2z)^2}\\&=-\frac{1+p^2}{2\mathrm{i}p^2},\end{aligned}$$

$$\operatorname{Res}[f(z),p]=\lim_{z\to p}\left[(z-p)\cdot\frac{1+z^4}{2\mathrm{i}z^2(1-pz)(z-p)}\right]=\frac{1+p^4}{2\mathrm{i}p^2(1-p^2)},$$

因此

$$I=\int_0^{2\pi}\frac{\cos 2\theta}{1-2p\cos\theta+p^2}\mathrm{d}\theta=2\pi\mathrm{i}\left[-\frac{1+p^2}{2\mathrm{i}p^2}+\frac{1+p^4}{2\mathrm{i}p^2(1-p^2)}\right]=\frac{2\pi p^2}{1-p^2}.$$

二、形如$\int_{-\infty}^{+\infty}R(x)\mathrm{d}x$的积分

当被积函数 $R(x)$ 是 x 的有理函数，而分母的次数至少比分子的次数高二次，并且$R(x)$在实轴上没有奇点时，积分是存在的. 若设$R(z)$在上半平面$\operatorname{Im}z>0$的极点为 $z_1,z_2\cdots,z_n$，则

$$\int_{-\infty}^{+\infty}R(x)\mathrm{d}x=2\pi\mathrm{i}\sum_{k=1}^{n}\operatorname{Res}[R(z),z_k].\tag{5.3.1}$$

事实上，不失一般性，设

$$R(z)=\frac{z^n+a_1z^{n-1}+\cdots+a_n}{z^m+b_1z^{m-1}+\cdots+b_m},m-n\geqslant 2$$

为一已约分式.

我们取积分路线如图 5-2 所示，其中 C_R 是以原点为中心，R 为半径的上半平面的半圆周. 取 R 适当大，使 $R(z)$ 所有的在上半平面内的极点 $z_k(k=1,2,\cdots,n)$ 都包在这积分路线内. 根据留数定理，得

$$\int_{-R}^{+R}R(x)\mathrm{d}x+\int_{C_R}R(z)\mathrm{d}z=2\pi\mathrm{i}\sum_{k=1}^{n}\operatorname{Res}[R(z),z_k]$$

这个等式，不因 C_R 的半径R 不断增大而有所改变.

因为

$$\begin{aligned}|R(z)|&=\frac{1}{|z|^{m-n}}\cdot\frac{|1+a_1z^{-1}+\cdots+a_nz^{-n}|}{|1+b_1z^{-1}+\cdots+b_mz^{-m}|}\\&\leqslant\frac{1}{|z|^{m-n}}\cdot\frac{1+|a_1z^{-1}+\cdots+a_nz^{-n}|}{1-|b_1z^{-1}+\cdots+b_mz^{-m}|},\end{aligned}$$

而当$|z|$充分大时，总可以使

$$|a_1z^{-1}+\cdots+a_nz^{-n}|<\frac{1}{2},\quad |b_1z^{-1}+\cdots+b_mz^{-m}|<\frac{1}{2}.$$

由于 $m-n\geqslant 2$，故有

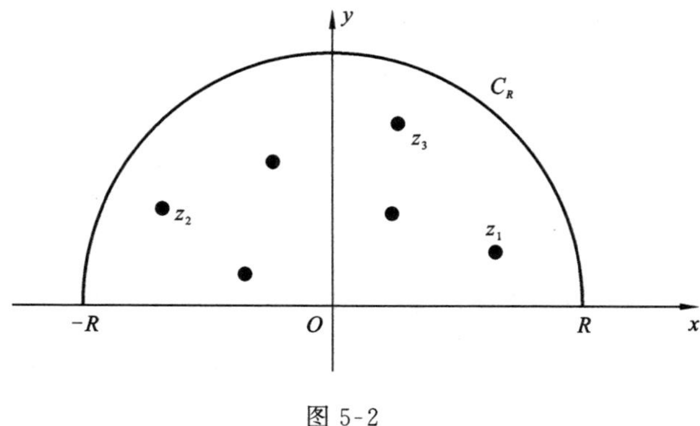

图 5-2

$$|R(z)| < \frac{1}{|z|^{m-n}} \cdot \frac{1+\frac{1}{2}}{1-\frac{1}{2}} < \frac{3}{|z|^2}.$$

因此，在半径 R 充分大的 C_R 上，有

$$\left|\int_{C_R} R(z)\mathrm{d}z\right| \leqslant \int_{C_R} |R(z)|\mathrm{d}s \leqslant \frac{3}{R^2}\pi R = \frac{3\pi}{R}.$$

所以，当 $R \to +\infty$ 时，$\int_{C_R} R(z)\mathrm{d}z \to 0$，从而得到(5.3.1)式. 特别地，如果 $R(x)$ 是偶函数，那么

$$\int_0^{+\infty} R(x)\mathrm{d}x = \pi\mathrm{i}\sum_{k=1}^{n}\mathrm{Res}[R(z), z_k].$$

例 5.3.3　计算积分 $I = \int_{-\infty}^{+\infty} \frac{x^2}{(x^2+a^2)(x^2+b^2)}\mathrm{d}x \ (a > b > 0)$.

解　记 $f(z) = \frac{z^2}{(z^2+a^2)(z^2+b^2)}$，显然 $f(z)$ 中 $m = 4, n = 2, m-n = 2$，因此该积分是存在的.

由于 $R(z)$ 在上半平面 $\mathrm{Im}z > 0$ 内只有一阶极点 $a\mathrm{i}$ 和 $b\mathrm{i}$. 而

$$\mathrm{Res}[R(z), a\mathrm{i}] = \lim_{z \to a\mathrm{i}}\left\{(z-a\mathrm{i})\frac{z^2}{(z^2+a^2)(z^2+b^2)}\right\} = \frac{a\mathrm{i}}{2(b^2-a^2)},$$

$$\mathrm{Res}[R(z), b\mathrm{i}] = \lim_{z \to b\mathrm{i}}\left\{(z-b\mathrm{i})\frac{z^2}{(z^2+a^2)(z^2+b^2)}\right\} = \frac{b\mathrm{i}}{2(a^2-b^2)}.$$

故 $I = 2\pi\mathrm{i}\left[\frac{a\mathrm{i}-b\mathrm{i}}{2(b^2-a^2)}\right] = \frac{\pi}{b+a}$.

三、形如$\int_{-\infty}^{+\infty} R(x)\mathrm{e}^{\mathrm{i}ax}\mathrm{d}x \ (a > 0)$的积分

当被积函数 $R(x)$ 是 x 的有理函数，而分母次数至少比分子的次数高一次，并且 $R(x)$ 在实轴上没有奇点时，积分是存在的. 若设 $R(z)$ 在上半平面 $\mathrm{Im}z > 0$ 内的

极点为 $z_1, z_2, \cdots, z_n$，则

$$\int_{-\infty}^{+\infty} R(x)e^{iax}dx = 2\pi i\sum_{k=1}^{n}\text{Res}[R(z)e^{iaz}, z_k] \tag{5.3.2}$$

同$\int_{-\infty}^{+\infty} R(x)dx$ 类积分的处理一样，由于 $m-n\geqslant 1$，故对于充分大的 $|z|$，有

$$|R(z)| < \frac{3}{|z|}.$$

因此，在半径充分大的半圆周 C_R 上，有

$$\begin{aligned}\left|\int_{C_R} R(z)e^{iaz}dz\right| &\leqslant \int_{C_R}|R(z)||e^{iaz}|ds < \frac{3}{R}\int_{C_R} e^{-ay}ds\\ &= 3\int_0^{\pi} e^{-aR\sin\theta}d\theta = 6\int_0^{\frac{\pi}{2}} e^{-aR\sin\theta}d\theta,\end{aligned}$$

其中 $z = x + iy$，又可以证明，当 $0\leqslant z\leqslant \frac{\pi}{2}$ 时，$\sin\theta\geqslant\frac{2\theta}{\pi}$. 故上式

$$\left|\int_{C_R} R(z)e^{iaz}dz\right| \leqslant 6\int_0^{\frac{\pi}{2}} e^{-aR\sin\theta}d\theta \leqslant 6\int_0^{\frac{\pi}{2}} e^{-aR\left(\frac{2\theta}{\pi}\right)}d\theta = \frac{3\pi}{aR}(1-e^{-aR}),$$

可见

$$\lim_{R\to\infty}\int_{C_R} R(z)e^{iaz}dz = 0.$$

由留数基本定理，有

$$\int_{-R}^{R} R(x)e^{iax}dx + \int_{C_R} R(z)e^{iaz}dz = 2\pi i\sum_{k=1}^{n}\text{Res}[R(z)e^{iaz}, z_k].$$

在上式中令 $R\to +\infty$，即得(5.3.2)式.

例 5.3.4 计算积分 $I = \int_{-\infty}^{+\infty}\frac{\cos x}{(x^2+1)(x^2+9)}dx$.

解 记 $f(z) = \frac{1}{(z^2+1)(z^2+9)}$，则 $f(z)$ 在实轴上无奇点，且分母次数比分子次数至少高一次. $z = i$，$z = 3i$是在上半平面的一阶极点，除此两点之外，$f(z)$ 在上半平面处处解析.

则

$$\begin{aligned}\int_{-\infty}^{+\infty}\frac{e^{ix}}{(x^2+1)(x^2+9)}dx &= 2\pi i\{\text{Res}[f(z)e^{iz}, i] + \text{Res}[f(z)e^{iz}, 3i]\}\\ &= 2\pi i\left\{\lim_{z\to i}\frac{e^{iz}}{(z+i)(z^2+9)} + \lim_{z\to 3i}\frac{e^{iz}}{(z^2+1)(z+3i)}\right\}\\ &= 2\pi i\left(\frac{e^{-1}}{16i} - \frac{e^{-3}}{48i}\right) = \frac{\pi}{24e^3}(3e^2-1).\end{aligned}$$

其实部(虚部为零) 就是所求的积分，即

$$\int_{-\infty}^{+\infty}\frac{\cos x}{(x^2+1)(x^2+9)}dx = \frac{\pi}{24e^3}(3e^2-1).$$

例 5.3.5　计算积分 $I=\int_0^{+\infty}\frac{x\sin x}{x^2+a^2}dx\ (a>0)$.

解　因为

$$I=\frac{1}{2}\int_{-\infty}^{+\infty}\frac{x\sin x}{x^2+a^2}dx=\frac{1}{2}\mathrm{Im}\left[\int_{-\infty}^{+\infty}\frac{xe^{ix}}{x^2+a^2}dx\right]$$

记 $f(z)=\frac{z}{z^2+a^2}$,则 $f(z)$ 是有理真分式,且在实轴没有奇点,$z_0=ai$ 是上半平面内唯一的孤立奇点,且是一阶极点,则

$$\mathrm{Res}\left[\frac{z}{z^2+a^2}e^{iz},ai\right]=\frac{z_0}{2z_0}e^{iz_0}=\frac{1}{2}e^{-a}.$$

由(5.3.2)式

$$\int_{-\infty}^{+\infty}\frac{xe^{ix}}{x^2+a^2}dx=\pi ie^{-a},$$

因此

$$\int_{-\infty}^{+\infty}\frac{x\sin x}{x^2+a^2}dx=\pi e^{-a}.$$

这样

$$\int_0^{+\infty}\frac{x\sin x}{x^2+a^2}dx=\frac{\pi}{2}e^{-a}.$$

例 5.3.6　计算狄利克雷积分 $I=\int_0^{+\infty}\frac{\sin x}{x}dx$.

解　由于被积函数是偶函数,故

$$I=\frac{1}{2}\int_{-\infty}^{+\infty}\frac{\sin x}{x}dx.$$

同例5.3.5,可以考虑$\frac{e^{iz}}{z}$沿某一条闭曲线的积分．因为点 $z=0$ 是$\frac{e^{iz}}{z}$的一阶极点,为了使积分路线不通过奇点,我们取图5-3所示的路线. 由柯西－古萨基本定理,有

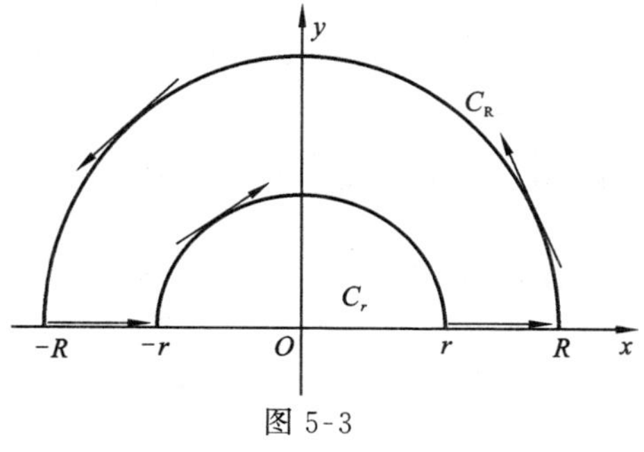

图 5-3

$$\int_{C_R}\frac{e^{iz}}{z}dz+\int_{-R}^{-r}\frac{e^{ix}}{x}dx+\int_{C_r}\frac{e^{iz}}{z}dz+\int_r^R\frac{e^{ix}}{x}dx=0.$$

令 $x=-t$，则有

$$\int_{-R}^{-r}\frac{e^{ix}}{x}dx=\int_R^r\frac{e^{-it}}{t}dt=-\int_r^R\frac{e^{-ix}}{x}dx.$$

所以

$$\int_r^R\frac{e^{ix}-e^{-ix}}{x}dx+\int_{C_R}\frac{e^{iz}}{z}dz+\int_{C_r}\frac{e^{iz}}{z}dz=0.$$

即

$$2i\int_r^R\frac{\sin x}{x}dx+\int_{C_R}\frac{e^{iz}}{z}dz+\int_{C_r}\frac{e^{iz}}{z}dz=0.\qquad(5.3.3)$$

因此，要计算所求积分的值，只需要求出极限 $\lim\limits_{R\to+\infty}\int_{C_R}\frac{e^{iz}}{z}dz$ 与 $\lim\limits_{r\to0}\int_{C_r}\frac{e^{iz}}{z}dz$ 的值即可，由于

$$\left|\int_{C_R}\frac{e^{iz}}{z}dz\right|\leqslant\int_{C_R}\frac{|e^{iz}|}{|z|}ds=\frac{1}{R}\int_{C_R}e^{-y}ds=\int_0^{\pi}e^{-R\sin\theta}d\theta=2\int_0^{\frac{\pi}{2}}e^{-R\sin\theta}d\theta,$$

由于当 $0\leqslant\theta\leqslant\frac{\pi}{2}$ 时，$\sin\theta\geqslant\frac{2\theta}{\pi}$，故

$$\left|\int_{C_R}\frac{e^{iz}}{z}dz\right|\leqslant2\int_0^{\frac{\pi}{2}}e^{-R\frac{2\theta}{\pi}}d\theta=\frac{\pi}{R}(1-e^{-R}),$$

所以

$$\lim_{R\to+\infty}\int_{C_R}\frac{e^{iz}}{z}dz=0.$$

又因为

$$\frac{e^{iz}}{z}=\frac{1}{z}+i-\frac{z}{2!}+\cdots+\frac{i^nz^{n-1}}{n!}+\cdots=\frac{1}{z}+\varphi(z),$$

其中 $\varphi(z)=i-\frac{z}{2!}+\cdots+\frac{i^nz^{n-1}}{n!}+\cdots$ 在 $z=0$ 是解析的，且 $\varphi(0)=i$，因而当 $|z|$ 充分小时，可使 $|\varphi(z)|\leqslant2$. 由于

$$\int_{C_r}\frac{e^{iz}}{z}dz=\int_{C_r}\frac{dz}{z}+\int_{C_r}\varphi(z)dz,\quad 而\quad \int_{C_r}\frac{dz}{z}=\int_{\pi}^0\frac{ire^{i\theta}}{re^{i\theta}}d\theta=-i\pi,$$

且在 r 充分小时，

$$\left|\int_{C_r}\varphi(z)dz\right|\leqslant\int_{C_r}|\varphi(z)|ds\leqslant2\int_{C_r}ds=2\pi r.$$

从而有 $\lim\limits_{r\to0}\int_{C_r}\varphi(z)dz=0$. 因此得到

$$\lim_{r\to0}\int_{C_r}\frac{e^{iz}}{z}dz=-\pi i.$$

由(5.3.3)式就可得

$$2\mathrm{i}\int_0^{+\infty}\frac{\sin x}{x}\mathrm{d}x=\pi\mathrm{i},\quad 即\quad \int_0^{+\infty}\frac{\sin x}{x}\mathrm{d}x=\frac{\pi}{2}.$$

本 章 小 结

一、内容小结

本章研究了留数理论的基础——留数基本定理以及其在定积分计算中的应用. 主要内容就其实质来说是解析函数积分理论的继续,第三章的柯西积分定理与柯西积分公式就是留数基本定理的特例. 留数的定义是用孤立奇点处的洛朗级数的负一次幂项的系数来定义的. 留数基本定理把解析函数沿封闭曲线的积分计算问题转化为求函数在该封闭曲线内部各个孤立奇点处的留数问题,这充分显示了留数的积分表达形式在解析函数的积分计算中所具有的重要价值. 函数在其极点的留数计算极为常见,例如,把"函数的零阶导数"定义为"函数本身",则当 z_0 为 $f(z)$ 的 m 阶极点时,可以有统一公式

$$\mathrm{Res}[f(z),z_0]=\frac{1}{(m-1)!}\lim_{z\to z_0}\frac{\mathrm{d}^{m-1}}{\mathrm{d}z^{m-1}}[(z-z_0)^m f(z)].$$

这自然就把求留数的问题转化为求导数和极限的问题. 留数理论为计算某些类型的实变量函数的定积分和反常积分提供了极为有效的方法,尤其是对那些计算比较复杂、或不能直接用不定积分来计算的定积分,留数理论的实用价值就得到了充分的体现.

二、典型例题

例 1　问下列函数有何种奇点,若是极点,并指出它的阶.

(1) $\dfrac{z-1}{z(z^2+4)^2}$;　　(2) $\dfrac{1}{\sin z-\sin a}$;

(3) $\dfrac{\ln(1+z)}{z}$;　　(4) $\dfrac{z}{(1+z^2)(1+\mathrm{e}^{\pi z})}$;

(5) $\dfrac{1}{z^2(\mathrm{e}^z-1)}$;　　(6) $\dfrac{1}{z^3(2-\cos z)}$;

(7) $\mathrm{e}^{-\frac{1}{z^2}}$;　　(8) $\dfrac{\mathrm{e}^{\frac{1}{z-1}}}{\mathrm{e}^z-1}$.

解　(1) 因为分子、分母无公共零点,所以 $z(z^2+4)^2$ 的零点就是函数的极点,$z=0$ 是一阶极点,$z=\pm 2\mathrm{i}$ 是二阶极点.

(2) 由极点和零点的关系知,$\sin z-\sin a$ 的零点就是$\dfrac{1}{\sin z-\sin a}$ 的极点,而

$$\sin z-\sin a=2\sin\frac{z-a}{2}\cos\frac{z+a}{2}.$$

分三种情况：

(i) 当 $a\neq m\pi+\frac{\pi}{2}$ 时，$\sin\frac{z-a}{2}$ 以 $z_k=2k\pi+a$ 为一阶零点. $\cos\frac{z+a}{2}$ 以 $z_k=(2k+1)\pi-a$ 为一阶零点.

在这两类极点处 $\sin\frac{z-a}{2}$ 和 $\cos\frac{z+a}{2}$ 不同时为零，所以这两类极点是 $\frac{1}{\sin z-\sin a}$ 的一阶极点.

(ii) 当 $a=2m\pi+\frac{\pi}{2}$ 时，$z_k=2k\pi+\frac{\pi}{2}$ 同时是 $\sin\frac{z-a}{2}$ 和 $\cos\frac{z+a}{2}$ 的一阶零点，因此这些点是 $\frac{1}{\sin z-\sin a}$ 的二阶极点.

(iii) 当 $a=(2m+1)\pi+\frac{\pi}{2}$ 时，$z_k=(2k+1)\pi+\frac{\pi}{2}$ 也是同时是 $\sin\frac{z-a}{2}$ 和 $\cos\frac{z+a}{2}$ 的一阶零点，因此这些点也是 $\frac{1}{\sin z-\sin a}$ 的二阶极点.

(3) 把 $\frac{\ln(1+z)}{z}$ 在 $z=0$ 的邻域内展开，得

$$\frac{\ln(1+z)}{z}=\frac{1}{z}\left(z-\frac{z^2}{2}+\frac{z^3}{3}-\frac{z^4}{4}+\cdots\right)=1-\frac{z}{2}+\frac{z^2}{3}-\frac{z^3}{4}+\cdots.$$

因为函数的展开式无负幂项，所以 $z=0$ 是 $\frac{\ln(1+z)}{z}$ 的可去奇点.

(4) 显然，$1+z^2$ 的零点是 $\pm i$.

令 $1+e^{\pi z}=0$，可得 $1+e^{\pi z}$ 的零点 $z=(2k+1)i$. 对 $1+e^{\pi z}$，因为 $(1+e^{\pi z})'|_{z=(2k+1)i}\neq 0$，所以 $(2k+1)i$ 是 $1+e^{\pi z}$ 的一阶零点，从而是 $\frac{1}{1+e^{\pi z}}$ 的一阶极点.

故当 $k\neq 0, k\neq -1$ 时，$z=(2k+1)i$、$z=\pm i$ 是 $f(z)$ 的一阶极点.

当 $k=0$ 或 $k=-1$ 时，$z=(2k+1)i$ 即 $z=\pm i$ 是 $f(z)$ 的二阶极点.

(5) 显然 z^2 的零点是 $z=0$，$e^z-1=0$ 的零点是 $2k\pi i$，且 $2k\pi i$ 是 e^z-1 的一阶零点，从而是 $\frac{1}{e^z-1}$ 的一阶极点.

当 $k\neq 0$ 时，$z=2k\pi i$ 是 $f(z)$ 的一阶极点，$z=0$ 是 $f(z)$ 的二阶极点.

当 $k=0$ 时，$z=0$ 是 $f(z)$ 的三阶极点.

(6) 显然 z^3 的零点是 $z=0$，为求 $2-\cos z$ 的零点，令 $2-\cos z=0$，即

$$\frac{e^{iz}+e^{-iz}}{2}=2\Rightarrow z=-2k\pi-i\ln(2\pm\sqrt{3}).$$

所以 $z=0$ 是 $f(z)$ 的三阶极点，$z=-2k\pi-\mathrm{i}\ln(2\pm\sqrt{3})$ 为 $f(z)$ 的一阶极点.

(7) 显然 $z=0$ 是 $\mathrm{e}^{-\frac{1}{z^2}}$ 的孤立奇点. 因为

$$\mathrm{e}^{-\frac{1}{z^2}}=\sum_{n=0}^{+\infty}\frac{1}{n!}\left(-\frac{1}{z^2}\right)^n=\sum_{n=0}^{+\infty}(-1)^n\frac{1}{n!}\frac{1}{z^{2n}},$$

所以 $z=0$ 是 $\mathrm{e}^{-\frac{1}{z^2}}$ 的本性奇点.

(8) $z=2k\pi\mathrm{i}$，$z=1$ 是 $\dfrac{\mathrm{e}^{-\frac{1}{z-1}}}{\mathrm{e}^z-1}$ 的孤立奇点.

对于 $f(z)=\mathrm{e}^z-1$，显然 $f(2k\pi\mathrm{i})=0$，$f'(2k\pi\mathrm{i})=1$，所以 $z=2k\pi\mathrm{i}$ 是 e^z-1 的一阶零点. 又 $\mathrm{e}^{\frac{1}{z-1}}$ 在 $z=2k\pi\mathrm{i}$ 处解析，从而 $z=2k\pi\mathrm{i}$ 是 $\dfrac{\mathrm{e}^{-\frac{1}{z-1}}}{\mathrm{e}^z-1}$ 的一阶极点.

由 $\mathrm{e}^{\frac{1}{z-1}}$ 在 $z=1$ 处的展开式知，$z=1$ 是 $\mathrm{e}^{\frac{1}{z-1}}$ 的本性奇点，而 $\dfrac{1}{\mathrm{e}^z-1}$ 在 $z=1$ 处解析，所以，$z=1$ 是 $\dfrac{\mathrm{e}^{-\frac{1}{z-1}}}{\mathrm{e}^z-1}$ 的本性奇点.

例 2　设 $f(z)$ 在区域 $0<|z-a|<\rho$ 内解析且不取零值，a 是 $f(z)$ 的本性奇点，证明：a 也是 $\dfrac{1}{f(z)}$ 的本性奇点.

证　因为 $f(z)$ 在 $0<|z-a|<\rho$ 内解析且不为零，所以 $\dfrac{1}{f(z)}$ 在 $0<|z-a|<\rho$ 内解析，故 $z=a$ 是 $\dfrac{1}{f(z)}$ 的孤立奇点.

下面用反证法证明：

设 a 为 $\dfrac{1}{f(z)}$ 的可去奇点，则 $\lim\limits_{z\to a}\dfrac{1}{f(z)}=A$ (A 为复常数). 所以

$$\lim_{z\to a}f(z)=\frac{1}{A}\quad\left(\frac{1}{A}\text{ 为常数或 }\infty\right)$$

于是 $z=a$ 为 $f(z)$ 的可去奇点或极点，与已知的 a 是 $f(z)$ 的本性奇点相矛盾，故 a 不是 $\dfrac{1}{f(z)}$ 的可去奇点.

又若 a 为 $\dfrac{1}{f(z)}$ 的极点，则 $\lim\limits_{z\to a}\dfrac{1}{f(z)}=\infty$，从而 $\lim\limits_{z\to a}f(z)=0$. 那么 a 是 $f(z)$ 的可去奇点，与已知的 a 是 $f(z)$ 的本性奇点相矛盾，所以 a 不是 $\dfrac{1}{f(z)}$ 的极点.

由上可知，a 是 $\dfrac{1}{f(z)}$ 的本性奇点.

例 3　试证明：若 z_0 为 $f(z)$ 的 m ($m>2$) 阶零点，则 z_0 是 $f''(z)$ 的 $m-2$ 阶零点.

证 设 $F(z)=f''(z)$，因为 z_0 是 $f(z)$ 的 m 阶零点，故 $f^{(n)}(z_0)=0\ (n=0,1,2,\cdots,m-1)$，但 $f^{(m)}(z_0)\neq 0$，从而 $F^{(n)}(z_0)=0\ (n=0,1,2,\cdots,m-3)$，但 $F^{(m-2)}(z_0)\neq 0$，所以，z_0 为 $f''(z)$ 的 $m-2$ 阶零点.

例 4 设函数 $\varphi(z)$ 和 $\psi(z)$ 分别以 $z=a$ 为 m 阶和 n 阶极点，试问以下函数：

(1) $\varphi(z)\cdot\psi(z)$； (2) $\dfrac{\varphi(z)}{\psi(z)}$.

在 $z=a$ 处各有什么性质？

解 因为 $\varphi(z)$，$\psi(z)$ 分别以 $z=a$ 为 m 阶和 n 阶极点，所以

$$\varphi(z)=\frac{\varphi_1(z)}{(z-a)^m},\quad \psi(z)=\frac{\psi_1(z)}{(z-a)^n}$$

式中 $\varphi_1(z)$，$\psi_1(z)$ 在 a 点解析，且 $\varphi_1(a)\neq 0$，$\psi_1(a)\neq 0$.

(1) 因为 $\varphi(z)\cdot\psi(z)=\dfrac{\varphi_1(z)\psi_1(z)}{(z-a)^{m+n}}=\dfrac{g(z)}{(z-a)^{m+n}}$，式中，$g(z)$ 在 a 点解析，且 $g(a)\neq 0$. 所以 $z=a$ 为 $\varphi(z)\cdot\psi(z)$ 的 $m+n$ 阶极点.

(2) 因为 $\dfrac{\varphi(z)}{\psi(z)}=\dfrac{1}{(z-a)^{m-n}}\dfrac{\varphi_1(z)}{\psi_1(z)}=\dfrac{g(z)}{(z-a)^{m-n}}$，式中，$g(z)$ 在 a 点解析，且 $g(a)\neq 0$.

所以当 $m>n$ 时，$z=a$ 为 $\dfrac{\varphi(z)}{\psi(z)}$ 的 $m-n$ 阶极点；

当 $m=n$ 时，$z=a$ 为 $\dfrac{\varphi(z)}{\psi(z)}$ 的可去奇点；

当 $m<n$ 时，$z=a$ 为 $\dfrac{\varphi(z)}{\psi(z)}$ 的 $n-m$ 阶极点.

例 5 试求函数 $f(z)=\dfrac{1}{\sin z+\cos z}$ 的奇点，判断其类型，并求出 $f(z)$ 在奇点处的留数.

解 $\sin z+\cos z=\sqrt{2}\sin(z+\dfrac{\pi}{4})$，得零点 $z_k=-\dfrac{\pi}{4}+k\pi\ (k=0,\pm1,\pm2,\cdots)$. 均为一阶零点. 由零点和极点的关系知，$z_k=-\dfrac{\pi}{4}+k\pi$ 为 $f(z)$ 的一阶极点

$$\mathrm{Res}\left[f(z),k\pi-\frac{\pi}{4}\right]=\frac{1}{\left(\sqrt{2}\sin(z+\frac{\pi}{4})\right)'\Big|_{z=k\pi-\frac{\pi}{4}}}=\frac{1}{\sqrt{2}\cos k\pi}=(-1)^k\frac{\sqrt{2}}{2}.$$

例 6 求函数 $f(z)=\dfrac{3}{(z-1)(z-2)^{100}}$ 在 $z=1$ 和 $z=2$ 点的留数.

解 $z=1$ 与 $z=2$ 分别为 $f(z)$ 的一阶极点和 100 阶极点，分别利用法则 I 和法则 II 计算

$$\mathrm{Res}[f(z),1]=\lim_{z\to 1}(z-1)\frac{3}{(z-1)(z-2)^{100}}=3.$$

$$\mathrm{Res}[f(z),2]=\frac{1}{(100-1)!}\lim_{z\to 2}\left[(z-2)^{100}\frac{3}{(z-1)(z-2)^{100}}\right]^{(99)}$$

$$=\frac{3}{99!}\lim_{z\to 2}\left[\frac{1}{z-1}\right]^{(99)}=\frac{3}{99!}\lim_{z\to 2}\frac{(-1)(-2)\cdots(-99)}{(z-1)^{100}}=-3.$$

例 7　计算积分 $I=\oint_{|z|=2}\frac{e^{2z}}{(z-1)^2}dz$.

解　在圆周 $|z|=2$ 内,被积函数 $\frac{e^{2z}}{(z-1)^2}$ 只有一个孤立奇点 $z=1$ 是 $f(z)$ 的二阶极点,所以 $I=2\pi i\,\mathrm{Res}[f(z),1]$,而

$$\mathrm{Res}[f(z),1]=\lim_{z\to 1}\frac{d}{dz}\left[(z-1)^2\frac{e^{2z}}{(z-1)^2}\right]=2e^2,$$

故 $I=4\pi ie^2$.

例 8　计算积分 $I=\oint_{|z|=\frac{3}{2}}\frac{1-\cos z}{z^m}dz$ (m 为整数).

解　在圆周 $|z|=\frac{3}{2}$ 内,被积函数 $f(z)=\frac{1-\cos z}{z^m}$ 仅有一个孤立奇点为 $z=0$,所以

$$I=2\pi i\mathrm{Res}[f(z),0],$$

因为

$$\frac{1-\cos z}{z^m}=\frac{1}{2!}\cdot\frac{1}{z^{m-2}}-\frac{1}{4!}\cdot\frac{1}{z^{m-4}}+\cdots+\frac{(-1)^{k+1}}{(2k)!}\cdot\frac{1}{z^{m-2k}}+\cdots.$$

当 $m\leqslant 2$ 时,上述展开式中无负幂项,此时 $c_{-1}=0$.

当 $m\geqslant 3$ 时,有:若 $m=2k$,则 $c_{-1}=0$.若 $m=2k+1$,则

$$c_{-1}=\frac{(-1)^{k+1}}{(2k)!}=\frac{(-1)^{\frac{m+1}{2}}}{(m-1)!}.$$

综上,若 $m\leqslant 2$,则 $I=0$.

若 $m\geqslant 3$,当 m 为偶数时 $I=0$.

若 $m\geqslant 3$,当 m 为奇数时 $I=\frac{(-1)^{\frac{m+1}{2}}}{(m-1)!}2\pi i$.

例 9　计算定积分 $I=\int_0^{\pi}\frac{d\theta}{a^2+\sin^2\theta}$.

解　令 $z=e^{i\theta}$,则 $\sin\theta=\frac{z^2-1}{2iz}$, $d\theta=\frac{dz}{iz}$,所以

$$I=\int_0^{\pi}\frac{d\theta}{a^2+\sin^2\theta}=\frac{1}{2}\int_{-\pi}^{\pi}\frac{d\theta}{a^2+\sin^2\theta}=\frac{1}{2}\oint_{|z|=1}\frac{1}{a^2+\left(\frac{z^2-1}{2iz}\right)^2}\cdot\frac{1}{iz}dz$$

$$=2i\oint_{|z|=1}\frac{zdz}{(z^2+2az-1)(z^2-2az-1)}.$$

在单位圆内被积函数有两个一阶极点:

$$z_1 = -a + \sqrt{a^2+1}, \quad z_2 = a - \sqrt{a^2+1},$$

于是

$$I = 2\pi i \cdot 2i\{\mathrm{Res}[f(z), z_1] + \mathrm{Res}[f(z), z_2]\} = \frac{\pi}{a\sqrt{a^2+1}}.$$

例 10 用留数计算积分$\int_{-\infty}^{+\infty} \frac{x^4}{x^6+1}\mathrm{d}x$.

解 令$R(z) = \frac{z^4}{z^6+1}$,则由$z^6+1=0$求出6个方根,仅有$z_1 = \frac{\sqrt{3}}{2}+\frac{i}{2}$,$z_2 = i$,$z_3 = -\frac{\sqrt{3}}{2}+\frac{i}{2}$在上半平面. 所以

$$\begin{aligned} I &= 2\pi i\{\mathrm{Res}[R(z), z_1] + \mathrm{Res}[R(z), z_2] + \mathrm{Res}[R(z), z_3]\} \\ &= 2\pi i\left[\lim_{z\to\frac{\sqrt{3}}{2}+\frac{i}{2}} \frac{z^4}{(z^6+1)'} + \lim_{z\to i} \frac{z^4}{(z^6+1)'} + \lim_{z\to-\frac{\sqrt{3}}{2}+\frac{i}{2}} \frac{z^4}{(z^6+1)'}\right] \\ &= 2\pi i\left[\frac{1}{6\left(\frac{\sqrt{3}}{2}+\frac{i}{2}\right)} + \frac{1}{6i} + \frac{1}{6\left(-\frac{\sqrt{3}}{2}+\frac{i}{2}\right)}\right] = \frac{2\pi}{3}. \end{aligned}$$

例 11 用留数计算定积分$I = \int_{-\infty}^{+\infty} \frac{\cos x}{1+x^4}\mathrm{d}x$.

解 函数$\frac{1}{1+z^4}$在上半平面有两个一阶极点$z_1 = e^{\frac{\pi}{4}i}$,$z_2 = e^{\frac{3\pi}{4}i}$,故

$$\begin{aligned} I &= \mathrm{Re}\left\{2\pi i\left[\mathrm{Res}\left(\frac{e^{iz}}{1+z^4}, e^{\frac{\pi}{4}i}\right) + \mathrm{Res}\left(\frac{e^{iz}}{1+z^4}, e^{\frac{3\pi}{4}i}\right)\right]\right\} \\ &= \frac{\sqrt{2}}{2}\pi e^{-\frac{\sqrt{2}}{2}}\left(\cos\frac{\sqrt{2}}{2} + \sin\frac{\sqrt{2}}{2}\right). \end{aligned}$$

习　题　五

1. 求下列函数的奇点,并判断其类型(若为极点,指出它的阶数).

(1) $\frac{\sin z^2}{z(z+1)(z-2)^4}$;　(2) $(z-1)^2\sin\frac{1}{z-1}$;　(3) $\frac{1}{1-e^z}$;

(4) $\frac{e^{z-3}}{(z-3)^3}$;　(5) $\frac{1-e^{z-1}}{(z-1)^3}$;　(6) $\tan z$;

(7) $\frac{e^z}{z^3(1-e^{-z})}$;　(8) $\frac{1}{\sin z^2}$.

2. 求下列各函数$f(z)$在有限孤立奇点处的留数.

(1) $\frac{z+1}{z^2-2z}$;　(2) $\frac{1-e^{2z}}{z^4}$;　(3) $\frac{1+z^4}{(z+1)^3}$;

(4) $\frac{z}{\cos z}$;　(5) $\cos\frac{1}{1-z}$;　(6) $z^2\sin\frac{1}{z}$;

(7) $\dfrac{1}{z\sin z}$；　　(8) $\tan z$.

3. 计算下列各积分(利用留数).

(1) $\displaystyle\int_C \frac{z\,dz}{(z-1)(z-2)^2}$，$C$：$|z-2|=\dfrac{1}{2}$；　　(2) $\displaystyle\int_C \frac{dz}{1+z^4}$，$C$：$x^2+y^2=2x$；

(3) $\displaystyle\int_C \frac{\sin z}{z}dz$，$C$：$|z|=\dfrac{3}{2}$；　　(4) $\displaystyle\int_C \frac{3z^3+2}{(z-1)(z^2+9)}dz$，$C$：$|z|=4$；

(5) $\displaystyle\int_C \tan\pi z\,dz$，$C$：$|z|=3$；　　(6) $\displaystyle\int_C (1+z+z^2)e^{\frac{1}{z}}dz$，$C$：$|z|=1$.

4. 判断 $z=\infty$ 是下列函数的什么类型的孤立奇点?并计算它们在 $z=\infty$ 处的留数.

(1) $e^{\frac{1}{z^2}}$；　　(2) $\cos z-\sin z$；　　(3) $1+z^2$；

(4) $\dfrac{z^2+z-1}{z^2(z-1)}$；　　(5) $\dfrac{e^z}{z^2-1}$.

5. 计算下列积分，其中积分曲线均取正向.

(1) $\displaystyle\oint_{|z|=2} \frac{(z^2+1)^2dz}{(z-1)(z^3-1)}$；　　(2) $\displaystyle\oint_{|z|=2} \left(1+\sin\frac{1}{z}\right)^n dz$；

(3) $\displaystyle\oint_{|z|=r} \frac{z^{2n}}{1+z^n}dz$ (n 为自然数，$r>1$)；　　(4) $\displaystyle\oint_{|z|=5} \frac{z}{\sin z(1-\cos z)}dz$.

6. 计算下列定积分.

(1) $\displaystyle\int_0^{2\pi} \frac{1}{5+3\sin\theta}d\theta$；　　(2) $\displaystyle\int_0^{2\pi} \frac{\sin^2\theta}{a+b\cos\theta}d\theta$ ($a>b>0$)；

(3) $\displaystyle\int_{-\infty}^{+\infty} \frac{1}{(1+x^2)^2}dx$；　　(4) $\displaystyle\int_0^{+\infty} \frac{x^2}{1+x^4}dx$；

(5) $\displaystyle\int_{-\infty}^{+\infty} \frac{\cos x}{x^2+4x+5}dx$；　　(6) $\displaystyle\int_{-\infty}^{+\infty} \frac{x\sin x}{1+x^2}dx$.

自 测 题 五

1. 判断题

(1) $f(z)$ 在 $z=\infty$ 处的留数与 $\dfrac{1}{f(z)}$ 在 $z=0$ 处的留数相等.　　(　　)

(2) 若 $\displaystyle\oint_C f(z)dz=0$，则 $f(z)$ 在 C 内无奇点.　　(　　)

(3) 若 ∞ 是函数 $f(z)$ 的可去奇点，则 $f(z)$ 在 ∞ 处的留数为 0.　　(　　)

(4) 假设 z_0 是函数 $f(z)$ 的 m 级极点，则 $\text{Res}[f(z),z_0]=\dfrac{1}{(n-1)!}\lim\limits_{z\to z_0}\dfrac{d^{n-1}}{dz^{n-1}}[(z-z_0)^n f(z)]$，$n\geqslant m$.　　(　　)

2. 选择题

(1) $z=0$ 是函数 $\dfrac{\tan z}{z}$ 的(　　).

A. 可去奇点　　B. 一级极点　　C. 二级极点　　D. 本性奇点

(2) 设 $z=0$ 为函数 $f(z)$ 的本性奇点，则 $z=0$ 为函数 $e^{f(z)}$ 的(　　).

A. 可去奇点　　B. 一级极点　　C. 本性奇点　　D. 非孤立奇点

(3) 设 $f(z)=\sum_{n=0}^{\infty}a_n z^n$ 在 $|z|<R$ 内解析，k 为正整数，那么 $\text{Res}\left[\frac{f(z)}{z^k},0\right]=$(　　).

A. a_k　　B. $k!a_k$　　C. a_{k-1}　　D. $(k-1)!a_{k-1}$

(4) $\text{Res}\left[z^3\cos\frac{2i}{z},\infty\right]=$(　　).

A. $-\frac{2}{3}$　　B. $\frac{2}{3}$　　C. $\frac{2}{3}i$　　D. $-\frac{2}{3}i$

3. 计算下列函数在各孤立奇点处的留数.

(1) $f(z)=\frac{1-e^{2z}}{z^2}$；　　(2) $f(z)=\frac{e^z}{z^2+1}$.

4. 计算下列积分.

(1) $\int_{|z|=2}\frac{1-2z}{z(z-1)(z-3)}dz$；　　(2) $\int_{|z|=5}\left[ze^{\frac{3}{z}}+\frac{\cos\pi}{z^2(z-\pi)^3}\right]dz$.

5. 用留数计算下列定积分

(1) $\int_0^{2\pi}\frac{\sin^2\theta}{1+\cos\theta}d\theta$；　　(2) $\int_{-\infty}^{+\infty}\frac{x^2-x+2}{x^4+10x^2+9}dx$；

(3) $\int_0^{+\infty}\frac{x\sin 3x}{x^2+4}dx$.

6. 设 $z=z_0$ 是 $\varphi(z)$ 的解析点且是 $f(z)$ 的：(1)n 阶零点；(2)n 阶极点. 试分别求 $\text{Res}\left[\varphi(z)\frac{f'(z)}{f(z)},z_0\right]$.

*第六章　共形映射

前面几章主要是运用分析的方法(如微分、积分、级数展开等)来讨论复变解析函数的性质和应用. 而从几何的观点来看,一个复变函数 $w=f(z)$ 实际上给出 z 平面上的一个点集到 w 平面上一个点集的映射. 研究这种映射关系,可以使我们对解析函数有更深刻的认识. 本章主要讨论由解析函数构成的共形映射①及其一些重要特征,重点讨论由分式线性函数构成的映射. 共形映射在解决流体力学、电磁学、传热学等实际问题中,发挥了重要的作用.

第一节　共形映射的概念

探讨复变函数映射的几何特征,首先是要弄清楚复平面上的一个点集(曲线或者区域)与它的像集间的对应关系. 我们知道,在单变量实际函数中,导数被用来刻画变量相对于自变量的变化情况,且具有相当明显的几何意义. 那么,一个复函数的导函数将会刻画什么样的关系呢?又有什么样的几何意义呢?

一、导函数的几何意义

在讨论导函数的几何意义之前,我们要先给出两个概念,用来描述像曲线与原曲线之间的变化特征.

1. 伸缩率与旋转角

如图 6-1 所示,C 是 z 平面上过 z_0 点的曲线,经函数 $w=f(z)$ 映射为 w 平面上过 w_0 点的曲线 Γ,其中 $w_0=f(z_0)$. 在曲线 C 上 z_0 点附近任取一点 $z=z_0+\Delta z=z_0+|\Delta z|e^{i\theta}$,则在曲线 Γ 上有对应的点 $w=w_0+\Delta w=w_0+|\Delta w|e^{i\varphi}$. 显然当 $|z-z_0|$ 较小时,$|w-w_0|$ 与 $|z-z_0|$ 的比值近似地反映了曲线 C 在 z_0 点附近经函数 $w=f(z)$ 映射后被拉伸或者被压缩的倍数. 特别地,当 z 沿曲线 C 趋向于 z_0 点时,若 $\lim\limits_{z\to z_0}\dfrac{|w-w_0|}{|z-z_0|}$ 存在,则此极限值称为曲线 C 经函数 $w=f(z)$ 映射后在 z_0 处的伸缩率.

---

①某些书中称为“保形映射”.

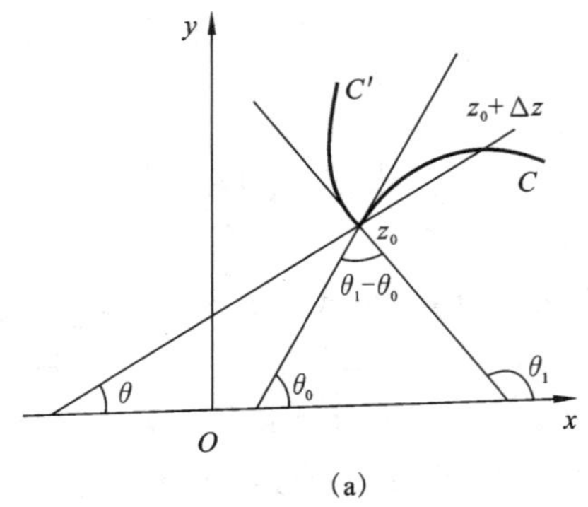

(a)

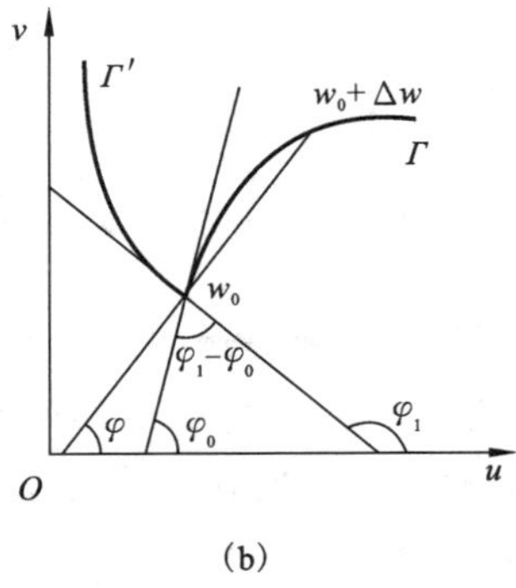

(b)

图 6-1

另一方面,设曲线 C 在 z_0 处的切线倾角为 θ_0,曲线 Γ 在 w_0 处的切线倾角为 φ_0,则 $\varphi_0-\theta_0$ 称为曲线 C 经函数 $w=f(z)$ 映射后在 z_0 处的旋转角,它刻画了由曲线 C 在 z_0 处的切线转动到曲线 Γ 在 w_0 处的切线所需转过的角度.

可以看出,伸缩率与旋转角完全描述了在 $w=f(z)$ 映射下曲线 Γ 相对于曲线 C 的变化特征. 下面我们将看到,当函数 $w=f(z)$ 解析时,这两个特征可以由导数的模与辐角定量给出.

2. 伸缩率不变性

现假设函数 $w=f(z)$ 在区域 D 内解析,$z_0\in D$,且 $f'(z_0)\neq 0$. 采用前面的记号,并由导数的定义,得

$$f'(z_0)=\lim_{\Delta z\to 0}\frac{\Delta w}{\Delta z}=\lim_{\Delta z\to 0}\frac{|\Delta w|\,e^{i\varphi}}{|\Delta z|\,e^{i\theta}}=\lim_{\Delta z\to 0}\frac{|\Delta w|}{|\Delta z|}e^{i(\varphi-\theta)},\qquad(6.1.1)$$

因此有

$$|f'(z_0)|=\lim_{\Delta z\to 0}\frac{|\Delta w|}{|\Delta z|}.$$

根据伸缩率的概念可知,导数的模 $|f'(z_0)|$ 实际上就是曲线 C 经函数 $w=f(z)$ 映射后在 z_0 处的伸缩率. 由于函数 $w=f(z)$ 可导,因此 $|f'(z_0)|$ 只与 z_0 有关,而与曲线 C 本身的形状和方向无关,即对经过 z_0 点的任何曲线 C,经 $w=f(z)$ 映射后在 z_0 点均有相同的伸缩率. 因此称这种映射具有伸缩率不变性.

3. 旋转角不变性与保角性

由(6.1.1)式还可得

$$\arg f'(z_0)=\lim_{\Delta z\to 0}(\varphi-\theta)=\varphi_0-\theta_0.\qquad(6.1.2)$$

同样根据旋转角的概念可知,导数的辐角 $\arg f'(z_0)$ 就是曲线 C 经函数 $w=$

$f(z)$ 映射后在 z_0 处的旋转角，它也与曲线 C 本身的形状与方向无关. 因此称这种映射具有旋转角不变性.

另外，设在区域 D 内还有一条过 z_0 点的曲线 C'(图 6-1)，经函数 $w=f(z)$ 映射后的曲线为 Γ'，且 C' 在 z_0 处的切线倾角为 θ_1，Γ' 在 w_0 处的切线倾角为 φ_1，则有

$$\arg f'(z_0)=\varphi_1-\theta_1. \tag{6.1.3}$$

由(6.1.2)式与(6.1.3)式，得

$$\varphi_1-\varphi_0=\theta_1-\theta_0.$$

即这种映射保持了两条曲线的交角的大小与方向不变，称此性质为保角性.

特别指出的是，$f'(z_0)\neq 0$ 是必要的，否则保角性将不成立.

例 6.1.1 求函数 $w=z^3$ 在 $z_1=\mathrm{i}$ 与 $z_2=0$ 处的导数值，并说明其几何意义.

解 函数 $w=f(z)=z^3$ 在整个复平面上最解析的，其导数为 $f'(z)=3z^2$.

(1) 对 $z_1=\mathrm{i}$，$f'(\mathrm{i})=-3=3\mathrm{e}^{\mathrm{i}\pi}$，因此映射 $w=z^3$ 在 $z_1=\mathrm{i}$ 处具有保角性且伸缩率不变. 其伸缩率为 3，旋转角为 π.

(2) 对 $z_2=0$，$f'(0)=0$，从图 6-2 中可以看出，映射 $w=z^3$ 在 $z_2=0$ 处不具有保角性.

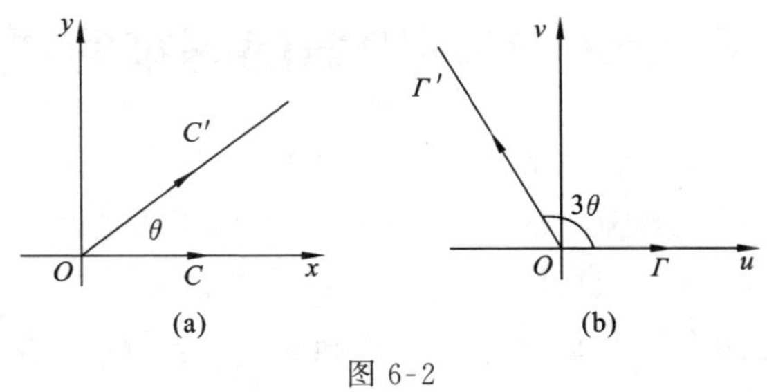

图 6-2

二、共形映射的概念

定义 6.1 对于定义在区域 D 内的映射 $w=f(z)$. 如果它在 D 内任意一点具有保角性和伸缩率不变性，则称 $w=f(z)$ 是第一类保角映射；如果它在 D 内任意一点保持曲线的交角的大小不变但方向相反和伸缩率不变，则称 $w=f(z)$ 是第二类保角映射.

根据前面的讨论，可得下面的定理：

定理 6.1 设函数 $f(z)$ 在区域 D 内解析，且 $f'(z)\neq 0$，则它所构成的映射的映射是第一类保角映射.

关于第二类保解映射，我们通过下面的例子给出简单的说明.

例 6.1.2 考察函数 $w=\bar{z}$ 所构成的映射.

解 对于复平面上的任意一点 z_0，有

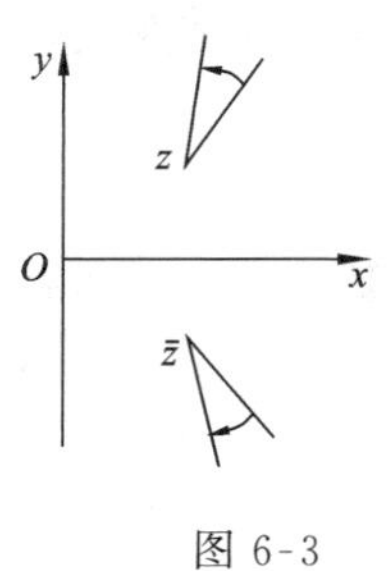

图 6-3

$$\lim_{z\to z_0}\frac{|w-w_0|}{|z-z_0|}=\lim_{z\to z_0}\frac{|\bar{z}-\bar{z}_0|}{|z-z_0|}=1\quad(\text{即极限存在}),$$

因此映射 $w=\bar{z}$ 具有伸缩率不变性;又由于 $w=\bar{z}$ 是关于实轴对称的映射,因此它使得曲线的交角的大小不变但方向相反(图 6-3). 根据定义可知,函数 $w=\bar{z}$ 是第二类保角映射.

定义 6.2 设 $w=f(z)$ 是区域 D 内的第一类保角映射,如果当 $z_1\neq z_2$ 时,有 $f(z_1)\neq f(z_2)$,则称 $f(z)$ 为共形映射.

例 6.1.3 考察函数 $w=e^z$ 构成的映射.

解 由于 $w=e^z$ 在复平面上解析且 $(e^z)'\neq 0$,因此它在任何区域内均构成第一类保解映射. 但它不一定构成共形映射. 如在区域 $0<\mathrm{Im}z<4\pi$ 内,取 $z_1=\frac{\pi}{2}i$, $z_2=\left(2\pi+\frac{\pi}{2}\right)i$,则 $e^{z_1}=e^{z_2}=i$,因此不构成共形映射. 而在区域 $0<\mathrm{Im}z<2\pi$ 内,$w=e^z$ 是共形映射.

因此,共形映射的特点是双方单值且在区域内每一点具有保角性和伸缩率不变性.

第二节 共形映射的基本问题

根据理论和实际应用的需要,对于共形映射,我们主要研究两个方面的问题.

问题一 对于给定的区域 D 和定义在 D 上的解析函数 $w=f(z)$,求像集 $G=f(D)$,并讨论 $f(z)$ 是否将 D 共形地映射为 G.

问题二 给定两个区域 D 和 G,求一解析函数 $w=f(z)$,使得 $f(z)$ 将 D 共形地映射为 G.

其中第二个问题称为共形映射的基本问题,它更具有实用价值,但也更为困难. 本节对这两个问题只给出一般性的理论描述,具体求解将在后面几节中进行. 另外,本节中所涉及的有关定理的证明均较为复杂,故从略.

实际上,对于问题二,我们只需考虑能把 D 变为单位圆内部即可. 这是因为若存在函数 $\xi=f(z)$ 把 D 变为 $|\xi|<1$,而函数 $\xi=g(w)$ 把 G 变为 $|\xi|<1$,则 $w=g^{-1}[f(z)]$ 把 D 映射为 G(图 6-4).

一、解析函数的保域性与边界对应原理

对于问题一,有下面两个定理.

定理 6.2(保域性定理) 设函数 $f(z)$ 在区域 D 内解析,且不恒为常数,则像集合 $G=f(D)$ 是区域.

定理 6.3(边界对应原理) 设区域 D 的边界为简单闭曲线 C,函数 $w=f(z)$

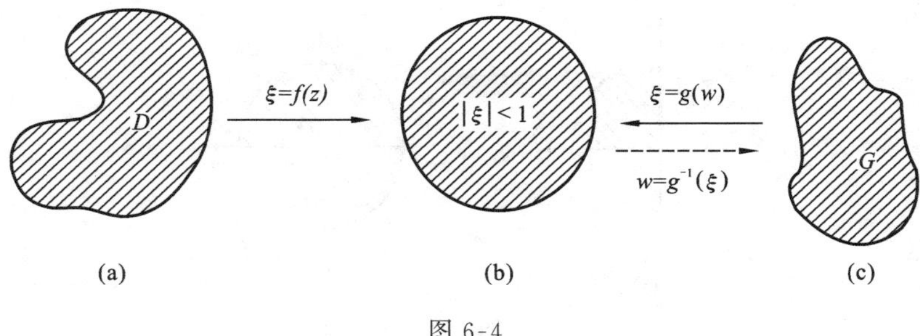

图 6-4

在$\overline{D}=D\cup C$上解析，且将C双方单值地映射成简单闭曲线Γ. 当z沿C的正向绕行时，相应的w的绕行方向定为Γ的正向，并令G是以Γ为边界的区域，则$w=f(z)$将D共形映射成G.

在这两个定理中，定理 6.2 说明了解析函数把区域变为区域，而定理 6.3 则为像区域的确定给出了一个一般性的方法. 即并不需要对整个区域D进行考虑，而是只需求出D的边界C所对应的曲线Γ及其方向，则以有向曲线Γ为边界的区域就是像区域. 这一方法对于问题二的求解也是有用的.

这里应特别注意的是Γ的方向. 如图 6-5 所示，区域D在曲线C的内部，在C上沿逆时针方向取三点z_1,z_2,z_3，函数$w=f(z)$将C与z_1,z_2,z_3分别映射为Γ和w_1,w_2,w_3，若w_1,w_2,w_3也按逆时针方向排列，则像区域G在Γ的内部，否则G在Γ的外部.

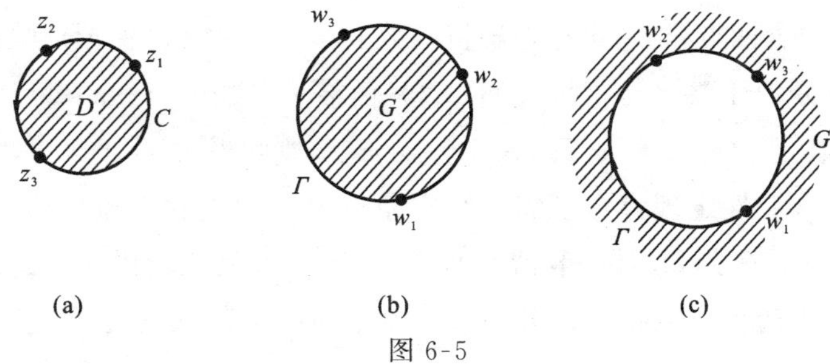

图 6-5

例 6.2.1　设区域$D=\{z:0<\arg z<\frac{\pi}{2},0<|z|<1\}$，求区域$D$在映射$w=z^3$下的像区域$G$.

解　如图 6-6 所示，设区域D的边界为$C_1+C_2+C_3$，其中C_1的方程为$z=\mathrm{e}^{\mathrm{i}\theta}$$\left(\theta\text{ 从 }0\text{ 到 }\frac{\pi}{2}\right)$，相应的像曲线$\Gamma_1$的方程为$w=\mathrm{e}^{\mathrm{i}3\theta}=\mathrm{e}^{\mathrm{i}\varphi}$$\left(\varphi\text{ 从 }0\text{ 到 }\frac{3\pi}{2}\right)$；

C_2的方程为$z=\mathrm{i}y$　(y从 1 到 0)，相应的像曲线Γ_2的方程为$w=\mathrm{i}(-y^3)=\mathrm{i}v$　(v从 -1 到 0)；

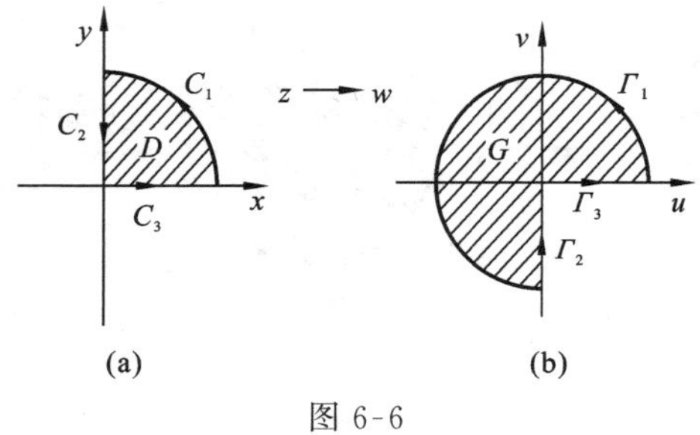

图 6-6

C_3 的方程 $z=x$ （x 从 0 到 1），相应的像曲线 Γ_3 的方程为 $w=x^3=u$ （u 从 0 到 1）.

因此像区域为

$$G=\left\{w:0<|w|<1,0<\arg w<\frac{3\pi}{2}\right\}.$$

二、共形映射的存在唯一性

对于问题二，我们首先要探讨一下这样的函数是否存在，如果存在又是否唯一. 关于这两点，黎曼(Riemann)在 1851 年给出了下面的定理，它是共形映射的基本定理.

定理 6.4（黎曼存在唯一性定理）　设 D 与 G 是任意给定的两个单连通区域，它们的边界至少包含两点，则一定存在解析函数 $w=f(z)$ 把 D 保形地映射为 G. 如果在 D 和 G 内再分别任意指定一点 z_0 和 w_0，并任给一实数 θ_0 （$-\pi<\theta_0\leqslant\pi$），要求函数 $w=f(z)$ 满足 $f(z_0)=w_0$ 且 $\arg f'(z_0)=\theta_0$，则映射 $w=f(z)$ 是唯一的.

黎曼存在唯一性定理肯定了满足给定条件的函数的存在唯一性，但没有给出具体的求解方法. 事实上，对一般情况而言，具体求解是比较困难的. 因此，下面我们只是针对某些初等函数特别是分式线性函数所构成的映射进行讨论.

第三节　分式线性映射

由分式线性函数

$$w=\frac{az+b}{cz+d}\quad(a,b,c,d\text{ 为复数且 }ad-bc\neq 0)\qquad(6.3.1)$$

构成的映射，称为分式线性映射. 其逆映射也为分式线性映射. 特别地，当 $c=0$ 时，则称为(整式)线性映射. 分式线性映射在理论和实际应用中都是非常重要的一类映射.

一、分式线性函数的分解

要弄清分式线性函数的映射特征，我们只需对下面 4 种简单函数进行讨论.

(1) $w = z + b$ (b 为复数)；

(2) $w = ze^{i\theta_0}$ (θ_0 为实数)；

(3) $w = rz$ ($r > 0$)；

(4) $w = \dfrac{1}{z}$.

这是因为任何分式线性函数总可以分解为这 4 种形式的复合. 即对(6.3.1)式，我们有：当 $c = 0$ 时，

$$w = \frac{az+b}{d} = \frac{a}{d}\left(z + \frac{b}{a}\right); \tag{6.3.2}$$

当 $c \neq 0$ 时，

$$w = \frac{az+b}{cz+d} = \frac{a}{c} + \frac{bc-ad}{c(cz+d)}.$$

例 6.3.1　将分式线性映射 $w = \dfrac{2z}{z+i}$ 分解为 4 种形式的复合.

解　$w = \dfrac{2z}{z+i} = 2 + \dfrac{-2i}{z+i} = 2 + 2e^{-\frac{\pi}{2}i}\left(\dfrac{1}{z+i}\right)$，其复合过程为

$$z \xrightarrow[(1)]{z+i} z_1 \xrightarrow[(4)]{\frac{1}{z_1}} z_2 \xrightarrow[(2)]{z_2 e^{-\frac{\pi}{2}i}} z_3 \xrightarrow[(3)]{2z_3} z_4 \xrightarrow[(1)]{z_4+2} w.$$

因此，知道了这 4 种函数映射的几何性质，就可以知道一般分式线性函数所确定的映射的特征. 另外，由(6.3.2)式还可以看出，前三种函数构成(整式)线性映射. 因此，分式线性映射也可以分解为(整式)线性映射与 $w = \dfrac{1}{z}$ 所构成的映射的复合. 这样在后面的讨论中，有时会根据需要，只对(整式)线性映射与 $w = \dfrac{1}{z}$ 进行讨论，而不必细分为 4 种形式.

1. 平移、旋转与相似映射

为了讨论方便，z 与 w 放在同一复平面上.

(1) 平移映射：$w = z + b$.

令 $z = x + iy, b = b_1 + ib_2, w = u + iv$，则有 $u = x + b_1, v = y + b_2$. 如图 6-7 所示，它将曲线 C 沿 b 的方向平移到曲线 Γ.

(2) 旋转映射：$w = ze^{i\theta_0}$.

令 $z = re^{i\theta}$，则 $w = re^{i(\theta+\theta_0)}$. 如图 6-8 所示，它将曲线 C 绕原点旋转到曲线 Γ.

当 $\theta_0 > 0$ 时,逆时针旋转;当 $\theta_0 < 0$ 时,顺时针旋转.

(3) 相似映射:$w = rz$.

令 $z = \rho e^{i\theta}$,则有 $w = r\rho e^{i\theta}$. 如图 6-9 所示,它将曲线 C 放大(或缩小)到曲线 Γ. 相似映射的特点是对复平面上任意一点 z,保持辐角不变,而将模放大($r > 1$)或者缩小($r < 1$).

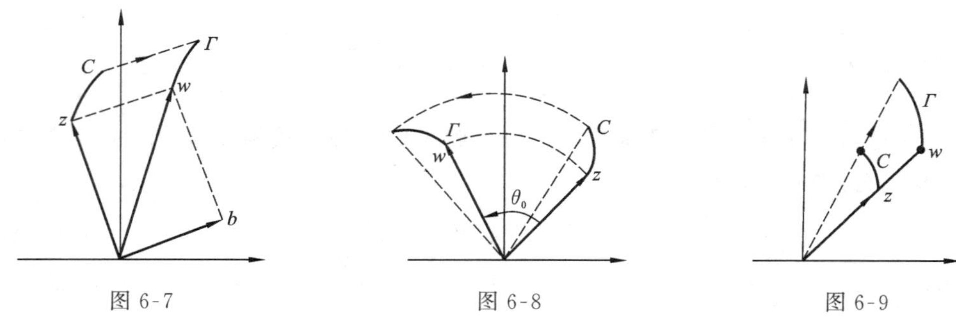

图 6-7　图 6-8　图 6-9

2. 反演映射

映射 $w = \dfrac{1}{z}$ 称为反演映射,令 $z = re^{i\theta}$,则 $w = \dfrac{1}{r}e^{i(-\theta)}$,即 $|w| = \dfrac{1}{|z|}$,$\arg w = -\arg z$. 由 $|w| = \dfrac{1}{|z|}$ 可知,当 $|z| < 1$ 时,$|w| > 1$;当 $|z| > 1$ 时,$|w| < 1$. 因此反演映射 $w = \dfrac{1}{z}$ 的特点是将单位圆内部(或外部)的任一点映射到单位圆外部(或内部),且辐角反号. 从图 6-10 中即可以清楚地看出,映射 $w = \dfrac{1}{z}$ 实际上可以分两步进行. 先将在 z 映射成 w_1,满足 $|w_1| = \dfrac{1}{|z|}$ 且 $\arg w_1 = \arg z$;再将 w_1 映射为 w,满足 $|w| = |w_1|$ 且 $\arg w = -\arg w_1$. 从几何角度看,w 与 w_1 是关于实轴对称的,那么 z 与 w_1 的几何关系是什么呢?

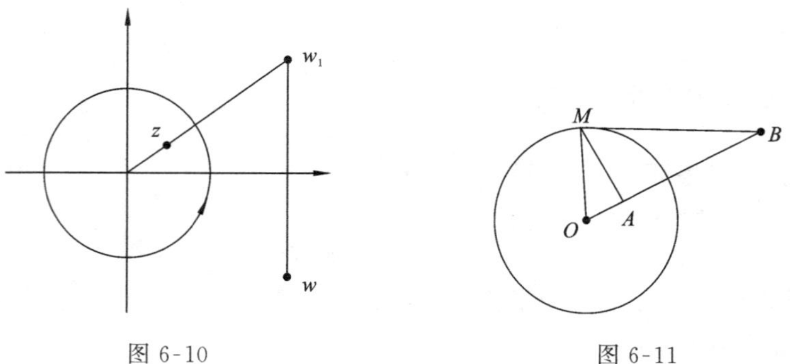

图 6-10　图 6-11

定义 6.3　设某圆的半径为 R，A，B 两点在从圆心出发的射线上，且 $\overline{OA}\cdot\overline{OB}=R^2$，则称 A 和 B 是关于圆周对称的(图 6-11). 自然地，规定圆心与无穷远点关于该圆周对称.

根据这一定义可知，z 与 w_1 是关于单位圆对称的. 因此，映射 $w=\dfrac{1}{z}$ 可由单位圆对称映射与实轴对称映射复合而成. 事实上，如果我们将 $w=\dfrac{1}{z}$ 写成 $\xi=\dfrac{1}{\bar{z}}$ 与 $w=\bar{\xi}$ 的复合，则前者正好是单位圆对称映射，而后者正好是实轴对称映射.

为了方便地进行后面的讨论，对反演映射作如下的规定和说明.

(1) 规定反演映射 $w=\dfrac{1}{z}$ 将 $z=0$ 映射成 $w=\infty$，将 $z=\infty$ 映射成 $w=\infty$.

(2) 规定函数 $f(z)$ 在 $z=\infty$ 点及其邻域的性态可由函数 $\varphi(\xi)$ 在 $\xi=0$ 点及其邻域的性态确定，其中 $\xi=\dfrac{1}{z}$，$\varphi(\xi)=\varphi\left(\dfrac{1}{z}\right)=f(z)$. 按照此规定，当我们讨论函数 $f(z)$ 在 $z=\infty$ 点附近的性态时，可以先通过反演映射将 $f(z)$ 化为 $\varphi(\xi)$，再讨论 $\varphi(\xi)$ 在原点附近的性态. 例如，若 $\varphi(\xi)$ 在 $\xi=0$ 处解析，且 $\lim\limits_{\xi\to 0}\varphi(\xi)=\varphi(0)=A$. 则可以认为 $f(z)$ 在 $z=\infty$ 点解析，且 $\lim\limits_{z\to\infty}f(z)=f(\infty)=A$.

二、分式线性映射的保形性

首先对 $w=\dfrac{1}{z}$ 进行讨论. 根据前面的规定它在整个扩充复平面上是双方单值的.

当 $z\neq 0$ 和 $z\neq\infty$ 时，$w=\dfrac{1}{z}$ 解析且 $\dfrac{\mathrm{d}w}{\mathrm{d}z}=-\dfrac{1}{z^2}\neq 0$；当 $z=\infty$ 时，令 $\xi=\dfrac{1}{z}$，则 $w=\varphi(\xi)=\xi$. 显然 $\varphi(\xi)$ 在 $\xi=0$ 处解析且 $\varphi'(0)=1\neq 0$. 因此，除 $z=0$ 外，映射 $w=\dfrac{1}{z}$ 是保形的. 至于 $w=\dfrac{1}{z}$ 在 $z=0$ 点的保形性可由 $z=\dfrac{1}{w}$ 在 $w=\infty$ 点的保形性得到.

其次对 $w=az+b(a\neq 0)$ 进行讨论，它显然是双方单值的.

当 $z\neq\infty$ 时，$w=az+b$ 解析且 $\dfrac{\mathrm{d}w}{\mathrm{d}z}=a\neq 0$，因此映射 $w=az+b$ 在 $z\neq\infty$ 时是保形的；当 $z=\infty$ 时，令 $\xi=\dfrac{1}{z}$，$\mu=\dfrac{1}{w}$，则 $\mu=\varphi(\xi)=\dfrac{\xi}{b\xi+a}$，显然 $\varphi(\xi)$ 在 $\xi=0$ 解析且 $\varphi'(0)=\dfrac{1}{a}\neq 0$，因此映射 $\mu=\varphi(\xi)$ 在 $\xi=0$ 处是保形的，且 $\xi=0$ 时 $\mu=0$. 又由上面的讨论知道 $w=\dfrac{1}{\mu}$ 在 $\mu=0$ 处保形，从而 $w=az+b$ 在 $z=\infty$ 处保形.

这样，我们得到如下定理：

定理 6.5　分式线性函数在扩充复平面上是共形映射.

三、分式线性映射的保圆性

以下如无特别说明，我们均把直线作为圆的一个特例. 即将直线看成半径为无穷大的圆. 在此意义下，分式线性映射能把圆映射成圆.

从前面的分析中，我们已经了解到，一个分式线性函数所确定的映射可以分解为平移、旋转、相似及反演映射的复合. 前三种映射显然把圆映射成圆. 因此只需证明反演映射 $w=\dfrac{1}{z}$ 也把圆映射成圆.

令 $z=x+\mathrm{i}y, w=u+\mathrm{i}v$，则由 $w=\dfrac{1}{z}$，得

$$x=\frac{u}{u^2+v^2},\quad y=-\frac{v}{u^2+v^2}.$$

对于 z 平面上一个任意给定的圆

$$A(x^2+y^2)+Bx+Cy+D=0\quad (\text{当 } A=0 \text{ 时为直线}),\qquad (6.3.3)$$

其像曲线满足方程

$$D(u^2+v^2)+Bu-Cv+A=0\quad (\text{当 } D=0 \text{ 时为直线}).\qquad (6.3.4)$$

可以看出，它仍然是一个圆. 因此我们可得如下定理：

定理 6.6 在扩充复平面上，分式线性映射能把圆变成圆.

值得注意的是，从(6.3.3)式和(6.3.4)式中还可以看出，由于当 $D=0$ 时，所给的圆通过原点，经过反演映射后，原点被映射到无穷远点，因而像曲线变成直线，这是一个很重要的特性. 事实上，在分式线性映射下，如果给定的圆上没有点映射为无穷远点，则它就映射成半径有限的圆；如果有一点映射成无穷远点，则它就映射成直线. 特别是后者，它实际上给出了一种从圆(或者弧)变到直线的方法，这对于我们构造简单区域间的共形映射函数是非常有用的.

由于三点可以确定一个圆，因此当我们求解分式线性映射下某圆域的像时，只要在圆周上取三点，分别求出对应的像点，即可得到相应的圆和圆域. 但如果区域的边界是由多个弧和直线段组成时，则必须在每一段弧上和直线段上各自取三点进行求解，且所取的三点中最好包含两个端点.

例 6.3.2 求实轴在映射 $w=\dfrac{2\mathrm{i}}{z+\mathrm{i}}$ 下的像曲线.

解法 1 在实轴上取三点 $z_1=\infty, z_2=0, z_3=1$，则对应的三个像点为 $w_1=0, w_2=2, w_3=1+\mathrm{i}$. 由此得到像曲线为 $|w-1|=1$. 进一步还可以得到，上半平面被映射到圆的内部，而下半平面被映射到圆的外部.

解法 2 采用分解方式并结合几何特性求解.

由 $w=\dfrac{2\mathrm{i}}{z+\mathrm{i}}=2\left(\dfrac{1}{z+\mathrm{i}}\right)\mathrm{e}^{\frac{\pi}{2}\mathrm{i}}$ 可得，所给映射是由下列映射

$$z_1=z+\mathrm{i},\quad z_2=\frac{1}{z_1},\quad z_3=2z_2,\quad w=z_3\mathrm{e}^{\frac{\pi}{2}\mathrm{i}}$$

相继实施的结果，图 6-12 给出了变化过程. 其中 $z_2=\dfrac{1}{z_1}$ 分为 $\xi=\dfrac{1}{\bar{z}_1}$ 与 $z_2=\bar{\xi}$ 两步进行，且它们也具有保圆性.

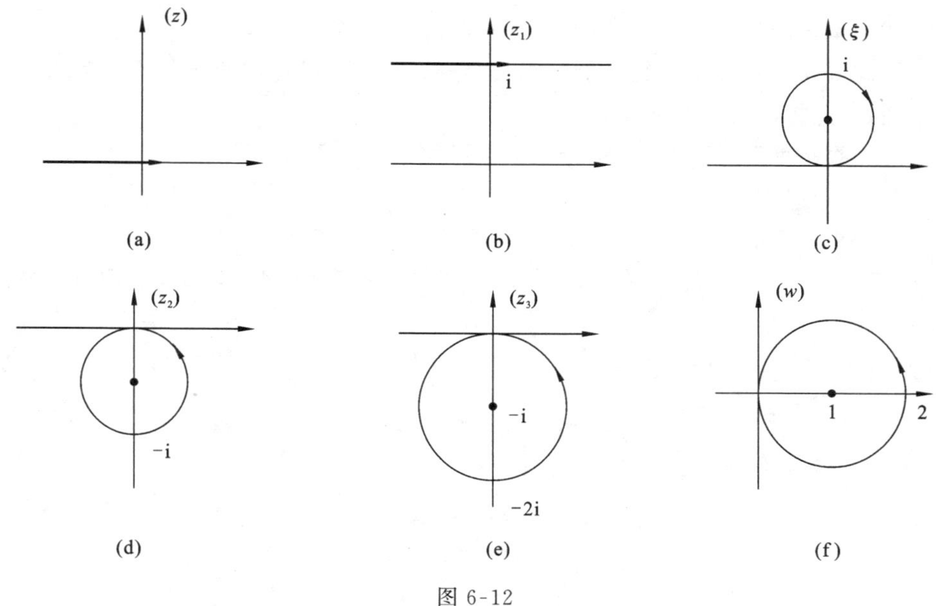

图 6-12

例 6.2.3　求区域 $D=\{z:|z-1|<\sqrt{2},|z+1|<\sqrt{2}\}$ 在映射 $w=\dfrac{z-\mathrm{i}}{z+\mathrm{i}}$ 下的像.

解　如图 6-13 所示，区域 D 的边界为 C_1+C_2. 由于映射将 $-\mathrm{i}$ 与 i 分别变为 ∞ 与 0，且 C_1 与 C_2 在 i 点的夹角为 $\dfrac{\pi}{2}$. 因此由保形性(含保角性)与保圆性，像曲线 Γ_1 与 Γ_2 为从原点出发的两条射线，且在原点处的夹角为 $\dfrac{\pi}{2}$. 又由于它将原点映射为 -1，因此很容易得出，虚轴上从 i 到 $-\mathrm{i}$ 的线段被映射为左半实轴. 再由保角性即得结果.

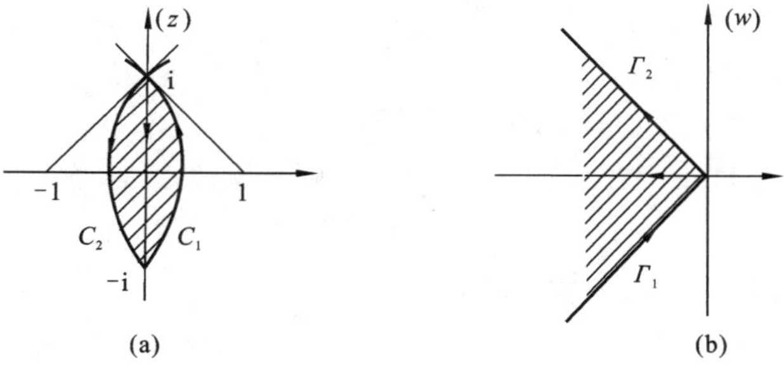

图 6-13

本题也可直接在 C_1 与 C_2 上取三点进行，其中应包含两个端点 i 与 -i.

四、分式线性映射的保对称点性

我们首先给出关于对称点的一个引理.

引理 6.1 扩充复平面上的两点 z_1 与 z_2 关于圆 C 对称的充要条件是通过 z_1 与 z_2 的任意圆都与圆 C 正交.

证 在下面两种情况下，结论是显然成立的：

(1) C 为直线；

(2) C 为半径有限的圆且 z_1 与 z_2 中有一个为无穷远点.

因此，我们仅就 C 为 $|z-z_0|=R$ $(0<R<+\infty)$ 且 z_1 与 z_2 均为有限点的情况加以证明.

如图 6-14 所示，L 为过 z_1 与 z_2 的直线，Γ 为过 z_1 与 z_2 的圆. Γ 与 C 的交点为 z_3.

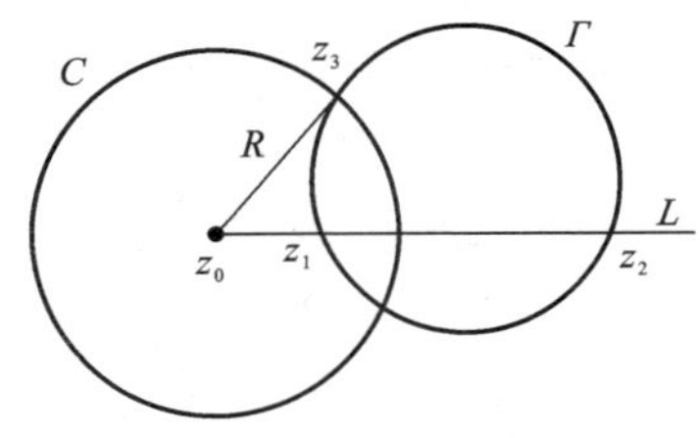

图 6-14

必要性. 若 z_1 与 z_2 关于 C 对称，则 L 过 z_0 点，故 L 与 C 正交；又由定义，有

$$|z_1-z_0|\cdot|z_2-z_0|=R^2=|z_3-z_0|^2,$$

根据切割线定理，Γ 也与 C 正交. 因此过 z_1 与 z_2 的任意圆都与 C 正交.

充分性. 若过 z_1 与 z_2 的所有圆都与 C 正交，则 L 与 C 正交，故 L 过 z_0 点，即 z_0，z_1，z_2 三点共线；又 Γ 与 C 正交，故 z_1 与 z_2 在 z_0 的同一侧，且 $\overline{z_0z_3}$ 为 Γ 的切线，根据切割线定理，得

$$|z_1-z_0|\cdot|z_2-z_0|=|z_3-z_0|^2=R^2.$$

因此 z_1 与 z_2 关于圆 C 对称.

定理 6.7(保对称点定理) 设 z_1，z_2 关于圆 C 对称，则在分式线性映射下，它们的像点 w_1，w_2 关于 C 的像曲线 Γ 对称.

证 设 Γ' 是过 w_1 与 w_2 的任意一个圆，则其原像 C' 是过 z_1 与 z_2 的圆. 由 z_1 与 z_2 关于 C 对称，有 C' 与 C 正交，由保角性 Γ' 与 Γ 正交，即过 w_1 与 w_2 的任意圆与 Γ 正交. 因此 w_1 与 w_2 关于 Γ 对称.

例 6.3.4 求一分式线性映射 $w=\dfrac{az+b}{cz+d}$，将单位圆内部变为上半平面.

解 如图 6-15 所示，所求分式线性函数要把单位圆周 C 映射为实轴 Γ，并将单

位圆域 D 变为上半平面 G. 不妨设它将 D 内一点 $z_1=0$ 变为 G 内一点 $w_1=\mathrm{i}$,则由保对称性,它应将 $z_2=\infty$ 映射为 $w_2=-\mathrm{i}$. 由此可得

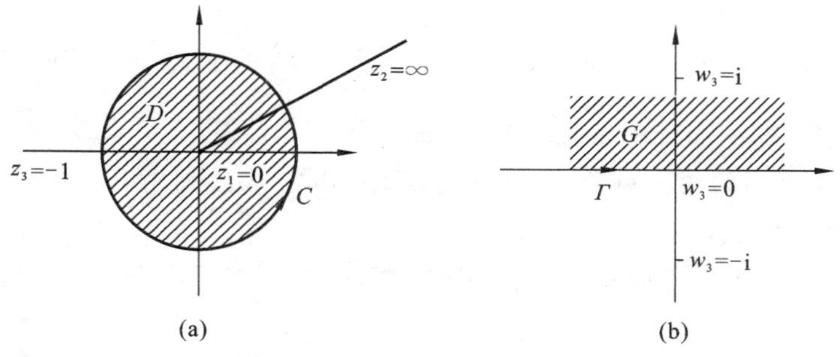

图 6-15

$$\frac{a\cdot 0+b}{c\cdot 0+d}=\mathrm{i},\quad \lim_{z\to\infty}\frac{az+b}{cz+d}=-\mathrm{i},$$

即得

$$b=\mathrm{i}d,\quad a=-\mathrm{i}c. \tag{6.3.5}$$

再假设 C 上一点 $z_3=-1$ 被映射为 Γ 上一点 $w_3=0$,因此有

$$\frac{-a+b}{-c+d}=0. \tag{6.3.6}$$

由(6.3.5)与(6.3.6)式可得 $a=\mathrm{i}d,b=\mathrm{i}d,c=-d$. 因此所求的分式线性映射为

$$w=\frac{az+b}{cz+d}=\frac{\mathrm{i}d(z+1)}{d(-z+1)}=\mathrm{i}\left(\frac{1+z}{1-z}\right).$$

从这个例子可以看出,所给问题本身是不唯一的. 随着点的取法不同将会得到不同的函数且均符合要求. 但同时也看到,一旦给出三个条件,则分式线性映射就被唯一地确定下来,这就是下面我们要讨论的问题.

五、唯一决定分式线性映射的条件

分式线性函数中看起来有 4 个系数 a,b,c,d,但由于比例关系,实际上只有三个是独立的,因此应该可以用三个条件来完全确定.

定理 6.8　在 z 平面上任给三个不同的点 z_1,z_2,z_3,在 w 平面上也任给三个不同的点 w_1,w_2,w_3,则存在唯一的分式线性映射,把 z_1,z_2,z_3,分别依次地映射为 w_1,w_2,w_3.

证　设分式线性映射为 $w=\dfrac{az+b}{cz+d}$,则由条件有

$$w_1=\frac{az_1+b}{cz_1+d},\quad w_2=\frac{az_2+b}{cz_2+d},\quad w_3=\frac{az_3+b}{cz_3+d}.$$

具体算出 $w-w_1, w-w_2, w_3-w_1, w_3-w_2$，可得

$$\frac{w-w_1}{w-w_2}:\frac{w_3-w_1}{w_3-w_2}=\frac{z-z_1}{z-z_2}:\frac{z_3-z_1}{z_3-z_2}. \tag{6.3.7}$$

将(6.3.7)式整理后便可得到形如 $w=\dfrac{az+b}{cz+d}$ 的分式线性函数，它满足条件且不含未知系数，从而证明了存在性. 唯一性证明从略.

(6.3.7)式称为对应点公式，在实际应用时，常常会利用一些特殊点(如 $z=0, z=\infty$ 等)使公式得到简化.

推论 6.1 如果 z_k 或 w_k 中有一个为 ∞，则只须将对应点公式中含有 ∞ 的项换为 1.

推论 6.2 设 $w=f(z)$ 是一分式线性映射，且有 $f(z_1)=w_1$ 以及 $f(z_2)=w_2$，则它可表示为

$$\frac{w-w_1}{w-w_2}=k\frac{z-z_1}{z-z_2} \quad (k\text{ 为复常数})；$$

特别地，当 $w_1=0, w_2=\infty$ 时有

$$w=k\frac{z-z_1}{z-z_2} \quad (k\text{ 为复常数}). \tag{6.3.8}$$

(6.3.8)式在构造区域间的共形映射时非常有用. 其特点是把过 z_1 与 z_2 点的弧映射成过原点的直线，而这正是我们在构造共形映射时常用的手法. 其中 k 可由其他条件确定，如果是作为中间步骤，则 k 可直接设为 1.

例 6.3.5 将区域 $D=\{z: |z|<1, \mathrm{Im}z>0\}$ 映射为第一象限，求映射函数.

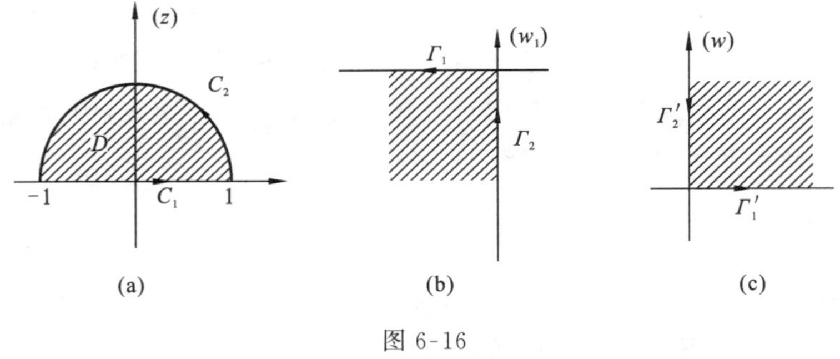

图 6-16

解 如图 6-16 所示，先构造一分式线性函数使 -1 变为 0，使 1 变为 ∞，从而将边界 C_1 与 C_2 映射为从原点出发的两条射线. 其函数可为 $w_1=\dfrac{z+1}{z-1}$，很容易知道它将 D 映射为第三象限，再通过旋转映射即得结果.

$$w=w_1\mathrm{e}^{\pi\mathrm{i}}=\frac{1+z}{1-z}.$$

六、两个典型区域间的映射

上半平面与单位圆域是两个非常典型的区域，而一般区域间的共形映射的构造大都是围绕这两个区域来进行的，因此它们之间的相互转换显得非常重要. 下面通过例子来给出它们之间的映射.

例 6.3.6　求一分式线性映射，把上半平面 $\mathrm{Im}z>0$ 映射为单位圆内部 $|w|<1$.

解法 1　这两个区域的边界分别为实轴与单位圆周 Γ，正好是从"圆"变到圆，根据唯一决定分式线性映射的条件，可在实轴上取三点 $0,1,\infty$，使其分别映射为圆周 Γ 上的三点 $-1,-\mathrm{i},1$. 由对应点公式，有

$$\frac{w+1}{w+\mathrm{i}}:\frac{1+1}{1+\mathrm{i}}=\frac{z-0}{z-1}:\frac{1}{1},$$

整理后，得

$$w=\frac{z-\mathrm{i}}{z+\mathrm{i}}. \tag{6.3.9}$$

如果仅要求把上半平面映射为单位圆，而不作其他限制的话，上面的式子已经足够了. 但必须清楚的是，这一问题本身可以有无穷多个解，它们与三对点的选取有关. 下面给出的解法可以得到通解.

解法 2　在上半平面任取一点 z_0，使之映射到 w 平面上的原点 $w=0$. 由于 z_0 与 $\overline{z}_0$ 关于实轴对称，0 与 ∞ 关于单位圆对称，根据保对称点性，$\overline{z}_0$ 应映射为 ∞，由推论 6.2，该映射具有如下形式：

$$w=k\frac{z-z_0}{z-\overline{z}_0}\quad (k \text{ 为待定的复常数}).$$

由于当 z 在实轴上取值时，$\left|\dfrac{z-z_0}{z-\overline{z}_0}\right|=1$，且对应的 w 满足 $|w|=1$，所以 $|k|=1$，即 $k=\mathrm{e}^{\mathrm{i}\theta}$（$\theta$ 为任意的实常数）. 因此所求映射的一般形式为

$$w=\mathrm{e}^{\mathrm{i}\theta}\frac{z-z_0}{z-\overline{z}_0}. \tag{6.3.10}$$

在上式中若取 $z_0=\mathrm{i},\theta=0$，则得到解法 1 的结果.

例 6.3.7　求一分式线性映射，把单位圆内部 $|z|<1$ 映射为单位圆内部 $|w|<1$.

解　在 $|z|<1$ 内任取一点 z_0，使之映射为 $w_0=0$，由于 z_0 与 $\dfrac{1}{\overline{z}_0}$ 关于 $|z|=1$ 对称，0 与 ∞ 关于 $|w|=1$ 对称，根据保对称点性，$\dfrac{1}{\overline{z}_0}$ 应被映射为 ∞. 因此，映射具有如下形式：

$$w=k\frac{z-z_0}{z-\dfrac{1}{\overline{z}_0}}=k_1\frac{z-z_0}{1-\overline{z}_0z}\quad (k_1=-k\overline{z}_0 \text{ 为待定复常数}).$$

由于 $|z|=1$ 上的点映射为 $|w|=1$ 上的点，因而对于 $z=1$，其像点 w 满足 $|w|=1$，即有

$$|w|=\left|\frac{1-z_0}{1-\overline{z}_0}\right||k_1|=|k_1|=1.$$

于是 $k_1=e^{i\theta}$（θ 为任意的实常数）. 因此所求映射的一般形式为

$$w=e^{i\theta}\frac{z-z_0}{1-\overline{z}_0 z}. \tag{6.3.11}$$

上面所给的三个式子(6.3.9)、(6.3.10) 式与(6.3.11) 式是比较重要的式子，在将一些一般的区域映射为单位圆域时，常常会通过某些其他手段将它先变成上半平面，再借助(6.3.9) 式变为单位圆域；而对于给出了附加条件的问题，则可借助(6.3.10) 与(6.3.11) 式来解决.

例 6.3.8 求一分式线性映射 $w=f(z)$，将区域 $|z|<2$ 映射为区域 $\mathrm{Re}w>0$，并满足 $f(0)=1$，$\arg f'(0)=\frac{\pi}{2}$.

解 此题可借助例 6.3.6 来进行，我们已经知道如何将上半平面变成单位圆域，则其逆映射就将单位圆域映射为上半平面. 因此，我们可以从区域 $\mathrm{Re}w>0$ 出发，构造映射使其变为 $|z|<2$，再求其逆映射便得结果. 具体如下：

(1) 旋转映射 $w_1=we^{i\frac{\pi}{2}}$ 使右半平面变为上半平面；

(2) 映射 $w_2=e^{i\theta}\frac{w_1-w_0}{w_1-\overline{w}_0}$ 使上半平面变为单位圆域(这里利用了(6.3.10) 式)；

(3) 相似映射 $z=2w_2$ 使单位圆域变为圆心在原点、半径为 2 的圆域.

因此，将 $\mathrm{Re}w>0$ 映射为 $|z|<2$ 的分式线性映射为

$$z=2e^{i\theta}\frac{iw-w_0}{iw-\overline{w}_0},$$

对上式求逆，则得到将 $|z|<2$ 映射为 $\mathrm{Re}w>0$ 的分式线性映射

$$w=\frac{\overline{w}_0 z-2w_0 e^{i\theta}}{iz-2ie^{i\theta}}=f(z),$$

由 $f(0)=1$ 得 $w_0=i$，又由 $f'(0)=e^{i(-\theta)}$ 及 $f'(0)=\frac{\pi}{2}$，可得 $\theta=-\frac{\pi}{2}$. 从而所求映射为

$$w=\frac{\overline{i}z-2ie^{-\frac{\pi}{2}i}}{iz-2ie^{-\frac{\pi}{2}i}}=-\frac{z-2i}{z+2i}.$$

分式线性映射的确具有许多好的性质，但仅用分式线性映射构造共形映射显然是不够的，即使是将第一象限映射为上半平面这样简单的情况，分式线性映射也

无能为力. 因此下一节将介绍一些其他初等函数的映射特征,并将它们联合起来构成共形映射.

第四节　几个初等函数构成的共形映射

一、幂函数 $w=z^n$（n 为 $\geqslant 2$ 的整数）

函数 $w=z^n$ 在复平面上解析,且当 $z\neq 0$ 时其导数不为零,因此在复平面上除去原点外,函数 $w=z^n$ 所构成的映射是第一类保角映射,但它不一定构成共形映射. 例如,对 $w=z^4$,取 $z_1=e^{\frac{\pi}{2}i}$,$z_2=e^{\pi i}$,则 $z_1^4=z_2^4$,不是双方单值的. 那么它在什么情况下构成共形映射呢?我们来简单地分析一下.

令 $z=re^{i\theta}$,则 $w=r^n e^{i\theta}$. 即 z 的模被扩大到 n 次幂,而辐角扩大 n 倍. 为方便起见,我们仅对角形域(或扇形域)进行考虑. 设有角形域 $0<\theta<\theta_0$,则对此域内任意一点 z,经映射后其像点 w 的辐角 φ 满足 $0<\varphi<n\theta_0$,因此要使双方单值,θ_0 应满足$\theta_0\leqslant\dfrac{2\pi}{n}$.

由此得到,函数 $w=z^n$ 将角形域 $0<\theta<\theta_0$ $\left(\theta_0\leqslant\dfrac{2\pi}{n}\right)$共形映射为角形域 $0<\varphi<n\theta_0$(图 6-17). 因此通俗地讲,幂函数的特点是扩大角形域. 相应地,根式函数 $w=\sqrt[n]{z}$ 作为幂函数的逆映射,则是将角形域 $0<\theta<\theta_0$ $\left(\theta_0\leqslant\dfrac{2\pi}{n}\right)$共形映射为角形域 $0<\varphi<n\theta_0$. 同样,我们也通常说,根式函数的特点是缩小的角形域.

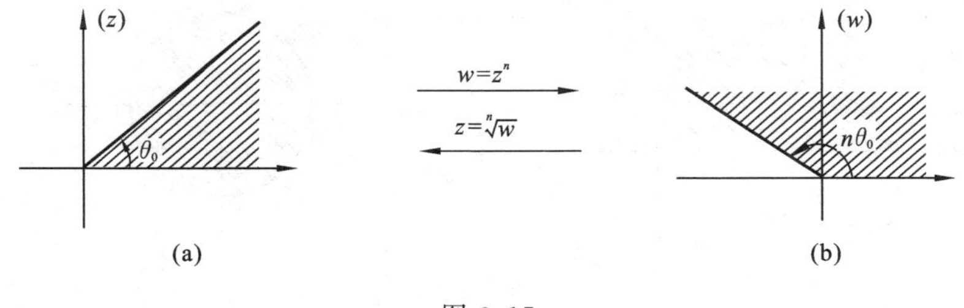

图 6-17

需要注意的是,如果是扇形域(即模有限),则模要相应地扩大或缩小,这一点往往容易忽略.

例 6.4.1　设区域 $D=\{z: |z|<1, \mathrm{Im}z>0, \mathrm{Re}z>0\}$,求一共形映射,将 D 变为上半平面.

解　如图 6-18 所示,首先由 $z_1=z^2$ 将 D 变为上半单位圆域. 接着由分式线性

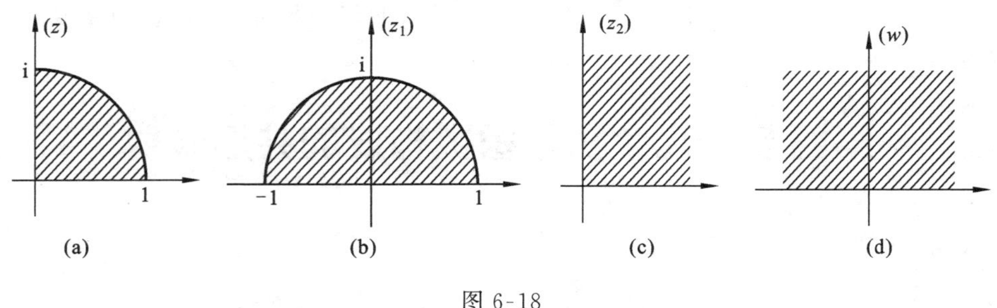

图 6-18

映射 $z_2=\dfrac{1+z_1}{1-z_1}$ 将其变为第一象限,最后由映射 $w=z_2^2$ 将其变为上半平面. 因此所求映射为

$$w=\left(\frac{1+z^2}{1-z^2}\right)^2.$$

例 6.4.2 求一共形映射,将角形域 $D=\{z:0<\arg z<\dfrac{4}{5}\pi\}$ 变为单位圆内部 $|w|<1$.

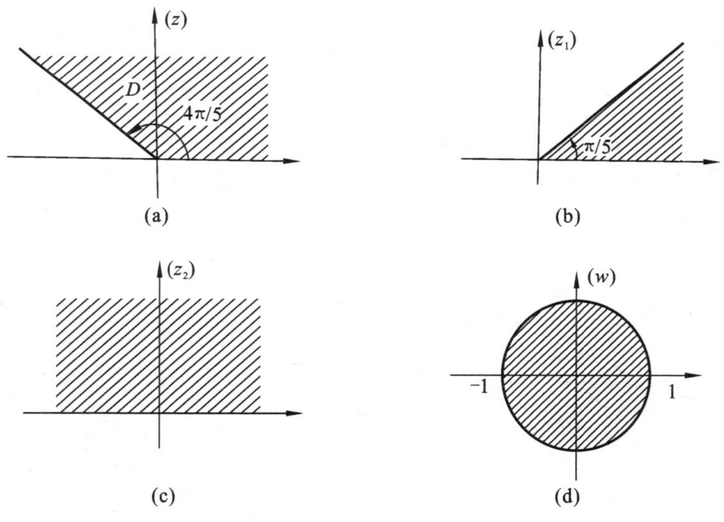

图 6-19

解 如图 6-19 所示,首先由根式映射 $z_1=\sqrt[4]{z}$ 将区域 D 变为角形域 $0<\arg z<\dfrac{\pi}{5}$,再由 $z_2=z_1^5$ 变成上半平面,最后由 $w=\dfrac{z_2-\mathrm{i}}{z_2+\mathrm{i}}$ 变为 $|w|<1$. 因此所求映射为

$$w=\frac{(\sqrt[4]{z})^5-\mathrm{i}}{(\sqrt[4]{z})^5+\mathrm{i}}.$$

二、指数函数 $w=\mathrm{e}^z$

函数 $w=\mathrm{e}^z$ 在复平面上解析且导数不为零，因此它在复平面上构成的映射是第一类保角映射. 注意到指数函数是周期函数，不是双方单值的，因而不一定构成共形映射.

$z=x+\mathrm{i}y$，则 $w=\mathrm{e}^x\mathrm{e}^{\mathrm{i}y}$，即 z 的实部通过指数关系构成 w 的模，而 z 的虚部是 w 的辐角. 为了讨论方便，我们仅对带形域（或者半带形域）进行考虑. 设有带形域 $0<\mathrm{Im}z<h$，则对此区域内的任意一点 z，经映射后其像点的辐角满足 $0<\arg w<h$，因此要使双方单值，h 应满足 $h\leqslant 2\pi$.

由此得到，函数 $w=\mathrm{e}^z$ 将带形域 $0<\mathrm{Im}z<h\quad(h\leqslant 2\pi)$ 共形映射为角形域 $0<\arg w<h$（图 6-20）. 因此可以简单地说，指数函数的特点是将带形域变成角形域. 相应地，对数函数 $w=\ln z$ 作为指数函数的逆映射，则是将角形域 $0<\arg z<h\quad(h\leqslant 2\pi)$ 变为带形域 $0<\mathrm{Im}w<h$.

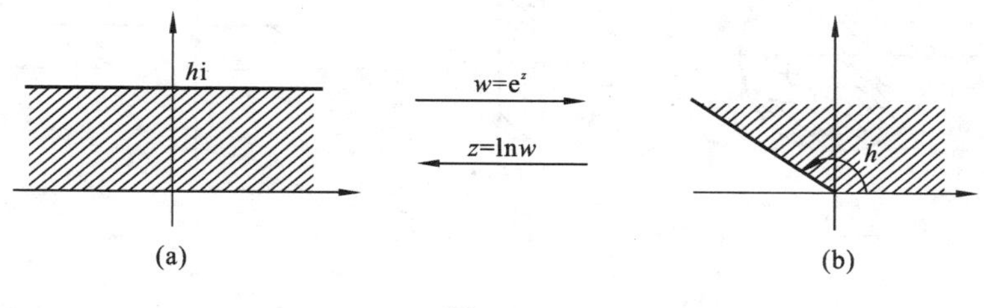

图 6-20

这时所提到的带形域的实部是取所有实数，但如果实部是在某范围内取值的话，则应该注意像区域内点的模的范围. 例如，对于左半带形域 $D=\{z:\mathrm{Re}z<0,\ 0<\mathrm{Im}z<h\}$，则在映射 $w=\mathrm{e}^z$ 下的像区域为扇形域

$$G=\{w:0<|w|<1,0<\arg w<h\},\quad 其中\ h\leqslant 2\pi.$$

例 6.4.3　求一共形映射，将带形域 $D=\{z:\frac{\pi}{2}<\mathrm{Im}z<\pi\}$ 映射为上半平面.

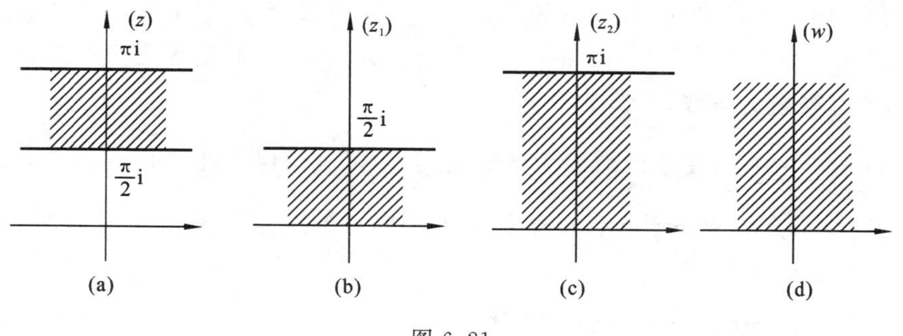

图 6-21

解 如图 6-21 所示,首先由平移映射 $z_1 = z - \frac{\pi}{2}\mathrm{i}$ 将带形域 D 变为带形域 $0 < \mathrm{Im} z_1 < \frac{\pi}{2}$,再由相似映射 $z_2 = 2z_1$ 变为带形域 $0 < \mathrm{Im} z_2 < \pi$,最后由指数函数 $w = \mathrm{e}^{z_2}$ 变为上半平面. 因此所求的映射为

$$w = \mathrm{e}^{2\left(z - \frac{\pi}{2}\mathrm{i}\right)}.$$

三、综合举例

在以下所给的例子中,为使行文简洁,将尽可能略去一些描写性的叙述.

例 6.4.4 求一共形映射,将 $|z| < 2$ 与 $|z-1| > 1$ 所构成的区域映射为上半平面.

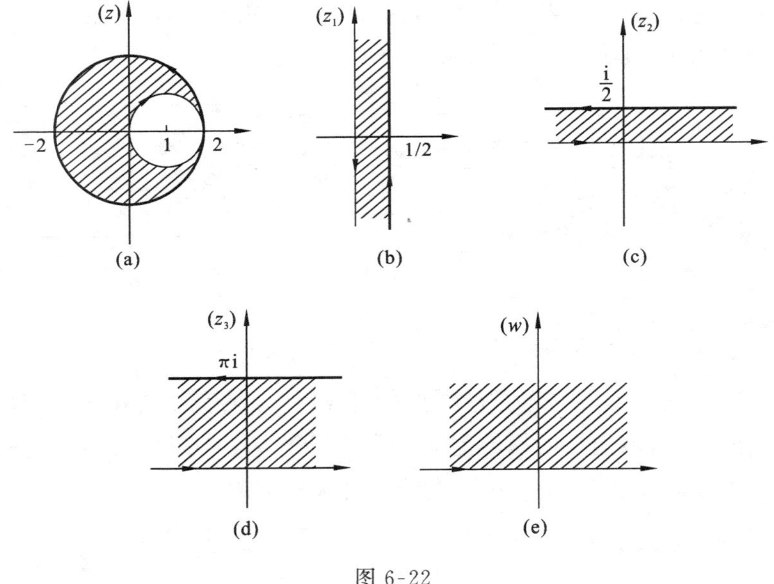

图 6-22

解 如图 6-22 所示,区域的边界为 C_1:$|z| = 2$ 与 C_2:$|z-1| = 1$. 首先的一步(也是最后果要的一步)是将 C_1 与 C_2 的公共点 $z = 2$ 映射为无穷远点,从而使 C_1 与 C_2 都映射为直线,具体如下:

(1) $z_1 = \frac{z}{z-2}$,使原区域成为带形域. 其中可利用保角性判断出 C_1 与 C_2 被映射为与实轴垂直的两条平行线. 再由 -2,0 与 -1 三点判断出映射后的区域的位置.

(2) $z_2 = z_1 \mathrm{e}^{\frac{\pi}{2}\mathrm{i}} = \mathrm{i} z_1$ (旋转映射).

(3) $z_3 = 2\pi z_2$ (相似映射).

（4）$w = e^{z_3}$ （指数映射）.

因此所求的映射为 $w = e^{2\pi i\left(\frac{z}{z-2}\right)}$.

例 6.4.5　如图 6-23 所示，区域 D 由两个圆弧围成，其中 $r > 1$. 求一共形映射将其变成单位圆内部.

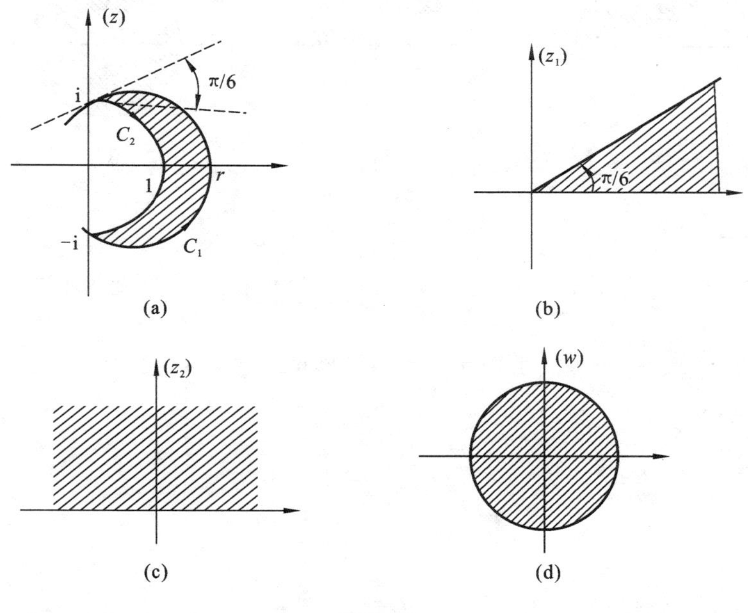

图 6-23

解　（1）令 $z_1 = k\dfrac{z-i}{z+i}$，再设它将 $z=1$ 映射为 $z_1 = 1$，则可求得 $k = i$，即得 $z_1 = \dfrac{z-i}{z+i}i$. 此步是最关键的一步，它包含三个方面的考虑：第一，将 C_1 与 C_2 的一个公共点 $-i$ 映射为无穷远点，从而使 C_1 与 C_2 变为两条直线；第二，将 i 点映射为原点，使 C_1 与 C_2 变成原点出发且夹角为 $\dfrac{\pi}{6}$ 的射线；第三，将 1 映射为 1，使 C_2 映射为右半实轴. 这样映射后的区域很容易就确定下来.

（2）由 $z_2 = (z_1)^6$ 变为上半平面.

（3）由 $w = \dfrac{z_2 - i}{z_2 + i}$ 变为单位圆内部（参见例 6.3.6）.

最后得到所求映射为

$$w = \frac{\left(i\dfrac{z-i}{z+i}\right)^6 - i}{\left(i\dfrac{z-i}{z+i}\right)^6 + i}.$$

例 6.4.6 求一共形映射，使区域 $D=\{z:\mathrm{Im}z>0,\ |z|<1\}$ 映射为单位圆内部(图 6-24).

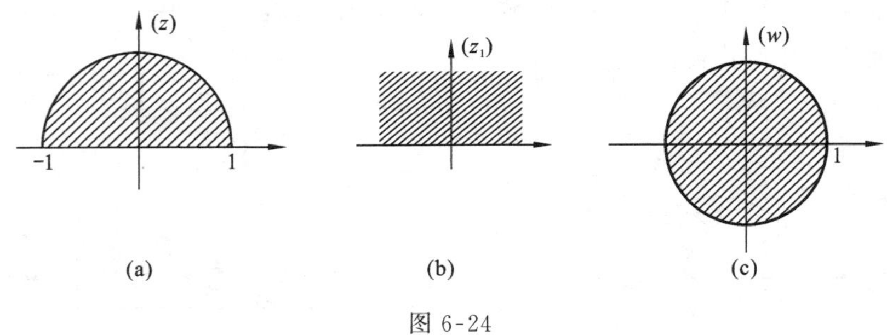

图 6-24

解 (1) 参见例 6.4.1，映射 $z_1=\left(\dfrac{1+z}{1-z}\right)^2$ 可将区域 D 变为上半平面.

(2) $w=\dfrac{z_1-\mathrm{i}}{z_1+\mathrm{i}}$ 将上半平面变为单位圆内部.

因此所求映射为

$$w=\frac{\left(\dfrac{1+z}{1-z}\right)^2-\mathrm{i}}{\left(\dfrac{1+z}{1-z}\right)^2+\mathrm{i}}$$

例 6.4.7 设区域 $D=\left\{z:-\dfrac{\pi}{2}<\mathrm{Re}z<\dfrac{\pi}{2},\mathrm{Im}z<0\right\}$，求一共形映射，使 D 映射为上半平面(图 6-25).

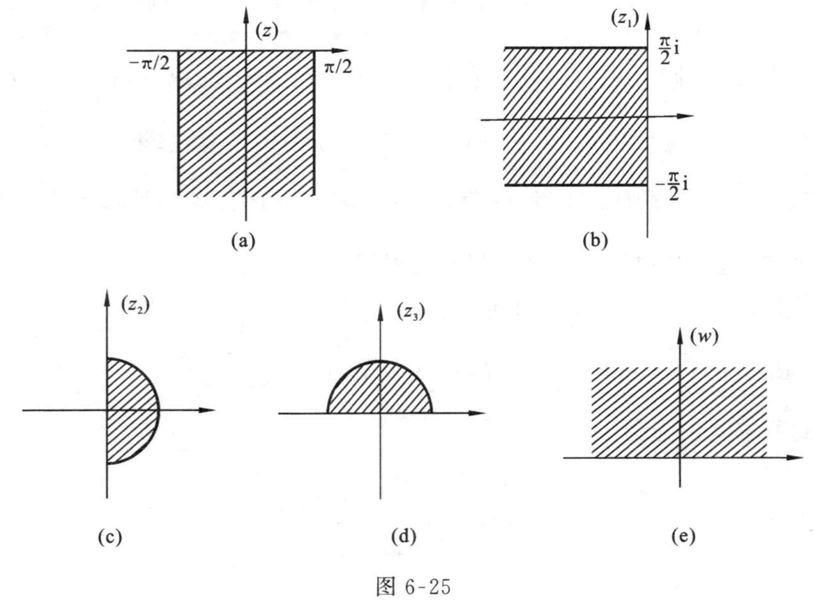

图 6-25

解　(1) 由旋转映射 $z_1=ze^{-\frac{\pi}{2}i}=-iz$ 将区域 D 变为左半带形域

$$\{z_1:-\frac{\pi}{2}<\mathrm{Im}z_1<\frac{\pi}{2},\mathrm{Re}z_1<0\}.$$

(2) 由 $z_2=e^{z_1}$ 变为右半单位圆域.

(3) 由 $z_3=e^{\frac{\pi}{2}i}z_2=iz_2$ 变为上半单位圆域.

(4) 由 $w=\left(\frac{1+z_3}{1-z_3}\right)^2$ 变为上半平面(参见例 6.4.1)

因此所求映射为

$$w=\left(\frac{1+ie^{-iz}}{1-ie^{-iz}}\right)^2.$$

本章小结

一、内容小结

本章通过对导函数的几何特性的分析,引入共形映射的概念,并借助这一概念来进一步认识解析函数的映射特征与应用.

事实上,保形性是解析函数所特有的性质,共形映射所研究的基本问题是构造解析函数使一个区域保形地映射到另一个区域. 而要解决这一问题. 必须首先从正面了解一个给定的解析函数会把一个给定的区域变成什么样的区域. 因此本章主要是围绕这两个问题展开. 其中重点讨论由分式线性函数所构成的映射.

分式线性函数具有保形性、保对称点性以及保圆性等一些性质. 而其中保圆性最具特色. 当然,如果这里所说的圆只是一般意义上的半径有限的圆. 则似乎还不能体现它的独到之处. 它最关键的地方在于能在直线与圆之间相互转换,这就使得我们在处理那些以直线和圆弧组成边界的区域时非常方便,而这样的区域又是最常见的. 因此从某种意义上也许可以这样说,分式线性映射最具魅力的特点在于它统一了直线和圆.

幂函数与根式函数、指数函数与对数函数也是在构造共形映射时非常有用的两对初等函数. 前者在角形域之间进行转换,而后者在角形域与带形域之间进行转换. 因此它们在使用上具有非常固定的模式.

单位圆域与上半平面是两个典型的区域. 同时它们也是连接区域之间共形映射的纽带. 我们在构造一般区域之间的共形映射时. 常常是先将区域都向上半平面或者单位圆域映射. 再求出所要的共形映射函数.

二、典型例题

例 1　求将上半平面 $\mathrm{Im}z>0$ 共形映射为圆 $|w-2i|<2$ 内部的分式线性映

射 $w = f(z)$，使它满足：

(1) $f(2\mathrm{i}) = 2\mathrm{i}$；　　　　(2) $\arg f'(2\mathrm{i}) = -\dfrac{\pi}{2}$.

分析　首先将分式线性映射到单位圆内部，再平移圆心，伸缩半径，最后确定值，这样就得到所求的映射.

解　由于分式线性映射 $\xi = \mathrm{e}^{\mathrm{i}\theta}\dfrac{z-2\mathrm{i}}{z+2\mathrm{i}}$ 将上半平面 $\mathrm{Im}z > 0$ 映为单位圆 $|\xi| = 1$ 的内部，且 $z = 2\mathrm{i}$ 映为 $\xi = 0$；而 $w = 2(\xi + \mathrm{i})$ 将 $|\xi| < 1$ 映为 $|w - 2\mathrm{i}| < 2$，故分式线性映射为

$$w = 2\left(\mathrm{e}^{\mathrm{i}\theta}\frac{z-2\mathrm{i}}{z+2\mathrm{i}} + \mathrm{i}\right) \quad (\theta \text{ 为待定实数}).$$

如图 6-26 所示，将上半平面 $\mathrm{Im}z > 0$ 映为圆 $|w - 2\mathrm{i}| < 2$ 内部，并且满足条件(1).

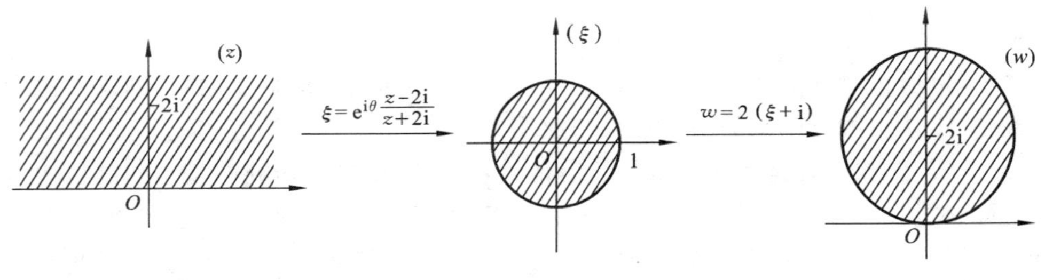

图 6-26

下面利用条件(2) 确定 θ 值：又因为

$$f'(2\mathrm{i}) = 2\left(\mathrm{e}^{\mathrm{i}\theta}\frac{z-2\mathrm{i}}{z+2\mathrm{i}}\right)'\Bigg|_{z=2\mathrm{i}} = 2\mathrm{e}^{\mathrm{i}\theta}\frac{4\mathrm{i}}{(z+2\mathrm{i})^2}\Bigg|_{z=2\mathrm{i}} = -\frac{1}{2}\mathrm{i}\mathrm{e}^{\mathrm{i}\theta},$$

所以 $\arg f'(2\mathrm{i}) = \theta - \dfrac{\pi}{2}$. 代入条件(2) 得 $\theta = 0$，故 $w = 2\left(\mathrm{i} + \dfrac{z-2\mathrm{i}}{z+2\mathrm{i}}\right)$ 即为所求的分式线性映射.

例 2　求一共形映射，使区域 $D = \{z: |z+\mathrm{i}| < 2, \mathrm{Im}z > 0\}$ 映射到上半平面.

分析　本题需要深刻理解各种常见共形映射的性质与功能.

解　先将区间 $[-\sqrt{3}, \sqrt{3}]$ 映射到正实轴，使 $-\sqrt{3}$ 映成 0，$\sqrt{3}$ 映成 ∞，0 映成 1，此映射为 $\xi = -\dfrac{z+\sqrt{3}}{z-\sqrt{3}}$，它把如图 6-27(a) 所示的阴影域映为图 6-27(b) 所示的角形域，夹角为 $\dfrac{\pi}{3}$.

再令 $w = \xi^3$，则 $w = \xi^3$ 把如图 6-27(b) 所示角形域映为上半平面. 所求映射为

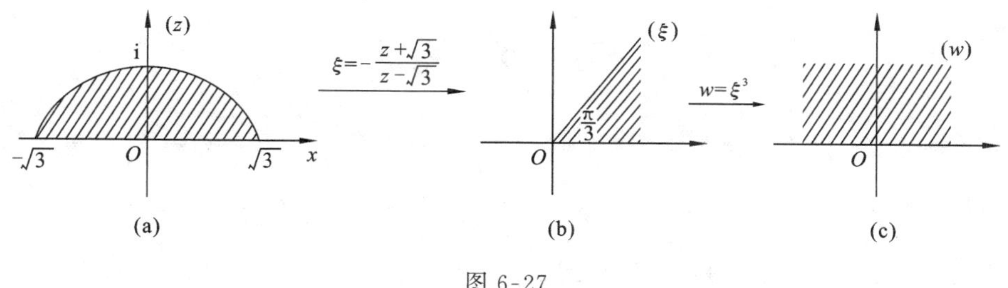

图 6-27

$$w=-\left(\frac{z+\sqrt{3}}{z-\sqrt{3}}\right)^3.$$

例 3　求一共形映射,将单位圆 $|z|=1$ 内部在第一象限内的部分映射为单位圆内部.

分析　首先要通过映射将已知区域映射为上半单位圆;其次,将上半单位圆映射为第一象限;再次,将第一象限映射为上半平面;最后,将上半平面映射到单位圆内部.

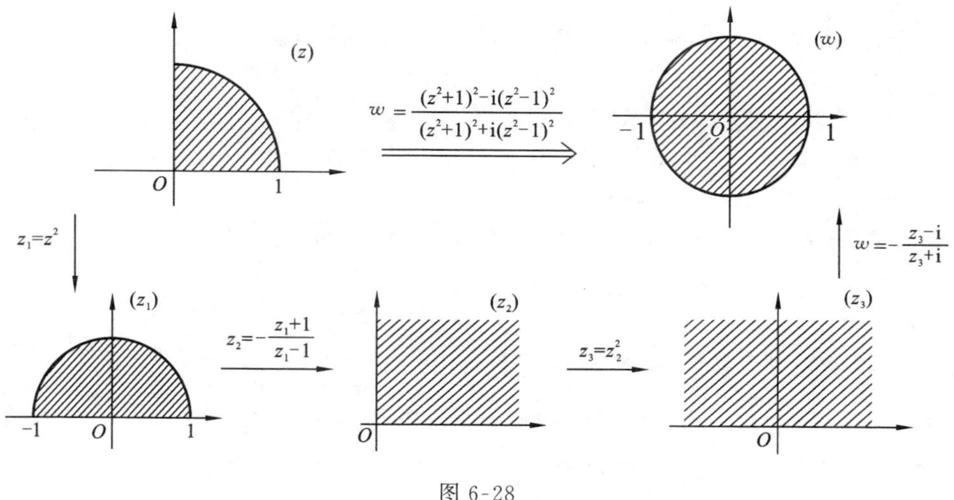

图 6-28

解　第一步,通过映射 $z_1=z^2$ 将已知区域映为上半单位圆;第二步,通过映射 $z_2=-\dfrac{z_1+1}{z_1-1}$ 将上半单位圆映为第一象限;第三步,通过映射 $z_3=z_2^2$ 将第一象限映成上半平面;最后,通过分式线性映射 $w=\dfrac{z_3-i}{z_3+i}$ 将上半平面映成单位圆内部(图 6-28). 因此,所求的映射为

$$w=\frac{\left(\dfrac{z^2+1}{z^2-1}\right)^2-i}{\left(\dfrac{z^2+1}{z^2-1}\right)^2+i}=\frac{(z^2+1)^2-i(z^2-1)^2}{(z^2+1)^2+i(z^2-1)^2}.$$

习 题 六

1. 试求映射 $w = z^2$ 在 z_0 处的旋转角与伸缩率.

(1) $z_0 = 1$； (2) $z_0 = -\dfrac{1}{4}$； (3) $z_0 = 1 + \mathrm{i}$； (4) $z_0 = -3 + 4\mathrm{i}$.

2. 在映射 $w = \dfrac{1}{z}$ 下，求下列曲线的像曲线.

(1) $x^2 + y^2 = 4$； (2) $y = x$； (3) $x = 1$； (4) $(x-1)^2 + y^2 = 1$.

3. 下列函数将下列区域映射成什么区域.

(1) $x > 0, y > 0, w = \dfrac{z - \mathrm{i}}{z + \mathrm{i}}$；

(2) $\mathrm{Im}z > 0, w = (1 + \mathrm{i})z$；

(3) $0 < \arg z < \dfrac{\pi}{4}, w = \dfrac{z}{z-1}$；

(4) $\mathrm{Re}z > 0, 0 < \mathrm{Im}z < 1, w = \dfrac{\mathrm{i}}{z}$.

4. 映射 $w = z^2$ 把上半单位圆域 $\{z: |z| < 1, \mathrm{Im}z > 0\}$ 映射成什么区域.

5. 求将点 $-1, \infty, \mathrm{i}$ 分别依次映射下列各点的分式线性映射.

(1) $\mathrm{i}, 1, 1 + \mathrm{i}$； (2) $\infty, \mathrm{i}, 1$； (3) $0, \infty, 1$.

6. 求以下各区域到上半平面的共形映射.

(1) $|z + \mathrm{i}| < 2, \mathrm{Im}z > 0$； (2) $|z + \mathrm{i}| > \sqrt{2}, |z - \mathrm{i}| < \sqrt{2}$.

7. 求分式线性映射 $w = f(z)$，使上半平面映射为单位圆内部并满足条件.

(1) $f(\mathrm{i}) = 0, f(-1) = 1$； (2) $f(\mathrm{i}) = 0, \arg f'(\mathrm{i}) = 0$；

(3) $f(1) = 1, f(\mathrm{i}) = 1/\sqrt{5}$； (4) $f(\mathrm{i}) = 0, \arg f'(\mathrm{i}) = \pi/2$.

8. 求将 $|z| < 1$ 映射为 $|w| < 1$ 的分式线性映射 $w = f(z)$，并满足下列条件.

(1) $f\left(\dfrac{1}{2}\right) = 0, f(-1) = 1$； (2) $f\left(\dfrac{1}{2}\right) = 0, \arg f'\left(\dfrac{1}{2}\right) = \pi/2$.

9. 求将下列区域映射为上半平面的共形映射.

(1) $|z| < 2, \mathrm{Im}z > 1$； (2) $0 < \arg z < \dfrac{\pi}{4}, |z| < 2$；

(3) $a < \mathrm{Re}z < b$； (4) $|z| > 2, 0 < \arg z < 3\pi/2$；

(5) $|z| < 1$，沿 0 到 1 有割缝.

自 测 题 六

1. 选择题

(1) 映射 $w = z^2$ 在 $z = -\mathrm{i}$ 处的伸缩率 k 与旋转角 α 是(　　).

A. $k = 1, \alpha = \dfrac{\pi}{2}$　　　　B. $k = 2, \alpha = -\dfrac{\pi}{2}$

C. $k=1,\alpha=-\frac{\pi}{2}$　　　　D. $k=2,\alpha=\frac{\pi}{2}$

(2) 在映射 $w=\frac{1}{z}$ 下,将 $|z-1|<1$ 映射为(　　).

A. 右半平面 $u>0$　　　　B. 下半平面 $v<0$

C. 半平面 $u>\frac{1}{2}$　　　　D. $v<-\frac{1}{2}$

(3) 映射 $w=\frac{1}{z}$ 将 $\mathrm{Im}(z)>1$ 的区域映射为(　　).

A. $\mathrm{Im}(w)<1$　　　　B. $\mathrm{Re}(w)<1$

C. 圆 $\left(u+\frac{1}{2}\right)^2+v^2<\frac{1}{2}$　　　　D. $\left(u+\frac{1}{2}\right)^2+v^2>\frac{1}{2}$

(4) $\omega=\sqrt[3]{z}$ 把 Z 平面上区域 $0<\theta<\pi$ 映射成 W 平面上的区域(　　).

A. $-3\pi<\varphi<0$　　　　B. $-\frac{\pi}{3}<\varphi<0$

C. $0<\varphi<\frac{\pi}{3}$　　　　D. $0<\varphi<3\pi$

(5) 线性变换 $\omega=\frac{\mathrm{i}-z}{z+\mathrm{i}}$(　　).

A. 将上半平面 $\mathrm{Im}z>0$ 映射为上半平面 $\mathrm{Im}\omega>0$

B. 将上半平面 $\mathrm{Im}z>0$ 映射为单位圆 $|\omega|<1$

C. 将单位圆 $|z|<1$ 映射为上半平面 $\mathrm{Im}\omega>0$

D. 将单位圆 $|z|<1$ 映射为单位圆 $|\omega|<1$

2. 求把上半平面 $\mathrm{Im}(z)>0$ 映射成单位圆 $|w|<1$ 的分式线性映射,且满足条件

(1) $w(\mathrm{i})=0,w(-1)=1$;　(2) $w(0)=1,w(\mathrm{i})=\frac{1}{2}$.

3. 求将右半平面 $\mathrm{Re}(z)>0$ 映射为单位圆 $|w|<1$ 的分式线性映射.

4. 试将由 $|z|<1$ 及 $|z-1|<1$ 所确定的区域共形地映射为上半平面.

5. 求把单位圆外部 $|z|>1$,且沿虚轴 $y>1$ 有割痕的域映射为上半平面的一个共形映射.

第七章 傅里叶变换

人们在处理和分析工程实际中的一些问题，常常采取某种手段将问题进行转换，从另一个角度进行处理与分析，这就是所谓的变换. 为此，变换的目的无非有两个：第一，使问题的性质更清楚，更便于分析问题；第二，使问题的求解更方便，更便于解决问题. 但变换不同于化简，它必须是可逆的，即必须有与之匹配的逆变换. 由于工程实际中的问题往往是复杂的，因此变换是一种常用的手法. 而数学上则更是如此，直角坐标与极坐标之间是一种变换，它使我们能更加灵活、更方便地处理一些问题；对数也是一种变换，它能将乘法运算化为加法运算，从而能用来求解一些复杂的代数方程. 本章将要介绍的傅里叶(Fourier) 变换，则是一种对连续时间函数的积分变换，即通过某种积分运算，把一个函数化为另一个函数，同时还具有对称形式的逆变换. 它既能简化计算，如求解微分方程、化卷积为乘积等，又具有非常特殊的物理意义，因而在许多领域被广泛地应用. 而在此基础上发展起来的离散傅里叶变换，在当今数字时代更是显得尤为重要.

第一节 傅里叶积分

在讨论傅里叶积分之前，我们有必要先回顾一下傅里叶级数展开.

一、傅里叶级数

1804 年，傅里叶首次提出“在有限区间上有任意图形定义的任意函数可以表示为单纯的正弦和余弦之和”，但没有给出严格的证明. 1829 年，由法国数学家狄利克雷(Dirichlet) 证明了下面的定理，为傅里叶级数奠定了理论基础.

定理 7.1 设 $f_T(t)$ 是以 T 为周期的实值函数，且在 $\left[-\frac{T}{2},\frac{T}{2}\right]$ 上满足狄利克雷条件(简称狄氏条件)，即 $f_T(t)$ 在 $\left[-\frac{T}{2},\frac{T}{2}\right]$ 上满足：

(1) 连续或只有有限个第一类间断点；

(2) 只有有限个极值点.

则在 $f_T(t)$ 的连续点处，有

$$f_T(t)=\frac{a_0}{2}+\sum_{n=1}^{+\infty}(a_n\cos n\omega t+b_n\sin n\omega t),\tag{7.1.1}$$

其中 $\omega=\dfrac{2\pi}{T}$，

$$a_n=\frac{2}{T}\int_{-\frac{T}{2}}^{\frac{T}{2}}f_T(t)\cos n\omega t\,\mathrm{d}t\quad(n=0,1,2,\cdots),$$

$$b_n=\frac{2}{T}\int_{-\frac{T}{2}}^{\frac{T}{2}}f_T(t)\sin n\omega t\,\mathrm{d}t\quad(n=1,2,\cdots).$$

而在 $f_T(t)$ 的间断点处，(7.1.1) 式左端要代之以$\dfrac{f_T(t-0)+f_T(t+0)}{2}$.

定理7.1解决了定义在$(-\infty,+\infty)$内的周期函数 $f_T(t)$ 的傅里叶级数展开问题，而定义在$(-\infty,+\infty)$内的非周期函数 $f(t)$，它的傅里叶展开怎么办?为了解决这一问题，先将(7.1.1)中的傅里叶级数写成复数形式.

根据欧拉公式可知(其中 j 为虚数单位①)：

$$\cos n\omega t=\frac{1}{2}(\mathrm{e}^{\mathrm{j}n\omega t}+\mathrm{e}^{-\mathrm{j}n\omega t}),$$

$$\sin n\omega t=\frac{\mathrm{j}}{2}(\mathrm{e}^{-\mathrm{j}n\omega t}-\mathrm{e}^{\mathrm{j}n\omega t}),$$

代入(7.1.1)式，得

$$f_T(t)=\frac{a_0}{2}+\sum_{n=1}^{+\infty}\left(\frac{a_n-\mathrm{j}b_n}{2}\mathrm{e}^{\mathrm{j}n\omega t}+\frac{a_n+\mathrm{j}b_n}{2}\mathrm{e}^{-\mathrm{j}n\omega t}\right).$$

令 $c_0=\dfrac{a_0}{2},c_n=\dfrac{a_n-\mathrm{j}b_n}{2},c_{-n}=\dfrac{a_n+\mathrm{j}b_n}{2}\quad(n=1,2,\cdots)$，则上式可写为

$$f_T(t)=c_0+\sum_{n=1}^{+\infty}(c_n\mathrm{e}^{\mathrm{j}n\omega t}+c_{-n}\mathrm{e}^{-\mathrm{j}n\omega t}),$$

其中

$$c_0=\frac{1}{T}\int_{-\frac{T}{2}}^{\frac{T}{2}}f_T(t)\,\mathrm{d}t,$$

$$c_n=\frac{1}{T}\int_{-\frac{T}{2}}^{\frac{T}{2}}f_T(t)(\cos n\omega t-\mathrm{j}\sin n\omega t)\,\mathrm{d}t=\frac{1}{T}\int_{-\frac{T}{2}}^{\frac{T}{2}}f_T(t)\mathrm{e}^{-\mathrm{j}n\omega t}\,\mathrm{d}t\quad(n=1,2,\cdots),$$

$$c_{-n}=\frac{1}{T}\int_{-\frac{T}{2}}^{\frac{T}{2}}f_T(t)(\cos n\omega t+\mathrm{j}\sin n\omega t)\,\mathrm{d}t=\frac{1}{T}\int_{-\frac{T}{2}}^{\frac{T}{2}}f_T(t)\mathrm{e}^{\mathrm{j}n\omega t}\,\mathrm{d}t\quad(n=1,2,\cdots).$$

将 c_0,c_n,c_{-n} 合成一个式子

$$c_n=\frac{1}{T}\int_{-\frac{T}{2}}^{\frac{T}{2}}f_T(t)\mathrm{e}^{-\mathrm{j}n\omega t}\,\mathrm{d}t,\quad(n=0,\pm1,\pm2,\cdots),$$

则

① 数学中按国家标准规定用“i”表示虚数单位，这里用“j”是按照工程中通常的习惯.

$$f_T(t)=\sum_{n=-\infty}^{+\infty}c_n e^{jn\omega t}. \tag{7.1.2}$$

我们称(7.1.1)式为傅里叶级数的三角形式,而称(7.1.2)式为傅里叶级数的复指数形式. 工程上一般采用后一种形式.

下面我们来讨论非周期函数的展开问题.

二、傅里叶积分公式

若记 $\omega_n = n\omega \quad (n=0,\pm 1,\pm 2,\cdots)$,则(7.1.2)式可写为

$$f_T(t)=\sum_{n=-\infty}^{+\infty}c_n e^{j\omega_n t},$$

其中

$$c_n=\frac{1}{T}\int_{-\frac{T}{2}}^{\frac{T}{2}}f_T(t)e^{-j\omega_n t}dt,\quad (n=0,\pm 1,\pm 2,\cdots).$$

即

$$f_T(t)=\frac{1}{T}\sum_{n=-\infty}^{+\infty}\left[\int_{-\frac{T}{2}}^{\frac{T}{2}}f_T(t)e^{-j\omega_n t}dt\right]e^{j\omega_n t}.$$

由于任何一个非周期函数 $f(t)$ 都可以看成是某个周期函数 $f_T(t)$ 当 $T\to+\infty$ 的极限,于是有

$$f(t)=\lim_{T\to+\infty}f_T(t)=\lim_{T\to+\infty}\frac{1}{T}\sum_{n=-\infty}^{+\infty}\left[\int_{-\frac{T}{2}}^{\frac{T}{2}}f_T(t)e^{-j\omega_n t}dt\right]e^{j\omega_n t}. \tag{7.1.3}$$

当 n 取一切整数时,ω_n 所对应的点便均匀分布在整个数轴上,如图 7-1 所示,若相邻两点的距离以 $\Delta\omega_n$ 表示,即

$$\Delta\omega_n=\omega_n-\omega_{n-1}=\frac{2\pi}{T}.$$

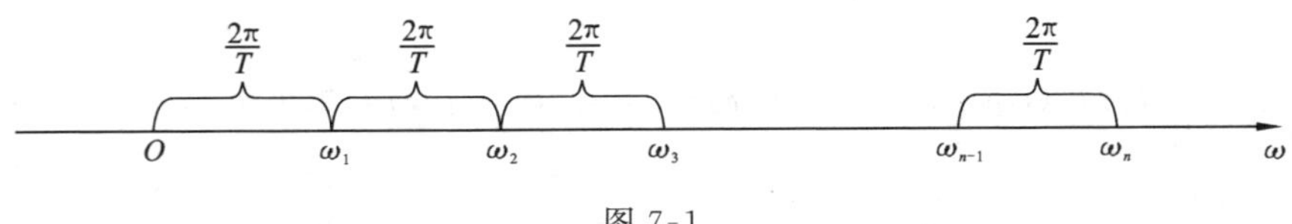

图 7-1

则当 $T\to+\infty$ 时,有 $\Delta\omega_n\to 0$,(7.1.3)式可写为

$$\begin{aligned}f(t)&=\lim_{T\to+\infty}f_T(t)=\lim_{\Delta\omega_n\to 0}\frac{1}{2\pi}\sum_{n=-\infty}^{+\infty}\left[\int_{-\frac{T}{2}}^{\frac{T}{2}}f_T(t)e^{-j\omega_n t}dt\right]e^{j\omega_n t}\Delta\omega_n\\&=\lim_{\Delta\omega_n\to 0}\frac{1}{2\pi}\sum_{n=-\infty}^{+\infty}\varphi(\omega_n)e^{j\omega_n t}\Delta\omega_n,\end{aligned}$$

其中 $\varphi(\omega_n)=\int_{-\frac{T}{2}}^{\frac{T}{2}}f_T(t)e^{-j\omega_n t}dt$.

而当 $T\to+\infty$ 时，上述积分的下限和上限分别变成 $-\infty$ 和 $+\infty$，$f_T(t)$ 变成 $f(t)$，离散变量 ω_n 变成了连续变量 ω，于是有

$$\varphi(\omega)=\int_{-\infty}^{\infty}f(t)\mathrm{e}^{-\mathrm{j}\omega t}\mathrm{d}t\left(=\int_{-\infty}^{\infty}f(\tau)\mathrm{e}^{-\mathrm{j}\omega\tau}\mathrm{d}\tau\right).$$

再结合定积分的定义，有

$$\begin{aligned}f(t)&=\lim_{\Delta\omega_n\to0}\frac{1}{2\pi}\sum_{n=-\infty}^{+\infty}\varphi(\omega_n)\mathrm{e}^{\mathrm{j}\omega_n t}\Delta\omega_n=\frac{1}{2\pi}\int_{-\infty}^{+\infty}\varphi(\omega)\mathrm{e}^{\mathrm{j}\omega t}\mathrm{d}\omega\\&=\frac{1}{2\pi}\int_{-\infty}^{+\infty}\left[\int_{-\infty}^{+\infty}f(\tau)\mathrm{e}^{-\mathrm{j}\omega\tau}\mathrm{d}\tau\right]\mathrm{e}^{\mathrm{j}\omega t}\mathrm{d}\omega.\end{aligned}\tag{7.1.4}$$

称(7.1.4)式为非周期函数 $f(t)$ 的傅里叶积分公式，简称傅氏积分.

以上只是一种形式上的推导，并不严密. 至于一个非周期函数 $f(t)$ 在什么条件下可以用傅里叶积分公式表示，我们有以下定理.

定理 7.2(傅里叶积分定理)　若 $f(t)$ 在 $(-\infty,+\infty)$ 内满足

(1) $f(t)$ 在任一有限区间内满足狄利克雷条件；

(2) $f(t)$ 在无限区间 $(-\infty,+\infty)$ 内绝对可积(即积分 $\int_{-\infty}^{+\infty}|f(t)|\mathrm{d}t$ 收敛)，

则有

$$f(t)=\frac{1}{2\pi}\int_{-\infty}^{+\infty}\left[\int_{-\infty}^{+\infty}f(\tau)\mathrm{e}^{-\mathrm{j}\omega\tau}\mathrm{d}\tau\right]\mathrm{e}^{\mathrm{j}\omega t}\mathrm{d}\omega$$

成立，而左端的 $f(t)$ 在它的间断点 t 处，应以 $\dfrac{f(t+0)+f(t-0)}{2}$ 来代替.

这个定理简称傅氏积分定理，其中所列的条件是充分的，证明略.

(7.1.4)式是 $f(t)$ 的傅里叶积分公式的复指数形式，利用欧拉公式，可将它转化为三角形式. 事实上，

$$\begin{aligned}f(t)&=\frac{1}{2\pi}\int_{-\infty}^{+\infty}\left[\int_{-\infty}^{+\infty}f(\tau)\mathrm{e}^{-\mathrm{j}\omega\tau}\mathrm{d}\tau\right]\mathrm{e}^{\mathrm{j}\omega t}\mathrm{d}\omega=\frac{1}{2\pi}\int_{-\infty}^{+\infty}\left[\int_{-\infty}^{+\infty}f(\tau)\mathrm{e}^{\mathrm{j}\omega(t-\tau)}\mathrm{d}\tau\right]\mathrm{d}\omega\\&=\frac{1}{2\pi}\int_{-\infty}^{+\infty}\left[\int_{-\infty}^{+\infty}f(\tau)\cos\omega(t-\tau)\mathrm{d}\tau+\mathrm{j}\int_{-\infty}^{+\infty}f(\tau)\sin\omega(t-\tau)\mathrm{d}\tau\right]\mathrm{d}\omega.\end{aligned}$$

考虑到积分 $\int_{-\infty}^{+\infty}f(\tau)\sin\omega(t-\tau)\mathrm{d}\tau$ 是 ω 的奇函数，就有

$$\int_{-\infty}^{+\infty}\left[\int_{-\infty}^{+\infty}f(\tau)\sin\omega(t-\tau)\mathrm{d}\tau\right]\mathrm{d}\omega=0,$$

从而

$$f(t)=\frac{1}{2\pi}\int_{-\infty}^{+\infty}\left[\int_{-\infty}^{+\infty}f(\tau)\cos\omega(t-\tau)\mathrm{d}\tau\right]\mathrm{d}\omega.\tag{7.1.5}$$

若再考虑到积分 $\int_{-\infty}^{+\infty}f(\tau)\cos\omega(t-\tau)\mathrm{d}\tau$ 是 ω 的偶函数，(7.1.5)式还可写为

$$f(t)=\frac{1}{\pi}\int_{0}^{+\infty}\left[\int_{-\infty}^{+\infty}f(\tau)\cos\omega(t-\tau)\mathrm{d}\tau\right]\mathrm{d}\omega.\tag{7.1.6}$$

(7.1.5)、(7.1.6) 式都是 $f(t)$ 的傅里叶积分公式的三角形式.

稍加改写,还可以将傅里叶积分写成类似于傅里叶级数的形式,即若 $f(t)$ 满足傅里叶积分定理的条件,则有

$$f(t)=\int_0^{+\infty}a(\omega)\cos\omega t\,\mathrm{d}\omega+\int_0^{+\infty}b(\omega)\sin\omega t\,\mathrm{d}\omega, \tag{7.1.7}$$

其中

$$a(\omega)=\frac{1}{\pi}\int_{-\infty}^{+\infty}f(\tau)\cos\omega\tau\,\mathrm{d}\tau,\quad b(\omega)=\frac{1}{\pi}\int_{-\infty}^{+\infty}f(\tau)\sin\omega\tau\,\mathrm{d}\tau.$$

特别地,若 $f(t)$ 是$(-\infty,+\infty)$ 上的偶函数,则有

$$a(\omega)=\frac{2}{\pi}\int_0^{+\infty}f(\tau)\cos\omega\tau\,\mathrm{d}\tau,\quad b(\omega)=0. \tag{7.1.8}$$

若 $f(t)$ 是$(-\infty,+\infty)$ 上的奇函数,则有

$$a(\omega)=0,\quad b(\omega)=\frac{2}{\pi}\int_0^{+\infty}f(\tau)\sin\omega\tau\,\mathrm{d}\tau. \tag{7.1.9}$$

这些与傅里叶级数部分的有关公式都是完全类似的,所不同的是,这里的累加已不再是离散的,而是连续的,即是用积分的形式表出的.

傅里叶积分定理不但解决了非周期函数的傅里叶展开,为后面的傅里叶变换奠定了理论基础,而且它本身在含参量广义积分的计算和证明中也很有用.

例 7.1.1 求矩形单位脉冲函数 $f(t)=\begin{cases}1, & |t|\leqslant 1,\\ 0, & |t|>1\end{cases}$ 的傅里叶积分公式,并证明

$$\int_0^{+\infty}\frac{\sin\omega\cos\omega t}{\omega}\mathrm{d}\omega=\begin{cases}\dfrac{\pi}{2}, & |t|<1,\\[2mm] \dfrac{\pi}{4}, & |t|=1,\\[2mm] 0, & |t|>1.\end{cases}$$

证 $f(t)$ 是$(-\infty,+\infty)$ 上的偶函数,从而由(7.1.8)、(7.1.7) 两式知

$$a(\omega)=\frac{2}{\pi}\int_0^{+\infty}f(\tau)\cos\omega\tau\,\mathrm{d}\tau=\frac{2}{\pi}\int_0^1\cos\omega\tau\,\mathrm{d}\tau=\frac{2}{\pi}\left.\frac{\sin\omega\tau}{\omega}\right|_0^1=\frac{2}{\pi}\frac{\sin\omega}{\omega},$$

$$b(\omega)=0,$$

$f(t)$ 的傅里叶积分公式为

$$\int_0^{+\infty}\frac{2}{\pi}\frac{\sin\omega}{\omega}\cos\omega t\,\mathrm{d}\omega.$$

由傅氏积分定理知

$$\int_0^{+\infty}\frac{2}{\pi}\frac{\sin\omega}{\omega}\cos\omega t\,\mathrm{d}\omega=\begin{cases}1, & |t|<1,\\[2mm] \dfrac{1+0}{2}, & |t|=1,\\[2mm] 0, & |t|>1.\end{cases}$$

即

$$\int_0^{+\infty} \frac{\sin\omega\cos\omega t}{\omega}\mathrm{d}\omega = \begin{cases} \frac{\pi}{2}, & |t|<1, \\ \frac{\pi}{4}, & |t|=1, \\ 0, & |t|>1. \end{cases}$$

令 $t=0$ 代入,还可得到狄利克雷积分

$$\int_0^{+\infty} \frac{\sin\omega}{\omega}\mathrm{d}\omega = \frac{\pi}{2}.$$

第二节　傅里叶变换

一、傅里叶变换的定义

由上节知道,若函数 $f(t)$ 满足傅里叶积分定理的条件,则在 $f(t)$ 的连续点处有

$$f(t) = \frac{1}{2\pi}\int_{-\infty}^{+\infty}\left[\int_{-\infty}^{+\infty} f(\tau)\mathrm{e}^{-\mathrm{j}\omega\tau}\mathrm{d}\tau\right]\mathrm{e}^{\mathrm{j}\omega t}\mathrm{d}\omega.$$

若令

$$F(\omega) = \int_{-\infty}^{+\infty} f(\tau)\mathrm{e}^{-\mathrm{j}\omega\tau}\mathrm{d}\tau, \tag{7.2.1}$$

则

$$f(t) = \frac{1}{2\pi}\int_{-\infty}^{+\infty} F(\omega)\mathrm{e}^{\mathrm{j}\omega t}\mathrm{d}\omega. \tag{7.2.2}$$

(7.2.1)、(7.2.2) 两式表明,$f(t)$ 和 $F(\omega)$ 可以通过积分运算互相表示.

定义 7.1　称(7.2.1) 式为 $f(t)$ 的傅里叶变换(简称傅氏变换),其中函数 $F(\omega)$ 称为 $f(t)$ 的像函数,记为 $F(\omega)=\mathscr{F}[f(t)]$;称(7.2.2) 式为 $F(\omega)$ 的傅里叶逆变换(简称傅氏逆变换),其中函数 $f(t)$ 称为 $F(\omega)$ 的像原函数,记为 $f(t)=\mathscr{F}^{-1}[F(\omega)]$.

通常称像函数 $F(\omega)$ 和像原函数 $f(t)$ 构成一个傅里叶变换对.

例 7.2.1　设 $f(t)=\begin{cases}\mathrm{e}^{-\beta t}, & t\geqslant 0,\\ 0, & t<0,\end{cases}$ 这里 $\beta>0$,称 $f(t)$ 为指数衰减函数. 试求 $f(t)$ 的傅里叶变换及其傅里叶积分表达式.

解　$f(t)$ 的傅里叶变换

$$\begin{aligned} F(\omega) &= \mathscr{F}[f(t)] = \int_{-\infty}^{+\infty} f(t)\mathrm{e}^{-\mathrm{j}\omega t}\mathrm{d}t = \int_0^{+\infty} \mathrm{e}^{-\beta t}\mathrm{e}^{-\mathrm{j}\omega t}\mathrm{d}t = \int_0^{+\infty} \mathrm{e}^{-(\beta+\mathrm{j}\omega)t}\mathrm{d}t \\ &= \frac{1}{\beta+\mathrm{j}\omega} = \frac{\beta-\mathrm{j}\omega}{\beta^2+\omega^2}. \end{aligned}$$

$f(t)$ 的傅里叶积分表达式

$$f(t)=\mathscr{F}^{-1}[F(\omega)]=\frac{1}{2\pi}\int_{-\infty}^{+\infty}F(\omega)\mathrm{e}^{\mathrm{j}\omega t}\mathrm{d}\omega=\frac{1}{2\pi}\int_{-\infty}^{+\infty}\frac{\beta-\mathrm{j}\omega}{\beta^2+\omega^2}[\cos\omega t+\mathrm{j}\sin\omega t]\mathrm{d}\omega$$

$$=\frac{1}{\pi}\int_0^{+\infty}\frac{\beta\cos\omega t+\omega\sin\omega t}{\beta^2+\omega^2}\mathrm{d}\omega\quad(t\neq 0).$$

再利用傅里叶积分定理,还可以由此得到如下的含参量积分的结果

$$\int_0^{+\infty}\frac{\beta\cos\omega t+\omega\sin\omega t}{\beta^2+\omega^2}\mathrm{d}\omega=\begin{cases}0, & t<0,\\ \dfrac{\pi}{2}, & t=0,\\ \pi\mathrm{e}^{-\beta t}, & t>0.\end{cases}$$

例 7.2.2 设单位矩形脉冲函数 $f(t)=\begin{cases}E, & |t|<\dfrac{\tau}{2},\\ 0, & |t|\geqslant\dfrac{\tau}{2}\end{cases}$ (图 7-2),试求 $f(t)$ 的傅氏变换及其傅氏积分表达式.

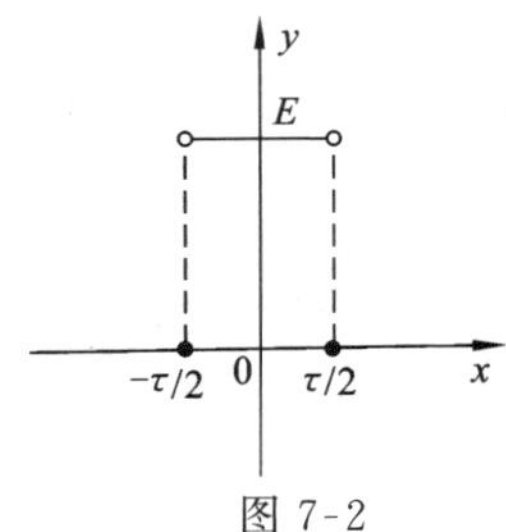

图 7-2

解 $f(t)$ 的傅氏变换

$$F(\omega)=\mathscr{F}[f(t)]=\int_{-\infty}^{+\infty}f(t)\mathrm{e}^{-\mathrm{j}\omega t}\mathrm{d}t$$

$$=\int_{-\frac{\tau}{2}}^{\frac{\tau}{2}}E\mathrm{e}^{-\mathrm{j}\omega t}\mathrm{d}t$$

$$=E\left.\frac{-\mathrm{e}^{-\mathrm{j}\omega t}}{\mathrm{j}\omega}\right|_{-\frac{\tau}{2}}^{\frac{\tau}{2}}=\frac{2E\sin\dfrac{\omega\tau}{2}}{\omega},$$

$f(t)$ 的积分表达式

$$f(t)=\mathscr{F}^{-1}[F(\omega)]=\frac{1}{2\pi}\int_{-\infty}^{+\infty}F(\omega)\mathrm{e}^{\mathrm{j}\omega t}\mathrm{d}\omega=\frac{E}{\pi}\int_{-\infty}^{+\infty}\frac{\sin\dfrac{\omega\tau}{2}}{\omega}\mathrm{e}^{\mathrm{j}\omega t}\mathrm{d}\omega.$$

二、单位脉冲函数及其傅里叶变换

1. 单位脉冲函数

在物理和工程技术中,常常会碰到单位脉冲函数. 这种函数的特点是:在某一点或某一瞬时,函数值为 $+\infty$,而在其他点处,函数值为 0. 另一特点是:将函数从 $-\infty$ 到 $+\infty$ 积分得单位 1.

例 7.2.3 一无限长细导线,在 $x=0$ 处有一单位正电荷,在 $x\neq 0$ 处电荷为零. 于是这一细导线的电荷密度为 $\delta(x)=\begin{cases}0, & x\neq 0,\\ +\infty, & x=0,\end{cases}$ 且 $q=\int_{-\infty}^{+\infty}\delta(x)\mathrm{d}x=1.$

例 7.2.4　一无限长细杆，在 $x=0$ 处有一单位质量，在 $x\neq 0$ 处质量为零. 于是这一细杆的线密度为 $\rho(x)=\begin{cases}0, & x\neq 0,\\ +\infty, & x=0,\end{cases}$ 且 $m=\int_{-\infty}^{+\infty}\rho(x)\mathrm{d}x=1$.

例 7.2.5　一电流为零的电路，于某一瞬时（$t=0$ 时）进入一单位电量的脉冲，现在要求出上述电路中的电流 $i(t)$.

以 $q(t)$ 表示该电路中的电量，则 $q(t)=\begin{cases}0, & t<0,\\ 1, & t\geqslant 0,\end{cases}$ 于是

$$i(t)=\frac{\mathrm{d}q}{\mathrm{d}t}=\begin{cases}0, & t\neq 0,\\ +\infty, & t=0,\end{cases}$$

且总电量 $q=\int_{-\infty}^{+\infty}i(t)\mathrm{d}t=1$.

这里 $i(0)=\frac{\mathrm{d}q}{\mathrm{d}t}\big|_{t=0}=+\infty$ 是符合物理上的含义的，因为 $i(t)=\lim\limits_{\Delta t\to 0}\frac{\Delta q}{\Delta t}$，在 $t=0$ 时刻，上式分子是 1，而分母趋于零，故极限是 $+\infty$. 但从数学的角度看，$i(0)=\frac{\mathrm{d}q}{\mathrm{d}t}\big|_{t=0}=+\infty$ 是不合理的，因为函数 $q(t)$ 在 $t=0$ 点是不连续的，从而谈不上求导. 此外，若按常义函数理解，由于 $i(t)$ 只在 $t=0$ 点有非零值，该函数在 $(-\infty,+\infty)$ 上的积分为零，而不应为 1. 由此看来，这里的函数 $i(t)$ 已不再是常规意义下的函数，而是一种广义函数. 例 7.2.3 中的电荷密度 $\delta(x)$，例 7.2.4 中的线密度 $\rho(x)$ 也都是这样的一种广义函数. 称这样的一种广义函数为单位脉冲函数，或称为狄拉克(Dirac)δ 函数，简称 δ 函数. 它是由英国物理学家狄拉克在量子力学中首先使用的.

由上可知，单位脉冲函数 $\delta(t)$ 满足

$$\delta(t)=\begin{cases}0, & t\neq 0,\\ +\infty, & t=0,\end{cases}\quad \text{且} \quad \int_{-\infty}^{+\infty}\delta(t)\mathrm{d}t=1, \tag{7.2.3}$$

这可以作为 δ 函数的一种定义. δ 函数的图形如图 7-3 所示，图中箭头的长度等于 1，这个长度表示 δ 函数的积分值，称为 δ 函数的强度.

δ 函数的另一种定义是作为函数序列的极限. 例如图 7-4 中，

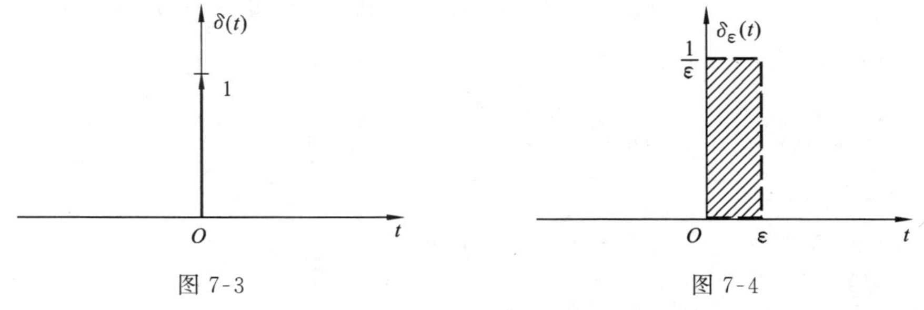

图 7-3　　图 7-4

$$\delta_\varepsilon(t)=\begin{cases}0, & t<0,\\ \dfrac{1}{\varepsilon}, & 0\leqslant t\leqslant\varepsilon,\\ 0, & t>\varepsilon,\end{cases}$$

令 $\varepsilon\to 0$,得

$$\delta(t)=\lim_{\varepsilon\to 0}\delta_\varepsilon(t). \tag{7.2.4}$$

由于对于任何 $\varepsilon>0$,显然有

$$\int_{-\infty}^{+\infty}\delta_\varepsilon(t)\mathrm{d}t=\int_0^\varepsilon\frac{1}{\varepsilon}\mathrm{d}t=1,$$

从而 $\int_{-\infty}^{+\infty}\delta(t)\mathrm{d}t=1$,这与(7.2.3)式中的结果是一致的.

需要特别指出的是,(7.2.4)式的确切含义为:对于任意一个无穷次可微函数 $f(t)$,有

$$\int_{-\infty}^{+\infty}\delta(t)f(t)\mathrm{d}t=\lim_{\varepsilon\to 0}\int_{-\infty}^{+\infty}\delta_\varepsilon(t)f(t)\mathrm{d}t. \tag{7.2.5}$$

δ 函数的这两种定义的优点是简单易懂,缺点是不够严密. 自从法国数学家施瓦兹(L. Schwartz)引入广义函数(或称分布理论(distribution))的概念后,δ 函数才得以较为严密的解释. 下面介绍的 δ 函数的筛选性质,也可以作为 δ 函数的另一种较为严密的定义.

2. 单位脉冲函数的性质

(1) 筛选性质.

设 $f(t)$ 是任意良函数①,即:(I) $f(t)$ 在所有点处有任意阶导数;(II) 当 $t\to\infty$ 时,$f(t)$ 下降得足够快,使得当 $|t|$ 大于某一值时,$f(t)$ 和它的一切导数都等于零,或至少比 t^{-N} 收敛得快,N 为任意大的正数. 则有

$$\int_{-\infty}^{+\infty}\delta(t)f(t)\mathrm{d}t=f(0). \tag{7.2.6}$$

事实上,

$$\int_{-\infty}^{+\infty}\delta(t)f(t)\mathrm{d}t=\lim_{\varepsilon\to 0}\int_{-\infty}^{+\infty}\delta_\varepsilon(t)f(t)\mathrm{d}t=\lim_{\varepsilon\to 0}\int_0^\varepsilon\frac{1}{\varepsilon}f(t)\mathrm{d}t$$
$$=\lim_{\varepsilon\to 0}\frac{1}{\varepsilon}\int_0^\varepsilon f(t)\mathrm{d}t.$$

由 $f(t)$ 的连续性和积分中值定理,有

① 良函数即所谓性质“特别好”的函数(particularly well-behaved functiongs),是广义函数的试验函数. 良函数 $f(t)$ 要求的这两个条件是对一般广义函数而言的,当然也适用于 $\delta(t)$ 及它的各阶导数 $\delta^{(n)}(t)$. 但仅就 $\delta(t)$ 而言,$f(t)$ 可放宽到只要求满足条件(I)或甚至放宽到原点连续,(7.2.6)式仍成立.

$$\int_{-\infty}^{+\infty}\delta(t)f(t)\mathrm{d}t = \lim_{\varepsilon\to 0}\frac{1}{\varepsilon}f(\theta\varepsilon)\varepsilon \qquad (0<\theta<1)$$
$$= \lim_{\varepsilon\to 0}f(\theta\varepsilon) = f(0).$$

注　δ 函数的筛选性质在应用时，常用如下形式：

设 $f(t)$ 是定义在实数域 R 上的有界函数，且在 $t=0$ 处连续，则

$$\int_{-\infty}^{+\infty}\delta(t)f(t)\mathrm{d}t = f(0).$$

一般地，若 $f(t)$ 在 $t=t_0$ 点连续，则

$$\int_{-\infty}^{+\infty}\delta(t-t_0)f(t)\mathrm{d}t = f(t_0), \tag{7.2.7}$$

从而

$$\int_{-\infty}^{+\infty}\delta(t)f(t-t_0)\mathrm{d}t = f(-t_0). \tag{7.2.8}$$

(7.2.6) 式实际上可作为 $\delta(t)$ 较为严密的广义函数定义，因为它把满足所给条件的任意良函数 $f(t)$ 映射为 $f(0)$，即

$$\delta: f(t)\mapsto f(0).$$

(2) δ 函数的导数.

设 $f(t)$ 是满足(7.2.6) 式中的任意良函数，则

$$\int_{-\infty}^{+\infty}\delta'(t)f(t)\mathrm{d}t = -f'(0). \tag{7.2.9}$$

事实上，由分部积分法，得

$$\int_{-\infty}^{+\infty}\delta'(t)f(t)\mathrm{d}t = f(t)\delta(t)\Big|_{-\infty}^{+\infty} - \int_{-\infty}^{+\infty}\delta(t)f'(t)\mathrm{d}t = 0-f'(0) = -f'(0).$$

注　反复应用(7.2.9) 式，可得

$$\int_{-\infty}^{+\infty}\delta^{(n)}(t)f(t)\mathrm{d}t = (-1)^n f^{(n)}(0). \tag{7.2.10}$$

(3) δ 函数是偶函数，即 $\delta(-t)=\delta(t)$. 这一点可由(7.2.3) 式或图 7-3 直接看出.

(4) $\int_{-\infty}^{t}\delta(\tau)\mathrm{d}\tau = u(t)$，其中 $u(t)=\begin{cases}1, & t>0,\\ 0, & t<0\end{cases}$ 称为单位阶跃函数. 反之，有

$$\frac{\mathrm{d}u(t)}{\mathrm{d}t} = \delta(t).$$

3. 单位脉冲函数的傅里叶变换

由式(7.2.1)，我们可以很方便地求出 δ 函数的傅里叶变换

$$F(\omega) = \mathscr{F}[\delta(t)] = \int_{-\infty}^{+\infty}\delta(t)\mathrm{e}^{-\mathrm{j}\omega t}\mathrm{d}t = \mathrm{e}^{-\mathrm{j}\omega t}\Big|_{t=0} = 1.$$

因此，$\delta(t)$ 和 1 构成傅里叶变换对，按逆变换公式，有

$$\mathscr{F}^{-1}[1]=\frac{1}{2\pi}\int_{-\infty}^{+\infty}e^{j\omega t}d\omega=\delta(t),$$

这是一个关于 δ 函数的重要公式.

一般地，也有

$$F(\omega)=\mathscr{F}[\delta(t-t_0)]=\int_{-\infty}^{+\infty}\delta(t-t_0)e^{-j\omega t}dt=e^{-j\omega t_0},$$

$$\mathscr{F}^{-1}[e^{-j\omega t_0}]=\frac{1}{2\pi}\int_{-\infty}^{+\infty}e^{-j\omega t_0}\cdot e^{j\omega t}d\omega=\frac{1}{2\pi}\int_{-\infty}^{+\infty}e^{j\omega(t-t_0)}d\omega=\delta(t-t_0).$$

即 $\delta(t-t_0)$ 和 $e^{-j\omega t_0}$ 构成了傅里叶变换对. 在此需要指出的是，上面这些积分不是通常意义下的积分，它们是根据 δ 函数的定义及性质从形式上推导出来的，即这些积分在计算时需要交换积分运算和极限运算顺序，所以 $\delta(t)$ 的傅里叶变换应理解为一种广义的傅里叶变换.

在工程技术中，有许多重要函数如单位阶跃函数、常函数、正弦函数、余弦函数等都不满足傅里叶积分中绝对可积的条件，但引入 δ 函数后便可以很方便地得到这些函数的 δ 变换.

例 7.2.6 证明：单位阶跃函数 $u(t)=\begin{cases}1, & t>0,\\ 0, & t<0\end{cases}$ 的傅里叶变换

$$F(\omega)=\frac{1}{j\omega}+\pi\delta(\omega).$$

证 由傅里叶逆变换，有

$$\begin{aligned}f(t)&=\frac{1}{2\pi}\int_{-\infty}^{+\infty}\left[\frac{1}{j\omega}+\pi\delta(\omega)\right]e^{j\omega t}d\omega=\frac{1}{2\pi}\int_{-\infty}^{+\infty}\pi\delta(\omega)e^{j\omega t}d\omega+\frac{1}{2\pi}\int_{-\infty}^{+\infty}\frac{1}{j\omega}e^{j\omega t}d\omega\\&=\frac{1}{2}e^{j\omega t}\Big|_{\omega=0}+\frac{1}{2\pi}\int_{-\infty}^{+\infty}\frac{\cos\omega t+j\sin\omega t}{j\omega}d\omega\\&=\frac{1}{2}+\frac{1}{2\pi}\int_{-\infty}^{+\infty}\frac{\sin\omega t}{\omega}=\frac{1}{2}+\frac{1}{\pi}\int_{0}^{+\infty}\frac{\sin\omega t}{\omega}d\omega.\end{aligned}$$

由例 7.1.1：$\int_0^{+\infty}\frac{\sin x}{x}=\frac{\pi}{2}$，有

$$\int_{-\infty}^{+\infty}\frac{\sin\omega t}{\omega}d\omega=\begin{cases}-\frac{\pi}{2}, & t<0,\\ 0, & t=0,\\ \frac{\pi}{2}, & t>0,\end{cases}$$

其中当 $t<0$ 时，可令 $u=-\omega t$，则

$$\int_0^{+\infty}\frac{\sin\omega t}{\omega}d\omega=\int_0^{+\infty}\frac{\sin(-u)}{u}du=-\int_0^{+\infty}\frac{\sin u}{u}du=-\frac{\pi}{2}.$$

因此

$$f(t)=\frac{1}{2}+\frac{1}{\pi}\int_0^{+\infty}\frac{\sin\omega t}{\omega}\mathrm{d}\omega=\begin{cases}0, & t<0,\\ 1, & t>0,\end{cases}$$

即 $f(t)=u(t)$. 这表明 $u(t)$ 的傅里叶变换是 $F(\omega)=\frac{1}{\mathrm{j}\omega}+\pi\delta(\omega)$，$u(t)$ 的傅里叶积分表达式为

$$u(t)=\frac{1}{2}+\frac{1}{\pi}\int_0^{+\infty}\frac{\sin\omega t}{\omega}\mathrm{d}\omega,\quad t\neq 0.$$

例 7.2.7　证明：$f(t)=1$ 的傅里叶变换是 $F(\omega)=2\pi\delta(\omega)$.

证　$f(t)=\frac{1}{2\pi}\int_{-\infty}^{+\infty}F(\omega)\mathrm{e}^{\mathrm{j}\omega t}\mathrm{d}\omega=\frac{1}{2\pi}\int_{-\infty}^{+\infty}2\pi\delta(\omega)\mathrm{e}^{\mathrm{j}\omega t}\mathrm{d}\omega=\mathrm{e}^{\mathrm{j}\omega t}\big|_{t=0}=1.$

所以 1 的傅里叶变换是 $F(\omega)=2\pi\delta(\omega)$. 同理 $\mathrm{e}^{\mathrm{j}\omega_0 t}$ 的傅里叶变换是

$$F(\omega)=2\pi\delta(\omega-\omega_0).$$

由此得

$$\int_{-\infty}^{+\infty}1\cdot\mathrm{e}^{-\mathrm{j}\omega t}\mathrm{d}t=2\pi\delta(\omega),\quad \int_{-\infty}^{+\infty}\mathrm{e}^{\mathrm{j}\omega_0 t}\cdot\mathrm{e}^{-\mathrm{j}\omega t}\mathrm{d}t=2\pi\delta(\omega-\omega_0).$$

其中$\int_{-\infty}^{+\infty}\mathrm{e}^{-\mathrm{j}\omega t}\mathrm{d}t=2\pi\delta(w)$ 是一个关于 δ 函数的重要公式.

例 7.2.8　求余弦函数 $f(t)=\cos\omega_0 t$ 的傅里叶变换.

解　
$$\begin{aligned}F(\omega)&=\mathscr{F}[f(t)]=\int_{-\infty}^{+\infty}\cos\omega_0 t\mathrm{e}^{-\mathrm{j}\omega t}\mathrm{d}t\\&=\frac{1}{2}\int_{-\infty}^{+\infty}(\mathrm{e}^{\mathrm{j}\omega_0 t}+\mathrm{e}^{-\mathrm{j}\omega_0 t})\mathrm{e}^{-\mathrm{j}\omega t}\mathrm{d}t=\frac{1}{2}\int_{-\infty}^{+\infty}[\mathrm{e}^{-\mathrm{j}(\omega-\omega_0)t}+\mathrm{e}^{-\mathrm{j}(\omega+\omega_0)t}]\mathrm{d}t\\&=\frac{1}{2}[2\pi\delta(\omega-w_0)+2\pi\delta(\omega+\omega_0)]=\pi[\delta(\omega-\omega_0)+\delta(\omega+\omega_0)].\end{aligned}$$

三、非周期函数的频谱

傅里叶变换和频谱概念有着非常密切的关系. 我们知道，若 $f(t)$ 是以 T 为周期的非正弦周期函数，则只要满足狄利克雷条件就可以展开成傅里叶级数

$$f(t)=\frac{a_0}{2}+\sum_{n=1}^{\infty}(a_n\cos\omega_n t+b_n\sin\omega_n t),$$

其中 $\omega_n=n\omega=\frac{2n\pi}{T}$. $a_n\cos\omega_n t+b_n\sin\omega_n t$ 称为 $f(t)$ 的第 n 次谐波，$\omega_n=n\omega$ 称为第 n 次谐波的频率. 由

$$a_n\cos\omega_n t+b_n\sin\omega_n t=\sqrt{a_n^2+b_n^2}\sin(\omega_n t+\varphi_n),$$

称 $\sqrt{a_n^2+b_n^2}$ 为频率是 $n\omega$ 的第 n 次谐波的振幅，记为 A_n，即 $A_n=\sqrt{a_n^2+b_n^2}$　$(n=$

1,2,3,…). 而 $A_0=\left|\frac{a_0}{2}\right|$. 若 $f(t)$ 的傅里叶级数为复指数形式,即

$$f(t)=\sum_{n=-\infty}^{+\infty}c_n e^{j\omega_n t}.$$

则第 n 次谐波为 $c_n e^{j\omega_n t}+c_{-n}e^{-j\omega_n t}$,其中

$$c_n=\frac{a_n-jb_n}{2},\quad c_{-n}=\frac{a_n+jb_n}{2},$$

并且 $|c_n|=|c_{-n}|=\frac{\sqrt{a_n^2+b_n^2}}{2}\quad(n=0,1,2,\cdots)$.

所以,以 T 为周期的非正弦函数的第 n 次谐波的振幅为

$$A_n=2|c_n|\quad(n=0,1,2,\cdots).\tag{7.2.11}$$

当 n 取 0,1,2,… 这些数值时,相应有不同的频率和不同的振幅,所以(7.2.11)式描述了各次谐波的振幅随频率变化的分布情况. 所谓频谱图,通常是指频率和振幅的关系图,所以 A_n 又称为 $f(t)$ 的振幅频谱(简称为频谱). 由于 $n=0,1,2,3,\cdots$,所以频谱 A_n 的图形是不连续的,称之为离散频谱. 它清楚地表明了一个非正弦周期函数包含了哪些频率分量及各分量所占的比重(即振幅大小). 因此频谱在工程技术中应用比较广泛.

例 7.2.9 如图 7-5 所示的周期矩形脉冲波 $f(t)$,在一个周期 $\left(-\frac{T}{2},\frac{T}{2}\right)$ 内

$$f(t)=\begin{cases}0, & -\frac{T}{2}<t<-\frac{\tau}{2},\\ h, & -\frac{\tau}{2}\leqslant t\leqslant\frac{\tau}{2},\\ 0, & \frac{\tau}{2}<t<\frac{T}{2}.\end{cases}$$

设 $T=4\tau$ 和 $T=8\tau$,分别作出相应的频谱图.

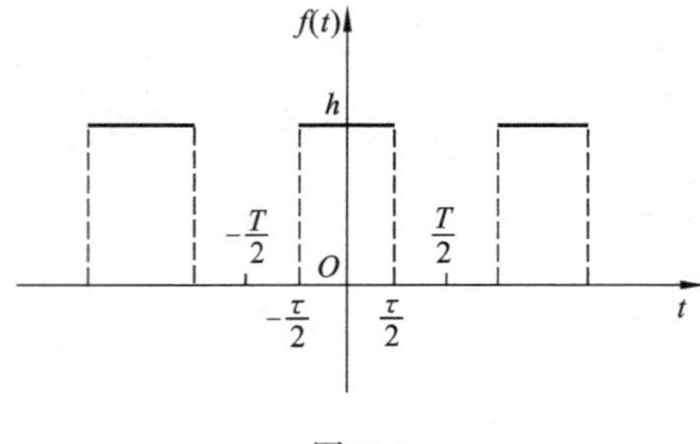

图 7-5

解 $f(t)$ 的傅里叶级数的复指数形式

$$f(t)=\frac{h\tau}{T}+\sum_{\substack{n=-\infty\\n\neq 0}}^{\infty}\frac{h}{n\pi}\sin\frac{n\pi\tau}{T}e^{jn\omega t}$$

即 $c_0=\frac{h\tau}{T}, c_n=\frac{h}{n\pi}\sin\frac{n\pi\tau}{T}$ $(n=\pm1,\pm2,\cdots)$. 因此频谱为

$$A_0=2|c_0|=\frac{2h\tau}{T},$$

$$A_n=2|c_n|=\frac{2h}{n\pi}\left|\sin\frac{n\pi\tau}{T}\right| \quad (n=1,2,3,\cdots).$$

当 $T=4\tau$ 时

$$A_0=\frac{h}{2},\quad A_n=\frac{2h}{n\pi}\left|\sin\frac{n\pi}{4}\right|,\quad \omega_n=n\omega=\frac{n\pi}{2\tau}\quad (n=1,2,3,\cdots).$$

频谱如下：

n	0	1	2	3	4	5	6	7	8	$\cdots$
ω_n	0	ω	2ω	3ω	4ω	5ω	6ω	7ω	8ω	$\cdots$
A_n	$\frac{h}{2}$	$\frac{\sqrt{2}h}{\pi}$	$\frac{h}{\pi}$	$\frac{\sqrt{2}h}{3\pi}$	0	$\frac{\sqrt{2}h}{5\pi}$	$\frac{h}{3\pi}$	$\frac{\sqrt{2}h}{7\pi}$	0	$\cdots$

频谱图如图 7-6 所示.

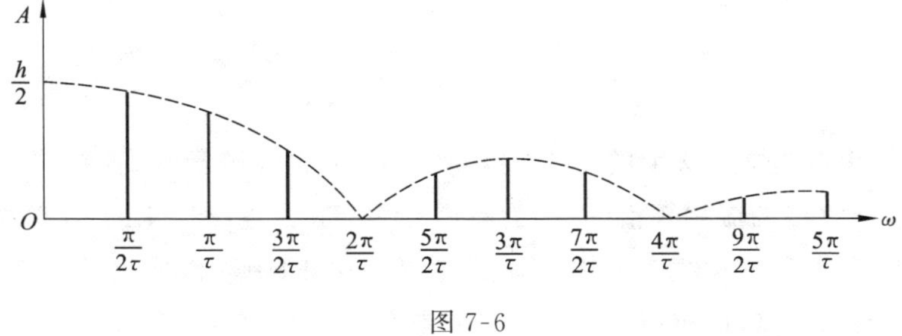

图 7-6

当 $T=8\tau$ 时

$$A_0=\frac{h}{4},\quad A_n=\frac{2h}{n\pi}\left|\sin\frac{n\pi}{8}\right|,\quad \omega_n=n\omega=\frac{n\pi}{4\tau}\quad (n=1,2,3,\cdots).$$

频谱如下：

n	0	1	2	3	4	5	6	7	8	$\cdots$
ω_n	0	ω	2ω	3ω	4ω	5ω	6ω	7ω	8ω	$\cdots$
A_n	$\frac{h}{4}$	$0.7654\frac{h}{\pi}$	$0.7071\frac{h}{\pi}$	$0.6159\frac{h}{\pi}$	$0.5\frac{h}{\pi}$	$0.3696\frac{h}{\pi}$	$0.2357\frac{h}{\pi}$	$0.1093\frac{h}{\pi}$	0	$\cdots$

频谱图如图 7-7 所示.

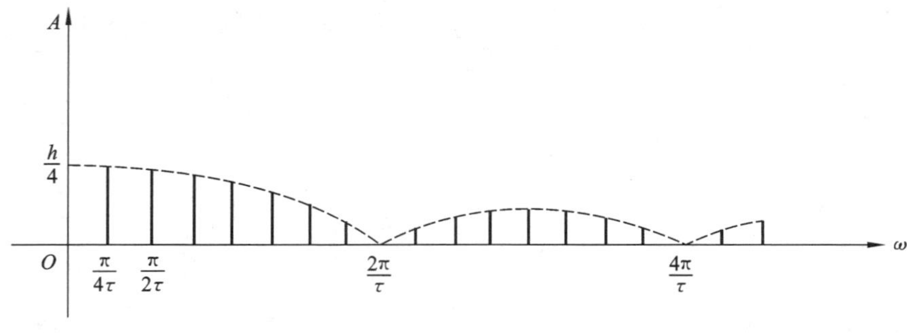

图 7-7

比较这两个图，可以看出：如果矩形的宽度 τ 不变而周期 T 放大一倍，它的频率 ω 必缩小一半，而谱线加密一倍. 由此我们可以得到如下的启示：如果 $T\to+\infty$，周期性的矩形脉冲就将转化为非周期性的矩形脉冲，这时离散的频谱也将转化为连续的频谱.

对于非周期函数 $f(t)$，当它满足傅里叶积分定理中的条件时，则在 $f(t)$ 的连续点处，有

$$f(t)=\frac{1}{2\pi}\int_{-\infty}^{+\infty}F(\omega)\mathrm{e}^{\mathrm{j}\omega t}\,\mathrm{d}\omega,$$

其中

$$F(\omega)=\int_{-\infty}^{+\infty}f(t)\mathrm{e}^{-\mathrm{j}\omega t}\,\mathrm{d}t$$

为 $f(t)$ 的傅里叶变换. 这里的 $F(\omega)$ 就称为 $f(t)$ 的频谱函数，而频谱函数的模 $|F(\omega)|$ 称为 $f(t)$ 的振幅频谱(简称为频谱). 由于 ω 是连续变化的，这时的频谱图是连续曲线，所以称这种频谱为连续频谱. 对一个时间函数作傅里叶变换，就是求这个时间函数的频谱，而进行傅里叶逆变换就是由频谱来求时间函数，这就是傅里叶变换的物理含义.

可以证明：振幅频谱 $|F(\omega)|$ 是频率 ω 的偶函数，即

$$|F(\omega)|=|F(-\omega)|$$

事实上

$$F(\omega)=\int_{-\infty}^{+\infty}f(t)\mathrm{e}^{-\mathrm{j}\omega t}\,\mathrm{d}t=\int_{-\infty}^{+\infty}f(t)(\cos\omega t-\mathrm{j}\sin\omega t)\,\mathrm{d}t,$$

$$|F(\omega)|=\sqrt{\left(\int_{-\infty}^{+\infty}f(t)\cos\omega t\,\mathrm{d}t\right)^2+\left(\int_{-\infty}^{+\infty}f(t)\sin\omega t\,\mathrm{d}t\right)^2}=|F(-\omega)|.$$

利用这一性质，在作频谱图时，只要作出 $(0,+\infty)$ 上的图形，然后将所作出的图形以纵轴为对称轴作一翻转即可得 $(-\infty,0)$ 上的图形.

例 7.2.10　作指数衰减函数 $f(t)=\begin{cases}e^{-\beta t}, & t\geqslant 0,\\ 0, & t<0,\end{cases}$ 其中 $\beta>0$ 的频谱图.

解　因为 $F(\omega)=\dfrac{1}{\beta+\mathrm{j}\omega}$,所以 $|F(\omega)|=\dfrac{1}{\sqrt{\beta^2+\omega^2}}$. 频谱图如图 7-8 所示.

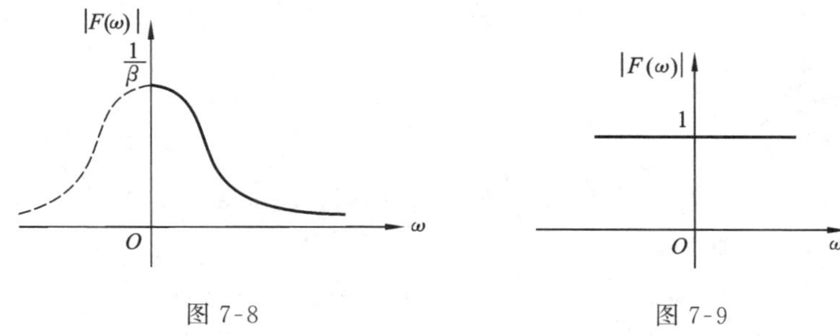

图 7-8　　　　图 7-9

例 7.2.11　作单位脉冲函数 $\delta(t)$ 的频谱图.

解　因为 $F(\omega)=\mathscr{F}[\delta(t)]=\int_{-\infty}^{+\infty}\delta(t)\mathrm{e}^{-\mathrm{j}\omega t}\mathrm{d}t=1$,所以 $|F(\omega)|=1$. 频谱图如图 7-9 所示.

例 7.2.12　作函数 $f(t)=\dfrac{\sin\omega_0 t}{\pi t}$ $(\omega_0>0)$ 的频谱图.

解
$$
\begin{aligned}
F(\omega)&=\int_{-\infty}^{+\infty}\frac{\sin\omega_0 t}{\pi t}\mathrm{e}^{-\mathrm{j}\omega t}\mathrm{d}t=\int_{-\infty}^{+\infty}\frac{\sin\omega_0 t}{\pi t}(\cos\omega t-\mathrm{j}\sin\omega t)\mathrm{d}t\\
&=\int_{-\infty}^{+\infty}\frac{1}{\pi t}\sin\omega_0 t\cos\omega t\,\mathrm{d}t=\int_{-\infty}^{+\infty}\frac{1}{\pi t}[\sin(\omega_0+\omega)t+\sin(\omega_0-\omega)t]\mathrm{d}t\\
&=\begin{cases}1, & |\omega|\leqslant\omega_0,\\ 0, & \text{其他}.\end{cases}
\end{aligned}
$$

频谱图如图 7-10 所示.

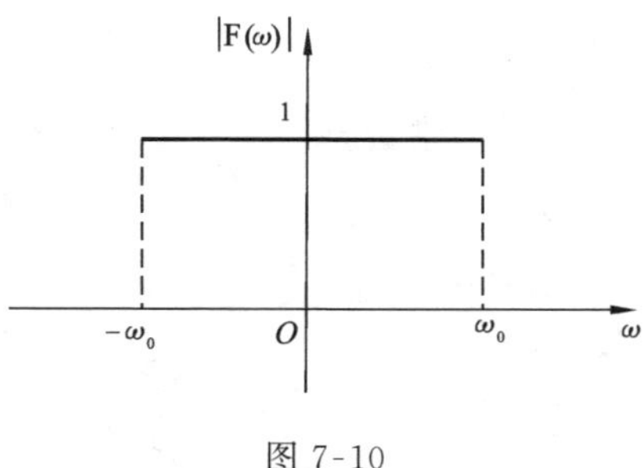

图 7-10

还有许多工程技术中所遇到的非周期函数的频谱图,收录在本书附录中,以备读者查用.

第三节 傅里叶变换的基本性质

本节将介绍傅里叶变换的一些重要性质. 为了叙述方便,假设以下性质中所涉及的傅里叶变换均存在,且对一些运算(如求导、积分、求和等)的次序可交换,均不另作说明.

一、线性性质

设 $F_1(\omega)=\mathscr{F}[f_1(t)]$,$F_2(\omega)=\mathscr{F}[f_2(t)]$,$\alpha$,$\beta$ 是常数,则

$$\mathscr{F}[\alpha f_1(t)+\beta f_2(t)]=\alpha F_1(\omega)+\beta F_2(\omega) \tag{7.3.1}$$

$$\mathscr{F}^{-1}[\alpha F_1(\omega)+\beta F_2(\omega)]=\alpha f_1(t)+\beta f_2(t) \tag{7.3.2}$$

本性质可直接由积分的线性性质推出.

例 7.3.1 求函数 $F(\omega)=\dfrac{1}{(3+\mathrm{j}\omega)(4+3\mathrm{j}\omega)}$ 的傅氏逆变换.

解 因为

$$\frac{1}{(3+\mathrm{j}\omega)(4+3\mathrm{j}\omega)}=\frac{1}{5}\cdot\frac{1}{\frac{4}{3}+\mathrm{j}\omega}-\frac{1}{5}\cdot\frac{1}{3+\mathrm{j}\omega}.$$

又由例 7.2.1 知

$$\mathscr{F}^{-1}\left[\frac{1}{\frac{4}{3}+\mathrm{j}\omega}\right]=\begin{cases}\mathrm{e}^{-\frac{4}{3}t}, & t\geqslant 0,\\ 0, & t<0,\end{cases}\quad \mathscr{F}^{-1}\left[\frac{1}{3+\mathrm{j}\omega}\right]=\begin{cases}\mathrm{e}^{-3t}, & t\geqslant 0,\\ 0, & t<0.\end{cases}$$

故由(7.3.2)式,得

$$\mathscr{F}^{-1}[F(\omega)]=\begin{cases}\dfrac{1}{5}\mathrm{e}^{-\frac{4}{3}t}-\dfrac{1}{5}\mathrm{e}^{-3t}, & t\geqslant 0,\\ 0, & t<0.\end{cases}$$

二、位移性质

设 $F(\omega)=\mathscr{F}[f(t)]$,$t_0$,$\omega_0$ 为常数,则

$$\mathscr{F}[f(t-t_0)]=\mathrm{e}^{-\mathrm{j}\omega t_0}F(\omega), \tag{7.3.3}$$

$$\mathscr{F}^{-1}[F(\omega-\omega_0)]=\mathrm{e}^{\mathrm{j}\omega_0 t}f(t). \tag{7.3.4}$$

证 由傅里叶变换的定义,有

$$\mathscr{F}[f(t-t_0)]=\int_{-\infty}^{+\infty}f(t-t_0)\mathrm{e}^{-\mathrm{j}\omega t}\mathrm{d}t.$$

作变量代换 $t_1=t-t_0$,得

$$\begin{aligned}\mathscr{F}[f(t-t_0)]&=\int_{-\infty}^{+\infty}f(t_1)\mathrm{e}^{-\mathrm{j}\omega t_1}\mathrm{e}^{-\mathrm{j}\omega t_0}\mathrm{d}t_1\\&=\mathrm{e}^{-\mathrm{j}\omega t_0}\mathscr{F}[f(t)]=\mathrm{e}^{-\mathrm{j}\omega t_0}F(\omega).\end{aligned}$$

类似可证(7.3.4)式.

同理还可得

$$\mathscr{F}[f(t+t_0)] = \mathrm{e}^{\mathrm{j}\omega t_0}F(\omega) \tag{7.3.5}$$

$$\mathscr{F}^{-1}[F(\omega+\omega_0)] = \mathrm{e}^{-\mathrm{j}\omega_0 t}f(t) \tag{7.3.6}$$

例 7.3.2　求函数 $f(t)=\begin{cases}E, & 0<t<\tau,\\ 0, & 其他\end{cases}$ 的傅氏变换.

解　由例 7.2.2 的结果,当 $f_1(t)=\begin{cases}E, & |t|<\dfrac{\tau}{2},\\ 0, & |t|\geqslant\dfrac{\tau}{2}\end{cases}$ 时,

$$F_1(\omega)=\mathscr{F}[f_1(t)]=\frac{2E\sin\dfrac{\omega\tau}{2}}{\omega},$$

而 $f(t)=f_1\left(t-\dfrac{\tau}{2}\right)$,所以

$$F(\omega)=\mathscr{F}[f(t)]=\mathscr{F}\left[f_1\left(t-\frac{\tau}{2}\right)\right]=\frac{2E\sin\dfrac{\omega\tau}{2}}{\omega}\mathrm{e}^{-\mathrm{j}\omega\frac{\tau}{2}}.$$

例 7.3.3　已知 $F(\omega)=\dfrac{1}{\beta+\mathrm{j}(\omega+\omega_0)}$　($\beta>0$,ω_0为实常数),求 $f(t)=\mathscr{F}^{-1}[F(\omega)]$.

解　由(7.3.6)式并利用例 7.2.1 的结果,有

$$f(t)=\mathscr{F}^{-1}[F(\omega)]=\mathrm{e}^{-\mathrm{j}\omega_0 t}\mathscr{F}^{-1}\left[\frac{1}{\beta+\mathrm{j}\omega}\right]=\begin{cases}\mathrm{e}^{-(\beta+\mathrm{j}\omega_0)t}, & t\geqslant 0,\\ 0, & t<0.\end{cases}$$

三、微分性质

若 $\lim\limits_{|t|\to+\infty}f(t)=0$,则

$$\mathscr{F}[f'(t)]=\mathrm{j}\omega\mathscr{F}[f(t)]. \tag{7.3.7}$$

一般地,若 $\lim\limits_{|t|\to+\infty}f^{(k)}(t)=0$　$(k=0,1,2,\cdots,n-1)$,则

$$\mathscr{F}[f^{(n)}(t)]=(\mathrm{j}\omega)^n\mathscr{F}[f(t)]. \tag{7.3.8}$$

证　当 $|t|\to+\infty$ 时,$|f(t)\mathrm{e}^{-\mathrm{j}\omega t}|=|f(t)|\to 0$,可得 $f(t)\mathrm{e}^{-\mathrm{j}\omega t}\to 0$. 因而

$$\begin{aligned}\mathscr{F}[f'(t)]&=\int_{-\infty}^{+\infty}f'(t)\mathrm{e}^{-\mathrm{j}\omega t}\mathrm{d}t=f(t)\mathrm{e}^{-\mathrm{j}\omega t}\Big|_{-\infty}^{+\infty}+\mathrm{j}\omega\int_{-\infty}^{+\infty}f(t)\mathrm{e}^{-\mathrm{j}\omega t}\mathrm{d}t\\&=\mathrm{j}\omega\mathscr{F}[f(t)].\end{aligned}$$

反复运用上式,即可得(7.3.8)式.

同样,我们还能得到像函数的导数公式为

$$\frac{\mathrm{d}}{\mathrm{d}\omega}F(\omega)=-\mathrm{j}\mathscr{F}[tf(t)].$$

一般地,有$\dfrac{\mathrm{d}^nF(\omega)}{\mathrm{d}\omega}=(-\mathrm{j})^n\mathscr{F}[t^nf(t)]$.

当 $f(t)$ 的傅氏变换已知时,上式可用来求 $t^nf(t)$ 的傅氏变换.

四、积分性质

设 $g(t)=\int_{-\infty}^{t}f(t)\mathrm{d}t$,若 $\lim\limits_{|t|\to+\infty}g(t)=0$,则

$$\mathscr{F}\left[\int_{-\infty}^{t}f(t)\mathrm{d}t\right]=\frac{1}{\mathrm{j}\omega}\mathscr{F}[f(t)]. \tag{7.3.9}$$

证 因为$\dfrac{\mathrm{d}}{\mathrm{d}t}\left[\int_{-\infty}^{t}f(t)\mathrm{d}t\right]=f(t)$,所以

$$\mathscr{F}\left[\frac{\mathrm{d}}{\mathrm{d}t}\left[\int_{-\infty}^{t}f(t)\mathrm{d}t\right]\right]=\mathscr{F}[f(t)].$$

由微分性质

$$\mathscr{F}\left[\frac{\mathrm{d}}{\mathrm{d}t}\left[\int_{-\infty}^{t}f(t)\mathrm{d}t\right]\right]=\mathrm{j}\omega\,\mathscr{F}\left[\int_{-\infty}^{t}f(t)\mathrm{d}t\right],$$

故 $\mathscr{F}\left[\int_{-\infty}^{t}f(t)\mathrm{d}t\right]=\dfrac{1}{\mathrm{j}\omega}\mathscr{F}[f(t)]$.

它表明一个函数积分后的傅里叶变换等于这个函数的傅里叶变换除以 $\mathrm{j}\omega$. 当 $\lim\limits_{t\to+\infty}g(t)\neq 0$ 时,积分性质为

$$\mathscr{F}\left[\int_{-\infty}^{t}f(t)\mathrm{d}t\right]=\frac{1}{\mathrm{j}\omega}F(\omega)+\pi F(0)\delta(\omega).$$

例 7.3.4 求微分方程

$$ay'(t)+by(t)+c\int_{-\infty}^{t}y(t)\mathrm{d}t=h(t)$$

的解,其中 $-\infty<t<+\infty$,a,b,c 均为常数.

解 设 $\mathscr{F}[y(t)]=Y(\omega)$,$\mathscr{F}[h(t)]=H(\omega)$. 对方程两边取傅里叶变换,再利用傅里叶变换的微分性质和积分性质,可得

$$a\mathrm{j}\omega Y(\omega)+bY(\omega)+\frac{c}{\mathrm{j}\omega}Y(\omega)=H(\omega),\quad Y(\omega)=\frac{H(\omega)}{b+\mathrm{j}\left(a\omega+\dfrac{c}{\omega}\right)}.$$

再将上式两边取傅里叶逆变换,可得

$$y(t)=\frac{1}{2\pi}\int_{-\infty}^{+\infty}Y(\omega)\mathrm{e}^{\mathrm{j}\omega t}\mathrm{d}\omega=\frac{1}{2\pi}\int_{-\infty}^{+\infty}\frac{H(\omega)}{b+\mathrm{j}\left(a\omega+\dfrac{c}{\omega}\right)}\mathrm{e}^{\mathrm{j}\omega t}\mathrm{d}\omega.$$

同样,傅里叶逆变换也有类似的积分性质,即

$$\mathscr{F}^{-1}\left[\int_{-\infty}^{\omega} F(\omega)\mathrm{d}\omega\right]=-\frac{f(t)}{\mathrm{j}t}. \tag{7.3.10}$$

五、相似性质

设 $F(\omega)=\mathscr{F}[f(t)]$,$a$ 为非零常数,则

$$\mathscr{F}[f(at)]=\frac{1}{|a|}F\left(\frac{\omega}{a}\right). \tag{7.3.11}$$

证　$\mathscr{F}[f(at)]=\int_{-\infty}^{+\infty} f(at)\mathrm{e}^{-\mathrm{j}\omega t}\mathrm{d}t$,令 $x=at$,则有:

当 $a>0$ 时

$$\mathscr{F}[f(at)]=\frac{1}{a}\int_{-\infty}^{+\infty} f(x)\mathrm{e}^{-\mathrm{j}\frac{\omega}{a}x}\mathrm{d}x=\frac{1}{a}F\left(\frac{\omega}{a}\right).$$

当 $a<0$ 时

$$\mathscr{F}[f(at)]=\frac{1}{a}\int_{+\infty}^{-\infty} f(x)\mathrm{e}^{-\mathrm{j}\frac{\omega}{t}x}\mathrm{d}x=-\frac{1}{a}F\left(\frac{\omega}{a}\right).$$

综合以上两种情况,有

$$\mathscr{F}[f(at)]=\frac{1}{|a|}F\left(\frac{\omega}{a}\right).$$

此性质说明,若函数(或信号)被压缩($a>1$),则其频谱函数被扩展;反之,若函数(或信号)被扩展($a<1$),则其频谱函数被压缩.

例 7.3.5　已知抽样信号 $f(t)=\dfrac{\sin 2t}{\pi t}$ 的频谱为 $F(\omega)=\begin{cases}1, & |\omega|\leqslant 2,\\ 0, & |\omega|>2,\end{cases}$ 求信号 $g(t)=f\left(\dfrac{t}{2}\right)$ 的频谱 $G(\omega)$.

解　由(7.3.11)式,得

$$G(\omega)=\mathscr{F}[g(t)]=\mathscr{F}\left[f\left(\frac{t}{2}\right)\right]=2F(2\omega)=\begin{cases}2, & |\omega|\leqslant 1,\\ 0, & |\omega|>1.\end{cases}$$

六、对称性质

若 $\mathscr{F}[f(t)]=F(\omega)$,则

$$\mathscr{F}[F(t)]=2\pi f(-\omega). \tag{7.3.12}$$

证　由 $f(t)=\dfrac{1}{2\pi}\int_{-\infty}^{+\infty} F(\omega)\mathrm{e}^{\mathrm{j}\omega t}\mathrm{d}\omega$,得

$$f(-t)=\frac{1}{2\pi}\int_{-\infty}^{+\infty} F(\omega)\mathrm{e}^{-\mathrm{j}\omega t}\mathrm{d}\omega.$$

将 t 与 ω 互换，有

$$f(-\omega)=\frac{1}{2\pi}\int_{-\infty}^{+\infty}F(t)\mathrm{e}^{-\mathrm{j}\omega t}\,\mathrm{d}t.$$

即

$$\mathscr{F}[F(t)]=2\pi f(-\omega).$$

这个性质说明了傅里叶变换与其逆变换的对称关系.

例 7.3.6 $f(t)=\begin{cases}1, & |t|<1,\\ 0, & |t|>1,\end{cases}$ 且 $\mathscr{F}[f(t)]=\dfrac{2\sin\omega}{\omega}$ （$\omega=0$ 时取其极限值），求 $\mathscr{F}\left[\dfrac{2\sin t}{t}\right]$.

解 由对称性，得

$$\mathscr{F}\left[\frac{2\sin t}{t}\right]=2\pi f(-\omega)=\begin{cases}2\pi, & |\omega|<1,\\ 0, & |\omega|>1.\end{cases}$$

第四节 傅里叶变换的卷积

一、卷积的定义

设 $f_1(t)$ 与 $f_2(t)$ 在 $(-\infty,+\infty)$ 内有定义，若广义积分 $\int_{-\infty}^{+\infty}f_1(\tau)f_2(t-\tau)\mathrm{d}\tau$ 对任何实数 t 收敛，则它定义了一个自变量为 t 的函数，称此函数为 $f_1(t)$ 与 $f_2(t)$ 的卷积，记为 $f_1(t)*f_2(t)$，即

$$f_1(t)*f_2(t)=\int_{-\infty}^{+\infty}f_1(\tau)f_2(t-\tau)\mathrm{d}\tau. \tag{7.4.1}$$

根据定义，很容易知道卷积满足：

$f_1(t)*f_2(t)=f_2(t)*f_1(t)$ （交换律）

$f_1(t)*[f_2(t)*f_3(t)]=[f_1(t)*f_2(t)]*f_3(t)$ （结合律）

$f_1(t)*[f_2(t)+f_3(t)]=f_1(t)*f_2(t)+f_1(t)*f_3(t)$ （分配律）

例 7.4.1 求下列函数的卷积.

$$f(t)=\begin{cases}\mathrm{e}^{-\alpha t}, & t\geqslant 0,\\ 0, & t<0,\end{cases}\quad g(t)=\begin{cases}\mathrm{e}^{-\beta t}, & t\geqslant 0,\\ 0, & t<0,\end{cases}$$

其中 $\alpha>0,\beta>0$ 且 $\alpha\neq\beta$.

解 由定义，有

$$f(t)*g(t)=\int_{-\infty}^{+\infty}f(\tau)g(t-\tau)\mathrm{d}\tau.$$

由图 7-11，可得：当 $t<0$ 时，$f(t)*g(t)=0$；当 $t\geqslant 0$ 时

$$f(t)*g(t)=\int_0^t f(\tau)g(t-\tau)\mathrm{d}\tau=\int_0^t \mathrm{e}^{-\alpha\tau}\mathrm{e}^{-\beta(t-\tau)}\mathrm{d}\tau$$
$$=\mathrm{e}^{-\beta t}\int_0^t \mathrm{e}^{-(\alpha-\beta)\tau}\mathrm{d}\tau$$
$$=\frac{1}{\alpha-\beta}[\mathrm{e}^{-\beta t}-\mathrm{e}^{-\alpha t}].$$

综合得 $f(t)*g(t)=\begin{cases}0, & t<0,\\ \dfrac{1}{\alpha-\beta}[\mathrm{e}^{-\beta t}-\mathrm{e}^{-\alpha t}], & t\geqslant 0.\end{cases}$

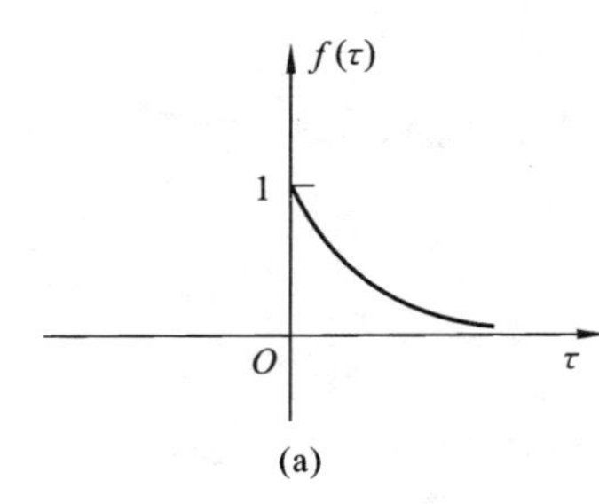

(a)

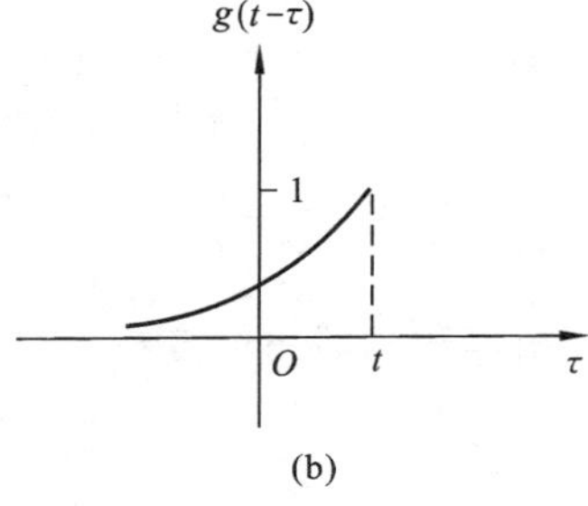

(b)

图 7-11

例 7.4.2　求下列函数的卷积.

$$f(t)=t^2u(t),\quad g(t)=\begin{cases}1, & |t|\leqslant 1,\\ 0, & |t|>1.\end{cases}$$

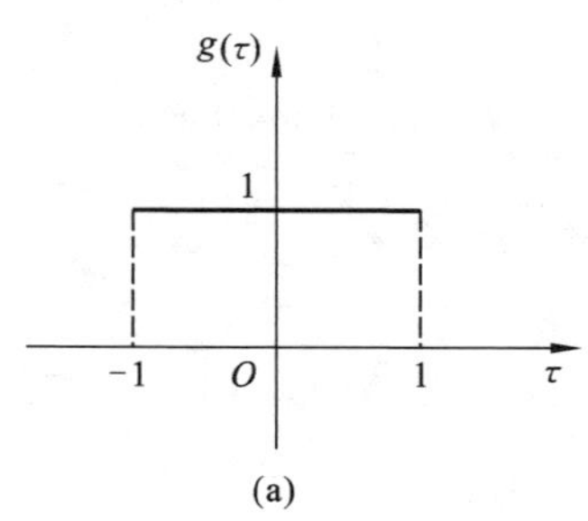

(a)

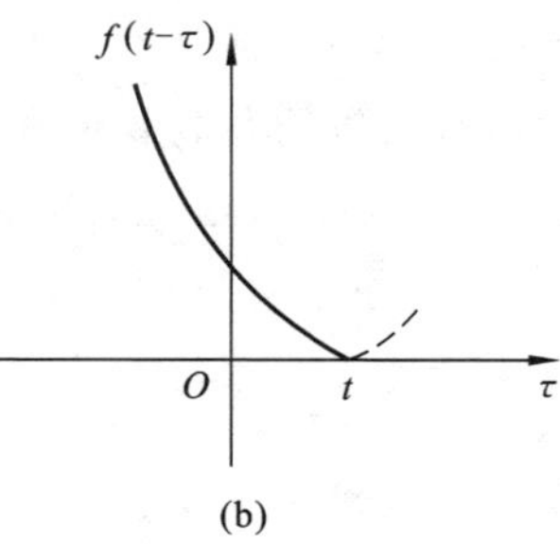

(b)

图 7-12

解　由定义,有

$$f(t)*g(t)=\int_{-\infty}^{+\infty}f(\tau)g(t-\tau)\mathrm{d}\tau=\int_{-\infty}^{+\infty}g(\tau)f(t-\tau)\mathrm{d}\tau.$$

由图 7-12,可得:当 $t<-1$ 时,$f(t)*g(t)=0$;当 $-1\leqslant t\leqslant 1$ 时

$$f(t)*g(t)=\int_{-1}^{t}1\cdot(t-\tau)^2\mathrm{d}\tau=\frac{1}{3}(t+1)^3;$$

当 $t>1$ 时

$$f(t)*g(t)=\int_{-1}^{1}1\cdot(t-\tau)^2\mathrm{d}\tau=\frac{1}{3}(6t^2+2).$$

综合得 $f(t)*g(t)=\begin{cases}0, & t<-1,\\ \dfrac{1}{3}(t+1)^3, & -1\leqslant t\leqslant 1,\\ \dfrac{1}{3}(6t^2+2), & t>1.\end{cases}$

二、卷积定理

设 $F_1(\omega)=\mathscr{F}[f_1(t)]$，$F_2(\omega)=\mathscr{F}[f_2(t)]$，则有

$$\mathscr{F}[f_1(t)*f_2(t)]=F_1(\omega)\cdot F_2(\omega),\tag{7.4.2}$$

$$\mathscr{F}[f_1(t)\cdot f_2(t)]=\frac{1}{2\pi}F_1(\omega)*F_2(\omega).\tag{7.4.3}$$

证 由卷积与傅里叶变换定义，有

$$\begin{aligned}\mathscr{F}[f_1(t)*f_2(t)]&=\int_{-\infty}^{+\infty}[f_1(t)*f_2(t)]\mathrm{e}^{-\mathrm{j}\omega t}\mathrm{d}t=\int_{-\infty}^{+\infty}\left[\int_{-\infty}^{+\infty}f_1(\tau)f_2(t-\tau)\mathrm{d}\tau\right]\mathrm{e}^{-\mathrm{j}\omega t}\mathrm{d}t\\&=\int_{-\infty}^{+\infty}f_1(\tau)\int_{-\infty}^{+\infty}[f_2(t-\tau)\mathrm{e}^{-\mathrm{j}\omega t}\mathrm{d}t]\mathrm{d}\tau\\&=\int_{-\infty}^{+\infty}f_1(\tau)\mathrm{e}^{-\mathrm{j}\omega\tau}\int_{-\infty}^{+\infty}f_2(t-\tau)\mathrm{e}^{-\mathrm{j}\omega(t-\tau)}\mathrm{d}t]\mathrm{d}\tau\\&=F_1(\omega)\cdot F_2(\omega).\end{aligned}$$

同理可得(7.4.3)式.

利用卷积定理可以简化卷积计算及某些函数的傅里叶变换.

例 7.4.3 设 $f(t)=\mathrm{e}^{-\beta t}u(t)\cos\omega_0 t\ \ (\beta>0)$，求 $\mathscr{F}[f(t)]$.

解 由(7.4.3)式，得

$$\mathscr{F}[f(t)]=\frac{1}{2\pi}\mathscr{F}[\mathrm{e}^{-\beta t}u(t)]*\mathscr{F}[\cos\omega_0 t].$$

又由第二节中的例 7.2.1 和例 7.2.8 可知

$$\mathscr{F}[\mathrm{e}^{-\beta t}u(t)]=\frac{1}{\beta+\mathrm{j}\omega},\quad \mathscr{F}[\cos\omega_0 t]=\pi[\delta(\omega+\omega_0)+\delta(\omega-\omega_0)].$$

因此有

$$\begin{aligned}\mathscr{F}[f(t)]&=\frac{1}{2\pi}\int_{-\infty}^{+\infty}\frac{\pi}{\beta+\mathrm{j}\tau}[\delta(\omega+\omega_0-\tau)+\delta(\omega-\omega_0-\tau)]\mathrm{d}\tau\\&=\frac{1}{2}\left[\frac{1}{\beta+\mathrm{j}(\omega+\omega_0)}+\frac{1}{\beta+\mathrm{j}(\omega-\omega_0)}\right]\\&=\frac{\beta+\mathrm{j}\omega}{(\beta+\mathrm{j}\omega)^2+\omega_0^2}.\end{aligned}$$

本章小结

一、内容小结

本章从周期函数的傅氏级数出发，导出非周期函数的傅氏积分公式，并由此得到傅氏变换，进而讨论了傅氏变换的一些基本性质及应用.

傅氏级数展开曾被称为最辉煌、最大胆的思想. 从分析角度看，它是用简单函数去逼近(或代替) 复杂函数；从几何观点看，它是以一族正交函数为基向量，将函数空间进行正交分解，相应的系数即为坐标；从变换角度看，它建立了周期函数与序列之间的对应关系；而从物理意义上看，它将信号分解为一系列简谐波的复合，从而建立了频谱理论.

傅氏变换是傅氏级数由周期函数向非周期函数的演变，它通过特定形式的积分建立了函数之间的对应关系一方面，它仍然具有明确的物理含义；另一方面，它成为一种非常有用的数学工具，因此它既能从频谱的角度来描述函数(或信号) 的特征，又能简化运算、方便问题的求解. 傅里叶变换一般要求函数绝对可积，但在引入了 δ 函数并提出了广义傅氏积分的概念后，放宽了对函数的要求. 特别是非周期函数也可以进行傅氏变换，从而使傅氏级数与傅氏变换统一起来，前者成为后者的一个特例.

需要指出的是，本章所讨论的傅氏变换均是针对实值函数的. 事实上，傅氏变换对于复值函数也是成立的. 这时，可以将傅氏变换写成如下的对称形式：

$$\overline{F(\omega)} = \frac{1}{\sqrt{2\pi}}\int_{-\infty}^{+\infty} \overline{f(t)}\mathrm{e}^{\mathrm{j}\omega t}\,\mathrm{d}t, \quad F(t) = \frac{1}{\sqrt{2\pi}}\int_{-\infty}^{+\infty} F(w)\mathrm{e}^{\mathrm{j}wt}\,\mathrm{d}\omega.$$

这种对称的数学形式，加上真实的物理含义以及极好的变换性质，是数学变换的完美体现.

二、典型例题

例 1　求高斯分布函数 $f(t) = \dfrac{1}{\sqrt{2\pi}\sigma}\mathrm{e}^{-\frac{t^2}{2\sigma^2}}$ 的傅氏变换.

解　
$$\begin{aligned} F(\omega) &= \int_{-\infty}^{+\infty} f(t)\mathrm{e}^{-\mathrm{j}\omega t}\,\mathrm{d}t = \int_{-\infty}^{+\infty} \frac{1}{\sqrt{2\pi}\sigma}\mathrm{e}^{-\frac{t^2}{2\sigma^2}}\mathrm{e}^{-\mathrm{j}\omega t}\,\mathrm{d}t \\ &= \int_{-\infty}^{+\infty} \frac{1}{\sqrt{2\pi}}\mathrm{e}^{-\frac{1}{2}\left(\frac{t}{\sigma}+\sigma\omega\mathrm{j}\right)^2} \cdot \mathrm{e}^{-\frac{\sigma^2\omega^2}{2}}\mathrm{d}\left(\frac{t}{\sigma}+\sigma\omega\mathrm{j}\right) \\ &= \mathrm{e}^{-\frac{\sigma^2\omega^2}{2}}\frac{1}{\sqrt{2\pi}}\int_{-\infty}^{+\infty}\mathrm{e}^{-\frac{1}{2}u^2}\,\mathrm{d}u \quad \left(\text{令 } u = \frac{t}{\sigma}+\sigma\omega\mathrm{j}\right) \end{aligned}$$

$$= e^{-\frac{\sigma^2\omega^2}{2}} \frac{1}{\sqrt{2\pi}} \cdot \sqrt{2\pi} = e^{-\frac{\sigma^2\omega^2}{2}}.$$

例 2 已知单位阶跃函数 $u(t) = \begin{cases} 1, & t > 0, \\ 0, & t < 0, \end{cases}$ 试证：$u'(t) = \delta(t)$.

证 只要证 $\int_{-\infty}^{+\infty} u'(t) f(t) \mathrm{d}t = \int_{-\infty}^{+\infty} \delta(t) f(t) \mathrm{d}t$ 即可，其中 $f(t)$ 是满足(7.2.6)式中条件的任意良函数. 事实上，

$$\int_{-\infty}^{+\infty} u'(t) f(t) \mathrm{d}t = f(t)u(t)\Big|_{-\infty}^{+\infty} - \int_{-\infty}^{+\infty} u(t) f'(t) \mathrm{d}t = 0 - \int_{-\infty}^{+\infty} u(t) f'(t) \mathrm{d}t$$

$$= -\int_{0}^{+\infty} f'(t) \mathrm{d}t = -f(t)\Big|_{0}^{+\infty} = f(0).$$

而 $\int_{-\infty}^{+\infty} \delta(t) f(t) \mathrm{d}t = f(0)$，故

$$\int_{-\infty}^{+\infty} u'(t) f(t) \mathrm{d}t = \int_{-\infty}^{+\infty} \delta(t) f(t) \mathrm{d}t.$$

所以 $u'(t) = \delta(t)$.

例 3 设 $g(t)$ 是一连续函数，试证：$g(t)\delta(t-a) = g(a)\delta(t-a)$.

证 设 $f(t)$ 是满足(7.2.6)式中条件的任意良函数，则由(7.2.7)式知

$$\int_{-\infty}^{+\infty} g(t)\delta(t-a) f(t) \mathrm{d}t = \int_{-\infty}^{+\infty} \delta(t-a) g(t) f(t) \mathrm{d}t = g(a) f(a).$$

又

$$\int_{-\infty}^{+\infty} g(a)\delta(t-a) f(t) \mathrm{d}t = g(a) \int_{-\infty}^{+\infty} \delta(t-a) f(t) \mathrm{d}t = g(a) f(a),$$

故 $g(t)\delta(t-a) = g(a)\delta(t-a)$.

例 4 求 $\delta'(t)$ 的傅氏变换.

解 $\mathscr{F}[\delta'(t)] = \int_{-\infty}^{+\infty} \delta'(t) e^{-j\omega t} \mathrm{d}t = e^{-j\omega t}\delta(t)\Big|_{-\infty}^{+\infty} + j\omega \int_{-\infty}^{+\infty} \delta(t) e^{-j\omega t} \mathrm{d}t$

$$= j\omega \int_{-\infty}^{+\infty} \delta(t) e^{-j\omega t} \mathrm{d}t = j\omega \cdot 1 = j\omega.$$

例 5 求 $\delta(\omega-2)$ 的傅氏逆变换以及 $tu(t)$ 的傅氏变换.

解 由 $\mathscr{F}[1] = 2\pi\delta(\omega)$ 及位移性质，得

$$\mathscr{F}^{-1}[\delta(\omega-2)] = e^{j2t}\mathscr{F}^{-1}[\delta(\omega)] = \frac{1}{2\pi} e^{j2t} = \frac{1}{2\pi}(\cos 2t + j\sin 2t).$$

由 $\mathscr{F}[u(t)] = \frac{1}{j\omega} + \pi\delta(\omega)$，按像函数的微分性质 $\frac{\mathrm{d}}{\mathrm{d}\omega}F(\omega) = \mathscr{F}[-jtf(t)]$，可知

$$\mathscr{F}[-jtu(t)] = \frac{\mathrm{d}}{\mathrm{d}\omega}\mathscr{F}[u(t)] = \frac{\mathrm{d}}{\mathrm{d}\omega}\left[\frac{1}{j\omega} + \pi\delta(\omega)\right] = -\frac{1}{j\omega^2} + \pi\delta'(\omega),$$

即 $\mathscr{F}[tu(t)] = -\frac{1}{\omega^2} + j\pi\delta'(\omega)$.

例 6　求积分方程$\int_{0}^{+\infty} f(x)\cos\omega x\,\mathrm{d}x = \begin{cases} 1-\omega, & 0 \leqslant \omega \leqslant 1, \\ 0, & \omega > 1 \end{cases}$的解 $f(x)$.

解　不难看出,$f(x)$ 的定义域为$[0,+\infty)$. 为了能用傅氏变换解决问题,必须先将 $f(x)$ 的定义域延拓到负半轴$(-\infty,0)$ 上去(考虑到题设条件,偶延拓为宜),设延拓后的函数仍记为 $f(x)$,其定义域为$(-\infty,+\infty)$,对 $f(x)$ 施行傅氏变换,得到像 $F(\omega)$,然后再对 $F(\omega)$ 施行傅氏逆变换,得到像原函数,则该像原函数在$(0,+\infty)$ 区间上的值即为所求的解 $f(x)$.

具体过程如下:

先将 $f(x)$ 偶延拓到$(-\infty,0)$,得到定义在$(-\infty,+\infty)$ 上的偶函数 $f(x)$,设其傅氏变换为 $F(\omega)$,则 $F(\omega)$ 也为偶函数,且

$$
\begin{aligned}
F(\omega) &= \int_{-\infty}^{+\infty} f(x)\mathrm{e}^{-\mathrm{j}\omega x}\,\mathrm{d}x = 2\int_{0}^{+\infty} f(x)\cos\omega x\,\mathrm{d}x \\
&= \begin{cases} 2(1-\omega), & 0 \leqslant \omega \leqslant 1, \\ 0, & \omega > 1, \\ \cdots, & \omega < 0. \end{cases}
\end{aligned}
$$

再对 $F(\omega)$ 求傅氏逆变换,有

$$
\begin{aligned}
f(x) &= \frac{1}{2\pi}\int_{-\infty}^{+\infty} F(\omega)\mathrm{e}^{\mathrm{j}\omega x}\,\mathrm{d}\omega = \frac{1}{\pi}\int_{0}^{+\infty} F(\omega)\cos\omega x\,\mathrm{d}\omega \\
&= \frac{1}{\pi}\int_{0}^{1} 2(1-\omega)\cos\omega x\,\mathrm{d}\omega = \frac{2(1-\cos x)}{\pi x^2}.
\end{aligned}
$$

从而,所给积分方程的解为

$$
f(x) = \frac{2(1-\cos x)}{\pi x^2} \quad (x > 0).
$$

注　从解算过程看,$f(x)$ 及其像 $F(\omega)$ 在负半轴上的值并未用到,故不必具体写出.

例 7　解积分方程

$$
\int_{-\infty}^{+\infty} \frac{y(u)}{(x-u)^2+a^2}\mathrm{d}u = \frac{1}{x^2+b^2} \quad (0 < a < b).
$$

解　因为

$$
\int_{-\infty}^{+\infty} \frac{y(u)}{(x-u)^2+a^2}\mathrm{d}u = y(x) * \frac{1}{x^2+a^2},
$$

所以

$$
\mathscr{F}\left[y(x) * \frac{1}{x^2+a^2}\right] = \mathscr{F}[y(x)] \cdot \mathscr{F}\left[\frac{1}{x^2+a^2}\right] = \mathscr{F}\left[\frac{1}{x^2+b^2}\right].
$$

而

$$\mathscr{F}\left[\frac{1}{x^2+a^2}\right]=\int_{-\infty}^{+\infty}\frac{1}{x^2+a^2}\mathrm{e}^{-\mathrm{j}\omega x}\,\mathrm{d}x$$

$$=\begin{cases}2\pi\mathrm{j}\mathrm{Res}\left[\dfrac{\mathrm{e}^{-\mathrm{j}\omega z}}{z^2+a^2},a\mathrm{j}\right], & \omega<0\\ 2\pi\mathrm{j}\mathrm{Res}\left[\dfrac{\mathrm{e}^{\mathrm{j}\omega z}}{z^2+a^2},a\mathrm{j}\right], & \omega>0\end{cases}=\frac{\pi}{a}\mathrm{e}^{-a|\omega|}.$$

同理可得 $\mathscr{F}\left[\dfrac{1}{x^2+b^2}\right]=\dfrac{\pi}{b}\mathrm{e}^{-b|\omega|}$，故

$$\mathscr{F}[y(x)]=\frac{a}{b}\mathrm{e}^{-(b-a)|\omega|},$$

$$y(x)=\mathscr{F}^{-1}\left[\frac{a}{b}\mathrm{e}^{-(b-a)|\omega|}\right]=\frac{a}{b}\frac{b-a}{\pi}\mathscr{F}^{-1}\left[\frac{\pi}{b-a}\mathrm{e}^{-(b-a)|\omega|}\right]=\frac{a}{b\pi}\frac{b-a}{x^2+(b-a)^2}.$$

例 8　求解微分方程 $3x'(t)+4x(t)=f(t)$，$f(t)=\begin{cases}\mathrm{e}^{-3t}, & t\geqslant 0,\\ 0, & t<0.\end{cases}$

解　设 $\mathscr{F}[x(t)]=X(\omega)$，对方程两边同时进行傅氏变换，得

$$(3\mathrm{j}\omega+4)X(\omega)=\frac{1}{3+\mathrm{j}\omega},\quad X(\omega)=\frac{1}{(3+\mathrm{j}\omega)(4+3\mathrm{j}\omega)}.$$

由例 7.3.1，得

$$x(t)=\mathscr{F}^{-1}[X(\omega)]=\begin{cases}\dfrac{1}{5}\mathrm{e}^{-\frac{4}{3}t}-\dfrac{1}{5}\mathrm{e}^{-3t}, & t\geqslant 0,\\ 0, & t<0.\end{cases}$$

习　题　七

1. 求函数 $f(t)=\begin{cases}\cos t, & |t|\leqslant\pi,\\ 0, & |t|>\pi\end{cases}$ 的傅里叶积分公式，并证明

$$\int_0^{+\infty}\frac{\omega\sin\omega\pi\cos\omega t}{1-\omega^2}\mathrm{d}\omega=\begin{cases}\dfrac{\pi}{2}\cos t, & |t|\leqslant\pi,\\ 0, & |t|>\pi.\end{cases}$$

2. 求下列函数的傅里叶变换.

(1) $f(t)=\begin{cases}-1, & -1<t<0,\\ 1, & 0<t<1,\\ 0, & \text{其他};\end{cases}$　　(2) $f(t)=\begin{cases}\mathrm{e}^t, & t\leqslant 0,\\ 0, & t>0.\end{cases}$

3. 已知某函数的傅里叶变换为 $F(\omega)=\pi[\delta(\omega+\omega_0)+\delta(\omega-\omega_0)]$，求该函数 $f(t)$.

4. 求 $f(t)=\dfrac{1}{2}\left[\delta(t+a)+\delta(t-a)+\delta\left(t+\dfrac{a}{2}\right)+\delta\left(t-\dfrac{a}{2}\right)\right]$ 的傅里叶变换.

5. 求下列函数的傅里叶变换.

(1) $f(t)=\sin^3 t$；　　(2) $f(t)=\sin\left(5t+\dfrac{\pi}{3}\right)$.

6. 求如图 7-13 所示的三角形脉冲的频谱函数.

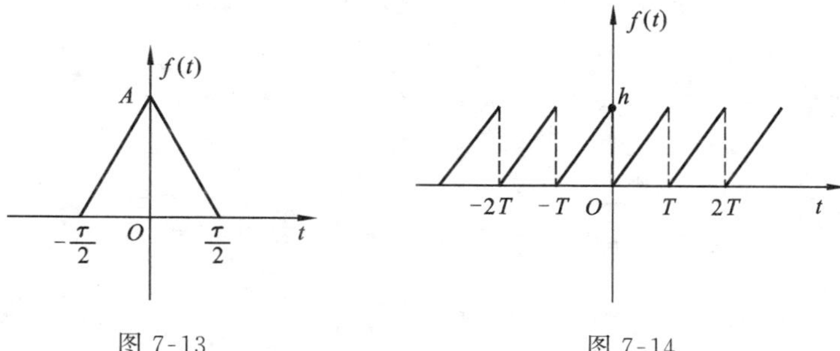

图 7-13　　　　图 7-14

7. 求作如图 7-14 所示的锯齿形波的频谱图.

8. 若 $F(\omega)=\mathscr{F}[f(t)]$,利用傅里叶变换的性质求下列函数 $g(t)$ 的傅里叶变换.

(1) $g(t)=tf(2t)$;　　(2) $g(t)=(t-2)f(t)$;

(3) $g(t)=(t-2)f(-2t)$;　　(4) $g(t)=t^3f(2t)$;

(5) $g(t)=tf'(t)$;　　(6) $g(t)=f(1-t)$;

(7) $g(t)=(1-t)f(1-t)$;　　(8) $g(t)=f(2t-5)$.

9. 证明下列各式.

(1) $f_1(t)*f_2(t)=f_2(t)*f_1(t)$;

(2) $a[f_1(t)*f_2(t)]=[af_1(t)]*f_2(t)$;

(3) $\frac{\mathrm{d}}{\mathrm{d}t}[f_1(t)*f_2(t)]=\frac{\mathrm{d}}{\mathrm{d}t}f_1(t)*f_2(t)=f_1(t)*\frac{\mathrm{d}}{\mathrm{d}t}f_2(t)$.

10. 设 $f_1(t)=\begin{cases}0, & t<0,\\ 1, & t\geqslant 0,\end{cases}$ $f_2(t)=\begin{cases}0, & t<0,\\ \mathrm{e}^{-t}, & t\geqslant 0,\end{cases}$求 $f_1(t)*f_2(t)$.

11. 求下列函数的傅里叶变换.

(1) $f(t)=\sin\omega_0t\cdot u(t)$;　　(2) $f(t)=\mathrm{e}^{\mathrm{j}\omega_0t}\cdot tu(t)$.

12. 求微分方程 $x'(t)+x(t)=\delta(t)$ $(-\infty<t<+\infty)$ 的解.

13. 求解积分方程$\int_{-\infty}^{+\infty}\mathrm{e}^{-|t-\tau|}y(\tau)\mathrm{d}\tau=\sqrt{2\pi}\mathrm{e}^{-\frac{t^2}{2}}$.

自 测 题 七

1. 选择题

(1) 设 $f(t)=\mathrm{e}^{-\beta t}$ $(\beta>0)$,则 $\mathscr{F}[f(t)]=($　　$)$.

A. $\frac{2\omega}{\beta^2+\omega^2}$　　B. $\frac{2\beta}{\beta^2+\omega^2}$　　C. $\frac{2\omega}{\beta^2-\omega^2}$　　D. $\frac{2\beta}{\beta^2-\omega^2}$

(2) 设 $\mathscr{F}[f(t)]=F(\omega)$,则 $\mathscr{F}[f(t)\sin\omega_0t]=($　　$)$.

A. $\frac{\mathrm{j}}{2}[F(\omega+\omega_0)-F(\omega-\omega_0)]$　　B. $\frac{\mathrm{j}}{2}[F(\omega+\omega_0)+F(\omega-\omega_0)]$

C. $\frac{1}{2}[F(\omega+\omega_0)-F(\omega-\omega_0)]$　　B. $\frac{1}{2}[F(\omega+\omega_0)+F(\omega-\omega_0)]$

(3) 设 $\mathscr{F}[f(t)]=F(\omega)$,则 $\mathscr{F}[f(1-t)]=($　　$)$.

A. $F(\omega)e^{-j\omega}$　　B. $F(-\omega)e^{-j\omega}$　　C. $F(\omega)e^{j\omega}$　　D. $F(-\omega)e^{j\omega}$

(4) 设 $f(t)=te^{j\omega_0 t}$,则 $\mathscr{F}[f(t)]=($　　$)$.

A. $2\pi\delta'(\omega-\omega_0)$　　B. $2\pi\delta'(\omega+\omega_0)$

C. $2\pi j\delta'(\omega+\omega_0)$　　D. $2\pi j\delta'(\omega-\omega_0)$

(5) 设 $\mathscr{F}[f(t)]=F(\omega)$,则下列公式中,不正确的是(　　).

A. $\mathscr{F}[f(t)*f(t)]=[F(\omega)]^2$　　B. $\mathscr{F}[f(t)^2]=\dfrac{1}{2\pi}F(\omega)*F(\omega)$

C. $\mathscr{F}[f(t)e^{\pm j\omega_0 t}]=F(\omega\pm\omega_0)$　　D. $\displaystyle\int_{-\infty}^{+\infty}f(t)^2\mathrm{d}t=\frac{1}{2\pi}\int_{-\infty}^{+\infty}|F(\omega)|^2\mathrm{d}\omega$

2. 填空题

(1) $F(\omega)=2\cos 3\omega$ 的傅氏逆变换 $f(t)=$ ________.

(2) 已知 $\mathscr{F}[f_1(t)]=F_1(\omega)$,$\mathscr{F}[f_2(t)]=F_2(\omega)$,则 $\mathscr{F}[f(t)*f(t)]=$ ________.

(3) 设 $a>0$,积分 $\displaystyle\int_{-\infty}^{+\infty}\delta(at-t_0)f(t)\mathrm{d}t=$ ________.

(4) 积分 $\displaystyle\int_{-4}^{2}e^t\delta(t+3)\mathrm{d}t=$ ________.

(5) 已知 $f(t)=\cos\omega_0 t+j\dfrac{1}{\pi t}*\cos\omega_0 t\quad(\omega_0>0)$,则 $F(\omega)=\mathscr{F}[f(t)]=$ ________.

3. 已知 $F(\omega)=\mathscr{F}[f(t)]$,求下列函数的傅氏变换.

(1) $\displaystyle\int_{-\infty}^{t}\tau f(\tau)\mathrm{d}\tau$;　　(2) $(t+2)f(t)$;

(3) $f(t)*\dfrac{1}{\pi t}$;　　(4) $f(3t-2)e^{-jt}$.

4. 设 $f_1(t)=\begin{cases}\dfrac{1}{2}t, & 0<t<2,\\ 0, & t>2,t<0,\end{cases}$ $f_2(t)=\begin{cases}1, & -1<t<1,\\ 0, & t<-1,t>1,\end{cases}$ 求 $f_1(t)*f_2(t)$.

5. 求解方程 $y(t)=f(t)-\displaystyle\int_{-\infty}^{+\infty}y(\tau)g(t-\tau)\mathrm{d}\tau$,其中 $f(t)$,$g(t)$ 为已知函数.

第八章　拉普拉斯变换

拉普拉斯(Laplace)变换是另一类重要的积分变换,该变换是将傅里叶变换的核函数稍微改造而得到的,其实质上仍然是积分运算.由于拉普拉斯变换对它的像原函数的要求比起傅里叶变换要弱得多,所以它的理论和方法在自然科学和工程技术中有着更广泛的应用.本章将主要介绍拉普拉斯变换的定义、性质及应用等内容.

第一节　拉普拉斯变换的概念

一、拉普拉斯变换的定义

在第七章中介绍的古典意义下的傅里叶变换要求函数除了满足狄利克雷条件外,还应满足在$(-\infty,+\infty)$上绝对可积.然而,绝对可积是一个相当强的条件,即使是许多简单常见的函数(例如线性函数、正弦函数、余弦函数以及单位阶跃函数等)都不满足此条件.此外,能够进行傅里叶变换的函数必须在整个数轴上有定义,但是在物理、无线电技术等工程实际应用中,许多以时间 t 作为自变量的函数往往在 $t<0$ 时是无意义的或者是不需要考虑的.因而,傅里叶变换的应用推广受到了极大的限制.

为此,我们不禁产生一个疑问:能否找到一种变换,使其既具有类似于傅里叶变换的性质,又能够克服上述推广上的困难呢?回答是肯定的,这就是本节要介绍的拉普拉斯变换.该变换是从19世纪末英国工程师赫维赛德(Heaviside)所发明的算子发展而来的,而其数学思想则源自于拉普拉斯.

定义 8.1　设函数 $f(t)$ 在$[0,+\infty)$上有定义,如果对于复参变量 $s=\beta+\mathrm{j}\omega$,积分

$$F(s)=\int_0^{+\infty} f(t)\mathrm{e}^{-st}\,\mathrm{d}t \tag{8.1.1}$$

在复平面 s 的某一区域内收敛,则称 $F(s)$ 为函数 $f(t)$ 的拉普拉斯变换(简称拉氏变换),记为 $F(s)=\mathscr{L}[f(t)]$;对应地,称函数 $f(t)$ 为 $F(s)$ 的拉普拉斯逆变换(简称拉氏逆变换),记为 $f(t)=\mathscr{L}^{-1}[F(s)]$.同时,$F(s)$ 和 $f(t)$ 分别被称为像函数和像原函数.

为了理解拉普拉斯变换的基本概念,先看几个例子.

例 8.1.1　求正弦函数 $f(t)=\sin\omega t$ 的拉普拉斯变换(其中 ω 为任意实常数).

解 $\int_0^{+\infty} \sin\omega t\, e^{-st}\,dt = \frac{1}{2j}\int_0^{+\infty}(e^{j\omega t} - e^{-j\omega t})e^{-st}\,dt = \frac{1}{2j}\left(\frac{1}{s-j\omega} - \frac{1}{s+j\omega}\right)$

$$= \frac{\omega}{s^2+\omega^2} \quad (\mathrm{Re}(s) > 0).$$

所以 $\mathscr{L}[\sin\omega t] = \frac{\omega}{s^2+\omega^2} \quad (\mathrm{Re}(s) > 0)$.

同理可以求得：$\mathscr{L}[\cos\omega t] = \frac{s}{s^2+\omega^2} \quad (\mathrm{Re}(s) > 0)$.

例 8.1.2 求指数函数 $f(t) = e^{at}$ 的拉普拉斯变换(其中 a 为任意复常数).

解 $\mathscr{L}[e^{at}] = \int_0^{+\infty} e^{at}e^{-st}\,dt = \int_0^{+\infty} e^{-(s-a)t}\,dt = \frac{1}{s-a} \quad (\mathrm{Re}(s) > \mathrm{Re}(a))$.

例 8.1.3 分别求出单位阶跃函数 $u(t)$、符号函数 $\mathrm{sgn}t$ 以及函数 $f(t) = 1$ 的拉普拉斯变换.

解 $\mathscr{L}[u(t)] = \int_0^{+\infty} u(t)e^{-st}\,dt = \int_0^{+\infty} e^{-st}\,dt = \frac{1}{s} \quad (\mathrm{Re}(s) > 0)$;

$$\mathscr{L}[\mathrm{sgn}t] = \int_0^{+\infty} (\mathrm{sgn}t)e^{-st}\,dt = \int_0^{+\infty} e^{-st}\,dt = \frac{1}{s} \quad (\mathrm{Re}(s) > 0);$$

$$\mathscr{L}[1] = \int_0^{+\infty} 1\cdot e^{-st}\,dt = \int_0^{+\infty} e^{-st}\,dt = \frac{1}{s} \quad (\mathrm{Re}(s) > 0).$$

例子显示，这三个函数经过拉普拉斯变换之后其像函数是相同的，这一点应该不难理解. 现在的问题是对像函数 $F(s) = \frac{1}{s}$ $(\mathrm{Re}(s) > 0)$ 而言，其像原函数到底是哪一个呢?原则上讲，所有在 $t > 0$ 时为 1 的函数均可以作为其像原函数，这是因为在拉普拉斯变换所应用的情形中，并不需要关心函数 $f(t)$ 在 $t < 0$ 时的取值情况. 但为了讨论和描述的方便，一般约定：在拉普拉斯变换中所提到的函数 $f(t)$ 均理解为当 $t < 0$ 时取零值. 例如，对函数 $f(t) = \sin t$，应理解为 $f(t) = u(t)\sin t$. 因此，像函数 $F(s) = \frac{1}{s}$ $(\mathrm{Re}(s) > 0)$ 的像原函数可写为 $f(t) = 1$，即 $\mathscr{L}^{-1}\left[\frac{1}{s}\right] = 1$.

从上述拉普拉斯变换的定义和例子来看，该变换和上一章的傅里叶变换有什么关系呢?或者说拉普拉斯变换是怎样由傅里叶变换改造得到的呢?由(8.1.1)式，我们得到

$$\mathscr{L}[f(t)] = \int_0^{+\infty} f(t)e^{-st}\,dt = \int_0^{+\infty} f(t)e^{-\beta t}\cdot e^{-j\omega t}\,dt$$

$$= \int_{-\infty}^{+\infty} f(t)u(t)e^{-\beta t}e^{-j\omega t}\,dt = \mathscr{F}[f(t)u(t)e^{-\beta t}].$$

由此可以看出，函数 $f(t)$ 的拉普拉斯变换其实就是 $f(t)u(t)e^{-\beta t}$ 的傅里叶变换. 所以，拉普拉斯变换可以理解为是这样对函数进行改造的：首先通过单位阶跃函数 $u(t)$ 使函数 $f(t)$ 在 $t < 0$ 的部分取零值，其次对函数 $f(t)$ 在 $t > 0$ 的部分乘

上一个衰减的指数函数 $\mathrm{e}^{-\beta t}$ 以降低其"增长"速度，这样就有希望使函数 $f(t)u(t)\mathrm{e}^{-\beta t}$ 满足傅里叶变换的积分条件，从而能够对其进行傅里叶变换.

二、拉普拉斯变换的存在定理

从上面的几个例子可以看出，虽然像正弦函数、指数函数和单位阶跃函数等都不满足傅里叶变换的条件(古典意义下的)，但是它们的拉普拉斯变换却都是存在的. 由此可以看出，拉普拉斯变换存在的条件要比傅里叶变换存在的条件弱. 那么，拉普拉斯变换存在的条件究竟是什么呢?下面的定理回答了这一问题.

定理 8.1 若函数 $f(t)$ 满足下列条件：

(1) 在 $t \geqslant 0$ 的任一有限区间上连续或者分段连续；

(2) 当 $t \to +\infty$ 时，$f(t)$ 具有有限的增长性，即存在常数 $M > 0$ 及 $c \geqslant 0$，使得

$$|f(t)| \leqslant M\mathrm{e}^{ct} \quad (0 \leqslant t < +\infty) \tag{8.1.2}$$

成立(其中 c 称为 $f(t)$ 的增长指数，或称 $f(t)$ 的增长是不超过指数级的). 则 $f(t)$ 的拉普拉斯变换 $F(s)$ 在半平面 $\mathrm{Re}(s) > c$ 上一定存在，拉普拉斯积分在 $\mathrm{Re}(s) \geqslant c_1 > c$ 上绝对收敛而且一致收敛，并且 $F(s)$ 在 $\mathrm{Re}(s) > c$ 的半平面内解析.

证 设 $s = \beta + \mathrm{j}\omega$，则 $|\mathrm{e}^{-st}| = \mathrm{e}^{-\beta t}$，由不等式(8.1.2)，可得

$$|F(s)| = \left|\int_0^{+\infty} f(t)\mathrm{e}^{-st}\,\mathrm{d}t\right| \leqslant M\int_0^{+\infty} \mathrm{e}^{-(\beta-c)t}\,\mathrm{d}t.$$

又由 $\mathrm{Re}(s) = \beta > c$，即 $\beta - c > 0$，可知上式右端积分收敛，因此 $F(s)$ 在半平面 $\mathrm{Re}(s) > c$ 上存在. 关于拉普拉斯积分的收敛性和 $F(s)$ 的解析性证明涉及一些更深层次的理论，故从略.

注 1 上述拉普拉斯变换存在定理表明，一个函数即使它的绝对值随着 t 的增大而增大，但只要不比某个指数函数增长得快，则它的拉普拉斯变换就存在，这一点可以从拉普拉斯变换与傅里叶变换的关系中得到一种直观解释. 大多数物理和工程技术中常见的函数都满足存在定理的条件，因而拉普拉斯变换的应用范围较傅里叶变换更加广泛.

注 2 存在定理中的条件是充分而非必要条件. 例如，对于函数 $f(t) = t^m$ 来说，当 $m > -1$ 时，其拉普拉斯变换是存在的(见例 8.1.5)；但当 $m = -\dfrac{1}{2}$ 时，$f(t) = \dfrac{1}{\sqrt{t}}$ 却不满足存在定理中的条件(1)，因为这时 $f(t)$ 在 $t = 0$ 时为无穷大，不满足在 $t \geqslant 0$ 的任一有限区间上连续或者分段连续的要求. 同理，单位脉冲函数 $\delta(t)$ 也不满足定理中的条件，但 $\delta(t)$ 的拉普拉斯变换是存在的(见例 8.1.4).

注 3 当满足拉普拉斯变换存在定理条件的函数 $f(t)$ 在 $t = 0$ 处有界时，积分

$$\mathscr{L}[f(t)] = \int_0^{+\infty} f(t)\mathrm{e}^{-st}\,\mathrm{d}t$$

中的下限取 0^+ 或者 0^- 不会影响其结果. 但当 $f(t)$ 在 $t=0$ 处包含了脉冲函数时，则拉普拉斯变换的积分下限必须明确指明是 0^+ 还是 0^-，原因在于

$$\mathscr{L}_+[f(t)]=\int_{0^+}^{+\infty}f(t)\mathrm{e}^{-st}\mathrm{d}t,$$

$$\mathscr{L}_-[f(t)]=\int_{0^-}^{+\infty}f(t)\mathrm{e}^{-st}\mathrm{d}t=\int_{0^-}^{0^+}f(t)\mathrm{e}^{-st}\mathrm{d}t+\mathscr{L}_+[f(t)].$$

不难发现，当 $f(t)$ 在 $t=0$ 附近有界时，则有 $\int_{0^-}^{0^+}f(t)\mathrm{e}^{-st}\mathrm{d}t=0$，即 $\mathscr{L}_+[f(t)]=\mathscr{L}_-[f(t)]$；当 $f(t)$ 在 $t=0$ 处包含了脉冲函数时，则 $\int_{0^-}^{0^+}f(t)\mathrm{e}^{-st}\mathrm{d}t\neq 0$，即 $\mathscr{L}_+[f(t)]\neq\mathscr{L}_-[f(t)]$. 为了考虑这一情况，需要将进行拉普拉斯变换的函数 $f(t)$ 在 $t\geqslant 0$ 时由定义延拓到在 $t>0$ 及 $t=0$ 的任意邻域内有定义. 因此，拉普拉斯变换的定义 $\mathscr{L}[f(t)]=\int_0^{+\infty}f(t)\mathrm{e}^{-st}\mathrm{d}t$ 实际上应该为 $\mathscr{L}_-[f(t)]=\int_{0^-}^{+\infty}f(t)\mathrm{e}^{-st}\mathrm{d}t$. 为了书写和记号方便，该定义仍然写成(8.1.1)式的形式.

例 8.1.4 求单位脉冲函数 $\delta(t)$ 的拉普拉斯变换.

解 根据上面的讨论和定义 8.1，并由 $\delta(t)$ 的筛选性质 $\int_{-\infty}^{+\infty}f(t)\delta(t)\mathrm{d}t=f(0)$，可得

$$\begin{aligned}\mathscr{L}[\delta(t)]&=\int_0^{+\infty}\delta(t)\mathrm{e}^{-st}\mathrm{d}t=\int_{0^-}^{+\infty}\delta(t)\mathrm{e}^{-st}\mathrm{d}t\\&=\int_{-\infty}^{+\infty}\delta(t)\mathrm{e}^{-st}\mathrm{d}t=\mathrm{e}^{-st}\big|_{t=0}=1.\end{aligned}$$

例 8.1.5 求幂函数 $f(t)=t^m$ 的拉普拉斯变换(m 为正整数).

解 设 $T_m=\int_0^{+\infty}t^m\mathrm{e}^{-st}\mathrm{d}t$，则当 $\mathrm{Re}(s)>0$ 时，$T_0=\int_0^{+\infty}\mathrm{e}^{-st}\mathrm{d}t=\dfrac{1}{s}$.
由分部积分法，可得

$$T_m=t^m\frac{\mathrm{e}^{-st}}{-s}\bigg|_0^{+\infty}-\int_0^{+\infty}mt^{m-1}\frac{\mathrm{e}^{-st}}{-s}\mathrm{d}t=\frac{m}{s}\int_0^{+\infty}t^{m-1}\mathrm{e}^{-st}\mathrm{d}t=\frac{m}{s}T_{m-1}.$$

因此

$$T_m=\frac{m}{s}\cdot\frac{m-1}{s}\cdot\cdots\cdot\frac{2}{s}\cdot\frac{1}{s}T_0=\frac{m!}{s^m}\cdot\frac{1}{s}=\frac{m!}{s^{m+1}},$$

即

$$\mathscr{L}[t^m]=\frac{m!}{s^{m+1}}\quad(\mathrm{Re}(s)>0).$$

一般地，有

$$\mathscr{L}[t^m]=\frac{\Gamma(m+1)}{s^{m+1}}\quad(\mathrm{Re}(s)>0,m>-1\text{ 为实常数}).$$

第二节　拉普拉斯变换的基本性质

本节将介绍拉普拉斯变换的基本性质，它们对于深入理解和掌握拉普拉斯变换在实际问题中的应用有着重要的作用与意义. 为了叙述方便起见，本节中总假定进行拉普拉斯变换的函数都满足拉普拉斯变换存在定理中的条件，并将这些函数的增长指数统一地取为 c.

一、线性性质

设 α,β 为常数，$f_1(t),f_2(t)$ 是任意两个函数，且

$$\mathscr{L}[f_1(t)]=F_1(s),\quad \mathscr{L}[f_2(t)]=F_2(s),$$

则有

$$\mathscr{L}[\alpha f_1(t)+\beta f_2(t)]=\alpha F_1(s)+\beta F_2(s);\tag{8.2.1}$$

或 $$\mathscr{L}^{-1}[\alpha F_1(s)+\beta F_2(s)]=\alpha\mathscr{L}^{-1}[F_1(s)]+\beta\mathscr{L}^{-1}[F_2(s)].$$

该性质的证明可以由拉普拉斯变换的定义和积分性质直接导出. 线性性质表明函数线性组合的拉普拉斯变换等于相应函数拉普拉斯变换的线性组合，这一结论对拉普拉斯逆变换同样成立.

例 8.2.1　求余弦函数 $f(t)=\cos\omega t$ 的拉普拉斯变换(其中 ω 为任意实常数).

解　因为 $\cos\omega t=\dfrac{e^{j\omega t}+e^{-j\omega t}}{2}$，且由第一节例 8.1.2 和拉普拉斯变换的线性性质(8.2.1)，可得

$$\mathscr{L}[\cos\omega t]=\mathscr{L}\left[\frac{1}{2}e^{j\omega t}+\frac{1}{2}e^{-j\omega t}\right]=\frac{1}{2}\mathscr{L}[e^{j\omega t}]+\frac{1}{2}\mathscr{L}[e^{-j\omega t}]$$
$$=\frac{1}{2}\cdot\frac{1}{s-j\omega}+\frac{1}{2}\cdot\frac{1}{s+j\omega}=\frac{s}{s^2+\omega^2}\quad(\mathrm{Re}(s)>0).$$

二、位移性质

若 $\mathscr{L}[f(t)]=F(s)$，s_0 为常数，则

$$\mathscr{L}[e^{s_0t}f(t)]=F(s-s_0)\quad(\mathrm{Re}(s-s_0)>c),$$

或者

$$\mathscr{L}^{-1}[F(s-s_0)]=e^{s_0t}f(t).\tag{8.2.2}$$

证　$$\mathscr{L}[e^{s_0t}f(t)]=\int_0^{+\infty}e^{s_0t}f(t)e^{-st}dt=\int_0^{+\infty}f(t)e^{-(s-s_0)t}dt$$
$$=F(s-s_0)\quad(\mathrm{Re}(s-s_0)>c).$$

位移性质表明，一个函数乘以指数函数 e^{s_0t} 后的拉普拉斯变换等于其像函数的图像沿 s 轴位移 s_0 个单位距离.

例 8.2.2 求函数 $f(t)=\mathrm{e}^{-at}\sin\omega t$ 的拉普拉斯变换.

解 由例 8.1.1 可知 $\mathscr{L}[\sin\omega t]=\dfrac{\omega}{s^2+\omega^2}$,故由位移性质(8.2.2),可得

$$\mathscr{L}[\mathrm{e}^{-at}\sin\omega t]=\frac{\omega}{(s+a)^2+\omega^2}.$$

三、微分性质

1. 像原函数的微分性质

若 $\mathscr{L}[f(t)]=F(s)$,则

$$\mathscr{L}[f'(t)]=sF(s)-f(0). \tag{8.2.3}$$

证 根据拉普拉斯变换的定义和分部积分法,得

$$\begin{aligned}\mathscr{L}[f'(t)]&=\int_0^{+\infty}f'(t)\mathrm{e}^{-st}\mathrm{d}t=f(t)\mathrm{e}^{-st}\Big|_0^{+\infty}+s\int_0^{+\infty}f(t)\mathrm{e}^{-st}\mathrm{d}t\\&=s\mathscr{L}[f(t)]-f(0)\quad(\mathrm{Re}(s)>c),\end{aligned}$$

即

$$\mathscr{L}[f'(t)]=sF(s)-f(0).$$

这个性质表明一个函数的导数的拉普拉斯变换等于该函数的拉普拉斯变换乘以参变量 s,再减去函数的初值.下面把该性质推广到更一般的情形.

推广 若 $\mathscr{L}[f(t)]=F(s)$,则

$$\mathscr{L}[f^{(n)}(t)]=s^nF(s)-s^{n-1}f(0)-s^{n-2}f'(0)-\cdots-f^{(n-1)}(0)\quad(\mathrm{Re}(s)>c). \tag{8.2.4}$$

特别地,当 $f(0)=f'(0)=\cdots=f^{(n-1)}(0)=0$ 时,则有

$$\mathscr{L}[f'(t)]=sF(s),\ \mathscr{L}[f''(t)]=s^2F(s),\ \cdots,\ \mathscr{L}[f^{(n)}(t)]=s^nF(s). \tag{8.2.5}$$

以上两个等式使得我们有可能通过拉普拉斯变换将关于 $f(t)$ 的微分方程转化为关于其像函数 $F(s)$ 的代数方程,因此它对于微分方程(尤其是高阶微分方程)的求解和线性系统的分析起着至关重要的作用.

例 8.2.3 求余弦函数 $f(t)=\cos\omega t$ 的拉普拉斯变换(其中 ω 为任意非零实常数).

解 由像原函数的微分性质(8.2.3),可得

$$\begin{aligned}\mathscr{L}[\cos\omega t]&=\mathscr{L}\left[\frac{1}{\omega}(\sin\omega t)'\right]=\frac{1}{\omega}\mathscr{L}[(\sin\omega t)']\\&=\frac{1}{\omega}\{s\mathscr{L}[\sin\omega t]-\sin\omega t\,|_{t=0}\}\\&=\frac{1}{\omega}\cdot\frac{s\omega}{s^2+\omega^2}=\frac{s}{s^2+\omega^2}\quad(\mathrm{Re}(s)>0).\end{aligned}$$

例 8.2.4　求解微分方程 $y''(t)+k^2y(t)=0, y(0)=0, y'(0)=k$.

解　对方程两边取拉普拉斯变换，并利用线性性质和微分性质(8.2.4)式，有

$$s^2Y(s)-sy(0)-y'(0)+k^2Y(s)=0,$$

其中 $Y(s)=\mathscr{L}[y(t)]$，代入初始值可得

$$Y(s)=\frac{k}{s^2+k^2}.$$

根据例 8.1.1 的结果得 $y(t)=\mathscr{L}^{-1}[Y(s)]=\sin kt$.

2. 像函数的微分性质

若 $\mathscr{L}[f(t)]=F(s)$，则有

$$F'(s)=\mathscr{L}[(-t)f(t)] \qquad (\mathrm{Re}(s)>c). \tag{8.2.6}$$

更一般地，有

$$F^{(n)}(s)=\mathscr{L}[(-t)^n f(t)] \quad (\mathrm{Re}(s)>c). \tag{8.2.7}$$

证　由于 $F(s)$ 在 $\mathrm{Re}(s)>c$ 内解析，因而

$$\begin{aligned}F'(s)&=\frac{\mathrm{d}}{\mathrm{d}s}\int_0^{+\infty}f(t)\mathrm{e}^{-st}\mathrm{d}t=\int_0^{+\infty}\frac{\partial}{\partial s}[f(t)\mathrm{e}^{-st}]\mathrm{d}t\\&=-\int_0^{+\infty}tf(t)\mathrm{e}^{-st}\mathrm{d}t=-\mathscr{L}[tf(t)]\end{aligned}.$$

对 $F'(s)$ 施行同样步骤，反复进行则可得到(8.2.7)式. 其中求导与积分的次序交换是有一定条件的，这里从略. 利用(8.2.6)式和(8.2.7)式，我们可以把求像函数导数的问题转化为求像原函数乘以 $(-t)^n$ 的拉普拉斯变换，也可以反过来求解问题.

例 8.2.5　求函数 $f(t)=t^2\cos^2 t$ 的拉普拉斯变换.

解　由线性性质(8.2.1)式和微分性质(8.2.7)式，可得

$$\begin{aligned}\mathscr{L}[t^2\cos^2 t]&=\frac{1}{2}\mathscr{L}[t^2(1+\cos 2t)]=\frac{1}{2}\frac{\mathrm{d}^2}{\mathrm{d}s^2}\left[\frac{1}{s}+\frac{s}{s^2+4}\right]\\&=\frac{2(s^6+24s^2+32)}{s^3(s^2+4)^3}.\end{aligned}$$

四、积分性质

1. 像原函数的积分性质

若 $\mathscr{L}[f(t)]=F(s)$，则有

$$\mathscr{L}\left[\int_0^t f(t)\mathrm{d}t\right]=\frac{1}{s}F(s). \tag{8.2.8}$$

更一般地,有

$$\mathscr{L}\Big[\underbrace{\int_0^t \mathrm{d}t\int_0^t \mathrm{d}t\cdots\int_0^t}_{n次} f(t)\mathrm{d}t\Big]=\frac{1}{s^n}F(s). \tag{8.2.9}$$

证 因为$\frac{\mathrm{d}}{\mathrm{d}t}\int_0^t f(t)\mathrm{d}t = f(t)$,由微分性质(8.2.3)式,可得

$$\mathscr{L}\left[\frac{\mathrm{d}}{\mathrm{d}t}\int_0^t f(t)\mathrm{d}t\right]=s\mathscr{L}\left[\int_0^t f(t)\mathrm{d}t\right],$$

即

$$\mathscr{L}[f(t)] = s\mathscr{L}\left[\int_0^t f(t)\mathrm{d}t\right],$$

于是得

$$\mathscr{L}\left[\int_0^t f(t)\mathrm{d}t\right]=\frac{1}{s}F(s).$$

重复应用(8.2.8)式即可得到(8.2.9)式.

2. 像函数的积分性质

若 $\mathscr{L}[f(t)] = F(s)$,则有

$$\int_s^{\infty} F(s)\mathrm{d}s = \mathscr{L}\left[\frac{f(t)}{t}\right]. \tag{8.2.10}$$

更一般地,有

$$\underbrace{\int_s^{\infty}\mathrm{d}s\int_s^{\infty}\mathrm{d}s\cdots\int_s^{\infty}}_{n次} F(s)\mathrm{d}s = \mathscr{L}\left[\frac{f(t)}{t^n}\right]. \tag{8.2.11}$$

证
$$\begin{aligned}\int_s^{\infty} F(s)\mathrm{d}s &= \int_s^{\infty}\left[\int_0^{+\infty} f(t)\mathrm{e}^{-st}\mathrm{d}t\right]\mathrm{d}s = \int_0^{+\infty} f(t)\left[\int_s^{\infty}\mathrm{e}^{-st}\mathrm{d}s\right]\mathrm{d}t\\ &= \int_0^{+\infty} f(t)\cdot\left[-\frac{1}{t}\mathrm{e}^{-st}\right]\Big|_s^{\infty}\mathrm{d}t = \int_0^{+\infty}\frac{f(t)}{t}\mathrm{e}^{-st}\mathrm{d}t = \mathscr{L}\left[\frac{f(t)}{t}\right].\end{aligned}$$

例 8.2.6 求函数 $f(t) = \int_0^t \frac{\sin x}{x}\mathrm{d}x$ 的拉普拉斯变换.

解 由积分性质(8.2.8)式,可得

$$\mathscr{L}[f(t)] = \mathscr{L}\left[\int_0^t \frac{\sin x}{x}\mathrm{d}x\right]=\frac{1}{s}\mathscr{L}\left[\frac{\sin t}{t}\right],$$

又由(8.2.10)式,得

$$\mathscr{L}\left[\frac{\sin t}{t}\right]=\int_s^{\infty}\mathscr{L}[\sin t]\mathrm{d}s = \int_s^{\infty}\frac{1}{s^2+1}\mathrm{d}s = \frac{\pi}{2}-\arctan s.$$

所以

$$\mathscr{L}[f(t)] = \frac{1}{s}\left(\frac{\pi}{2}-\arctan s\right).$$

顺便可得

$$\int_0^{+\infty} \frac{\sin t}{t} \mathrm{d}t = \int_0^{\infty} \frac{1}{s^2+1} \mathrm{d}s = \arctan s \,|_0^{\infty} = \frac{\pi}{2}.$$

五、延迟性质

若 $\mathscr{L}[f(t)] = F(s)$，且 $t < 0$ 时 $f(t) = 0$，则对任一非负实数 t_0 有

$$\mathscr{L}[f(t-t_0)] = \mathrm{e}^{-st_0} F(s), \tag{8.2.12}$$

或者

$$\mathscr{L}^{-1}[\mathrm{e}^{-st_0} F(s)] = f(t-t_0).$$

证　根据拉普拉斯变换的定义，可得

$$\mathscr{L}[f(t-t_0)] = \int_0^{+\infty} f(t-t_0)\mathrm{e}^{-st} \mathrm{d}t = \int_0^{t_0} f(t-t_0)\mathrm{e}^{-st} \mathrm{d}t + \int_{t_0}^{+\infty} f(t-t_0)\mathrm{e}^{-st} \mathrm{d}t.$$

由条件可知，当 $t < t_0$ 时 $f(t-t_0) = 0$，从而上式右端的第一个积分为 0. 对于第二个积分，令 $u = t-t_0$，则

$$\mathscr{L}[f(t-t_0)] = \int_0^{+\infty} f(u)\mathrm{e}^{-s(u+t_0)} \mathrm{d}u = \mathrm{e}^{-st_0} \int_0^{+\infty} f(u)\mathrm{e}^{-su} \mathrm{d}u = \mathrm{e}^{-st_0} F(s).$$

需要注意的是本性质中对 $f(t)$ 的要求，即当 $t < 0$ 时 $f(t) = 0$. 此时 $f(t-t_0)$ 在 $t < t_0$ 时为零，故 $f(t-t_0)$ 应该理解为 $f(t-t_0)u(t-t_0)$，而不是 $f(t-t_0)u(t)$. 函数 $f(t-t_0)$ 与 $f(t)$ 相比，$f(t)$ 是从 $t=0$ 开始有非零数值的，而 $f(t-t_0)$ 是从 $t = t_0$ 开始才有非零数值，即向后延迟了一个时间 t_0. 从它们的图像来看，$f(t-t_0)$ 的图像是由 $f(t)$ 的图像沿 t 轴向右移距离 t_0 而得. 该性质表明，时间函数延迟 t_0 的拉普拉斯变换等于它的像函数乘以指数因子 e^{-st_0}.

下面的例题利用延迟性质证明了周期函数的拉普拉斯变换公式.

例 8.2.7　设 $f(t)$ 是以 T 为周期且在一个周期上分段连续的周期函数，证明：

$$\mathscr{L}[f(t)] = \frac{1}{1-\mathrm{e}^{-sT}} \int_0^{T} f(t)\mathrm{e}^{-st} \mathrm{d}t \quad (\mathrm{Re}(s) > 0).$$

证　不妨设 $f_1(t) = \begin{cases} f(t), & 0 < t < T, \\ 0, & 其他, \end{cases}$ 则

$$f(t) = f_1(t) + f_1(t-T) + f_1(t-2T) + \cdots + f_1(t-kT) + \cdots.$$

对上式两边取拉普拉斯变换，记 $F_1(s) = \mathscr{L}[f_1(t)]$，从而由延迟性质(8.2.12)式，可得

$$\mathscr{L}[f(t)] = \mathscr{L}[f_1(t)] + \mathscr{L}[f_1(t-T)] + \mathscr{L}[f_1(t-2T)] + \cdots + \mathscr{L}[f_1(t-kT)] + \cdots$$ [①]

① 可以证明，满足拉普拉斯变换存在定理条件的函数 f(t) (t < 0 时 f(t) = 0)，对任一 $t_0 > 0$，均有

$$\mathscr{L}\left[\sum_{k=0}^{+\infty} f(t-kt_0)\right] = \sum_{k=0}^{+\infty} \mathscr{L}[f(t-kt_0)].$$

$$
\begin{aligned}
&= F_1(s) + e^{-sT}F_1(s) + e^{-2sT}F_1(s) + \cdots + e^{-ksT}F_1(s) + \cdots \\
&= (1 + e^{-sT} + e^{-2sT} + \cdots + e^{-ksT} + \cdots)F_1(s) \\
&= \frac{1}{1-e^{-sT}}F_1(s) \quad (\mathrm{Re}(s) > 0\ \text{时}, \ |e^{-sT}| < 1).
\end{aligned}
$$

即

$$\mathscr{L}[f(t)] = \frac{1}{1-e^{-sT}}\int_0^T f(t)e^{-st}dt \quad (\mathrm{Re}(s) > 0).$$

*六、相似性质

若 $\mathscr{L}[f(t)] = F(s)$，则对任一常数 $a > 0$，有

$$\mathscr{L}[f(at)] = \frac{1}{a}F\left(\frac{s}{a}\right).$$

证 由拉普拉斯变换的定义，有

$$\mathscr{L}[f(at)] = \int_0^{+\infty} f(at)e^{-st}dt.$$

令 $u = at$，则上式变成

$$\mathscr{L}[f(at)] = \int_0^{+\infty} f(u)e^{-\frac{su}{a}} \cdot \frac{1}{a}du = \frac{1}{a}\int_0^{+\infty} f(u)e^{-\frac{su}{a}}du = \frac{1}{a}F\left(\frac{s}{a}\right).$$

已知 $\mathscr{L}[e^t] = \frac{1}{s-1}$，由相似性质立即可以得到

$$\mathscr{L}[e^{at}] = \frac{1}{a} \cdot \frac{1}{\frac{s}{a}-1} = \frac{1}{s-a},$$

这与前面的结论是相吻合的.

*七、初值定理与终值定理

初值与终值

我们称 $f(0)$（或者 $\lim\limits_{t\to 0^+} f(t)$）为 $f(t)$ 的初值，$f(+\infty)$ （$= \lim\limits_{t\to+\infty} f(t)$）为 $f(t)$ 的终值（假定两个极限存在）.

定理 8.2（初值定理） 若 $\mathscr{L}[f(t)] = F(s)$，且 $\lim\limits_{s\to\infty} sF(s)$ 存在，则

$$f(0) = \lim_{s\to\infty} sF(s). \tag{8.2.13}$$

定理 8.3（终值定理） 若 $\mathscr{L}[f(t)] = F(s)$，且 $sF(s)$ 的所有奇点全都在左半平面（$\mathrm{Re}(s) < 0$），则

$$f(+\infty) = \lim_{s\to 0} sF(s). \tag{8.2.14}$$

证 由分部积分法可得关系式

$$sF(s) = s\int_0^{+\infty} f(t)e^{-st}dt = \int_0^{+\infty} e^{-st}\frac{df}{dt}dt + f(0).$$

令 $s\to\infty$,上式两端取极限,得

$$\lim_{s\to\infty}sF(s)=\lim_{s\to\infty}\left[\int_0^{+\infty}e^{-st}\frac{df}{dt}dt+f(0)\right]$$
$$=\int_0^{+\infty}\lim_{s\to\infty}e^{-st}\frac{df}{dt}dt+f(0)=f(0).$$

在关系式中,令 $s\to 0$,得

$$\lim_{s\to 0}sF(s)=\lim_{s\to 0}\left[\int_0^{+\infty}e^{-st}\frac{df}{dt}dt+f(0)\right]=\int_0^{+\infty}\lim_{s\to 0}e^{-st}\frac{df}{dt}dt+f(0)$$
$$=\int_0^{+\infty}\frac{df}{dt}dt+f(0)=f(t)\Big|_0^{+\infty}+f(0)$$
$$=f(+\infty).$$

初值定理表明函数 $f(t)$ 在 $t=0$ 时的函数值可以通过 $f(t)$ 的拉普拉斯变换 $F(s)$ 乘以 s 取 $s\to\infty$ 时的极限值而得到,它建立了函数 $f(t)$ 在无限远点的值与函数 $sF(s)$ 在坐标原点的值之间的关系;终值定理表明函数 $f(t)$ 在 $t\to+\infty$ 时的数值(即稳定值)可通过 $f(t)$ 的拉普拉斯变换 $F(s)$ 乘以 s 取 $s\to 0$ 时的极限值而得到,它建立了函数 $f(t)$ 在无限原点的值与函数 $sF(s)$ 在坐标远点的值之间的关系.

在实际应用中,有时我们并不关心函数 $f(t)$ 的表达式,往往只关心函数 $f(t)$ 在 $t\to 0$ 或者 $t\to+\infty$ 时的性态(它们可能是某个系统动态响应的初始状态或稳定状态). 这两个定理给我们提供了方便,能使我们可以直接由 $F(s)$ 求出 $f(t)$ 的两个特殊值 $f(0)$ 和 $f(+\infty)$.

例 8.2.8　设函数 $f(t)$ 满足 $\mathscr{L}[f(t)]=\dfrac{s+1}{(s+1)^2+4}$,求 $f(0)$ 和 $f(+\infty)$.

解　根据初值定理(8.2.13)式和终值定理(8.2.14)式,可得

$$f(0)=\lim_{s\to\infty}sF(s)=\lim_{s\to\infty}\frac{s(s+1)}{(s+1)^2+4}=1,$$

$$f(+\infty)=\lim_{s\to 0}sF(s)=\lim_{s\to 0}\frac{s(s+1)}{(s+1)^2+4}=0.$$

我们不难知道 $f(t)=e^{-t}\cos 2t$. 显然,上面所求结果与直接由 $f(t)$ 所计算的结果是一致的.

另外,应用终值定理时需要注意定理条件是否满足. 例如像函数 $F(s)=\dfrac{1}{s^2+1}$,由于 $sF(s)=\dfrac{s}{s^2+1}$ 的奇点为 $s=\pm j$ 位于虚轴上,不满足定理的条件,虽然 $\lim\limits_{s\to 0}sF(s)=\lim\limits_{s\to 0}\dfrac{s}{s^2+1}=0$,而 $f(+\infty)=\lim\limits_{t\to+\infty}f(t)=\lim\limits_{t\to+\infty}\sin t$ 却不存在. 不过,初值定理对此例还是适用的.

为了便于记忆,我们将拉普拉斯变换的性质列表(具体条件略),如表 8-1 所示.

表 8-1

性质 \ 函数	像原函数 $f(t)$ $f_1(t)$ $f_2(t)$	像函数 $F(s)$ $F_1(s)$ $F_2(s)$
线性性质	$\alpha f_1(t)+\beta f_2(t)$	$\alpha F_1(s)+\beta F_2(s)$
位移性质	$e^{s_0 t}f(t)$	$F(s-s_0)$
微分性质	$f'(t)$	$sF(s)-f(0)$
	$-tf(t)$	$F'(s)$
积分性质	$\int_0^t f(t)\mathrm{d}t$	$\frac{1}{s}F(s)$
	$\frac{f(t)}{t}$	$\int_s^{\infty}F(s)\mathrm{d}s$
延迟性质	$f(t-t_0)$	$e^{-st_0}F(s)$
相似性质	$f(at)$	$\frac{1}{a}F\left(\frac{s}{a}\right)$
初值定理	$f(0)=\lim\limits_{s\to\infty}sF(s)$	
终值定理	$f(+\infty)=\lim\limits_{s\to 0}sF(s)$	

第三节　拉普拉斯变换的卷积

上一章介绍了傅里叶变换的卷积及其性质，本节给出拉普拉斯变换的卷积概念和卷积定理.

一、卷积的定义

定义 8.2　若函数 $f_1(t)$，$f_2(t)$ 在 $t<0$ 时均为零，则积分 $\int_0^t f_1(\tau)f_2(t-\tau)\mathrm{d}\tau$ 称为函数 $f_1(t)$ 与 $f_2(t)$ 的卷积，记为 $f_1(t)*f_2(t)$. 即

$$f_1(t)*f_2(t)=\int_0^t f_1(\tau)f_2(t-\tau)\mathrm{d}\tau.$$

不难看出，拉普拉斯变换的卷积定义与傅里叶变换的卷积定义是完全一致的. 因为按照傅里叶变换的卷积定义，

$$\begin{aligned}f_1(t)*f_2(t)&=\int_{-\infty}^{+\infty}f_1(\tau)f_2(t-\tau)\mathrm{d}\tau\\&=\int_{-\infty}^{0}f_1(\tau)f_2(t-\tau)\mathrm{d}\tau+\int_0^t f_1(\tau)f_2(t-\tau)\mathrm{d}\tau+\int_t^{+\infty}f_1(\tau)f_2(t-\tau)\mathrm{d}\tau.\end{aligned}$$

在上式第一个积分中，因为 $\tau<0$，故 $f_1(\tau)=0$. 在第三个积分中，因为 $\tau>t$，故 $t-\tau<0$，从而 $f_2(t-\tau)=0$，因此，

$$f_1(t)*f_2(t)=\int_0^t f_1(\tau)f_2(t-\tau)\mathrm{d}\tau.$$

卷积满足如下运算规律：

(i) 交换律　$f_1(t)*f_2(t)=f_2(t)*f_1(t)$；

(ii) 结合律　$f_1(t)*[f_2(t)*f_3(t)]=[f_1(t)*f_2(t)]*f_3(t)$；

(iii) 分配律　$f_1(t)*[f_2(t)+f_3(t)]=f_1(t)*f_2(t)+f_1(t)*f_3(t)$.

同时亦满足不等式

$$|f_1(t)*f_2(t)|\leqslant|f_1(t)|*|f_2(t)|.$$

以上性质,由读者自行证明.

例 8.3.1　求函数 $f_1(t)=t$ 与 $f_2(t)=\cos t$ 的卷积 $t*\cos t$.

解　$t*\cos t=\cos t*t=\int_0^t\cos\tau\cdot(t-\tau)\mathrm{d}\tau=t\int_0^t\cos\tau\mathrm{d}\tau-\int_0^t\tau\cos\tau\mathrm{d}\tau$

$$=t\cdot\sin\tau\big|_0^t-(\tau\sin\tau+\cos\tau)\big|_0^t=1-\cos t.$$

本例题如果不使用交换律,其实步骤也很简单,读者不妨试证之.

二、卷积定理

定理 8.4　如果函数 $f_1(t),f_2(t)$ 满足拉普拉斯变换存在定理的条件,且 $\mathscr{L}[f_1(t)]=F_1(s),\mathscr{L}[f_2(t)]=F_2(s)$,则 $f_1(t)*f_2(t)$ 的拉普拉斯变换一定存在,且

$$\mathscr{L}[f_1(t)*f_2(t)]=F_1(s)F_2(s)\tag{8.3.1}$$

或者

$$\mathscr{L}^{-1}[F_1(s)F_2(s)]=f_1(t)*f_2(t).$$

证　容易证明 $f_1(t)*f_2(t)$ 满足拉普拉斯变换存在定理的条件,故其拉普拉斯变换一定存在.

$$\mathscr{L}[f_1(t)*f_2(t)]=\int_0^{+\infty}[f_1(t)*f_2(t)]\mathrm{e}^{-st}\mathrm{d}t=\int_0^{+\infty}\left[\int_0^t f_1(\tau)f_2(t-\tau)\mathrm{d}\tau\right]\mathrm{e}^{-st}\mathrm{d}t.$$

上式中的二重积分的积分区域如图 8-1 中的阴影部分所示. 由于该二重积分绝对可积,故可交换积分次序,即

$$\mathscr{L}[f_1(t)*f_2(t)]=\int_0^{+\infty}f_1(\tau)\left[\int_\tau^{+\infty}f_2(t-\tau)\mathrm{e}^{-st}\mathrm{d}t\right]\mathrm{d}\tau.$$

不妨令 $u=t-\tau$,则

$$\int_\tau^{+\infty}f_2(t-\tau)\mathrm{e}^{-st}\mathrm{d}t=\int_0^{+\infty}f_2(u)\mathrm{e}^{-s(u+\tau)}\mathrm{d}u=\mathrm{e}^{-s\tau}F_2(s),$$

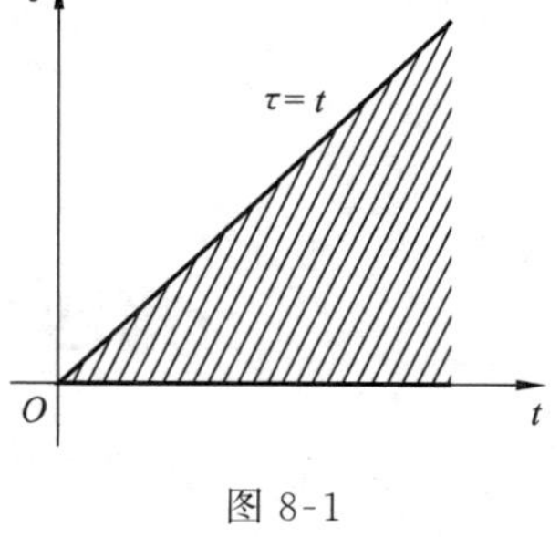

图 8-1

所以

$$\mathscr{L}[f_1(t)*f_2(t)]=\int_0^{+\infty}f_1(\tau)\mathrm{e}^{-s\tau}F_2(s)\mathrm{d}\tau=F_1(s)F_2(s).$$

这个定理表明两个函数卷积的拉普拉斯变换等于它们拉普拉斯变换的乘积.

应用此定理,我们可以将复杂的卷积运算表达的积分转化成简单的代数乘法运算.

拉普拉斯变换的卷积定理还可以推广到有限个函数卷积的情形. 如果 $f_k(t)\ (k=1,2,\cdots,n)$ 满足拉普拉斯变换存在定理的条件,且 $\mathscr{L}[f_k(t)]=F_k(s)\ (k=1,2,\cdots,n)$,则有

$$\mathscr{L}[f_1(t)*f_2(t)*\cdots*f_n(t)]=F_1(s)F_2(s)\cdots F_n(s).$$

卷积定理在拉普拉斯变换的应用中起着十分重要的作用,下面给出两个应用卷积定理计算拉普拉斯逆变换的例子.

例 8.3.2 已知 $F(s)=\dfrac{1}{s^2(s^2+1)}$,求 $f(t)=\mathscr{L}^{-1}[F(s)]$.

解 因为 $F(s)=\dfrac{1}{s^2}\cdot\dfrac{1}{s^2+1}$,$\mathscr{L}^{-1}\left[\dfrac{1}{s^2}\right]=t$,$\mathscr{L}^{-1}\left[\dfrac{1}{s^2+1}\right]=\sin t$,故由卷积定理,可得

$$f(t)=\mathscr{L}^{-1}[F(s)]=t*\sin t=\int_0^t\tau\cdot\sin(t-\tau)\mathrm{d}\tau=t-\sin t.$$

例 8.3.3 已知 $F(s)=\dfrac{1}{(s^2+4s+13)^2}$,求 $f(t)=\mathscr{L}^{-1}[F(s)]$.

解 由于

$$F(s)=\frac{1}{(s^2+4s+13)^2}=\frac{1}{9}\cdot\frac{3}{(s+2)^2+3^2}\cdot\frac{3}{(s+2)^2+3^2},$$

而由位移性质,可得

$$\mathscr{L}^{-1}\left[\frac{3}{(s+2)^2+3^2}\right]=\mathrm{e}^{-2t}\sin 3t,$$

所以

$$\begin{aligned}f(t)=\mathscr{L}^{-1}[F(s)]&=\frac{1}{9}(\mathrm{e}^{-2t}\sin 3t)*(\mathrm{e}^{-2t}\sin 3t)\\&=\frac{1}{9}\int_0^t\mathrm{e}^{-2\tau}\sin 3\tau\cdot\mathrm{e}^{-2(t-\tau)}\sin 3(t-\tau)\mathrm{d}\tau\\&=\frac{1}{54}\mathrm{e}^{-2t}(\sin 3t-3t\cos 3t).\end{aligned}$$

第四节 拉普拉斯变换的逆变换

在前面三节中系统地介绍了拉普拉斯变换的概念和性质定理,从而对于满足拉普拉斯变换存在定理条件的函数,至少在理论上可以给出它们的拉普拉斯变换,并且可利用性质求出某些特殊函数的像原函数. 为了能满足拉普拉斯变换实际应用的需要,本节将讨论相反的问题:即由已知像函数 $F(s)$ 求其像原函数 $f(t)$,也就是拉普拉斯逆变换问题.

一、反演积分公式

由第一节拉普拉斯变换的概念可知，函数 $f(t)$ 的拉普拉斯变换实际上就是 $f(t)u(t)e^{-\beta t}$ 的傅里叶变换，所以当 $f(t)u(t)e^{-\beta t}$ 满足傅里叶积分定理的条件时，在 $f(t)$ 的连续点处有

$$\begin{aligned} f(t)u(t)e^{-\beta t} &= \frac{1}{2\pi}\int_{-\infty}^{+\infty}\left[\int_{-\infty}^{+\infty} f(\tau)u(\tau)e^{-\beta\tau}e^{-j\omega\tau}d\tau\right]e^{j\omega t}d\omega \\ &= \frac{1}{2\pi}\int_{-\infty}^{+\infty}\left[\int_{0}^{+\infty} f(\tau)e^{-(\beta+j\omega)\tau}d\tau\right]e^{j\omega t}d\omega \\ &= \frac{1}{2\pi}\int_{-\infty}^{+\infty} F(\beta+j\omega)e^{j\omega t}d\omega \quad (t>0), \end{aligned}$$

其中

$$F(\beta+j\omega)=\int_{0}^{+\infty} f(\tau)e^{-(\beta+j\omega)\tau}d\tau.$$

在 $f(t)u(t)e^{-\beta t}$ 所处的等式两边同乘以 $e^{\beta t}$，并考虑到它与积分变量 ω 无关，则

$$f(t)=\frac{1}{2\pi}\int_{-\infty}^{+\infty} F(\beta+j\omega)e^{(\beta+j\omega)t}d\omega \quad (t>0).$$

令 $\beta+j\omega=s$，则有

$$f(t)=\frac{1}{2\pi j}\int_{\beta-j\infty}^{\beta+j\infty} F(s)e^{st}ds \quad (t>0,\ \mathrm{Re}(s)>c). \tag{8.4.1}$$

上述(8.4.1)式就是从像函数 $F(s)$ 求它的像原函数 $f(t)$ 的一般公式，右端的积分通常称为拉普拉斯反演积分(简称拉氏反演积分). (8.4.1)式称为拉普拉斯逆变换式(简称拉氏逆变换式)，把(8.4.1)式与拉普拉斯变换式((8.1.1)式)称为一对互逆的积分变换公式，并称 $f(t)$ 与 $F(s)$ 构成一个拉普拉斯变换对.

拉普拉斯逆变换式(8.4.1)式的右端是一个复变函数的积分，而计算复积分通常比较困难，但当像函数 $F(s)$ 满足一定的条件时，可以借助留数这一工具来计算(8.4.1)式右端的复积分. 下面的定理给出了这种复积分的具体计算公式.

定理 8.5(拉普拉斯反演定理)　如果 $s_1,s_2,\cdots,s_n$ 是函数 $F(s)$ 的所有奇点(适当选取 β 使这些奇点全部落在 $\mathrm{Re}(s)<\beta$ 的范围内)，且当 $s\to\infty$ 时，$F(s)\to 0$，则有

$$\frac{1}{2\pi j}\int_{\beta-j\infty}^{\beta+j\infty} F(s)e^{st}ds=\sum_{k=1}^{n}\mathrm{Res}[F(s)e^{st},s_k] \quad (t>0),$$

即

$$f(t)=\sum_{k=1}^{n}\mathrm{Res}[F(s)e^{st},s_k] \quad (t>0). \tag{8.4.2}$$

证　考虑如图 8-2 所示的闭曲线 $C=L+C_R$，C_R 在 $\mathrm{Re}(s)<\beta$ 的区域内是半径为 R 的圆弧，当 R 充分大后，可以使 $F(s)$ 的所有奇点都被包含在闭曲线 C 围成

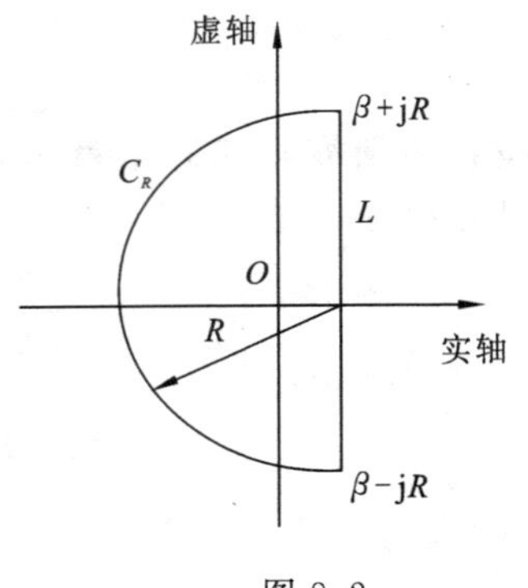

图 8-2

的区域内. 同时,因为 e^{st} 在全平面上解析,所以 $F(s)e^{st}$ 的奇点就是 $F(s)$ 的奇点. 根据留数定理,可得

$$\oint_C F(s)e^{st}ds = 2\pi j\sum_{k=1}^{n}\text{Res}[F(s)e^{st},s_k],$$

即

$$\frac{1}{2\pi j}\left[\int_{\beta-jR}^{\beta+jR}F(s)e^{st}ds+\int_{C_R}F(s)e^{st}ds\right] = \sum_{k=1}^{n}\text{Res}[F(s)e^{st},s_k].$$

对上式取 $R\to+\infty$ 时的极限,并根据复变函数论中的若尔当引理可知,当 $t>0$ 时,有

$$\lim_{R\to+\infty}\int_{C_R}F(s)e^{st}ds = 0,$$

因此有

$$\frac{1}{2\pi j}\int_{\beta-j\infty}^{\beta+j\infty}F(s)e^{st}ds = \sum_{k=1}^{n}\text{Res}[F(s)e^{st},s_k].$$

拉普拉斯反演定理把求像原函数的复杂的复积分问题转化为计算 $F(s)e^{st}$ 在各奇点处的留数之和的问题,是求解拉普拉斯逆变换的一种重要方法.

二、利用留数计算反演积分

下面用几个例子说明在已知拉普拉斯变换的像函数 $F(s)$ 的情况下,如何利用反演定理和留数求出其像原函数 $f(t)$.

例 8.4.1 求 $F(s)=\dfrac{1}{s^2+1}$ 的逆变换.

解 $F(s)$ 有两个一级极点:$s_1=j, s_2=-j$. 由反演定理(8.4.2)式,可得

$$\begin{aligned}f(t) &= \text{Res}[F(s)e^{st},j]+\text{Res}[F(s)e^{st},-j]\\ &= \frac{1}{2s}e^{st}\Big|_{s=j}+\frac{1}{2s}e^{st}\Big|_{s=-j}\\ &= \frac{1}{2j}e^{jt}-\frac{1}{2j}e^{-jt}=\sin t \quad (t>0).\end{aligned}$$

上述结果与熟知的结论是一致的.

例 8.4.2 求 $F(s)=\dfrac{s-2}{s(s-1)^2}$ 的逆变换.

解 $s_1=0$ 为 $F(s)$ 的一级极点,$s_2=1$ 为 $F(s)$ 的二级极点. 由于

$$\text{Res}[F(s)e^{st},0]=\lim_{s\to0}s\cdot\frac{e^{st}(s-2)}{s(s-1)^2}=-2,$$

$$\text{Res}[F(s)e^{st},1]=\lim_{s\to1}\left[(s-1)^2\cdot\frac{e^{st}(s-2)}{s(s-1)^2}\right]'=(2-t)e^t,$$

所以

$$f(t) = \mathrm{Res}[F(s)\mathrm{e}^{st}, 0] + \mathrm{Res}[F(s)\mathrm{e}^{st}, 1] = -2 + (2-t)\mathrm{e}^{t}.$$

例 8.4.3　求 $F(s) = \dfrac{1}{(s-2)(s+1)(s+3)}$ 的逆变换.

解法 1　因为 $s_1 = -3, s_2 = -1, s_3 = 2$ 都是 $F(s)$ 的一级极点,由反演定理(8.4.2)式,可得

$$\begin{aligned} f(t) &= \mathrm{Res}[F(s)\mathrm{e}^{st}, -3] + \mathrm{Res}[F(s)\mathrm{e}^{st}, -1] + \mathrm{Res}[F(s)\mathrm{e}^{st}, 2] \\ &= \left.\frac{\mathrm{e}^{st}}{(s-2)(s+1)}\right|_{s=-3} + \left.\frac{\mathrm{e}^{st}}{(s-2)(s+3)}\right|_{s=-1} + \left.\frac{\mathrm{e}^{st}}{(s+1)(s+3)}\right|_{s=2} \\ &= \frac{1}{10}\mathrm{e}^{-3t} - \frac{1}{6}\mathrm{e}^{-t} + \frac{1}{15}\mathrm{e}^{2t}. \end{aligned}$$

解法 2　直接查表,即得

$$\begin{aligned} f(t) &= \mathscr{L}^{-1}\left[\frac{1}{(s-2)(s+1)(s+3)}\right] \\ &= \frac{\mathrm{e}^{-3t}}{(1-3)(-2-3)} + \frac{\mathrm{e}^{-t}}{(-2-1)(3-1)} + \frac{\mathrm{e}^{2t}}{[1-(-2)][3-(-2)]} \\ &= \frac{1}{10}\mathrm{e}^{-3t} - \frac{1}{6}\mathrm{e}^{-t} + \frac{1}{15}\mathrm{e}^{2t}. \end{aligned}$$

例 8.4.4　已知 $F(s) = \dfrac{1}{(s-2)(s-1)^2}$,求 $f(t) = \mathscr{L}^{-1}[F(s)]$.

解法 1　由于 $s_1 = 2, s_2 = 1$ 分别为像函数 $F(s)$ 的一级极点与二级极点,应用(8.4.2)式和留数计算法,可得

$$\begin{aligned} f(t) &= \mathrm{Res}[F(s)\mathrm{e}^{st}, 2] + \mathrm{Res}[F(s)\mathrm{e}^{st}, 1] \\ &= \left.\frac{\mathrm{e}^{st}}{(s-1)^2}\right|_{s=2} + \left.\left(\frac{\mathrm{e}^{st}}{s-2}\right)'\right|_{s=1} \\ &= \mathrm{e}^{2t} - \mathrm{e}^{t} - t\mathrm{e}^{t}. \end{aligned}$$

解法 2　对 $F(s)$ 进行部分分式分解,可得

$$F(s) = \frac{1}{s-2} - \frac{1}{s-1} - \frac{1}{(s-1)^2},$$

由于 $\mathscr{L}^{-1}\left[\dfrac{1}{s-a}\right] = \mathrm{e}^{at}, \mathscr{L}^{-1}\left[\dfrac{1}{(s-1)^2}\right] = t\mathrm{e}^{t}$ (由例 8.1.2 和微分性质(8.2.6)可得),所以由线性性质可知

$$f(t) = \mathrm{e}^{2t} - \mathrm{e}^{t} - t\mathrm{e}^{t}.$$

解法 3　设 $F_1(s) = \dfrac{1}{s-2}, F_2(s) = \dfrac{1}{(s-1)^2}$,则 $F(s) = F_1(s)F_2(s)$,又因为

$$f_1(t) = \mathscr{L}^{-1}[F_1(s)] = \mathrm{e}^{2t}, \quad f_2(t) = \mathscr{L}^{-1}[F_2(s)] = t\mathrm{e}^{t},$$

根据卷积定理,可得

$$f(t)=f_1(t)*f_2(t)=\int_0^t \tau e^{\tau}\cdot e^{2(t-\tau)}d\tau$$
$$=e^{2t}\int_0^t \tau e^{-\tau}d\tau=e^{2t}(1-e^{-t}-te^{-t})$$
$$=e^{2t}-e^t-te^t.$$

下面将求像函数 $F(s)$ 的拉普拉斯逆变换的方法总结一下,通常有以下 5 种:

(1) 直接查表;

(2) 分解部分分式;

(3) 运用卷积定理;

(4) 运用拉普拉斯反演定理;

(5) 其他方法(如利用拉普拉斯逆变换的性质等).

因而,在求解拉普拉斯逆变换的时候,具体采用哪种方法应该根据像函数的具体情况而定.

第五节 拉普拉斯变换的应用

拉普拉斯变换与傅里叶变换一样,在许多工程技术和科学研究领域中都有着广泛的应用,尤其在力学系统、电路系统、自动控制系统、可靠性系统以及随机服务系统等领域中均发挥着重要的作用. 本节介绍拉普拉斯变换的应用主要侧重两个方面:一是常系数线性微分方程(组)的初值问题;二是某些积分方程和实际例子的求解.

一、解常系数线性微分方程(组)

许多工程实际问题可以用微分方程来描述,而拉普拉斯变换对于求解微分方程十分有效. 通常的方法是先通过拉普拉斯变换将微分方程转化为关于像函数的一元一次代数方程,由代数方程求出像函数,再求其拉普拉斯逆变换,即可以得到原微分方程的解.

例 8.5.1 求解微分方程

$$y''-2y'+2y=2e^t\cos t,\quad y'(0)=y(0)=0.$$

解 设 $Y(s)=\mathscr{L}[y(t)]$,在方程两边取拉普拉斯变换,并利用初始条件,可得

$$s^2Y(s)-2sY(s)+2Y(s)=\frac{2(s-1)}{(s-1)^2+1},$$

求解此代数方程,得

$$Y(s)=\frac{2(s-1)}{[(s-1)^2+1]^2}.$$

求上式的拉普拉斯逆变换(利用位移性质和微分性质),得

$$y(t)=\mathscr{L}^{-1}[Y(s)]=\mathscr{L}^{-1}\left[\frac{2(s-1)}{[(s-1)^2+1]^2}\right]$$
$$=\mathrm{e}^t\mathscr{L}^{-1}\left[\frac{2s}{(s^2+1)^2}\right]=\mathrm{e}^t\mathscr{L}^{-1}\left[\left(\frac{-1}{s^2+1}\right)'\right]$$
$$=t\mathrm{e}^t\mathscr{L}^{-1}\left[\frac{1}{s^2+1}\right]=t\mathrm{e}^t\sin t.$$

例 8.5.2　求微分方程组

$$\begin{cases}y''-x''+x'-y=\mathrm{e}^t-2,\\2y''-x''-2y'+x=-t\end{cases}$$

满足初始条件$\begin{cases}y'(0)=y(0)=0,\\x'(0)=x(0)=0\end{cases}$的解.

解　设 $X(s)=\mathscr{L}[x(t)]$，$Y(s)=\mathscr{L}[y(t)]$. 对方程组中每个方程两边同时取拉普拉斯变换，并利用初始条件，可得

$$\begin{cases}s^2Y(s)-s^2X(s)+sX(s)-Y(s)=\dfrac{1}{s-1}-\dfrac{2}{s},\\2s^2Y(s)-s^2X(s)-2sY(s)+X(s)=-\dfrac{1}{s^2},\end{cases}$$

求解上述二元一次方程组，可得

$$X(s)=\frac{2s-1}{s^2(s-1)^2},\quad Y(s)=\frac{1}{s(s-1)^2}.$$

先对 $X(s)$ 求拉普拉斯逆变换. 因为 $X(s)$ 具有两个二级极点：$s_1=0$，$s_2=1$，所以

$$x(t)=\mathrm{Res}[X(s)\mathrm{e}^{st},0]+\mathrm{Res}[X(s)\mathrm{e}^{st},1]$$
$$=\left(\frac{(2s-1)\mathrm{e}^{st}}{(s-1)^2}\right)'\bigg|_{s=0}+\left(\frac{(2s-1)\mathrm{e}^{st}}{s^2}\right)'\bigg|_{s=1}$$
$$=-t+t\mathrm{e}^t.$$

再对 $Y(s)$ 求拉普拉斯逆变换

$$y(t)=\mathscr{L}^{-1}\left[\frac{1}{s}-\frac{1}{s-1}+\frac{1}{(s-1)^2}\right]=1-\mathrm{e}^t+t\mathrm{e}^t.$$

例 8.5.3　设在原点处质量为 m 的一质点在 $t=0$ 时受到来自水平 x 轴方向上的冲击力 $F_0\delta(t)$ 的作用，其中 F_0 为常数，假定质点的初速度 $v_0=0$，求质点的运动规律 $x(t)$.

解　设 t 时刻质点位于 x 轴方向上的点 $x(t)$ 处，则质点运动的瞬时速度为 $x'(t)$，加速度为 $x''(t)$，且 $x'(0)=x(0)=0$. 由牛顿第二定律可知质点的运动规律满足如下微分方程

$$mx''(t)=F_0\delta(t),\quad x'(0)=x(0)=0.$$

令 $X(s)=\mathscr{L}[x(t)]$，对上式两边取拉普拉斯变换，可得

$$ms^2X(s)=F_0, \quad 即 \quad X(s)=\frac{F_0}{ms^2}.$$

再求拉普拉斯逆变换得质点的运动规律为

$$x(t)=\mathscr{L}^{-1}[X(s)]=\frac{F_0}{m}\mathscr{L}^{-1}\left[\frac{1}{s^2}\right]=\frac{F_0}{m}t.$$

根据冲量定理,质点的初速度瞬间由0变到F_0/m,由此我们发现例8.5.3的求解结果与物理中的结论是一致的.从例8.5.3的求解我们也可以发现,当非齐次的线性微分方程的自由项不是连续函数时,譬如脉冲函数(或有第一类间断点的函数),这时用微分方程的经典解法将会困难重重,而用拉普拉斯变换求解就很方便.

二、综合举例

例 8.5.4 计算积分$\int_0^{+\infty}\frac{\sin t}{t}e^{-t}dt$.

解 由拉普拉斯变换的定义可知

$$\int_0^{+\infty}\frac{\sin t}{t}e^{-t}dt=\mathscr{L}\left[\frac{\sin t}{t}\right]\bigg|_{s=1}.$$

而据拉普拉斯变换的积分性质$\mathscr{L}\left[\frac{f(t)}{t}\right]=\int_s^{\infty}\mathscr{L}[f(t)]ds$,可得

$$\mathscr{L}\left[\frac{\sin t}{t}\right]\bigg|_{s=1}=\int_s^{+\infty}\mathscr{L}[\sin t]ds\bigg|_{s=1}=\int_s^{+\infty}\frac{1}{s^2+1}ds\bigg|_{s=1}=\arctan s\Big|_{s=1}^{+\infty}=\frac{\pi}{4}.$$

例 8.5.5 求解积分方程$f(t)=kt+\int_0^t f(\tau)\sin(t-\tau)d\tau \quad (k\neq 0)$.

解 对方程两边取拉普拉斯变换,并且注意到原方程中的积分就是未知函数$f(t)$与$\sin t$的卷积,从而由卷积定理,可得

$$\mathscr{L}[f(t)]=\mathscr{L}[kt]+\mathscr{L}[f(t)*\sin t].$$

设$F(s)=\mathscr{L}[f(t)]$,则有

$$F(s)=\frac{k}{s^2}+\frac{F(s)}{s^2+1}.$$

解此代数方程,可得

$$F(s)=k\left(\frac{1}{s^2}+\frac{1}{s^4}\right).$$

对上式取拉普拉斯逆变换得原方程的解为

$$f(t)=k\left(t+\frac{t^3}{6}\right).$$

例 8.5.6 如图8-3所示的电路中,当$t=0$时刻,开关K闭合,接入信号源$e(t)=E_0\sin\omega t$,电感初始电流为0,求电流的变化规律$I(t)$.

解 根据基尔霍夫定律,有

$$L\frac{\mathrm{d}I(t)}{\mathrm{d}t}+RI(t)=E_0\sin\omega t,\quad I(0)=0.$$

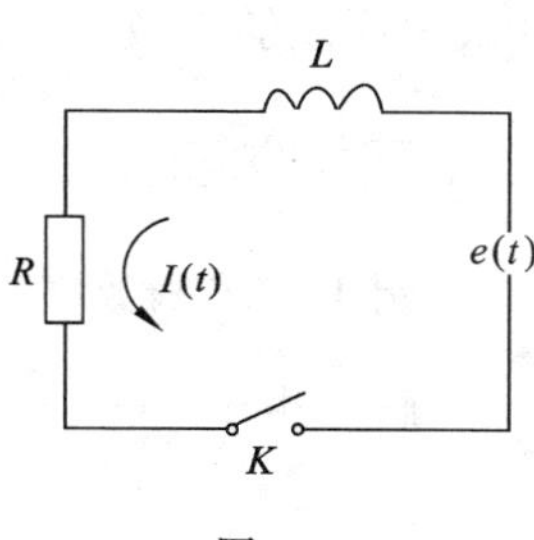

图 8-3

设 $I(s)=\mathscr{L}[I(t)]$，对方程两边取拉普拉斯变换，可得

$$LsI(s)+RI(s)=E_0\frac{\omega}{s^2+\omega^2},$$

解上述方程，得

$$I(s)=\frac{E_0}{L}\cdot\frac{1}{s+\frac{R}{L}}\cdot\frac{\omega}{s^2+\omega^2}.$$

取上式的逆变换，并根据卷积定理可得

$$\begin{aligned}I(t)&=\frac{E_0}{L}(\mathrm{e}^{-\frac{R}{L}t}*\sin\omega t)=\frac{E_0}{L}\int_0^t\sin\omega\tau\,\mathrm{e}^{-\frac{R}{L}(t-\tau)}\mathrm{d}\tau\\&=\frac{E_0}{R^2+L^2\omega^2}(R\sin\omega t-\omega L\cos\omega t)+\frac{E_0\omega L}{R^2+L^2\omega^2}\mathrm{e}^{-\frac{R}{L}t}.\end{aligned}$$

上述结果的第一部分代表一个稳定的（幅度不变的）振荡，第二部分则随着时间的增大而衰减.

本章小结

一、内容小结

本章介绍了拉普拉斯变换的概念，讨论了拉普拉斯变换的一些基本性质以及其逆变换的求解方法，并举例说明了它在微分方程求解和工程技术方面的应用.

拉普拉斯变换是在傅里叶变换的基础上，引入了单位阶跃函数 $u(t)$ 和衰减指数函数 $\mathrm{e}^{-\beta t}$，从而放宽了对函数的限制并使之更适合工程技术方面的应用. 同时该变换仍然保留了傅里叶变换的许多好的性质，特别是其中有些性质（如微分性质、卷积等）比傅里叶变换的更实用、更方便.

根据拉普拉斯变换和傅里叶变换的关系推导出的反演定理，原则上讲，是一种求拉普拉斯逆变换的通用方法. 但有时应该根据像函数的具体情况，充分利用拉普拉斯变换的各种性质灵活地采用其它方法（如分解部分分式、卷积定理等）. 这些方法通常是将像函数分解为一些基本函数的相加减或者相乘，利用线性性质、位移性质、延迟性质和卷积定理等，再结合这些基本函数的像原函数求出总的像原函数.

拉普拉斯变换的应用领域相当广泛，本章仅从数学的角度，介绍了它在求解微分方程、广义积分、物理和电学方面的一些应用. 由于拉普拉斯变换能够将微分变成乘法，将微分方程变成简单的一元一次代数方程，而且初始条件包含在变换式中，因而能够有效、简便地求解微分方程.

二、典型例题

例 1 求函数 $f(t)=\sin^2 t$ 的拉普拉斯变换.

解 由于 $f(t)=\sin^2 t=\frac{1}{2}(1-\cos 2t)$，且由例 8.1.5 和例 8.2.1 可得

$$\mathscr{L}[1]=\frac{1}{s},\quad \mathscr{L}[\cos 2t]=\frac{s}{s^2+4}\quad (\mathrm{Re}(s)>0).$$

故可由拉普拉斯变换的线性性质，得

$$\mathscr{L}[f(t)]=\mathscr{L}[\sin^2 t]=\frac{1}{2}\left(\frac{1}{s}-\frac{s}{s^2+4}\right)=\frac{2}{s(s^2+4)}\quad (\mathrm{Re}(s)>0).$$

例 2 分段函数 $f(t)=\begin{cases}3, & 0\leqslant t<2,\\ -1, & 2\leqslant t<4,\\ 0, & 4\leqslant t,\end{cases}$ 求 $\mathscr{L}[f(t)]$.

解
$$\begin{aligned}\mathscr{L}[f(t)]&=\int_0^{+\infty} f(t)\mathrm{e}^{-st}\mathrm{d}t=\int_0^2 3\mathrm{e}^{-st}\mathrm{d}t+\int_2^4(-1)\mathrm{e}^{-st}\mathrm{d}t+\int_4^{+\infty}0\mathrm{d}t\\&=\left.\frac{3\mathrm{e}^{-st}}{-s}\right|_{t=0}^{2}+\left.\frac{\mathrm{e}^{-st}}{s}\right|_{t=2}^{4}=\frac{3}{s}-\frac{3}{s}\mathrm{e}^{-2s}+\frac{\mathrm{e}^{-4s}}{s}-\frac{\mathrm{e}^{-2s}}{s}\\&=\frac{1}{s}(\mathrm{e}^{-4s}-4\mathrm{e}^{-2s}+3).\end{aligned}$$

例 3 假设 $a>0,b>0$，计算积分 $I=\int_0^{+\infty}\frac{\mathrm{e}^{-at}-\mathrm{e}^{-bt}}{t}\mathrm{d}t$.

解 设 $F(s)=\mathscr{L}[f(t)]$，则由拉普拉斯变换的积分性质，可得

$$\int_0^{+\infty}\frac{f(t)}{t}\mathrm{d}t=\int_0^{\infty}F(s)\mathrm{d}s,$$

因而

$$\int_0^{+\infty}\frac{\mathrm{e}^{-at}-\mathrm{e}^{-bt}}{t}\mathrm{d}t=\int_0^{\infty}\mathscr{L}[\mathrm{e}^{-at}-\mathrm{e}^{-bt}]\mathrm{d}s=\int_0^{\infty}\left(\frac{1}{s+a}-\frac{1}{s+b}\right)\mathrm{d}s=\ln\frac{b}{a}.$$

故 $I=\ln\frac{b}{a}$.

例 4 求函数 $f(t)=\int_0^t t\mathrm{e}^{at}\sin at\,\mathrm{d}t$ 的拉普拉斯变换.

解 由积分性质知

$$\mathscr{L}[f(t)]=\mathscr{L}\left[\int_0^t t\mathrm{e}^{at}\sin at\,\mathrm{d}t\right]=\frac{1}{s}\mathscr{L}[t\mathrm{e}^{at}\sin at],$$

据微分性质，可得

$$\mathscr{L}[t\sin at]=-\{\mathscr{L}[\sin at]\}'=-\left(\frac{a}{s^2+a^2}\right)'=\frac{2as}{(s^2+a^2)^2},$$

再由位移性质知

$$\mathscr{L}[te^{at}\sin at]=\frac{2a(s-a)}{[(s-a)^2+a^2]^2},$$

所以

$$\mathscr{L}\left[\int_0^t te^{at}\sin at\,dt\right]=\frac{2a(s-a)}{s(s^2-2as+2a^2)^2}.$$

例 5　若像函数为 $F(s)=\dfrac{1}{s(s+a)(s+b)}$ $(a\neq b,ab\neq 0)$，求其像原函数 $f(t)$.

解　因为 $s_1=0,s_2=-a,s_3=-b$ 均为 $F(s)$ 的一级极点，所以由反演定理，可得

$$\begin{aligned}f(t)=\mathscr{L}^{-1}[F(s)]&=\left.\frac{e^{st}}{(s+a)(s+b)}\right|_{s=0}+\left.\frac{e^{st}}{s(s+b)}\right|_{s=-a}+\left.\frac{e^{st}}{s(s+a)}\right|_{s=-b}\\&=\frac{1}{ab}-\frac{e^{-at}}{a(b-a)}-\frac{e^{-bt}}{b(a-b)}\\&=\frac{1}{ab}+\frac{1}{a-b}\left(\frac{1}{a}e^{-at}-\frac{1}{b}e^{-bt}\right).\end{aligned}$$

例 6　求函数 $F(s)=\dfrac{1+e^{-2s}}{s^2}$ 的拉普拉斯逆变换.

解　由线性性质可知

$$\mathscr{L}^{-1}\left[\frac{1+e^{-2s}}{s^2}\right]=\mathscr{L}^{-1}\left[\frac{1}{s^2}\right]+\mathscr{L}^{-1}\left[\frac{e^{-2s}}{s^2}\right]=t+\mathscr{L}^{-1}\left[\frac{e^{-2s}}{s^2}\right],$$

而由延迟性质，可得

$$\mathscr{L}^{-1}\left[\frac{e^{-2s}}{s^2}\right]=\mathscr{L}^{-1}\left[e^{-2s}\cdot\frac{1}{s^2}\right]=(t-2)u(t-2),$$

所以

$$\mathscr{L}^{-1}\left[\frac{1+e^{-2s}}{s^2}\right]=t+(t-2)u(t-2)=\begin{cases}t, & 0\leqslant t<2,\\ 2(t-1), & 2\leqslant t.\end{cases}$$

例 7　利用卷积定理，证明：$\mathscr{L}^{-1}\left[\dfrac{s}{(s^2+a^2)^2}\right]=\dfrac{t}{2a}\sin at$ $(a\neq 0)$.

证　由于 $\mathscr{L}^{-1}\left[\dfrac{1}{s^2+a^2}\right]=\dfrac{1}{a}\sin at$，$\mathscr{L}^{-1}\left[\dfrac{s}{s^2+a^2}\right]=\cos at$，则据卷积定理，可得

$$\mathscr{L}^{-1}\left[\frac{s}{(s^2+a^2)^2}\right]=\mathscr{L}^{-1}\left[\frac{1}{s^2+a^2}\cdot\frac{s}{s^2+a^2}\right]=\frac{1}{a}\sin at*\cos at.$$

而计算上述卷积，得

$$\begin{aligned}\frac{1}{a}\sin at*\cos at&=\int_0^t\frac{1}{a}\sin a\tau\cdot\cos a(t-\tau)d\tau\\&=\frac{1}{2a}\int_0^t[\sin at+\sin(2a\tau-at)]d\tau\end{aligned}$$

$$= \frac{1}{2a}\left[t\sin at + \frac{1}{2a}\cos(2a\tau - at)\Big|_{\tau=t}^{\tau=0}\right]$$

$$= \frac{t}{2a}\sin at.$$

所以

$$\mathscr{L}^{-1}\left[\frac{s}{(s^2+a^2)^2}\right] = \frac{t}{2a}\sin at \quad (a \neq 0).$$

例 8 求微分方程

$$y''' + 3y'' + 3y' + y = 6e^{-t}$$

满足初始条件 $y''(0) = y'(0) = y(0) = 0$ 的解.

解 设 $Y(s) = \mathscr{L}[y(t)]$,对方程两边取拉普拉斯变换,可得

$$s^3Y(s) + 3s^2Y(s) + 3sY(s) + Y(s) = \frac{6}{s+1},$$

求解上述关于 $Y(s)$ 的代数方程,得

$$Y(s) = \frac{6}{(s+1)^4}.$$

对 $Y(s)$ 取拉普拉斯逆变换得微分方程的解为

$$y(t) = \mathscr{L}^{-1}\left[\frac{6}{(s+1)^4}\right] = \text{Res}\left[\frac{6e^{st}}{(s+1)^4}, -1\right] = \frac{6}{3!}(e^{st})'''\Big|_{s=-1} = t^3e^{-t}.$$

例 9 求解积分方程:$y(t) + \int_0^t e^{\tau}y(t-\tau)d\tau = 2t - 3$.

解 令 $Y(s) = \mathscr{L}[y(t)]$,对积分方程两边取拉普拉斯变换,利用卷积定理,可得

$$Y(s) + Y(s)\cdot\frac{1}{s-1} = \frac{2}{s^2} - \frac{3}{s}.$$

解上述方程,得

$$Y(s) = -\frac{2}{s^3} + \frac{5}{s^2} - \frac{3}{s}.$$

所以

$$y(t) = \mathscr{L}^{-1}[Y(s)] = -t^2 + 5t - 3.$$

例 10 求方程组 $\begin{cases} x' + x - y = e^t, \\ y' + 3x - 2y = 2e^t \end{cases}$ 满足初始条件 $x(0) = y(0) = 1$ 的解.

解 记 $X(s) = \mathscr{L}[x(t)]$,$Y(s) = \mathscr{L}[y(t)]$,对方程组中每个方程两边取拉普拉斯变换,可得

$$\begin{cases} sX(s) - 1 + X(s) - Y(s) = \dfrac{1}{s-1}, \\ sY(s) - 1 + 3X(s) - 2Y(s) = \dfrac{2}{s-1}, \end{cases}$$

解上述方程组,得

$$X(s)=\frac{1}{s-1},\quad Y(s)=\frac{1}{s-1}.$$

再取拉普拉斯逆变换得其解为

$$x(t)=\mathscr{L}^{-1}[X(s)]=\mathrm{e}^{t},\quad y(t)=\mathscr{L}^{-1}[Y(s)]=\mathrm{e}^{t}.$$

习　题　八

1. 求下列函数的拉普拉斯变换.

(1) $f(t)=\sin t\cos t$;　(2) $f(t)=\cos^2 t$;

(3) $f(t)=t^2$;　(4) $f(t)=\cos t\cdot\delta(t)-\sin t\cdot u(t)$.

2. 求下列分段函数的拉普拉斯变换.

(1) $f(t)=\begin{cases}\sin t, & 0\leqslant t\leqslant\pi,\\ 0, & \pi<t;\end{cases}$　(2) $f(t)=\begin{cases}0, & 0\leqslant t\leqslant 1,\\ 1, & 1<t<2,\\ 0, & 2\leqslant t.\end{cases}$

3. 求下列函数的像原函数.

(1) $F(s)=\dfrac{1}{s^2+4}$;　(2) $F(s)=\dfrac{s}{(s+3)(s+5)}$;　(3) $F(s)=\dfrac{s^3-s^2+s-1}{s^5}$.

4. 求下列函数的像函数.

(1) $f(t)=1-t\mathrm{e}^{t}$;　(2) $f(t)=(t-1)^2\mathrm{e}^{t}$;　(3) $f(t)=\dfrac{t}{2a}\sin at$;

(4) $f(t)=\mathrm{e}^{-2t}\sin 5t$;　(5) $f(t)=\mathrm{e}^{-4t}\cos 4t$;　(6) $f(t)=t^n\mathrm{e}^{at}$;

(7) $f(t)=u(t-2)\sin t$;　(8) $f(t)=\dfrac{\mathrm{e}^{3t}}{\sqrt{t}}$.

5. 求下列周期函数的拉普拉斯变换.

$$f(t)=\mathrm{e}^{-t},\quad 0<t<2,\quad f(t)=f(t+2).$$

6. 计算下列积分.

(1) $\displaystyle\int_0^{+\infty}\frac{\mathrm{e}^{-t}-\mathrm{e}^{-2t}}{t}\mathrm{d}t$;　(2) $\displaystyle\int_0^{+\infty}\frac{\mathrm{e}^{-at}\cos bt-\mathrm{e}^{-mt}\cos nt}{t}\mathrm{d}t\quad(abmn\neq 0)$;

(3) $\displaystyle\int_0^{+\infty}t^3\mathrm{e}^{-t}\sin t\,\mathrm{d}t$;　(4) $\displaystyle\int_0^{+\infty}\frac{\sin^2 t}{t^2}\mathrm{d}t$.

7. 求下列函数的拉普拉斯变换.

(1) $f(t)=t\displaystyle\int_0^t\mathrm{e}^{-3t}\sin 2t\,\mathrm{d}t$;　(2) $f(t)=\displaystyle\int_0^t t\mathrm{e}^{-3t}\sin 2t\,\mathrm{d}t$;

(3) $f(t)=\dfrac{\mathrm{e}^{-3t}\sin 2t}{t}$;　(4) $f(t)=\displaystyle\int_0^t\frac{\mathrm{e}^{-3t}\sin 2t}{t}\mathrm{d}t$.

8. 求下列函数的拉普拉斯逆变换.

(1) $F(s)=\dfrac{1}{(s-1)(s-2)(s-3)}$;　(2) $F(s)=\dfrac{5s+3}{(s-1)(s^2+2s+5)}$;

(3) $F(s)=\dfrac{s}{s^4+5s^2+4}$;　　(4) $F(s)=\dfrac{s}{(s+1)^2(s^2+1)}$;

(5) $F(s)=\dfrac{s^2+2a^2}{(s^2+a^2)^2}$;　　(6) $F(s)=\dfrac{s^2+2s-1}{s(s-1)^2}$.

9. 求下列函数的卷积.

(1) $t*t$; (2) $t*e^t$; (3) $\sin t*\cos t$; (4) $f(t)*u(t-a)$ $(a>0)$.

10. 求解下列微(积)分方程(组).

(1) $y''+2y'-3y=e^{-t},y(0)=0,y'(0)=1$;

(2) $y'''+3y''+3y'+y=1,y''(0)=y'(0)=y(0)=0$;

(3) $y''-y=4\sin t+5\cos 2t,y(0)=-1,y'(0)=-2$;

(4) $y^{(4)}+2y''+y=0,y'''(0)=y'(0)=y(0)=0,y''(0)=1$;

(5) $y(t)=e^{-t}-\int_0^t y(\tau)d\tau$;

(6) $\begin{cases}y'-2z'=f(t),\\ y''-z''+z=0,\\ y'(0)=y(0)=z'(0)=z(0)=0.\end{cases}$

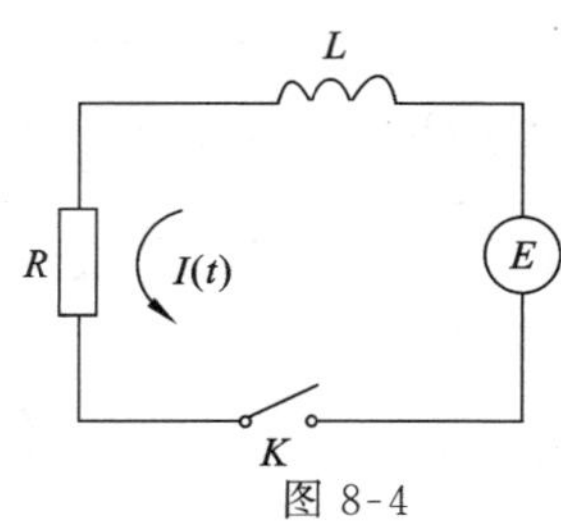

图 8-4

11. 如图8-4所示的电路中,当 $t=t_0$ 时刻,开关 K 闭合,接入直流电源 E,电感初始电流为0,求电流的变化规律 $i(t)$.

自 测 题 八

1. 选择题(每小题4分,共20分).

(1) 函数 $f(t)=te^{at}\,(a>0)$ 的拉普拉斯变换为(　　).

A. $\dfrac{1}{s-a}$　　B. $\dfrac{-1}{s-a}$

C. $\dfrac{1}{(s-a)^2}$　　D. $\dfrac{-1}{(s-a)^2}$

(2) 函数 $f(t)=\begin{cases}1, & a\leqslant t<b,\\ 0, & \text{其他}\end{cases}$ $(a>0)$ 利用单位阶跃函数可以表示为(　　).

A. $u(t-b)-u(t-a)$　　B. $u(t-a)-u(t-b)$

C. $u(t)-u(t-a)$　　D. $u(t)-u(t-b)$

(3) 设 $f(t)=2\delta(t)+e^{-t}u(t-1)$,则 $\mathscr{L}[f(t)]$ 为(　　).

A. $2+\dfrac{1}{s+1}e^{-(s+1)}$　　B. $2+\dfrac{1}{s-1}e^{-(s-1)}$

C. $2+\dfrac{1}{s+1}e^{s+1}$　　D. $2+\dfrac{1}{s-1}e^{s-1}$

(4) 函数 $F(s)=\dfrac{s^2}{s^2-1}$ 的拉普拉斯逆变换为(　　).

A. $\delta(t)-\mathrm{sh}t$　　B. $\delta(t)+\mathrm{sh}t$

C. $\delta(t)+\operatorname{ch}t$　　　　D. $\delta(t)-\operatorname{ch}t$

(5) 方程 $y'(t)+y(t)=tu(t-1)$ 满足初始条件 $y(0)=1$ 的解为(　　).

A. $y(t)=\mathrm{e}^{-t}+tu(t-1)$　　　　B. $y(t)=\mathrm{e}^{-t}+tu(t)$

C. $y(t)=\mathrm{e}^{-t}+(t-1)u(t-1)$　　　　D. $y(t)=\mathrm{e}^{-t}+(t-1)u(t)$

2. 填空题(每小题 4 分,共 20 分).

(1) 函数 $f(t)=2\cos 2013t$ 的拉普拉斯变换的收敛域为________.

(2) 设 $F(s)=\mathscr{L}[f(t)]$,则 $\mathscr{L}[t^3\mathrm{e}^{5t}f(t)]=$ ________.

(3) 计算卷积 $t*\sin t=$ ________.

(4) 已知函数 $f(t)$ 满足 $\mathscr{L}[f(t)]=\arctan\dfrac{s}{a}$,则 $f(0)=$ ________,$f(+\infty)=$ ________.

(5) 积分方程 $f(t)=\cos t+\dfrac{1}{2}\int_0^t f(u)\sin(t-u)\mathrm{d}u$ 的解为________.

3. 计算题(每小题 12 分,共 48 分).

(1) 利用拉普拉斯变换计算积分:$\displaystyle\int_0^{+\infty}\frac{\mathrm{e}^{-3t}-\mathrm{e}^{-6t}}{t}\mathrm{d}t$.

(2) 已知 $F(s)=\dfrac{2s+1}{s(s+1)(s+2)}$,计算 $f(t)=\mathscr{L}^{-1}[F(s)]$.

(3) 求微分方程 $y''+2y'+5y=\mathrm{e}^{-t}\sin t$ 满足初始条件 $y'(0)=1,y(0)=0$ 的解.

(4) 利用拉普拉斯变换求解下列积分方程:

$$y(t)=t^2+\int_0^t y(\tau)\sin(t-\tau)\mathrm{d}\tau.$$

4. 证明题(12 分).

若 $F(s)=\mathscr{L}[f(t)]$,证明下面等式成立:

$$\mathscr{L}\left[\int_0^t f(t)\mathrm{d}t\right]=\mathscr{L}[f(t)*u(t)]=\frac{F(s)}{s}.$$

习题与自测题参考答案

习　题　一

1. (1) $\mathrm{Re}\left(\dfrac{z-a}{z+a}\right)=\dfrac{x^2-a^2-y^2}{(x+a)^2+y^2}$，$\mathrm{Im}\left(\dfrac{z-a}{z+a}\right)=\dfrac{2xy}{(x+a)^2+y^2}$.

(2) $\mathrm{Re}(z^3)=x^3-3xy^2$，$\mathrm{Im}(z^3)=3x^2y-y^3$.

(3) 因为 $\mathrm{i}^n=\begin{cases}(-1)^k, & n=2k,\\ (-1)^k\cdot \mathrm{i}, & n=2k+1\end{cases}$ $(k\in\mathbf{Z})$，所以

当 $n=2k$ 时，$\mathrm{Re}(\mathrm{i}^n)=(-1)^k$，$\mathrm{Im}(\mathrm{i}^n)=0$；当 $n=2k+1$ 时，$\mathrm{Re}(\mathrm{i}^n)=0$，$\mathrm{Im}(\mathrm{i}^n)=(-1)^k$.

(4) $\mathrm{Re}(2+\mathrm{i})(4+3\mathrm{i})=5$，$\mathrm{Im}(2+\mathrm{i})(4+3\mathrm{i})=10$.

(5) $\mathrm{Re}\left(\dfrac{1}{\mathrm{i}}+\dfrac{3}{1+\mathrm{i}}\right)=\dfrac{3}{2}$，$\mathrm{Im}\left(\dfrac{1}{\mathrm{i}}+\dfrac{3}{1+\mathrm{i}}\right)=-\dfrac{5}{2}$.

2. (1) $z=3/4+\mathrm{i}$.　(2) 因为 a 可取$(-\sqrt{3},-\sqrt{3})$间任一实数，所以 z 有无穷多个.

(3) $z=2+\mathrm{i}$.　(4) $z=1+3\mathrm{i},1-3\mathrm{i},3+\mathrm{i},3-\mathrm{i}$.

3. 若 $z=\bar{z}$，设 $z=x+\mathrm{i}y$，则有 $x+\mathrm{i}y=x-\mathrm{i}y$，从而有$(2y)\mathrm{i}=0$，即 $y=0$，所以 z 是实数；若 $z=x\in\mathbf{R}$，则$\bar{z}=\bar{x}=x$，所以 $z=\bar{z}$. 命题成立.

4. (1) $\dfrac{3+5\mathrm{i}}{7\mathrm{i}+1}=\dfrac{\sqrt{17}}{5}(\cos\theta+\mathrm{i}\sin\theta)=\dfrac{\sqrt{17}}{5}\cdot \mathrm{e}^{\mathrm{i}\cdot\theta}$，其中 $\theta=\pi-\arctan\dfrac{8}{19}$.

(2) $\mathrm{i}=\cos\dfrac{\pi}{2}+\mathrm{i}\sin\dfrac{\pi}{2}=\mathrm{e}^{\mathrm{i}\frac{\pi}{2}}$.　(3) $-1=\cos\pi+\mathrm{i}\sin\pi=\mathrm{e}^{\mathrm{i}\pi}$.

5. (1) $|z|=5\dfrac{\sqrt{29}}{2}$，$\arg z=\arctan\dfrac{26}{7}-\pi$.　(2) $|z|=\sqrt{10}$，$\arg z=-\arctan 3$.

(3) $|z|=1$，$\arg z=-\arctan\dfrac{7}{24}$.

(4) $|z|=1$，$\arg z=\dfrac{n\pi}{3}+2k\pi$ (取使 $-\pi<\dfrac{n\pi}{3}+2k\pi\leqslant\pi$ 的 k).

6. (1) $(\sqrt{3}-\mathrm{i})^5=-16\sqrt{3}-16\mathrm{i}$.

(2) $(1-\mathrm{i})^{\frac{1}{3}}=\sqrt[6]{2}\left[\cos\left(-\dfrac{\pi}{4}+2k\pi\right)+\mathrm{i}\sin\left(-\dfrac{\pi}{4}+2k\pi\right)\right]$ $(k=0,1,2)$.

(3) 先将分子、分母分别用指数式表示，有

$$\frac{(\cos5\varphi+\mathrm{i}\sin5\varphi)^2}{(\cos3\varphi-\mathrm{i}\sin3\varphi)^3}=\frac{(\mathrm{e}^{\mathrm{i}5\varphi})^2}{(\mathrm{e}^{-\mathrm{i}3\varphi})^3}=\mathrm{e}^{\mathrm{i}19\varphi}=\cos19\varphi+\mathrm{i}\sin19\varphi.$$

7. $z^3+z^2+z+1=0$ 的根为 $\mathrm{i},-1,-\mathrm{i}$，且 $z^3+z^2+z+1=(z-\mathrm{i})(z+1)(z+\mathrm{i})$.

9. 证明略；z_1,z_2,z_3 是一个等边三角形的三个顶点.

10. (1) $\arg z=\pi$，表示负实轴.　(2) $|z-1|=|z|$. 表示直线 $z=\dfrac{1}{2}$.

(3) $1<|z+\mathrm{i}|<2$ 表示以 $-\mathrm{i}$ 为圆心，以 1 和 2 为半径的周圆所组成的圆环域，是多连通区

域，且是有界的.

(4) $\mathrm{Re}z > \mathrm{Im}z$，表示直线 $y = x$ 的右下半平面，是单连通区域，且是无界的.

(5) $\mathrm{Im}z > 1$ 且 $|z| < 2$，表示圆盘内的一弓形域，是单连通区域，且是有界的.

各题作图如下：

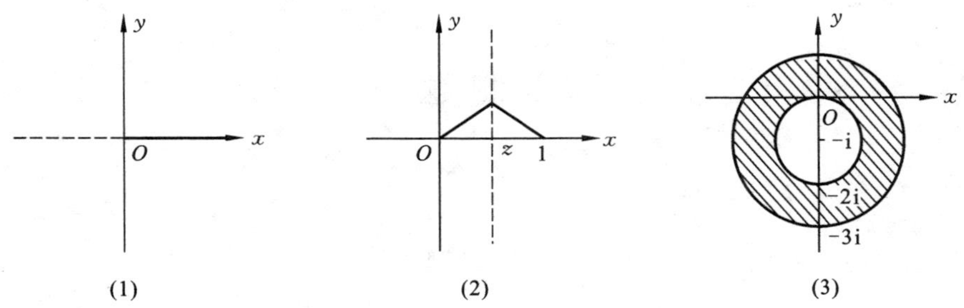

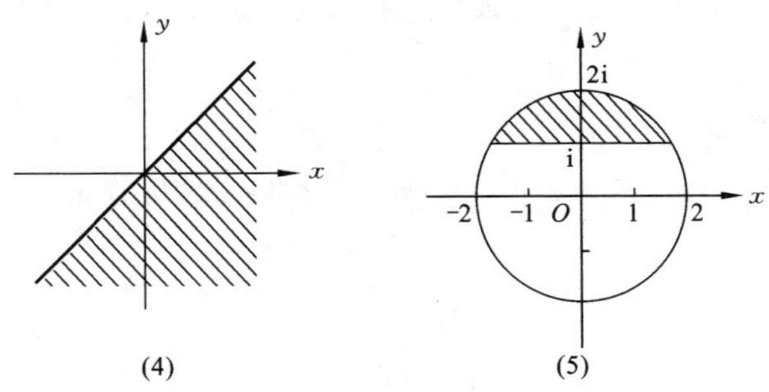

11. $w = \dfrac{3}{2\,\bar{z}} + \dfrac{1}{2z}\quad (z \neq 0)$.

12. 设 $w = u + \mathrm{i}v = (x + \mathrm{i}y)^2 = x^2 - y^2 + 2xy\mathrm{i}$，所以 $u = x^2 - y^2, v = 2xy$.

(1) 记 $w = \rho e^{\mathrm{i}\varphi}$，则 $0 < r < 2, \theta = \pi/4$ 映射成 w 平面内虚轴上从 O 到 $4\mathrm{i}$ 的一段，即

$$0 < \rho < 4, \varphi = \frac{\pi}{2}.$$

(2) 记 $w = \rho e^{\mathrm{i}\varphi}$，则 $0 < r < 2, 0 < \theta < \dfrac{\pi}{4}$ 映射成 w 平面上扇形域，即 $0 < \rho < 4, 0 < \varphi < \dfrac{\pi}{2}$.

(3) 记 $w = u + \mathrm{i}v$，则将直线 $x = a$ 映射成 $u = a^2 - y^2, v = 2ay$，即 $v^2 = 4a^2(a^2 - u)$. 这是以原点为焦点，张口向左的抛物线平面上扇形域；将直线 $y = b$ 映射成 $u = x^2 - b^2, v = 2xb$. 即 $v^2 = 4b^2(b^2 + u)$. 这是以原点为焦点，张口向右的抛物线平面上扇形域. 绘图如下：

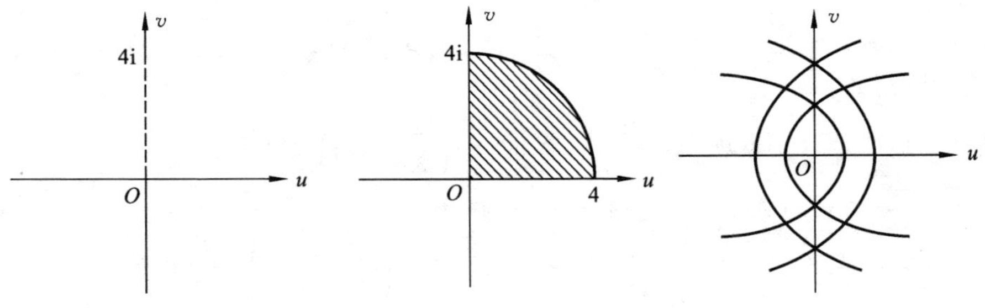

13. (1) 0. (2) 极限不存在. (3) $-\frac{1}{2}$. (4) $\frac{3}{2}$.

14. 因为 $0 \leqslant \left|\frac{x^3 y}{x^4 + y^2}\right| \leqslant \frac{|x^3||y|}{2|x^2||y|} = \frac{|x|}{2}$,所以 $\lim\limits_{(x,y)\to(0,0)} \frac{x^3 y}{x^4 + y^2} = 0 = f(0)$. 从而,$f(z)$ 在整个复平面上连续.

自测题一

1. $z = 3/4 + \mathrm{i}$. **2.** $|z| = 1$;$\arg z = -\arctan\frac{7}{24}$. **3.** B

4. 方程的根为 $z = \mathrm{i}\tan\frac{a}{2}$,其中 $a = 0, \frac{2\pi}{5}, \frac{4\pi}{5}, \frac{6\pi}{5}, \frac{8\pi}{5}$.

5. 提示:用复数的指数形式或三角形式表示 z,由已知条件推得 $|z| = 1$.

6. 提示:三点的模相等,则三点必位于圆心在原点的同一圆周上;再利用同一圆弧所对圆心角是圆周角的 2 倍.

7. $z = \cos\frac{\pi}{6} - \mathrm{i}\sin\frac{\pi}{6} = \mathrm{e}^{-\frac{\pi}{6}\mathrm{i}}$.

8. 证略. 几何意义:平行四边形两对角线平方的和等于各边的平方的和.

9. $-\frac{1}{2}$.

习 题 二

1. (1) $\left(\frac{1}{z}\right)' = -\frac{1}{z^2}$. (2) $z = 0$ 处 $f'(0) = 0$;$z \neq 0$ 处,$f'(z)$ 不存在.

2. (1) $z = 0$ 可导;$z \neq 0$ 不可导,复平面上处处不解析.

(2) 在直线 $\sqrt{2}x \pm \sqrt{3}y = 0$ 上可导,但在复平面上处处不解析.

(3) 在 $z = 0$ 处可导,但在复平面上处处不解析.

(4) 在复平面上处处可导,处处解析.

3. (1) 在复平面上处处解析,$f'(z) = 3z^2 + 2\mathrm{i}$.

(2) $z = -\frac{d}{c}$ $(c \neq 0)$ 外在复平面上处处解析,$f'(z) = \frac{ad - bc}{(cz + d)^2}$.

4. $-1, \pm\mathrm{i}$.

6. (1) $f'(z) = 3z^2$. (2) $f'(z) = (z + 1)\mathrm{e}^z$. (3) $f'(z) = -(\sin x \operatorname{ch} y + \mathrm{i}\cos x \operatorname{sh} y)$.

7. $m = 1, n = l = -3$.

12. (1) $k\pi - \frac{\pi}{4}$,k 为整数. (2) i. (3) $\ln 2 + \mathrm{i}\left(\frac{\pi}{3} + 2k\pi\right)$,$k$ 为整数.

(4) $z = 2k\pi + \mathrm{i}$ 或 $z = (2k - 1)\pi - \mathrm{i}$,$k$ 为整数.

13. (1) $\frac{\mathrm{e}^{-1} + \mathrm{e}}{2}$. (2) $\sqrt{2}\mathrm{e}^{\frac{\pi}{4}+2k\pi}\left[\cos\left(\frac{\pi}{4} - \ln 2\right) + \mathrm{i}\sin\left(\frac{\pi}{4} - \ln 2\right)\right]$,$k$ 为整数.

(3) $27e^{2k\pi}(\cos\ln3-\mathrm{i}\sin\ln3)$. (4) $\ln5+\mathrm{i}\left(2k\pi+\pi-\arctan\dfrac{4}{3}\right)$,$k$ 为整数.

(5) $e^2(\cos1+\mathrm{i}\sin1)$.

14. $\dfrac{2}{5}\pi$,$10\pi\mathrm{i}$.

自测题二

1. (1) B (2) D (3) C (4) D (5) B

2. (1) $1+\mathrm{i}$. (2) $\ln5+\mathrm{i}(\pi-\arctan\dfrac{4}{3}+2k\pi)$ (k 为整数),$\ln5+\mathrm{i}\left(\pi-\arctan\dfrac{4}{3}\right)$.

(3) $z\neq\pm\dfrac{\mathrm{i}}{2}$,$f'(z)=\dfrac{24z^6+10z^4+4z^2-24z-1}{(4z^2+1)^2}$. (4) $\dfrac{1}{2}$. (5) $(-\infty,2]$.

3. (1) $f(z)$ 在曲线 $x=3y^2$ 上可导,但在平面上处处不解析.

(2) $f'(3+\mathrm{i})=6$,$z=3+2\mathrm{i}$ 不在 $x=3y^2$ 上,$f'(3+2\mathrm{i})$ 不存在.

4. (1) $\mathrm{ch}3\sin2+\mathrm{i}\,\mathrm{sh}3\cos2$. (2) $\cos\left(\dfrac{\sqrt{2}}{2}\pi+2\sqrt{2}k\pi\right)+\mathrm{i}\sin\left(\dfrac{\sqrt{2}}{2}\pi+2\sqrt{2}k\pi\right)$ (k 为整数).

5. $f(z)=xy+\dfrac{1}{2}(x^2-y^2)+c+\left[xy+\dfrac{1}{2}(y^2-x^2)+c\right]\mathrm{i}=\dfrac{1-\mathrm{i}}{2}z^2+(1+\mathrm{i})c$ (c 为任意实数).

6. $z=\dfrac{3\pi}{4}+2k\pi-\mathrm{i}\ln(\sqrt{2}\pm1)$ (k 为整数).

习 题 三

一、(1) D (2) C (3) A (4) D (5) C (6) A (7) A (8) B

二、(1) 2. (2) $10\pi\mathrm{i}$. (3) $6\pi\mathrm{i}$. (4) 0,0. (5) $-u$.

三、**1.** (1) 0. (2) $\mathrm{i}\left(\pi+\dfrac{e^{-2\pi}-e^{2\pi}}{4}\right)$. (3) $\sin1-\cos1$. (4) $-\dfrac{\sin\pi^2}{2}$.

2. (1) $\mathrm{i}-2$. (2) $-2+\dfrac{2}{3}\mathrm{i}$.

3. (1) $\dfrac{\pi\mathrm{i}}{a}$. (2) $2\pi\mathrm{i}$. (3) $6\pi\mathrm{i}$. (4) $\dfrac{\pi\mathrm{i}\cos2}{2}$.

4. (1) $2\pi\mathrm{i}$. (2) $\pi\mathrm{i}$. (3) $-\pi\mathrm{i}$. (4) 0. **5.** (1) $\dfrac{\pi\mathrm{i}}{2}$. (2) $-\dfrac{\pi\mathrm{i}}{2}$. (3) 0.

6. (1) 当 $|a|<1$ 时,$\displaystyle\oint_C\frac{e^z}{(z-a)^3}\mathrm{d}z=2\pi\mathrm{i}\left.\frac{(e^z)''}{2}\right|_{z=a}=\pi\mathrm{i}e^a$.

(2) 当 $|a|>1$ 时,$\displaystyle\oint_C\frac{e^z}{(z-a)^3}\mathrm{d}z=0$.

四、**1.** (1) $f(z)=-\dfrac{x}{x^2+y^2}+\mathrm{i}\dfrac{y}{x^2+y^2}+\dfrac{1}{2}$. (2) $\ln z+C$.

2. (1) $f(ax+by)=C_1(ax+by)+C_2$. (2) $f(t)=C_1\left(\frac{t^3}{3}+t\right)+C_2$.

3. (1) $-\frac{16i}{\pi^2}$. (2) $\frac{8i}{\pi}$. (3) $-\frac{16i}{\pi^2}+\frac{8i}{\pi}$.

4. $f(z)=i(z^3+1)$.

自测题三

1. (1) D (2) A (3) B (4) C (5) C (6) D

2. (1) -3. (2) 0. (3) $(e-2)\pi i$. (4) $\frac{\pi i}{12}$.

3. (1) $\frac{i-1}{3}$. (2) $-\frac{8}{3}$. **4.** (1) $-2\pi i$. (2) $-2R\pi i$.

5. (1) 2π. (2) $-\pi i$. **6.** $f(z)=-e^{-z}+C$.

习 题 四

1. 不一定. 反例:

$\sum\limits_{n=1}^{\infty}a_n=\sum\limits_{n=1}^{\infty}\frac{1}{n}+i\frac{1}{n^2}$,$\sum\limits_{n=1}^{\infty}b_n=\sum\limits_{n=1}^{\infty}-\frac{1}{n}+i\frac{1}{n^2}$,发散. 但$\sum\limits_{n=1}^{\infty}(a_n+b_n)=\sum\limits_{n=1}^{\infty}i\cdot\frac{2}{n^2}$,收敛,

$\sum\limits_{n=1}^{\infty}(a_n-b_n)=\sum\limits_{n=1}^{\infty}\frac{2}{n}$,发散,$\sum\limits_{n=1}^{\infty}a_nb_n=\sum\limits_{n=1}^{\infty}\left[-\left(\frac{1}{n^2}+\frac{1}{n^4}\right)\right]$,收敛.

2. (1) 0. (2) 0. (3) $-i$.

3. (1) 绝对收敛. (2) 收敛. (3) 发散. (4) 发散.

4. 当 $|z|<1$ 时级数收敛于 -1,当 $z=1$ 时级数收敛于 0,当 $z=-1$ 时级数发散当 $|z|=1$ 时级数发散.

5. (1) 1. (2) 1. (3) e. (4) $+\infty$. (5) 1.

6. (1) $\frac{1}{(1+z)^2}$, $|z|<1$. (2) $\cos z$.

7. (1) $\ln 2+\frac{z-2}{2}-\frac{(z-2)^2}{2\cdot 2^2}+\frac{(z-2)^3}{3\cdot 2^3}-\cdots+(-1)^n\frac{(z-2)^{n+1}}{(n+1)\cdot 2^{n+1}}+\cdots$, $|z-2|<1$.

(2) $\sum\limits_{n=0}^{+\infty}(-1)^n z^n-\sum\limits_{n=0}^{+\infty}(-1)^n\frac{z^n}{2^{n+1}}$, $|z|<1$.

(3) $\sum\limits_{n=0}^{+\infty}z^n-\sum\limits_{n=0}^{+\infty}\frac{z^n}{2^{n+1}}$, $|z|<1$. (4) $\ln 3+\sum\limits_{n=1}^{+\infty}(-1)^n\frac{1}{n+1}\left(\frac{z}{3}\right)^{n+1}$, $|z|<3$.

(5) $\ln 2+\sum\limits_{n=0}^{+\infty}\frac{1}{n+1}z^{n+1}+\sum\limits_{n=0}^{+\infty}\frac{1}{n+1}\left(\frac{z}{2}\right)^{n+1}$, $|z|<1$.

8. (1) $\sum\limits_{n=0}^{+\infty}(-1)^n\left(\frac{1}{z-1}\right)^{n+1}$. (2) $\sum\limits_{n=0}^{+\infty}(-1)^n\left(\frac{1}{z-1}\right)^{n+2}$.

(3) $\sum\limits_{n=0}^{+\infty}(-1)^n\frac{2^{n+1}}{z^{n+2}}$. (4) $\sum\limits_{n=0}^{+\infty}\frac{3^n}{(z-1)^{n+1}}-\sum\limits_{n=0}^{+\infty}\frac{1}{(z-1)^{n+1}}$.

9. (1) 0. (2) $2\pi i$.

自测题四

1. (1) A (2) A (3) B (4) C (5) B (6) C (7) C

2. (1) $\sum_{n=0}^{+\infty}(-1)^n(z-1)^n$, $|z-1|<1$. (2) $\frac{1}{5}$. (3) $\frac{\sqrt{2}}{2}$. (4) $\sum_{n=0}^{+\infty}\frac{1}{n!(2n+1)}z^{2n+1}$. (5) 1.

3. $\sum_{n=0}^{+\infty}\frac{i^n}{z^{n+2}}$. 4. $\frac{1}{2}\sum_{n=0}^{+\infty}(-1)^n(z-1)^{n+1}$. 5. $\ln(1-z)-z$. 6. $\sum_{n=0}^{\infty}\left(\frac{2^n}{3^{n+1}}+\frac{1}{2^n}\right)(z+1)^n$.

7. $\sum_{n=1}^{\infty}(z-1)^{-n}$. 8. 2 个, $|z-i|<\sqrt{2}$ 和 $\sqrt{2}<|z-i|<2$. 9. $\sum_{n=1}^{\infty}z^{-n}$.

习 题 五

1. (1) $z=0$ 为可去奇点, $z=-1$ 为一阶极点, $z=2$ 为四阶极点.
   (2) $z=1$ 为本性奇点.
   (3) $z=2k\pi i$ $(k=0,\pm1,\pm2,\cdots)$ 均为一阶极点.
   (4) $z=3$ 为三阶极点. (5) $z=1$ 为二阶极点.
   (6) $z=k\pi+\frac{\pi}{2}$ 为一阶极点.
   (7) $z=0$ 为四阶极点, $z=2k\pi i$ $(k=\pm1,\pm2,\cdots)$ 为一阶极点.
   (8) $z=0$ 为二阶极点, $z=\pm\sqrt{k\pi}$, $z=\pm i\sqrt{k\pi}$ $(k=\pm1,\pm2,\cdots)$ 均为一阶极点.

2. (1) $\operatorname{Res}[f(z),0]=-\frac{1}{2}$, $\operatorname{Res}[f(z),2]=\frac{3}{2}$.
   (2) $\operatorname{Res}[f(z),0]=-\frac{4}{3}$.
   (3) $\operatorname{Res}[f(z),i]=-\frac{3}{8}i$, $\operatorname{Res}[f(z),-i]=\frac{3}{8}i$.
   (4) $\operatorname{Res}\left[f(z),k\pi+\frac{\pi}{2}\right]=(-1)^{k+1}\left(k\pi+\frac{\pi}{2}\right)$ $(k=0,\pm1,\pm2,\cdots)$.
   (5) $\operatorname{Res}[f(z),1]=0$. (6) $\operatorname{Res}[f(z),0]=-\frac{1}{6}$.
   (7) $\operatorname{Res}[f(z),0]=0$, $\operatorname{Res}[f(z),k\pi]=(-1)^k\frac{1}{k\pi}$, k 为不等于零的整数.
   (8) $\operatorname{Res}\left[f(z),\left(k+\frac{1}{2}\right)\pi\right]=-1$ $(k=0,\pm1,\pm2,\cdots)$.

3. (1) $-2\pi i$. (2) $-\frac{\pi i}{\sqrt{2}}$. (3) 0. (4) $6\pi i$. (5) $-12i$. (6) $\frac{10}{3}\pi i$.

4. (1) 可去奇点, 留数为 0. (2) 本性奇点, 留数为 0. (3) 二阶极点, 留数为 0.
   (4) 可去奇点, 留数为 -1. (5) 本性奇点, 留数为 $-\sum_{k=0}^{\infty}\frac{1}{(2k+1)!}$.

5. (1) $2\pi i$. (2) $2n\pi i$. (3) $n=1$ 时为 $2\pi i$,$n\neq 1$ 时为 0. (4) 0.

6. (1) $\frac{\pi}{2}$. (2) $\frac{2\pi}{b^2}(a-\sqrt{a^2-b^2})$. (3) $\frac{\pi}{2}$. (4) $\frac{\pi}{2\sqrt{2}}$. (5) $\frac{\pi\cos 2}{e}$. (6) $\frac{\pi}{e}$.

自 测 题 五

1. (1) × (2) × (3) × (4) √

2. (1) A (2) C (3) D (4) A

3. (1) $z=0$ 为 $f(z)=\frac{1-e^{2z}}{z^2}$ 的一级极点,$\text{Res}[f(z),0]=\lim\limits_{z\to 0} z\cdot\frac{1-e^{2z}}{z^2}=-2$;

$z=\infty$ 为 $f(z)=\frac{1-e^{2z}}{z^2}$ 的本性奇点,$\text{Res}[f(z),\infty]=2$.

(2) $\text{Res}[f(z),i]=\lim\limits_{z\to i}\frac{e^z}{z+i}=-\frac{ie^i}{2}$,$\text{Res}[f(z),-i]=\lim\limits_{z\to -i}\frac{e^z}{z-i}=\frac{ie^{-i}}{2}$,

$\text{Res}[f(z),\infty]=-\sin 1$.

4. (1) $\frac{5\pi i}{3}$. (2) $2\pi i\left(\frac{9}{2}-\frac{3}{\pi^4}-\frac{(6-\pi)^2}{2\pi^4}\right)$.

5. (1) 2π. (2) $\frac{5\pi}{12}$. (3) $\frac{\pi}{2}e^{-6}$.

6. (1) $\text{Res}\left[\varphi(z)\frac{f'(z)}{f(z)},z_0\right]=n\varphi(z_0)$. (2) $\text{Res}\left[\varphi(z)\frac{f'(z)}{f(z)},z_0\right]=-n\varphi(z_0)$.

习 题 六

1. (1) 旋转角 $\theta=0$,伸缩率为 $r=2$. (2) $\theta=\pi$,$r=\frac{1}{2}$.

(3) $\theta=\frac{\pi}{4}$,$r=2\sqrt{2}$. (4) $\theta=\pi-\arctan\frac{4}{3}$,$r=10$.

2. (1) $u^2+v^2=\frac{1}{4}$. (2) $v=-u$.

(3) $\left(u-\frac{1}{2}\right)^2+v^2=\frac{1}{4}$. (4) $u=\frac{1}{2}$.

3. (1) 下半个单位圆域. (2) $\text{Im}w>\text{Re}w$.

(3) $\text{Im}w<0$ 上除去 $\left|w-\frac{1}{2}(1-i)\right|\leqslant\frac{1}{\sqrt{2}}$ 后的区域.

(4) $\text{Re}w>0$,$\left|w-\frac{1}{2}\right|>\frac{1}{2}$,$\text{Im}w>0$.

4. $|w|<1$ 且沿由 0 到 1 的半径有割痕.

5. (1) $w=\frac{z+2+i}{z+2-i}$. (2) $w=\frac{iz+2+i}{z+1}$. (3) $w=\frac{1-i}{2}(z+1)$.

6. (1) $w=-\left(\frac{z+\sqrt{3}}{z-\sqrt{3}}\right)^3$. (2) $w=-i\left(\frac{z+1}{z-1}\right)^2$.

7. (1) $w=-\mathrm{i}\,\dfrac{z-\mathrm{i}}{1+z}$.　(2) $w=\mathrm{i}\,\dfrac{z-\mathrm{i}}{1+z}$.　(3) $w=\dfrac{3z+(\sqrt{5}-2\mathrm{i})}{(\sqrt{5}-2\mathrm{i})z+3}$.　(4) $w=\dfrac{\mathrm{i}-z}{\mathrm{i}+z}$.

8. (1) $w=\dfrac{2z-1}{z-2}$.　(2) $w=\dfrac{\mathrm{i}(2z-1)}{2-z}$.

9. (1) $w=-\left(\dfrac{z+\sqrt{3}-\mathrm{i}}{z-\sqrt{3}-\mathrm{i}}\right)^3$.　(2) $w=\left(\dfrac{z^4+16}{z^4-16}\right)^2$.

(3) $w=\mathrm{e}^{\frac{\pi\mathrm{i}}{b-a}(z-a)}$.　(4) $w=-\left(\dfrac{z^{\frac{2}{3}}+2^{\frac{2}{3}}}{z^{\frac{2}{3}}-2^{\frac{2}{3}}}\right)^2$.　(5) $w=\left(\dfrac{\sqrt{z}+1}{\sqrt{z}-1}\right)^2$.

自测题六

1. (1) B　(2) C　(3) C　(4) C　(5) B

2. (1) $w=\dfrac{z-\mathrm{i}}{\mathrm{i}z-1}$.　(2) $w=\dfrac{-z-3\mathrm{i}}{z-3\mathrm{i}}$.

3. $w=\mathrm{e}^{\mathrm{i}\theta}\dfrac{z-\alpha}{z+\bar{\alpha}}$ ($\mathrm{Re}(\alpha)>0$,θ是实数).

4. $w=-\left(\dfrac{2z-1+\mathrm{i}\sqrt{3}}{2z-1-\mathrm{i}\sqrt{3}}\right)^{\frac{3}{2}}$.　**5.** $w=\left[1-\left(\dfrac{z-\mathrm{i}}{z+\mathrm{i}}\right)^2\right]^{\frac{1}{2}}$.

习　题　七

1. $\dfrac{1}{2\pi}\displaystyle\int_{-\infty}^{+\infty}\dfrac{\alpha(\beta-\mathrm{j}\omega)}{\beta^2+\omega^2}\mathrm{e}^{\mathrm{j}\omega t}\mathrm{d}\omega$.　**2.** (1) $-\dfrac{2\mathrm{j}}{\omega}[1-\cos\omega]$.　(2) $\dfrac{1}{1-\mathrm{j}\omega}$.

3. $f(t)=\cos\omega_0 t$.　**4.** $\cos a\omega+\cos\dfrac{a}{2}\omega$.

5. (1) $\dfrac{\pi\mathrm{j}}{4}[3\delta(\omega+1)-\delta(\omega+3)+\delta(\omega-3)-3\delta(\omega-1)]$.

(2) $\dfrac{\pi}{2}[(\sqrt{3}-\mathrm{j})\delta(\omega-5)+(\sqrt{3}+\mathrm{j})\delta(\omega+5)]$.

6. $F(\omega)=\dfrac{4A}{\tau\omega^2}\left(1-\cos\dfrac{\tau\omega}{2}\right)$.

7.

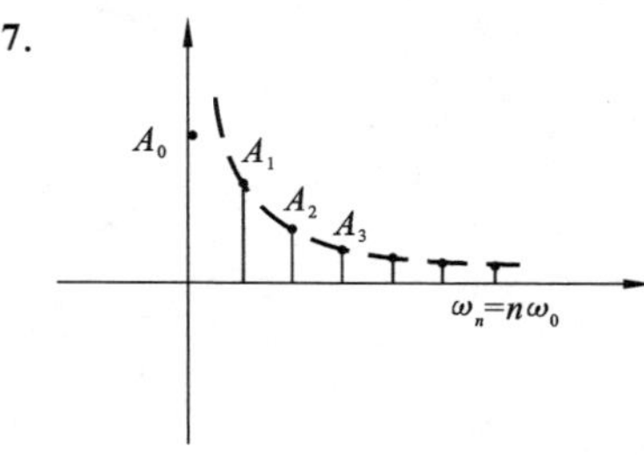

8. (1) $\mathscr{F}[g(t)]=\dfrac{\mathrm{j}}{4}F'\left(\dfrac{\omega}{2}\right)$.　(2) $\mathscr{F}[g(t)]=jF'(\omega)-2F(\omega)$.

(3) $\mathscr{F}[g(t)]=-\frac{\mathrm{j}}{4}F'\left(-\frac{\omega}{2}\right)-F\left(-\frac{\omega}{2}\right)$.　　(4) $\mathscr{F}[g(t)]=\frac{1}{2\mathrm{j}}\frac{\mathrm{d}^3}{\mathrm{d}\omega^3}F\left(\frac{\omega}{2}\right)$.

(5) $\mathscr{F}[g(t)]=-F(\omega)-\omega F'(\omega)$.　　(6) $\mathscr{F}[g(t)]=F(-\omega)\mathrm{e}^{-\mathrm{j}\omega}$.

(7) $\mathscr{F}[g(t)]=-\mathrm{j}\mathrm{e}^{-\mathrm{j}\omega}F'(-\omega)$.　　(8) $\mathscr{F}[g(t)]=\frac{1}{2}F\left(\frac{\omega}{2}\right)\mathrm{e}^{-\frac{5}{2}\mathrm{j}\omega}$.

10. $1-\mathrm{e}^{-t}$.

11. (1) $F(\omega)=\frac{\omega_0}{\omega_0^2-\omega^2}+\frac{\pi}{2\mathrm{j}}[\delta(\omega-\omega_0)-\delta(\omega+\omega_0)]$.

(2) $F(\omega)=-\frac{1}{(\omega-\omega_0)^2}+\mathrm{j}\pi\delta'(\omega-\omega_0)$.

12. $x(t)=\begin{cases}0, & t<0,\\ \mathrm{e}^{-t}, & t\geqslant 0.\end{cases}$　**13.** $y(t)=\sqrt{2\pi}\left(1-\frac{t^2}{2}\right)\mathrm{e}^{-\frac{1}{2}t^2}$.

自测题七

1. (1) B　(2) A　(3) B　(4) D　(5) C

2. (1) $\delta(t+3)+\delta(t-3)$.　(2) $\frac{1}{2\pi}F_1(\omega)F_2(\omega)$.

(3) $\frac{1}{a}f\left(\frac{t_0}{a}\right)$.　(4) e^{-3}.　(5) $2\pi\delta(\omega-\omega_0)$.

3. (1) $\left[\pi\delta(\omega)+\frac{1}{\mathrm{j}\omega}\right]\cdot \mathrm{j}F'(\omega)$.　(2) $\mathrm{j}F'(\omega)+2F(\omega)$.　(3) $-\mathrm{j}\,\mathrm{sgn}\omega\cdot F(\omega)$.

(4) $\frac{1}{3}F\left(\frac{\omega+1}{3}\right)\mathrm{e}^{-\mathrm{j}\frac{2}{3}(\omega+1)}$.

4. $$f_1(t)*f_2(t)=\begin{cases}0, & t\leqslant -1,\\ \frac{1}{4}(t+1)^2, & -1<t\leqslant 1,\\ -\frac{1}{4}t^2+\frac{1}{2}t+\frac{3}{4}, & 1<t\leqslant 3,\\ 0, & t>3.\end{cases}$$

5. $y(t)=\frac{1}{2\pi}\int_{-\infty}^{+\infty}\frac{F(\omega)}{1+G(\omega)}\mathrm{e}^{\mathrm{j}\omega t}\mathrm{d}\omega$.

习　题　八

1. (1) $\frac{1}{s^2+4}$.　(2) $\frac{s^2+2}{s(s^2+4)}$.　(3) $\frac{2}{s^3}$.　(4) $\frac{s^2}{s^2+1}$.

2. (1) $\frac{\mathrm{e}^{-s\pi}+1}{s^2+1}$.　(2) $\frac{1}{s}(\mathrm{e}^{-s}-\mathrm{e}^{-2s})$.

3. (1) $\frac{1}{2}\sin 2t$.　(2) $\frac{1}{2}(5\mathrm{e}^{-5t}-3\mathrm{e}^{-3t})$.　(3) $t-\frac{1}{2!}t^2+\frac{1}{3!}t^3-\frac{1}{4!}t^4$.

4. (1) $\frac{1}{s}-\frac{1}{(s-1)^2}$. (2) $\frac{s^2-4s+5}{(s-1)^3}$. (3) $\frac{s}{(s^2+a^2)^2}$. (4) $\frac{5}{(s+2)^2+5^2}$.

(5) $\frac{s+4}{(s+4)^2+4^2}$. (6) $\frac{n!}{(s-a)^{n+1}}$. (7) $\frac{\cos 2+s\sin 2}{s^2+1}e^{-2s}$. (8) $\frac{\sqrt{\pi}}{\sqrt{s-3}}$.

5. $\frac{1-e^{-2(s+1)}}{(1-e^{-2s})(s+1)}$.

6. (1) ln2. (2) $\frac{1}{2}\ln\frac{m^2+n^2}{a^2+b^2}$. (3) 0. (4) $\frac{\pi}{2}$.

7. (1) $\frac{2(3s^2+12s+13)}{s^2\ [(s+3)^2+4]^2}$. (2) $\frac{2(3s^2+12s+13)}{s^2\ [(s+3)^2+4]^2}$. (3) $\operatorname{arccot}\frac{s+3}{2}$. (4) $\frac{1}{s}\operatorname{arccot}\frac{s+3}{2}$.

8. (1) $\frac{e^t}{2}-e^{2t}+\frac{e^{3t}}{2}$. (2) $e^t-e^{-t}\cos 2t+\frac{3}{2}e^{-t}\sin 2t$. (3) $\frac{1}{3}(\cos t-\cos 2t)$.

(4) $\frac{1}{2}(\sin t-te^{-t})$. (5) $\frac{3}{2a}\sin at-\frac{1}{2}t\cos at$. (6) $2te^t+2e^t-1$.

9. (1) $\frac{1}{6}t^3$. (2) e^t-t-1. (3) $\frac{1}{2}t\sin t$. (4) $\begin{cases}0, & t<a,\\ \int_a^t f(t-\tau)\mathrm{d}\tau, & a\leqslant t.\end{cases}$

10. (1) $-\frac{1}{4}e^{-t}+\frac{3}{8}e^t-\frac{1}{8}e^{-3t}$. (2) $1-\left(\frac{1}{2}t^2+t+1\right)e^{-t}$. (3) $-2\sin t-\cos 2t$.

(4) $\frac{t}{2}\sin t$. (5) $(1-t)e^{-t}$. (6) $y(t)=(1-2\cos t)*f(t), z(t)=-\cos t*f(t)$.

11. $\frac{E}{R}[1-e^{-\frac{R}{L}(t-t_0)}]u(t-t_0)$.

自测题八

1. (1) D (2) B (3) A (4) B (5) C

2. (1) $\mathrm{Re}(s)>0$. (2) $-F''(s-5)$. (3) $t-\sin t$. (4) a, 0. (5) $\cos\frac{t}{\sqrt{2}}$.

3. (1) ln2. (2) $\frac{1}{2}(1+2e^{-t}-3e^{-2t})$. (3) $\frac{1}{3}e^{-t}(\sin t+\sin 2t)$. (4) $t^2+\frac{1}{12}t^4$.

附　录

附录 A　傅氏变换简表

	$f(t)$		$F(\omega)$	
	函　数	图　像	频　谱	图　像
1	矩形单脉冲 $f(t)=\begin{cases}E, & \lvert t\rvert\leqslant\frac{\tau}{2},\\0, & 其他\end{cases}$	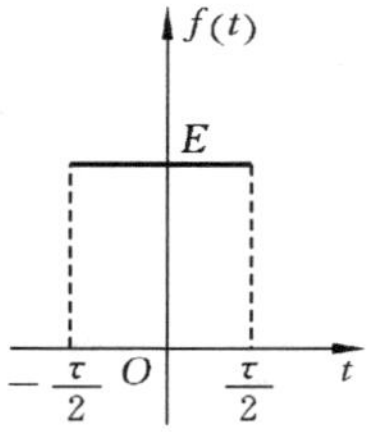	$2E\dfrac{\sin\frac{\omega\tau}{2}}{\omega}$	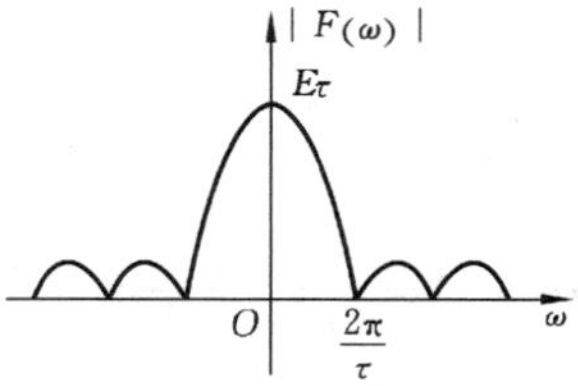
2	指数衰减函数 $f(t)=\begin{cases}0, & t<0;\\e^{-\beta t}, & t\geqslant0,\beta>0\end{cases}$	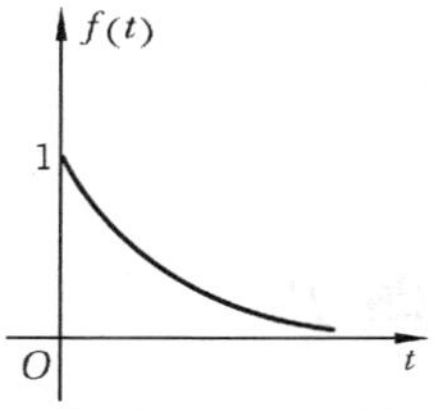	$\dfrac{1}{\beta+i\omega}$	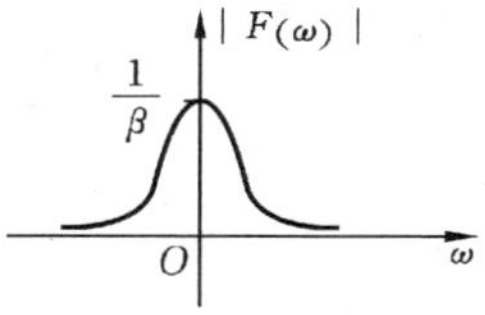
3	三角形脉冲 $f(t)=\begin{cases}\dfrac{2A}{t\tau}\left(\dfrac{\tau}{2}+t\right), & -\dfrac{\tau}{2}\leqslant t<0;\\\dfrac{2A}{\tau}\left(\dfrac{\tau}{2}-t\right), & 0\leqslant t<-\dfrac{\tau}{2}\end{cases}$	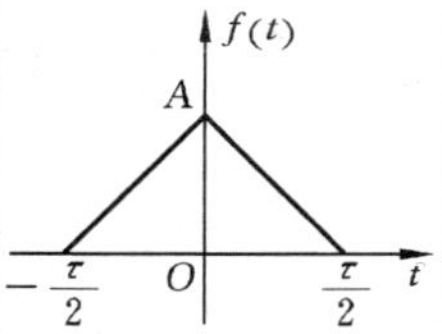	$\dfrac{4A}{\tau\omega^2}\left(1-\cos\dfrac{\omega\tau}{2}\right)$	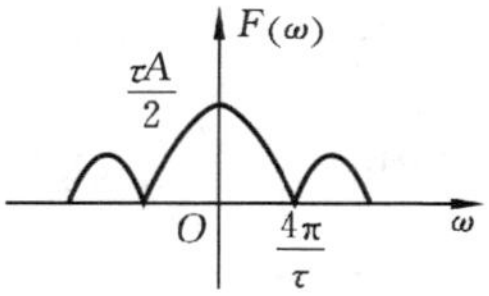
4	钟形脉冲 $f(t)=Ae^{-\beta t^2}(\beta>0)$	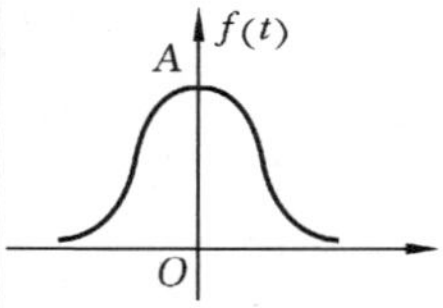	$\sqrt{\dfrac{\pi}{\beta}}Ae^{-\frac{\omega^2}{4\beta}}$	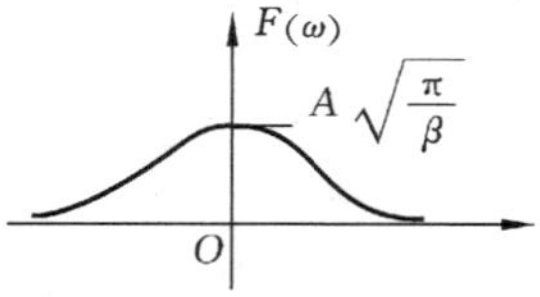

续表

	$f(t)$		$F(\omega)$	
	函数	图像	频谱	图像
5	傅里叶核 $f(t)=\dfrac{\sin\omega_0 t}{\pi t}$	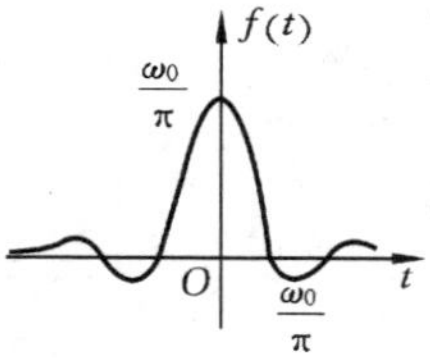	$F(\omega)=\begin{cases}1, & \|\omega\|\leqslant\omega_0,\\0, & \text{其他}\end{cases}$	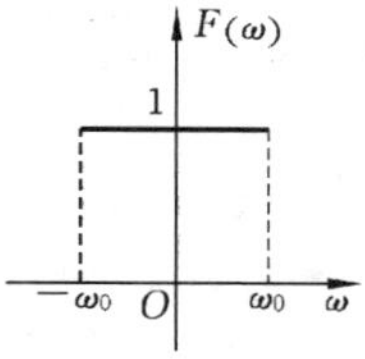
6	高斯分布函数 $f(t)=\dfrac{1}{\sqrt{2\pi}\sigma}e^{-\frac{t^2}{2\sigma^2}}$	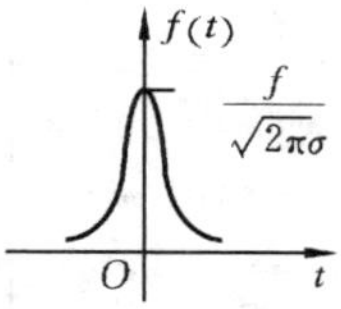	$e^{-\frac{\sigma^2\omega^2}{2}}$	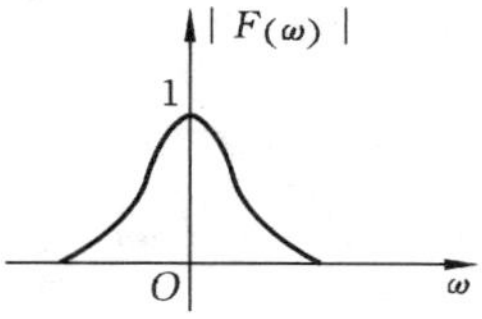
7	矩形射频脉冲 $f(t)=\begin{cases}E\cos\omega_0 t, & \|t\|\leqslant\dfrac{\tau}{2},\\0, & \text{其他}\end{cases}$	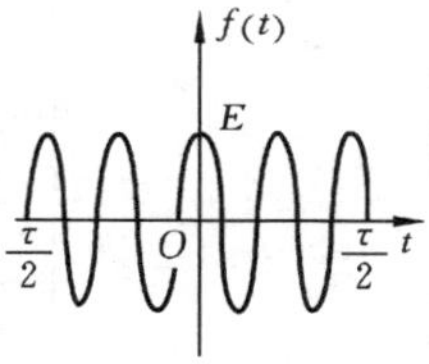	$\dfrac{E\tau}{2}\left[\dfrac{\sin(\omega-\omega_0)\frac{\tau}{2}}{(\omega-\omega_0)\frac{\tau}{2}}+\dfrac{\sin(\omega+\omega_0)\frac{\tau}{2}}{(\omega+\omega_0)\frac{\tau}{2}}\right]$	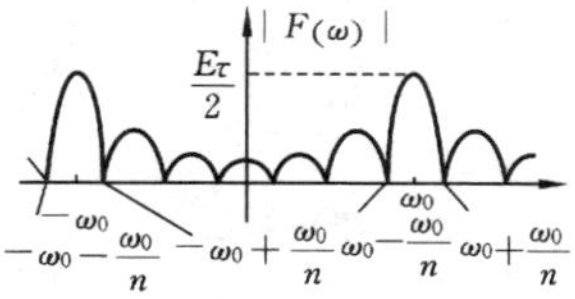
8	单位脉冲函数 $f(t)=\delta(t)$	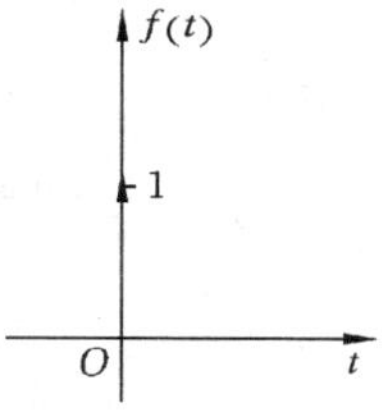	1	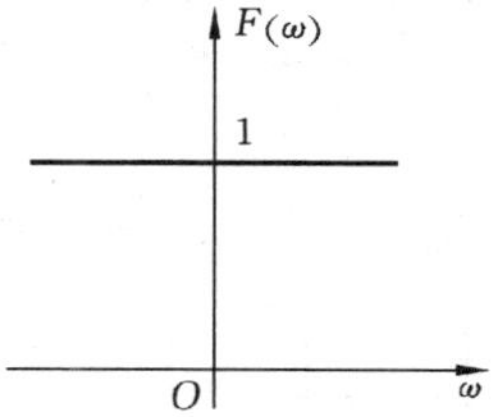
9	周期性脉冲函数 $f(t)=\sum\limits_{n=-\infty}^{+\infty}\delta(t-nT)$	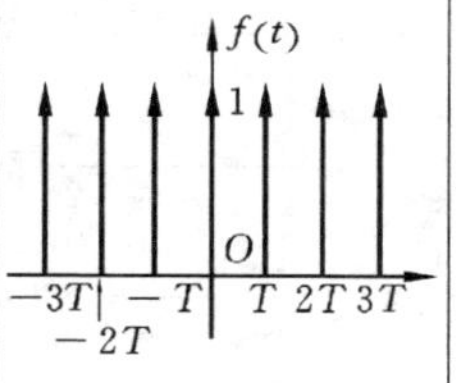	$\dfrac{2\pi}{T}\sum\limits_{n=-\infty}^{+\infty}\delta\left(\omega-\dfrac{2n\pi}{T}\right)$	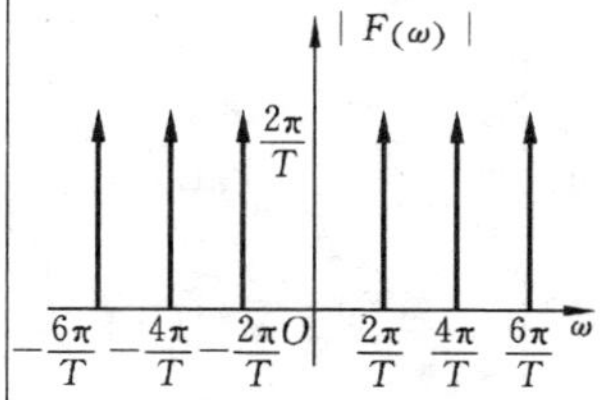

续表

	$f(t)$		$F(\omega)$	
	函数	图像	频谱	图像
10	$f(t)=\cos\omega_0 t$	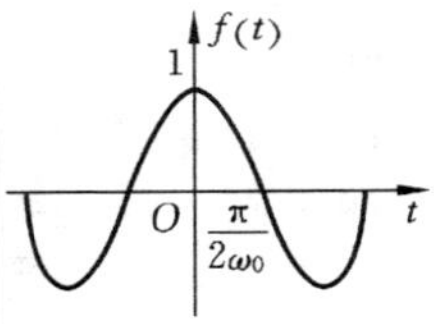	$\pi[\delta(\omega+\omega_0)+\delta(\omega-\omega_0)]$	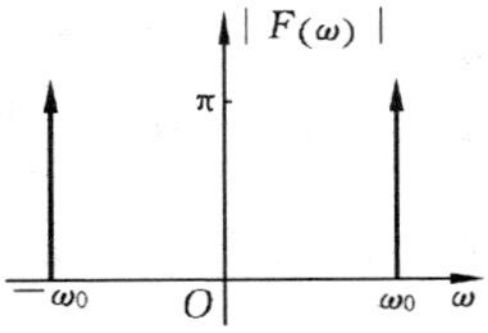
11	$f(t)=\sin\omega_0 t$	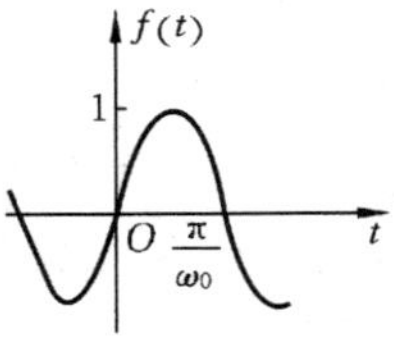	$i\pi[\delta(\omega+\omega_0)-\delta(\omega-\omega_0)]$	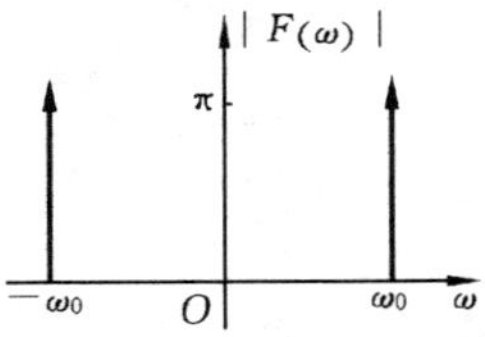
12	单位函数 $f(t)=u(t)$	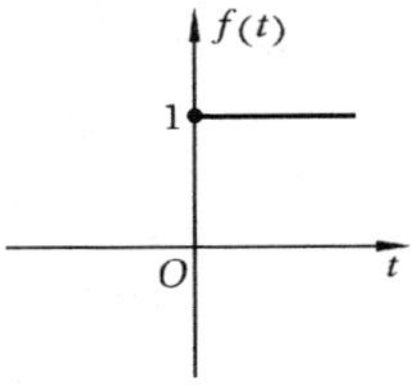	$\frac{1}{i\omega}+\pi\delta(\omega)$	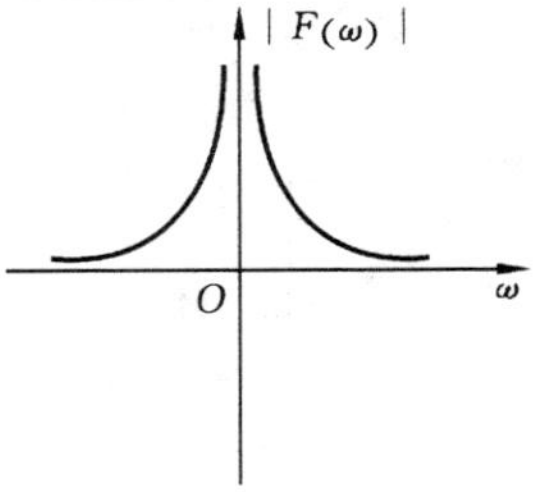

	$f(t)$	$F(\omega)$
13	$u(t-c)$	$\frac{1}{i\omega}e^{-j\omega c}+\pi\delta(\omega)$
14	$u(t)\cdot t$	$-\frac{1}{\omega^2}+\pi i\delta'(\omega)$
15	$u(t)\cdot t^n$	$\frac{n!}{(j\omega)^{n+1}}+\pi i^n\delta^{(n)}(\omega)$
16	$u(t)\sin at$	$\frac{a}{a^2-\omega^2}+\frac{\pi}{2i}[\delta(\omega-\omega_0)-\delta(\omega+\omega_0)]$
17	$u(t)\cos at$	$\frac{i\omega}{a^2-\omega^2}+\frac{\pi}{2}[\delta(\omega-\omega_0)+\delta(\omega+\omega_0)]$
18	$u(t)e^{jat}$	$\frac{1}{i(\omega-a)}+\pi\delta(\omega-a)$
19	$u(t-c)e^{jat}$	$\frac{1}{i(\omega-a)}e^{-i(\omega-a)c}+\pi\delta(\omega-a)$

续表

	$f(t)$	$F(\omega)$
20	$u(t)e^{jat}t^n$	$\frac{n!}{[i(\omega-a)]^{n+1}}+\pi i^n\delta^{(n)}(\omega-a)$
21	$e^{a\|t\|}$, $\mathrm{Re}(a)<0$	$\frac{-2a}{\omega^2+a^2}$
22	$\delta(t-c)$	$e^{-i\omega c}$
23	$\delta'(t)$	$i\omega$
24	$\delta^{(n)}(t)$	$(i\omega)^n$
25	$\delta^{(n)}(t-c)$	$(i\omega)^n e^{-i\omega c}$
26	1	$2\pi\delta(\omega)$
27	t	$2\pi i\delta'(\omega)$
28	t^n	$2\pi i^n\delta^{(n)}(\omega)$
29	e^{jat}	$2\pi\delta(\omega-a)$
30	$t^n e^{jat}$	$2\pi i^n\delta^{(n)}(\omega-a)$
31	$\frac{1}{a^2+t^2}$, $\mathrm{Re}(a)<0$	$-\frac{\pi}{a}e^{a\|\omega\|}$
32	$\frac{t}{(a^2+t^2)^2}$, $\mathrm{Re}(a)<0$	$\frac{i\omega\pi}{2a}e^{a\|\omega\|}$
33	$\frac{e^{jbt}}{a^2+t^2}$, $\mathrm{Re}(a)<0$, b 为实数	$-\frac{\pi}{a}e^{a\|\omega-b\|}$
34	$\frac{\cos bt}{a^2+t^2}$, $\mathrm{Re}(a)<0$, b 为实数	$-\frac{\pi}{2a}[e^{a\|\omega-b\|}+e^{a\|\omega+b\|}]$
35	$\frac{\sin bt}{a^2+t^2}$, $\mathrm{Re}(a)<0$, b 为实数	$-\frac{\pi}{2ai}[e^{a\|\omega-b\|}-e^{a\|\omega+b\|}]$
36	$\frac{\mathrm{sh}\,at}{\mathrm{sh}\,\pi t}$, $-\pi<a<\pi$	$\frac{\sin a}{\mathrm{ch}\,\omega+\cos a}$
37	$\frac{\mathrm{sh}\,at}{\mathrm{ch}\,\pi t}$, $-\pi<a<\pi$	$-2i\frac{\sin\frac{a}{2}\mathrm{sh}\frac{\omega}{2}}{\mathrm{ch}\,\omega+\cos a}$
38	$\frac{\mathrm{ch}\,at}{\mathrm{ch}\,\pi t}$, $-\pi<a<\pi$	$2\frac{\cos\frac{a}{2}\mathrm{ch}\frac{\omega}{2}}{\mathrm{ch}\,\omega+\cos a}$
39	$\frac{1}{\mathrm{ch}\,at}$	$\frac{\pi}{a}\frac{1}{\mathrm{ch}\frac{\pi\omega}{2a}}$
40	$\sin at^2$	$\sqrt{\frac{\pi}{a}}\cos\left(\frac{\omega^2}{4a}+\frac{\pi}{4}\right)$

续表

	$f(t)$	$F(\omega)$
41	$\cos at^2$	$\sqrt{\frac{\pi}{a}}\cos\left(\frac{\omega^2}{4a}-\frac{\pi}{4}\right)$
42	$\frac{1}{t}\sin at$	$\begin{cases}\pi, & \lvert\omega\rvert\leqslant a\\ 0, & \lvert\omega\rvert>a\end{cases}$
43	$\frac{1}{t^2}\sin^2 at$	$\begin{cases}\pi\left(a-\frac{\lvert\omega\rvert}{2}\right), & \lvert\omega\rvert\leqslant 2a\\ 0, & \lvert\omega\rvert>2a\end{cases}$
44	$\frac{\sin at}{\sqrt{\lvert t\rvert}}$	$\mathrm{i}\sqrt{\frac{\pi}{2}}\left(\frac{1}{\sqrt{\lvert\omega+a\rvert}}-\frac{1}{\sqrt{\lvert\omega-a\rvert}}\right)$
45	$\frac{\cos at}{\sqrt{\lvert t\rvert}}$	$\sqrt{\frac{\pi}{2}}\left(\frac{1}{\sqrt{\lvert\omega+a\rvert}}+\frac{1}{\sqrt{\lvert\omega-a\rvert}}\right)$
46	$\frac{1}{\sqrt{\lvert t\rvert}}$	$\sqrt{\frac{2\pi}{\lvert\omega\rvert}}$
47	$\mathrm{sgn}\,t$	$\frac{2}{\mathrm{i}\omega}$
48	$\mathrm{e}^{-at^2}, \mathrm{Re}(a)>0$	$\sqrt{\frac{\pi}{a}}\mathrm{e}-\frac{\omega^2}{4a}$
49	$\lvert t\rvert$	$-\frac{2}{\omega^2}$
50	$\frac{1}{\lvert t\rvert}$	$\frac{\sqrt{2\pi}}{\lvert\omega\rvert}$

附录 B　拉氏变换简表

	$f(t)$	$F(s)$
1	1	$\frac{1}{s}$
2	e^{at}	$\frac{1}{s-a}$
3	$t^m \ (m>-1)$	$\frac{\Gamma(m+1)}{s^{m+1}}$
4	$t^m e^{at} \ (m>-1)$	$\frac{\Gamma(m+1)}{(s-a)^{m+1}}$
5	$\sin at$	$\frac{a}{s^2+a^2}$
6	$\cos at$	$\frac{s}{s^2+a^2}$
7	$\mathrm{sh}\, at$	$\frac{a}{s^2-a^2}$
8	$\mathrm{ch}\, at$	$\frac{s}{s^2-a^2}$
9	$t\sin at$	$\frac{2as}{(s+a)^2}$
10	$t\cos at$	$\frac{s^2-a^2}{(s^2+a^2)^2}$
11	$t\,\mathrm{sh}\, at$	$\frac{2as}{(s^2-a^2)^2}$
12	$t\,\mathrm{ch}\, at$	$\frac{s^2+a^2}{(s^2-a^2)^2}$
13	$t^m \sin at \ (m>-1)$	$\frac{\Gamma(m+1)}{2\mathrm{j}(s^2+a^2)^{m+1}} \cdot [(s+\mathrm{j}a)^{m+1}-(s-\mathrm{j}a)^{m+1}]$
14	$t^m \cos at \ (m>-1)$	$\frac{\Gamma(m+1)}{2(s^2+a^2)^{m+1}}[(s+\mathrm{j}a)^{m+1}+(s-\mathrm{j}a)^{m+1}]$
15	$e^{-bt}\sin at$	$\frac{a}{(s+b)^2+a^2}$
16	$e^{-bt}\cos at$	$\frac{s+b}{(s+b)^2+a^2}$
17	$e^{-bt}\sin(at+c)$	$\frac{(s+b)\sin c+a\cos c}{(s+b)^2+a^2}$
18	$\sin^2 t$	$\frac{1}{2}\left(\frac{1}{s}-\frac{s}{s^2+4}\right)$
19	$\cos^2 t$	$\frac{1}{2}\left(\frac{1}{s}+\frac{s}{s^2+4}\right)$

续表

	$f(t)$	$F(s)$
20	$\sin at\sin bt$	$\dfrac{2abs}{[s^2+(a+b)^2][s^2+(a-b)^2]}$
21	$e^{at}-e^{bt}$	$\dfrac{a-b}{(s-a)(s-b)}$
22	$ae^{at}-be^{bt}$	$\dfrac{(a-b)s}{(s-a)(s-b)}$
23	$\dfrac{1}{a}\sin at-\dfrac{1}{b}\sin bt$	$\dfrac{b^2-a^2}{(s^2+a^2)(s^2+b^2)}$
24	$\cos at-\cos bt$	$\dfrac{(b^2-a^2)s}{(s^2+a^2)(s^2+b^2)}$
25	$\dfrac{1}{a^2}(1-\cos at)$	$\dfrac{1}{s(s^2+a^2)}$
26	$\dfrac{1}{a^3}(at-\sin at)$	$\dfrac{1}{s^2(s^2+a^2)}$
27	$\dfrac{1}{a^4}(\cos at-1)+\dfrac{1}{2a^2}t^2$	$\dfrac{1}{s^3(s^2+a^2)}$
28	$\dfrac{1}{a^4}(\operatorname{ch} at-1)-\dfrac{1}{2a^2}t^2$	$\dfrac{1}{s^3(s^2-a^2)}$
29	$\dfrac{1}{2a^3}(\sin at-at\cos at)$	$\dfrac{1}{(s^2+a^2)^2}$
30	$\dfrac{1}{2a}(\sin at+at\cos at)$	$\dfrac{s^2}{(s^2+a^2)^2}$
31	$\dfrac{1}{a^4}(1-\cos at)-\dfrac{1}{2a^3}t\sin at$	$\dfrac{1}{s(s^2+a^2)^2}$
32	$(1-at)e^{-at}$	$\dfrac{s}{(s+a)^2}$
33	$t\left(1-\dfrac{at}{2}\right)e^{-at}$	$\dfrac{s}{(s+a)^3}$
34	$\dfrac{1}{a}(1-e^{-at})$	$\dfrac{1}{s(s+a)}$
35①	$\dfrac{1}{ab}+\dfrac{1}{b-a}\left(\dfrac{e^{-bt}}{b}-\dfrac{e^{at}}{a}\right)$	$\dfrac{1}{s(s+a)(s+b)}$
36①	$\dfrac{e^{-at}}{(b-a)(c-a)}+\dfrac{e^{-bt}}{(a-b)(c-b)}+\dfrac{e^{-ct}}{(a-c)(b-c)}$	$\dfrac{1}{(s+a)(s+b)(s+c)}$
37①	$\dfrac{ae^{-at}}{(c-a)(a-b)}+\dfrac{be^{-bt}}{(a-b)(b-c)}+\dfrac{ce^{-ct}}{(b-a)(c-a)}$	$\dfrac{s}{(s+a)(s+b)(s+c)}$
38①	$\dfrac{a^2e^{-at}}{(c-a)(b-a)}+\dfrac{b^2e^{-bt}}{(a-b)(c-b)}+\dfrac{c^2e^{-ct}}{(b-c)(a-c)}$	$\dfrac{s^2}{(s+a)(s+b)(s+c)}$
39①	$\dfrac{e^{-at}-e^{-bt}[1-(a-b)t]}{(a-b)^2}$	$\dfrac{1}{(s+a)(s+b)^2}$

续表

	$f(t)$	$F(s)$
40[①]	$\frac{[a-b(a-b)t]e^{-bt}-ae^{-at}}{(a-b)^2}$	$\frac{s}{(s+a)(s+b)^2}$
41	$e^{-at}-e^{\frac{at}{2}}\left(\cos\frac{\sqrt{3}at}{2}-\sqrt{3}\sin\frac{\sqrt{3}at}{2}\right)$	$\frac{3a^2}{s^3+a^3}$
42	$\sin at\,\mathrm{ch}\,at-\cos at\,\mathrm{sh}\,at$	$\frac{4a^3}{s^4+4a^4}$
43	$\frac{1}{2a^2}\sin at\,\mathrm{sh}\,at$	$\frac{s}{s^4+4a^4}$
44	$\frac{1}{2a^3}(\sin at-\mathrm{sh}\,at)$	$\frac{1}{s^4-a^4}$
45	$\frac{1}{2a^2}(\mathrm{ch}\,at-\cos at)$	$\frac{s}{s^4-a^4}$
46	$\frac{1}{\sqrt{\pi t}}$	$\frac{1}{\sqrt{s}}$
47	$2\sqrt{\frac{t}{\pi}}$	$\frac{1}{s\sqrt{s}}$
48	$\frac{1}{\sqrt{\pi t}}e^{at}(1+2at)$	$\frac{s}{(s-a)\sqrt{s-a}}$
49	$\frac{1}{2\sqrt{\pi t^3}}(e^{bt}-e^{at})$	$\sqrt{s-a}-\sqrt{s-b}$
50	$\frac{1}{\sqrt{\pi t}}\cos 2\sqrt{at}$	$\frac{1}{\sqrt{s}}e^{-\frac{a}{s}}$
51	$\frac{1}{\sqrt{\pi t}}\mathrm{ch}\,2\sqrt{at}$	$\frac{1}{\sqrt{s}}e^{\frac{a}{s}}$
52	$\frac{1}{\sqrt{\pi t}}\sin 2\sqrt{at}$	$\frac{1}{s\sqrt{s}}e^{-\frac{a}{s}}$
53	$\frac{1}{\sqrt{\pi t}}\mathrm{sh}\,2\sqrt{at}$	$\frac{1}{s\sqrt{s}}e^{\frac{a}{s}}$
54	$\frac{1}{t}(e^{bt}-e^{at})$	$\ln\frac{s-a}{s-b}$
55	$\frac{2}{t}\mathrm{sh}\,at$	$\ln\frac{s+a}{s-a}$
56	$\frac{2}{t}(1-\cos at)$	$\ln\frac{s^2+a^2}{s^2}$
57	$\frac{2}{t}(1-\mathrm{ch}\,at)$	$\ln\frac{s^2-a^2}{s^2}$
58	$\frac{1}{t}\sin at$	$\arctan\frac{a}{s}$
59	$\frac{1}{t}(\mathrm{ch}\,at-\cos bt)$	$\ln\sqrt{\frac{s^2+b^2}{s^2-a^2}}$

续表

	$f(t)$	$F(s)$
60②	$\frac{1}{\pi t}\sin(2a\sqrt{t})$	$\mathrm{erf}\left(\frac{a}{\sqrt{s}}\right)$
61②	$\frac{1}{\sqrt{\pi t}}\mathrm{e}^{-2a\sqrt{t}}$	$\frac{1}{\sqrt{s}}\mathrm{e}^{\frac{a^2}{s}}\mathrm{erfc}\left(\frac{a}{\sqrt{s}}\right)$
62	$\mathrm{erfc}\left(\frac{a}{2\sqrt{t}}\right)$	$\frac{1}{s}\mathrm{e}^{-\sqrt{s}}$
63	$\mathrm{erf}\left(\frac{t}{2a}\right)$	$\frac{1}{s}\mathrm{e}^{a^2s^2}\mathrm{erfc}(as)$
64	$\frac{1}{\sqrt{\pi t}}\mathrm{e}^{-2\sqrt{at}}$	$\frac{1}{\sqrt{s}}\mathrm{e}^{\frac{a}{s}}\mathrm{erfc}\left(\sqrt{\frac{a}{s}}\right)$
65	$\frac{1}{\sqrt{\pi(t+a)}}$	$\frac{1}{\sqrt{s}}\mathrm{e}^{as}\mathrm{erfc}(\sqrt{as})$
66	$\frac{1}{\sqrt{a}}\mathrm{erf}(\sqrt{at})$	$\frac{1}{s\sqrt{s+a}}$
67	$\frac{1}{\sqrt{a}}\mathrm{e}^{at}\mathrm{erf}(\sqrt{at})$	$\frac{1}{\sqrt{s}(s-a)}$
68	$u(t)$	$\frac{1}{s}$
69	$tu(t)$	$\frac{1}{s^2}$
70	$t^m u(t)(m>-1)$	$\frac{1}{s^{m+1}}\Gamma(m+1)$
71	$\delta(t)$	1
72	$\delta^{(n)}(t)$	s^n
73	$\mathrm{sgn}t$	$\frac{1}{s}$
74③	$\mathbf{J}_0(at)$	$\frac{1}{\sqrt{s^2+a^2}}$
75③	$\mathbf{I}_0(at)$	$\frac{1}{\sqrt{s^2-a^2}}$
76	$\mathbf{J}_0(2\sqrt{at})$	$\frac{1}{s}\mathrm{e}^{-\frac{a}{s}}$
77	$\mathrm{e}^{-bt}\mathbf{I}_0(at)$	$\frac{1}{\sqrt{(s+b)^2-a^2}}$
78	$t\mathbf{J}_0(at)$	$\frac{s}{(s^2+a^2)^{3/2}}$
79	$t\mathbf{I}_0(at)$	$\frac{s}{(s^2-a^2)^{3/2}}$
80	$\mathbf{J}_0(a\sqrt{t(t+2b)})$	$\frac{1}{\sqrt{s^2+a^2}}\mathrm{e}^{b(s-\sqrt{s^2+a^2})}$

注：① 式中 a,b,c 为不相等的常数.

② $\mathrm{erf}(x)=\frac{2}{\sqrt{\pi}}\int_0^x \mathrm{e}^{-t^2}\mathrm{d}t$ 称为误差函数；$\mathrm{erfc}(x)=1-\mathrm{erf}(x)$ 称为余误差函数.

③ $\mathbf{I}_n(x)=\mathrm{j}^{-n}\mathbf{J}_n(\mathrm{j}x)$，$\mathbf{J}_n$ 称为第一类 n 阶贝塞尔(Bessel)函数；$\mathbf{I}_n$ 称为第一类 n 阶变形的贝塞尔函数，或称为虚宗量的贝塞尔函数.